10	11	12	13	14	15	16	17	18
	1B	2B	3B	4B	5B	6B	7B	0
								$(1s)^2$ $_2$He 4.003
			$(2s)^2(2p)^1$ $_5$B 10.81	$(2s)^2(2p)^2$ $_6$C 12.01	$(2s)^2(2p)^3$ $_7$N 14.01	$(2s)^2(2p)^4$ $_8$O 16.00	$(2s)^2(2p)^5$ $_9$F 19.00	$(2s)^2(2p)^6$ $_{10}$Ne 20.18
			$(3s)^2(3p)^1$ $_{13}$Al 26.98	$(3s)^2(3p)^2$ $_{14}$Si 28.09	$(3s)^2(3p)^3$ $_{15}$P 30.97	$(3s)^2(3p)^4$ $_{16}$S 32.07	$(3s)^2(3p)^5$ $_{17}$Cl 35.45	$(3s)^2(3p)^6$ $_{18}$Ar 39.95
$(3d)^8(4s)^2$ $_{28}$Ni 58.69	$(3d)^{10}(4s)^1$ $_{29}$Cu 63.55	$(3d)^{10}(4s)^2$ $_{30}$Zn 65.38	$(4s)^2(4p)^1$ $_{31}$Ga 69.72	$(4s)^2(4p)^2$ $_{32}$Ge 72.63	$(4s)^2(4p)^3$ $_{33}$As 74.92	$(4s)^2(4p)^4$ $_{34}$Se 78.96	$(4s)^2(4p)^5$ $_{35}$Br 79.90	$(4s)^2(4p)^6$ $_{36}$Kr 83.80
$(4d)^{10}$ $_{46}$Pd 106.4	$(4d)^{10}(5s)^1$ $_{47}$Ag 107.9	$(4d)^{10}(5s)^2$ $_{48}$Cd 112.4	$(5s)^2(5p)^1$ $_{49}$In 114.8	$(5s)^2(5p)^2$ $_{50}$Sn 118.7	$(5s)^2(5p)^3$ $_{51}$Sb 121.8	$(5s)^2(5p)^4$ $_{52}$Te 127.6	$(5s)^2(5p)^5$ $_{53}$I 126.9	$(5s)^2(5p)^6$ $_{54}$Xe 131.3
$(5d)^9(6s)^1$ $_{78}$Pt 195.1	$(5d)^{10}(6s)^1$ $_{79}$Au 197.0	$(5d)^{10}(6s)^2$ $_{80}$Hg 200.6	$(6s)^2(6p)^1$ $_{81}$Tl 204.4	$(6s)^2(6p)^2$ $_{82}$Pb 207.2	$(6s)^2(6p)^3$ $_{83}$Bi 209.0	$(6s)^2(6p)^4$ $_{84}$Po (210)	$(6s)^2(6p)^5$ $_{85}$At (210)	$(6s)^2(6p)^6$ $_{86}$Rn (222)
$_{110}$Ds (281)	$_{111}$Rg (280)	$_{112}$Cn (285)	$_{113}$Uut (284)	$_{114}$Fl (289)	$_{115}$Uup (288)	$_{116}$Lv (293)	$_{117}$Uns (293)	$_{118}$Uuo (294)
$(4f)^7(5d)^1(6s)^2$ $_{64}$Gd 157.3	$(4f)^9(6s)^2$ $_{65}$Tb 158.9	$(4f)^{10}(6s)^2$ $_{66}$Dy 162.5	$(4f)^{11}(6s)^2$ $_{67}$Ho 164.9	$(4f)^{12}(6s)^2$ $_{68}$Er 167.3	$(4f)^{13}(6s)^2$ $_{69}$Tm 168.9	$(4f)^{14}(6s)^2$ $_{70}$Yb 173.1	$(4f)^{14}(5d)^1(6s)^2$ $_{71}$Lu 175.0	
$_{96}$Cm (247)	$_{97}$Bk (247)	$_{98}$Cf (252)	$_{99}$Es (252)	$_{100}$Fm (257)	$_{101}$Md (258)	$_{102}$No (259)		

* 新 IUPAC に
** 従来の族名

族 (Zn, Cd, Hg) については，これを遷移元素とみなすか典型元素と
学者の間でまだ完全に一致していない。

人工光合成
光エネルギーによる物質変換の化学

石谷　治・野﨑浩一・石田　斉　編著

三共出版

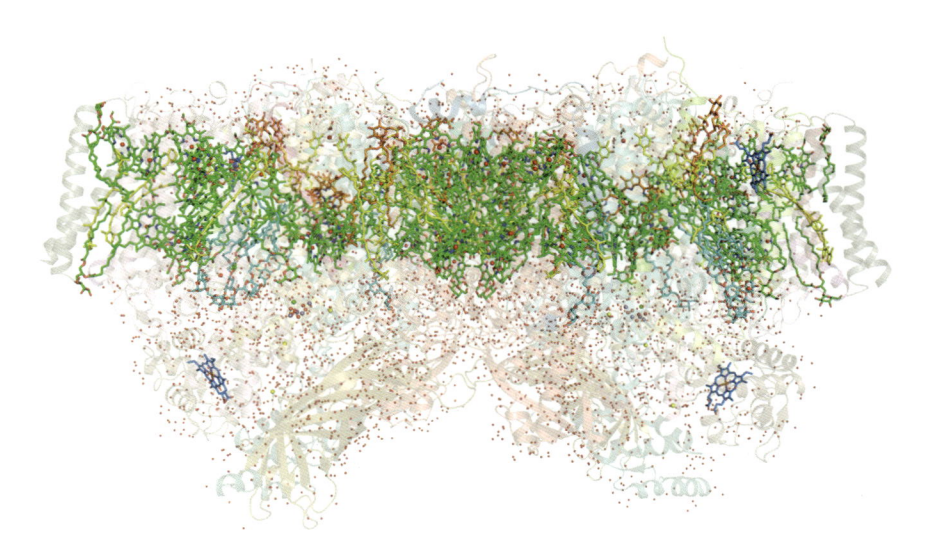

口絵 1　PSII における補欠分子の配置

膜貫通領域には，多くのクロロフィル，カロテノイド，脂質が存在している。ドットは結晶構造解析で同定された水分子を表している（56 頁　図 4-2 参照）

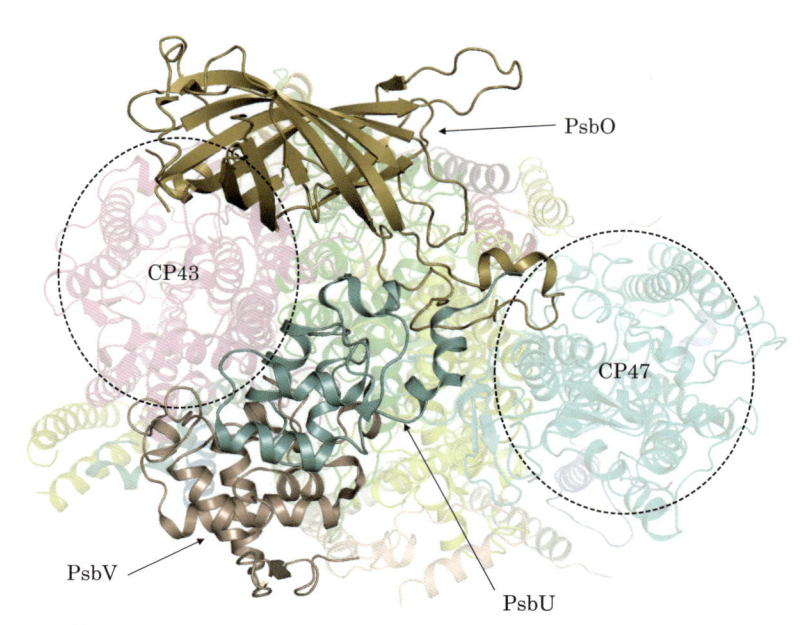

口絵 2　ルーメン側から見た表在性タンパク質（PsbO, PsbU, PsbV）の配置

（57 頁　図 4-3 参照）

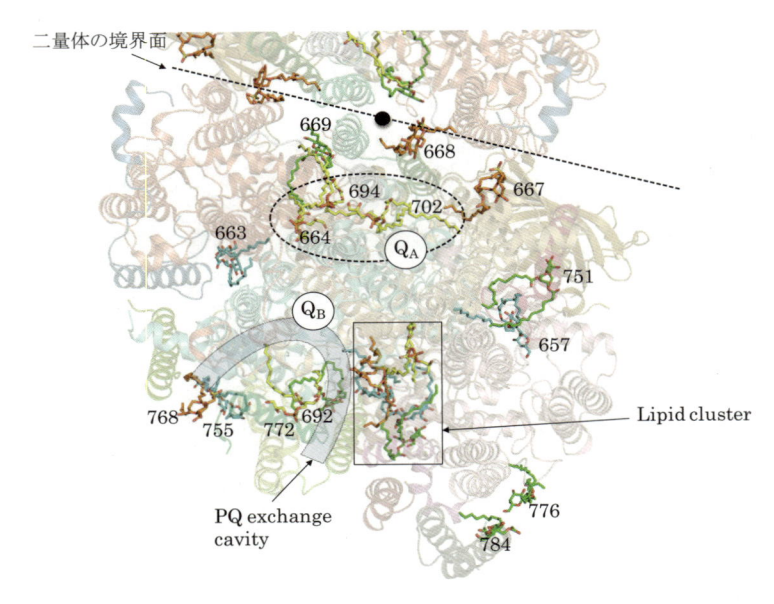

口絵 3　PSII における脂質の配置
結晶構造解析の過程で付与された番号のみ記載した

緑：Monogalactosyldiacylglycerol (MGDG)，シアン：Digalactosyldiacylglycerol (DGDG)，
黄：Phosphatidylglycerol (PG)，橙：Sulfoquinovosyl diacylglycerol (SQDG)（59 頁　図 4-4 参照）

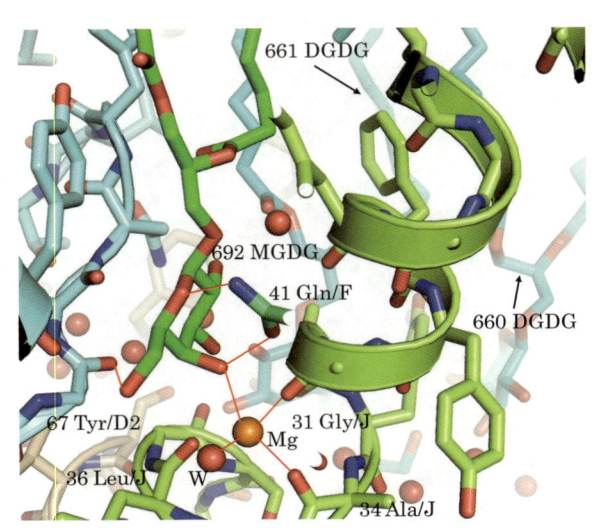

口絵 4　PsbJ と Monogalactosyldiacylglycerol (MGDG)，Mg イオンの相互作用
点線は配位・水素結合を示している（60 頁　図 4-5 参照）

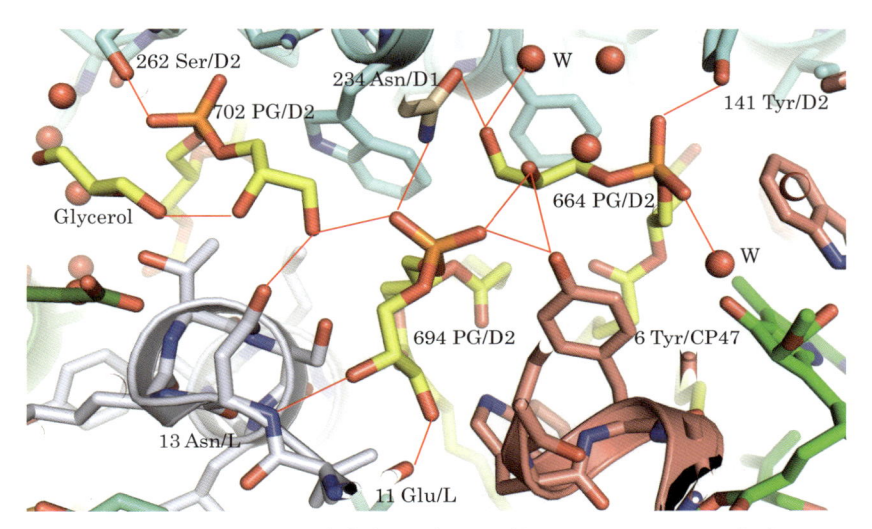

口絵 5　D2, CP47 周辺に存在する温度因子の低い Phosphatidylglycerol（PG）
点線は水素結合を示している（62 頁　図 4-6 参照）

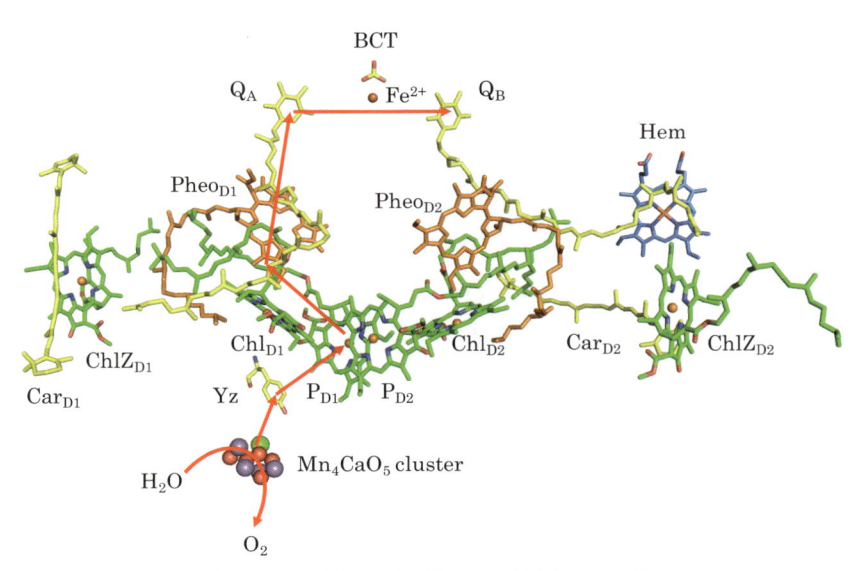

口絵 6　PSII の電子伝達に関与する補欠分子の配置
矢印は電子の流れを示している（64 頁　図 4-7 参照）

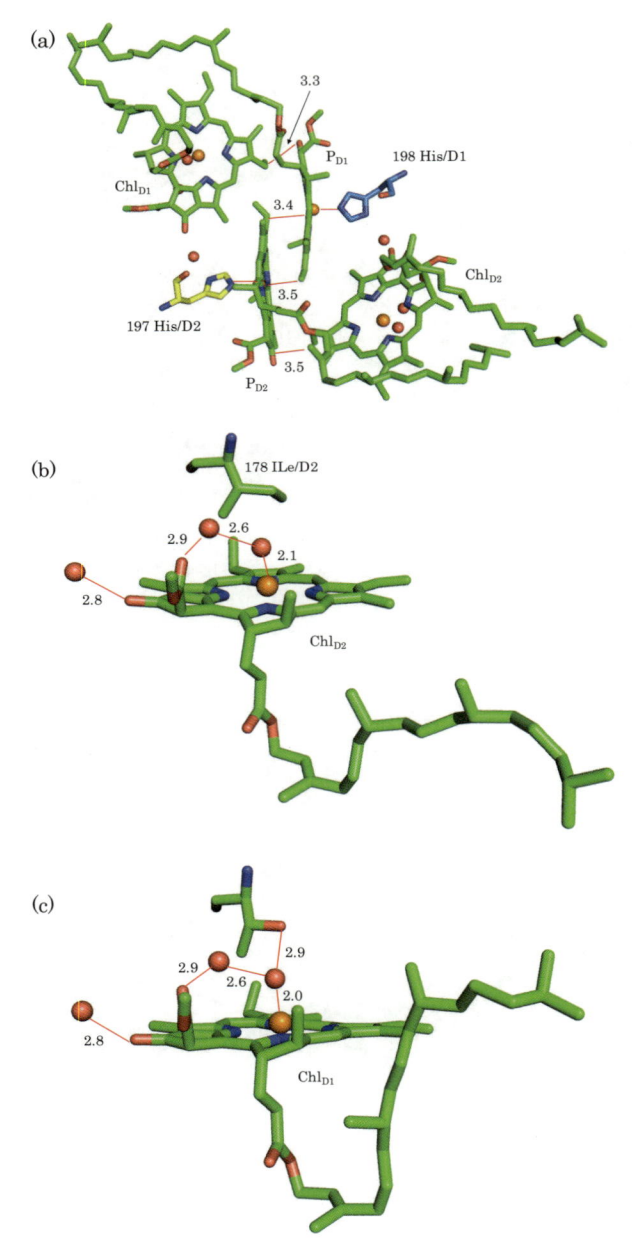

口絵 7 （a）反応中心におけるクロロフィルの配置。（b）ChlD1 の構造。（c）ChlD2 の構造
点線は配位・水素結合を示している（65 頁 図 4-8 参照）

巻　頭　言

　二酸化チタンを陽極，白金を対極とする水溶液の電気化学系で，若干のバイアス下，二酸化チタン電極に紫外光を照射すると，電流が流れると共に両方の電極表面から気泡が発生した。予期しない現象であった。直ちに上方置換法でそれぞれの電極から発生する気体を採取し分析した結果，光を照射した二酸化チタン電極からは酸素が，対極の白金電極からは水素が発生していることを知った。例えば，酸化亜鉛を電極とした場合には，光照射で電流は流れるものの電極が溶け出してしまい。酸素の発生は見られない。しかし，二酸化チタンの場合には電極は全く変化なく，光で水が分解されて水素と酸素が発生したのである。驚きと共に，これは植物の葉っぱの中で起きている光合成と類似しており人工光合成と呼び得る結果であると直感した。約半世紀前の実験を想い起すと感慨深いものがある。Nature誌に論文発表した後，私たちの名前を冠して"Honda-Fujishima Effect"と呼ばれるようになり，現在に至るまで予想外の大きい反響が続いていることは一研究者として大変幸せに感じている。昨今の地球のエネルギー事情，地球環境事情などを鑑みると人工光合成に改めて大きい関心が注がれていることはもっともなことと感じている。しかし，その実現，社会への適用は必ずしも容易ではない。実際に社会に役立つ結果を得るには，持続する志，熱意，徹底的な実験探索努力などに加えて現実的な課題に対する柔軟な対応も必要不可欠であろう。私自身のこれまでの経験からも，現実的な課題への対応には学理を徹底的に深く追求し，本質を把握することで初めて課題の学術的な鍵を発見することができ，また課題を解決する具体策を着想できるのだと感じている。

本書は人工光合成領域の最先端研究者により学理の詳細について分かりやすく執筆されている。本書が読者にとって学理の一端を把握する一助になることを願っている。

2015年4月

東京理科大学　学長

藤嶋　昭

はじめに

　　　　人が不可能と思うとき，やりたくないと決めているのだ。

　　　　　　　バールーフ デ スピノザ（Baruch De Spinoza, 1632 年～ 1677 年）
　　　　　　　　　　　　　　　　　　　　　　　オランダの哲学者，神学者

　植物は光合成により，太陽光エネルギーを使って酸素を出し，二酸化炭素と水からデンプンなどの炭水化物を合成している。これらは栄養源となり地球上の生物を支えているだけでなく，古代の光合成活動の結果生じた有機物は石油などの化石燃料となり，現代の我々の経済活動を支えている。このため，どのような仕組みで光合成が起こるのか，光合成を人工的に行うことによって太陽光と二酸化炭素と水からエネルギー資源や炭素資源が作れないか，という興味は古くからあり，これまでに様々な分野の研究者が取り組み，数多くの研究成果が得られている。光合成の理解に関しては，クロロフィルの構造解明，カルビンサイクルの発見，光合成反応中心の立体構造決定，電子移動反応理論（マーカス理論），ATP 合成酵素の研究など，後に数多くのノーベル化学賞の対象となるような卓越した研究成果がもたらされた。2011 年には，酸素発生光合成系 II の詳細な結晶構造が日本のグループによって初めて解明され，光合成の分子レベルでの理解が一層深まりつつある。光合成を人工的に実現する「人工光合成」については，1970 年代の石油ショックを契機に活発に研究されるようになった。その後，石油の価格が下落し，エネルギー問題に対する危機感が下がったこと，また技術上の困難さから，実現にはまだ時間が掛かるという雰囲気が広まり，「人工光合成」の研究は一度は下火になったが，21 世紀に入り，地球温暖化への対策の必要性が加わることで，海外での研究が再度活発化してきた。一方，日本においては，この分野の研究プロジェクトの立ち上げが遅れた。20 世紀後半には，日本が中心となって研究が進められていただけに，その状況を憂慮した研究者は少なくなかったと考えられる。

　日本での研究が再び活発化したのは，2011 年 3 月 11 日に発生した東日本大震災後である。この未曽有の大災害は，福島第一原子力発電所事故を引き起こし，その後のエネルギー問題の議論における迷走は，我々にエネルギー問題の深刻さと複雑性を見せつけた。将来枯渇が予想される化石資源と，益々深刻化している大気中の CO_2 濃度増大などの環境問題などを考え合わせると，エネ

ルギー問題は現状の技術だけで解決することはできず，新しい技術開発が必要なことは明らかである．

　現状においては，人工光合成は現在直面するエネルギー問題を解決する技術としてカウントされていない．エネルギー技術は，コストなど経済的状況に大きな影響を受ける．したがって，実用化される技術になるかどうかは，今後のエネルギーの需要とコストにも依存し予測が難しいが，基礎研究のレベルであっても，これを継続し将来のエネルギーの選択肢の1つとなる技術に育てる必要がある．

　実現するはずがないという悲観論も不要である．自然界に「光合成」という実際に成功しているシステムがある以上，「人工光合成」は必ず実現すると考えることができる．地球上の生物が，これまで太陽光エネルギーに支えられて繁栄してきたことから考えても，太陽光エネルギーを直接利用する新しい技術を開発することは，人類の持続的発展に必要不可欠なことであろう．

　本書では，光合成研究に携わる研究者，人工光合成を指向する光化学，錯体化学，光触媒の研究者に，それぞれの研究内容を解説いただいた．いずれの執筆者も各分野のフロントランナーであるが，人工光合成が1つの分野だけでは達成できない，分野横断型の技術であることが本書を通して理解いただけるものと思う．2014年11月には第1回人工光合成国際会議（ICARP2014）が日本で初めて開催され，それまで各分野でバラバラに発表してきた成果を一同に会して発表，議論し合うことが如何に有効であるかを参加者に強く印象づけた．

　人工光合成は，「光合成に学び，まねて，超える」ことによってはじめて実現する技術であり，多様な分野の研究者がそれぞれの知恵を持ち寄り，取り組まなければならない，大きなそして喫緊の研究課題である．本書を手に取って下さった方が，少しでも人工光合成に興味をもち，その実現に協力いただけたなら幸いである．

　執筆者の先生方には，ご多忙にもかかわらず本書のために最先端の研究成果とその背景を執筆いただいた．また本書を編集するにあたり，三共出版の高崎久明氏には終始適切な助言をいただいた．これらの皆さんに深く感謝の意を表します．

2015年4月

編著者一同

目　次

巻頭言
はじめに

1章　人工光合成の歴史（井上　晴夫）

1-1　エネルギー変換および物質変換としての光合成 …………………………………… 1
1-2　地球のエネルギー事情 …………………………………………………………………… 2
1-3　太陽光エネルギーの化学変換への期待と人工光合成への強い意識 ……………… 4
1-4　現代科学における人工光合成研究 …………………………………………………… 5
1-5　人工光合成研究の3つのマイルストーン …………………………………………… 6
　　1-5-1　ホンダ-フジシマ効果の発見 …………………………………………………… 6
　　1-5-2　金属錯体による水の化学酸化の発見 ………………………………………… 7
　　1-5-3　金属錯体による二酸化炭素の光還元の発見 ………………………………… 8
1-6　人工光合成とは：その定義 …………………………………………………………… 9
1-7　人工光合成へのアプローチと解決すべき課題 ……………………………………… 11
　　1-7-1　光合成を利用し，超えるアプローチ：生物化学からのアプローチ ……… 11
　　1-7-2　金属錯体触媒や有機色素など分子触媒からのアプローチ ………………… 11
　　1-7-3　半導体光触媒からのアプローチ ……………………………………………… 11
1-8　人工光合成では何がボトルネック課題なのか？
　　　Photon-flux-density problem をいかにして解決するか？ ………………………… 12
1-9　まとめ ……………………………………………………………………………………… 15

2章　光合成系の分子論（民秋　均）

2-1　はじめに …………………………………………………………………………………… 17
2-2　シアノバクテリアにおける光合成 …………………………………………………… 18
　　2-2-1　光化学系 II サイト ……………………………………………………………… 19
　　2-2-2　電子・水素イオン伝達系 ……………………………………………………… 24
　　2-2-3　光化学系 I サイト ……………………………………………………………… 25
　　2-2-4　チラコイド膜を介した電子とプロトンの流れ ……………………………… 27
　　2-2-5　ATP 合成 ………………………………………………………………………… 28
　　2-2-6　二酸化炭素還元 ………………………………………………………………… 30
2-3　色素分子の構造と吸収帯 ………………………………………………………………… 32

| 2-4 | まとめ | 35 |

3章　光合成の光捕集系タンパク質色素複合体の構造と機能
（南後　守・出羽　毅久・近藤　政晴・角野　歩）

3-1	はじめに	36
3-2	光合成膜での光エネルギー変換システム	37
3-3	アンテナ系膜タンパク質による色素複合体の自己組織化と基板上での その色素複合体の機能解析	42
	3-3-1　分子単位で再構成できる LH1 色素複合体	42
	3-3-2　LH1 タンパク質による色素分子の配列	44
	3-3-3　LH1 モデルタンパク質による色素分子の配列	45
3-4	光合成色素タンパク質複合体 LH1-RC の基板上への組織化と 光電変換素子への展開	46
3-5	光合成膜タンパク質（LH2 および LH1-RC）の脂質二分子膜中への 再構成と AFM による集合構造の直接観察	48
	3-5-1　LH2 および LH1-RC の脂質膜（PE-PG-CL 組成膜）中への 再構成と AFM による集合構造観察	48
	3-5-2　再構成膜（PE-PG-CL 組成膜）中での LH2 から LH1-RC への エネルギー移動	50
	3-5-3　LH1-RC および LH2 の C-AFM 測定	51
	3-5-4　脂質二分子膜中での LH1-RC の光電変換機能	52
3-6	まとめ	53

4章　光化学系IIの構造と機能（神谷　信夫・川上　恵典）

4-1	光化学系IIの全体構造	55
4-2	PS II の光捕集と電荷分離・電子伝達反応	63
4-3	Mn_4CaO_5 クラスターの構造とその反応様式	67
4-4	プロトン移動の分子レベルでの考察	70
4-5	まとめ	73

5章　光捕集アンテナ系のモデル研究と人工光合成への応用（宮武　智弘）

5-1	はじめに	78
5-2	天然クロロフィル誘導体による光捕集アンテナモデル	78
	5-2-1　自然に学んだ人工の光捕集アンテナの構築	78

	5-2-2	天然クロロフィルを用いた人工光捕集アンテナ	81
	5-2-3	クロロフィル誘導体を用いた人工光捕集アンテナ	84
5-3	まとめ		87

6章　有機化学的アプローチによるアンテナ分子の合成研究 （荒谷　直樹）

6-1	はじめに	89
6-2	架橋型ポルフィリン多量体	90
6-3	直鎖状メソ位直接結合ポルフィリン多量体	94
6-4	アンテナ機能を発揮するデンドリマー	99
6-5	ポルフィリン超分子	100
6-6	ポルフィリンのフロンティア軌道	101
6-7	まとめ	103

7章　金属錯体を光増感剤に用いる光化学的酸化還元反応の基礎 （酒井　健）

7-1	はじめに	107
7-2	水の可視光分解反応の熱力学と光化学	108
7-3	酸化還元反応の駆動力と電子移動速度（マーカス理論）	110
7-4	水の光化学的な酸化還元	126
7-5	植物の光合成と水の可視光分解の関係	127
7-6	人工色素を用いた水の可視光分解	131
7-7	まとめ	141

8章　金属錯体触媒による光水素生成反応 （山内　幸正）

8-1	はじめに		143
8-2	光水素生成システム		144
	8-2-1	酸化的消光経路と還元的消光経路	144
	8-2-2	水分解の熱力学的要請	145
8-3	犠牲還元剤		147
8-4	光増感作用を持つ金属錯体		149
8-5	均一系水素生成触媒の機能評価		151
	8-5-1	触媒回転数（TON）と触媒回転頻度（TOF）	151
	8-5-2	過電圧による評価	151
8-6	酵素ヒドロゲナーゼ		153
8-7	均一系水素生成触媒		154

	8-7-1　コバルト錯体触媒	154
	8-7-2　ニッケル錯体触媒	155
	8-7-3　ロジウムおよび白金錯体触媒	157
8-8	単一分子光水素生成システム	159
	8-8-1　連結型光水素生成触媒	159
	8-8-2　多機能複合型光水素生成触媒	160
8-9	まとめ	161

9章　金属錯体触媒による光化学的二酸化炭素還元反応（石田　斉）

9-1	はじめに	165
9-2	二酸化炭素還元反応	166
9-3	二酸化炭素還元を触媒する金属錯体	168
9-4	電気化学的および光化学的二酸化炭素還元触媒反応の方法	171
9-5	金属錯体を触媒とする電気化学的二酸化炭素還元反応	175
9-6	金属錯体を触媒とする光化学的二酸化炭素還元反応	180
9-7	光化学的二酸化炭素還元反応における今後の課題と現状	186
	9-7-1　二酸化炭素多電子還元触媒反応	186
	9-7-2　水を電子源とする光化学的二酸化炭素還元反応	187
9-8	まとめ	189

10章　水の酸化反応を触媒する金属錯体（八木　政行）

10-1	はじめに	194
10-2	水の酸化反応の多電子過程と熱力学	195
10-3	水の酸化触媒の役割	198
10-4	水の酸化触媒反応の実験	199
	10-4-1　触媒化学的手法	199
	10-4-2　電気触媒化学的手法	202
	10-4-3　光触媒化学的手法	203
10-5	金属錯体触媒による酸素発生機構	204
	10-5-1　M=O への水分子の求核攻撃による O-O 結合形成	205
	10-5-2　M=O 間のカップリングによる O-O 結合形成	210
10-6	まとめ	211

11章　人工アンテナ物質を利用した光反応系の構築（稲垣　伸二）

- 11-1　人工アンテナ物質 ……………………………………………………………… 216
- 11-2　PMOの構造と光物性 …………………………………………………………… 218
  - 11-2-1　合成と構造 ………………………………………………………… 218
  - 11-2-2　多様なPMOの光物性 ……………………………………………… 219
- 11-3　PMOの光捕集アンテナ機能 …………………………………………………… 224
  - 11-3-1　エネルギー移動の機構 …………………………………………… 224
  - 11-3-2　アンテナ効果 ……………………………………………………… 226
  - 11-3-3　大孔径PMOを利用したエネルギー移動 ………………………… 228
- 11-4　PMOを利用した光触媒系の構築 ……………………………………………… 229
  - 11-4-1　アンテナ型光触媒 ………………………………………………… 230
  - 11-4-2　ドナー/アクセプター型光触媒 …………………………………… 231
- 11-5　まとめ …………………………………………………………………………… 232

12章　人工光合成を目指した半導体光触媒の開発（前田　和彦）

- 12-1　はじめに ………………………………………………………………………… 235
- 12-2　半導体上での光触媒反応の原理 ……………………………………………… 235
- 12-3　犠牲試薬を含む水溶液からの水素または酸素生成 ………………………… 237
- 12-4　金属酸化物を光触媒とした紫外光水分解 …………………………………… 239
- 12-5　可視光応答型光触媒の設計方針 ……………………………………………… 240
- 12-6　遷移金属ドーピング半導体光触媒 …………………………………………… 242
- 12-7　色素増感型光触媒 ……………………………………………………………… 243
- 12-8　固溶体光触媒 …………………………………………………………………… 244
- 12-9　価電子帯制御型光触媒 ………………………………………………………… 244
- 12-10　水の可視光分解に活性な半導体光触媒 ……………………………………… 246
- 12-11　半導体光触媒の高品質化と構造制御 ………………………………………… 247
- 12-12　半導体表面での酸化還元反応の促進−助触媒の開発− …………………… 249
- 12-13　緑色植物の光合成を模倣した二段階励起水分解 …………………………… 253
- 12-14　CO_2還元に活性を示す半導体光触媒 ……………………………………… 255
- 12-15　まとめ …………………………………………………………………………… 256

13章　半導体と金属錯体の機能を融合した人工光合成の構築（森川　健志）

- 13-1　はじめに ………………………………………………………………………… 260
- 13-2　半導体光触媒と金属錯体触媒の特徴 ………………………………………… 260

13-3　半導体と金属錯体を複合した CO_2 還元光触媒の概念 ……………………… 262
13-4　半導体と金属錯体を複合した CO_2 還元光触媒 …………………………… 264
　　　13-4-1　光増感半導体と金属錯体触媒を連結した CO_2 還元 ……………… 264
　　　13-4-2　半導体-複核金属錯体光触媒の複合系 ………………………………… 268
13-5　太陽光照射下における水を電子源，プロトン源とする CO_2 の還元反応 … 269
　　　13-5-1　水を電子源とする光電気化学 CO_2 還元反応 ……………………… 269
　　　13-5-2　水を電子供与剤とする太陽光 CO_2 還元 ……………………………… 273
13-6　まとめ …………………………………………………………………………… 275

14章　天然光合成を利用したハイブリッド型人工光合成系（天尾　豊）

14-1　はじめに ………………………………………………………………………… 278
14-2　葉緑体の構造と役割 …………………………………………………………… 279
14-3　葉緑体と白金微粒子触媒を利用した光水素生産プロセス ………………… 281
14-4　光収穫系タンパク質-色素複合体と白金微粒子触媒を利用した
　　　光水素生産プロセス …………………………………………………………… 284
14-5　葉緑体固定酸化チタン薄膜電極を用いた水を電子媒体とした
　　　バイオ燃料電池 ………………………………………………………………… 288
14-6　まとめ …………………………………………………………………………… 291

15章　光触媒反応に関わる実験法

15-1　均一系光触媒反応の解析方法（石谷　治・竹田　浩之）………………… 293
　　　15-1-1　はじめに ……………………………………………………………… 293
　　　15-1-2　光反応の条件を設定する …………………………………………… 294
　　　15-1-3　光触媒反応の初期過程を追跡する ………………………………… 300
　　　15-1-4　均一溶液において光触媒反応を行う ……………………………… 302
　　　15-1-5　まとめ ………………………………………………………………… 312
15-2　不均一系光触媒を用いた水分解の実験方法と留意点（工藤　昭彦）…… 313
　　　15-2-1　はじめに ……………………………………………………………… 313
　　　15-2-2　粉末光触媒の実験の流れ …………………………………………… 313
　　　15-2-3　光触媒性能評価 ……………………………………………………… 319
　　　15-2-4　半導体光電極を用いた水分解 ……………………………………… 328
　　　15-2-5　まとめ ………………………………………………………………… 331

| 16章 | 金属錯体で創る人工光合成の課題と展望 |

　　　　　　　　　（石谷　治・野﨑　浩一・石田　斉）………………… 333

索　引 ………………………………………………………………………………… 335

第1章
人工光合成の歴史

1-1 エネルギー変換および物質変換としての光合成

　地球の歴史は約46億年と言われている。地球に発生した生命の痕跡は，グリーンランドの岩石中に38億年前の水の痕跡と有機炭素として残されているらしい[1]。さらに生命は進化し，やがて約27億年前頃から光合成の歴史が始まったとされている[1]。地球の生命は地上の緑，植物の光合成によって支えられていることは，古来より生活実感として暗黙の裡に理解されてきたと推定されるが，科学的には17世紀以降の近代科学の発展の流れの中で明確になった。多数の科学者による実験や仮説などを経て，熱力学の創始者の一人であるJ.R. フォン・メイヤー（J.R.von Mayer）がエネルギー保存則を提唱した際，緑色植物の生命活動（化学エネルギー）に対して太陽光をエネルギー入力として考察している（1842年）。ここに太陽光のエネルギー変換という概念の端緒が現れたといえる。約20年後にはJ. フォン・ザックス（J.von Sachs）が太陽光を当てた植物の葉がヨウ素デンプン反応により紫色に変色したことを見出し，緑色植物がデンプンを合成することを見出した。これらはそれぞれ，1) エネルギー変換，と 2) 物質合成　の両面を植物は営むことを示したのである。つまり光合成（Photosynthesis）は，光（Photo-）による合成（Synthesis）として定義されるのである。光合成という用語はC.R. バーネス（C.R.Barnes）が初めて使用している（1893年）。

太陽光エネルギー変換および物質変換システムの，お手本である緑色植物の光合成システムの化学反応としてのポイントは，原料となる水と二酸化炭素から可視光照射により水分子が酸化され，酸素（O_2）と二酸化炭素が還元された糖（$(CH_2O)_n$）を生成することに要約される。つまり，水分子から取り出された4個の電子（明反応）が，段階的に二酸化炭素に移動する（暗反応）ことが鍵となる。エネルギーを縦軸にとれば，光合成では麓（水と二酸化炭素）から太陽光のエネルギーでいわば，山の頂上（糖と酸素）に飛び上ることでエネルギー蓄積を行っている。逆に，山の上から麓に滑り落ちる（糖の代謝・呼吸作用やその完全燃焼）ことにより熱エネルギーを取り出すことができると共に水分子と二酸化炭素が再生される。麓と山の頂上の行き来では無駄なものや有害なものを副生することなく，エネルギーの出し入れと物質の相互変換のみが進行する。つまり光合成はエネルギー変換の視点からも，物質循環の視点からも理想的なシステムといえる（図 1-1）。

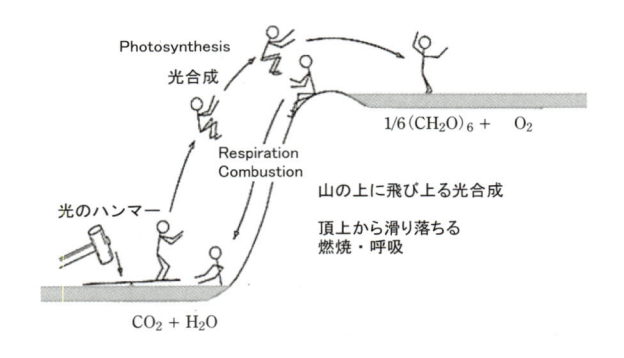

図 1-1　光合成：理想的な物質循環とエネルギー変換システム

1-2　地球のエネルギー事情

　地球上に存在する石油，石炭，天然ガス，シェールオイル，シェールガスなどの化石資源から利用可能な総エネルギー量は，現在人類が使用している総エ

ネルギー量の300〜400倍とされている[2]。しかし，化石資源の使用は膨大な二酸化炭素の排出を伴う。化石資源の枯渇への懸念と同時に，地球大気中の二酸化炭素濃度の急激な増加にも重大な懸念が叫ばれている[3]。一方，光合成産物の植物体をエネルギーとして利用する「バイオマスエネルギー」は光合成で二酸化炭素を取り込み，その燃焼で二酸化炭素を排出するので，全体としての二酸化炭素排出増大はないことになり，カーボンニュートラル利用と呼ばれる。しかしながら，植物による光合成活動の生産エネルギー総量は人間が使用するエネルギー総量の高々，約10倍に過ぎない。しかもその相当部分は陸上の植物ではなく海洋の植物性プランクトンに依っている。従って人類が使用するエネルギーの全てを光合成産物の植物体を利用する「バイオマス」で賄おうとすることは，地球環境の視点からは極めて危険ともいえる。それは陸上と海中の光合成系の10%を破壊することを意味するからである。一方，地球に降り注ぐ太陽光エネルギーは，人類の消費エネルギーの10,000倍以上もあることから，将来のエネルギー源として太陽光に注目しその人工的な利用を考えるのは極めて自然であろう。

　地球規模でのエネルギー事情を考えると，自然再生可能エネルギーへの期待が極めて大きいことは当然ともいえる（図1-2）。

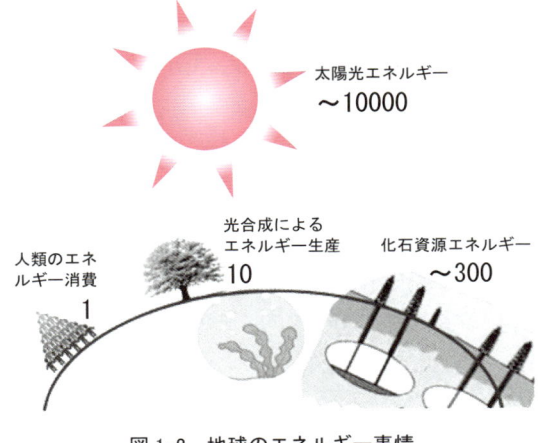

図1-2　地球のエネルギー事情

1-3　太陽光エネルギーの化学変換への期待と人工光合成への強い意識

　将来のエネルギー源として太陽光に注目し，その人工的な利用を考えることについては，既に約 100 年前に Science 誌に掲載された論文中で提唱されている。

　20 世紀に入って光量子仮説（A. アインシュタイン，1905）が提唱されたことを契機として，物質への光照射により誘起される反応（光化学反応）について関心が高まることとなり，分子は 1 個の光子のみを吸収して反応することが理解されるようになった（Stark-Einstein の光化学等量の法則）。その頃，光化学研究の源流に位置づけられているイタリアの科学者 G.L. チアミチアン（G.L.Ciamician）は，植物が生育できない不毛の地には，植物の代わりにガラス製の建物の中にガラス器を置いて光化学反応をさせようという提案を Science 誌に投稿している[4]。

　その文章の一部を引用しよう。

"On the arid lands there will spring up industrial colonies without smoke and without smokestacks, forests of glass tubes will extend over the plains, and glass buildings will rise everywhere; inside of these will take place the photochemical processes that hitherto have been the guarded secret of the plants, but have been mastered by human industry which will know how to make them bear even more abundant fruit than nature, for nature is not in a hurry and mankind is."

　自身の実験棟の窓辺におびただしい数のガラスフラスコをならべて太陽光を照射し，実験している写真は大変印象的であり，チアミチアンの強い意志を感じる（図 1-3）。

1　人工光合成の歴史

図1-3　実験棟の窓辺のおびただしい数のガラスフラスコとG. L. チアミチアン

　彼は植物の光合成への畏敬の念と，自然を学び，理解し，真似をし，やがては自然を超えて，人工的な方法で太陽光を利用して化学合成しようとする『太陽光エネルギーの化学変換への期待と人工光合成への強い意識』を表したのである。まさに「人工光合成」の科学的歴史の始まりといえるであろう。

1-4　現代科学における人工光合成研究

　物質に光を照射して化学反応（物質変換）を誘起する光化学反応に関する研究は，20世紀に飛躍的に進展した。分子の光照射による励起，緩和，反応などの一連の過程を理解するには主に，
　① 分子の選択的励起が可能であること
　② 電子励起状態は高エネルギー状態であること
　③ 電子励起状態からの変化は本質的に動的過程であること
　④ 電子供与性，受容性が飛躍的に増大すること
　⑤ 対称性の因子が反応を規定すること
　⑥ 電子スピンの多重度が反応を規定すること
などの諸要因について，熱過程で進行する基底状態の化学反応では必ずしもあ

らわには見えなかった本質に，切込む必要があることが明確になった。結果として，分子の動的挙動に焦点を当てた分子光化学領域が確立した[5,6]。分子構造や電子構造の解明を可能にする分子分光学，分子の動的挙動を計測する超高速化学計測などは，レーザーの発展と共に飛躍的な進展を遂げ，分子光化学領域の基本的方法論の1つとして不可欠のものとなった。結果として電子励起エネルギー移動，電子移動など具体例の膨大な蓄積，整理がなされ，各過程についての詳細な理解が可能になった。

このような現代科学における光化学，光生物学分野などの基礎的な科学的土壌とそれらの飛躍的発展を背景に，現代の人工光合成研究は次の3つのマイルストーンとなる研究報告により大きく触発されて発展したといえる。

1-5 人工光合成研究の3つのマイルストーン

1-5-1 ホンダ-フジシマ効果の発見[7]

東京大学生産技術研究所で写真化学・電気化学領域を担当する本多健一助教授研究室に所属する大学院生であった藤嶋昭は，電極に光を照射した場合の電気化学挙動への影響を研究している途上で，電解質水溶液中，若干のバイアス存在下で陽極に二酸化チタン（TiO_2）結晶を用い紫外線を照射すると，両極の間に電流が流れ，対極の白金電極から水素が発生し，光を照射している陽極の二酸化チタンからは酸素が発生することを見出した[7]（図1-4）。通常では水の電気分解が起きない低バイアス条件で，陽極への紫外光照射により水の電解化学分解が進行したことから，従来の電気化学の常識では解釈できない現象であった。発見当時は現象論的な説明として陽極の酸化電位が光照射により電位シフトしたと受け止められた。現在では，この電位シフトは合理的な現象として理解されている。光照射によって半導体の価電子帯から伝導帯への電子遷移が起こると，伝導体上の電子は強い還元力を付与されると共に，価電子帯の正孔は強い酸化力を有する。このことは，分子への光照射によって生成する電子励起状態における電子供与性の増大と電子受容性の増大と同様の現象として理解ができる。発見当時は，半導体の価電子帯，伝導帯，光吸収などの物理的理

解は進んでいたが，化学反応（酸化還元反応：電極反応）との関連性には，必ずしも理解が充分ではなかったようである。いわば当時の常識を覆す画期的な発見であったことから，Nature 誌に論文が掲載された後，二酸化チタンへの光照射による水の分解現象は，発見者の名前を冠してホンダ-フジシマ効果と呼ばれるようになった。発見者の藤嶋は，光照射により水が分解することを見て，『これは植物の光合成と類似のことが起きている』と直感したという。まさにこの発見が，現代における人工光合成研究の端緒となったといえる。その後世界中で半導体光触媒の研究が開始されたが，直ちに実用化への見通しを持つには至らなかった。最大の問題は，二酸化チタン半導体光触媒による水の光分解反応を誘起するのが，紫外光に限られることであった。二酸化チタンが光吸収できるのは約 400 nm 以下の短波長の光である。太陽光エネルギーの数％を利用し得るに過ぎないことから，いかにして可視光を吸収する半導体光触媒を開発するかが半導体光触媒による人工光合成を実現するための最大の課題となっている。本書でもその後の我が国を中心とするめざましい新展開が述べられている。

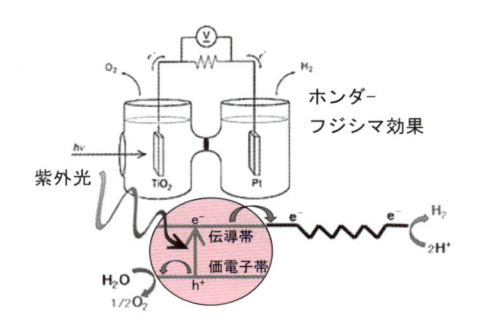

工業化学雑誌, **72**, 108 (**1969**). Bull. Chem. Soc. Jpn., **44**, 1148 (**1971**). Nature, **238**, 37 (**1972**).

図 1-4　半導体光触媒（ホンダ-フジシマ効果）による水の光分解

1-5-2　金属錯体による水の化学酸化の発見[8]

分子光化学分野においてもホンダ-フジシマ効果の発見に触発されて，1970年代以降からは，特に人工光合成を意識したエネルギー移動や電子移動に関す

る基礎研究に大きく注目が集まった。可視光の吸収特性を有する金属錯体や有機色素などを分子触媒候補とする多くの基礎研究の中で，T. J. マイヤー（T. J. Meyer）等による水の化学酸化の報告は極めて大きいインパクトを与えるものであった[8]。Ce^{4+}によってRu(II)金属イオンの二核錯体を化学的に四電子酸化すると，水が酸化されて酸素分子が発生した（図1-5）。反応性収率は決して高いものではなかったが，化学的に極めて安定な水分子を酸化活性化して四電子酸化生成物である酸素分子を生成できたということは画期的な発見であった。当初は，Ru(II)二核錯体の化学的な四電子酸化で2つのRu(III)が生成しそれぞれに配位している水酸基が活性化されて分子状酸素が生成するという機構が提唱されたが，最近では，単核Ru(II)錯体でも化学酸化や電気化学酸化により，効率よく水から酸素発生が可能であるなど，新展開が見られる。また，Ru(II)錯体以外の金属錯体でも化学酸化や電気化学酸化により，水から酸素を発生できることが報告されている。本書でもその詳細が述べられている。

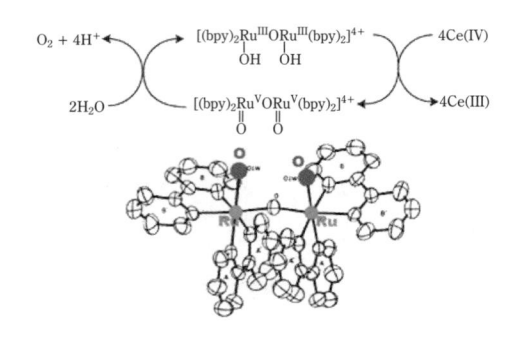

図1-5 Ru 二核錯体の化学酸化による水からの酸素発生

1-5-3　金属錯体による二酸化炭素の光還元の発見[9]

マイヤー等による水の化学酸化の発見の数年後に，人工光合成研究の歴史で3番目のマイルストーンとなる研究が報告された[9]。クリプタントなどの包接化合物の業績でノーベル化学賞を受賞したフランスのJ.M.レーン等は，Re(I)ビピリジン錯体への紫外光照射により二酸化炭素が還元されて，二電子還元生

成物である一酸化炭素を生成することを報告した（図 1-6）。この系は量子収率が 10% を超える高い反応性を示す。二酸化炭素還元の電子源はトリエタノールアミンなどのアミン類であり，水を電子源とする反応ではないが，人工光合成系の中で還元末端となる二酸化炭素を光還元する半反応を見出した点において画期的であった。二酸化炭素還元の反応機構については，最近まで不明な点が多く残されていたが，近年急速にその分子機構が明らかになりつつある。また，本反応は主に紫外光照射により誘起される二酸化炭素還元反応であるが，反応性の更なる向上や可視光による二酸化炭素の還元反応などの新展開について本書に述べられている。

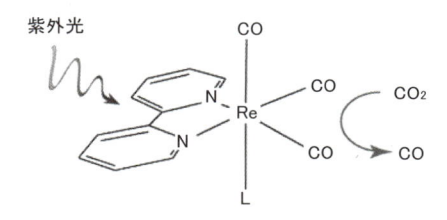

in DMF/TEOA = 5/1

図 1-6　Re(I) 錯体による二酸化炭素の光還元

1-6　人工光合成とは：その定義

さて，人工光合成とは何か？　その定義を明確にしておこう。天然の光合成は，狭義には緑色植物が行っている水から電子を汲み出して酸素を発生させ，汲み出した電子を二酸化炭素に運んで還元固定する活動と理解されている。従って人工光合成とは，狭義には天然の光合成と同様に水と二酸化炭素を原料にして，可視光で酸素と二酸化炭素の還元物を得る人工的な方法として定義するのが一見自然に思える。しかし，生命の進化の系列を見ると古細菌（ロドプシン型光合成を行う種がある）：真正細菌（緑色および紅色細菌（H_2S を電子源とし酸素は発生しない光合成），緑色および紅色非硫黄細菌（アルコールを

電子源とし酸素は発生しない光合成），シアノバクテリア（水を電子源とし酸素を発生する光合成）：真核生物（菌類，植物（酸素発生型の光合成），動物）とさまざまである[1]。また還元反応の側も，二酸化炭素の還元に加えて，生体内にはヒドロゲナーゼ（水素やメタンの生成に関与する），ニトロゲナーゼ（窒素の還元固定に関与する）など多種多様である。つまりは多様な天然の光合成に共通するのは，光エネルギーを駆動力および入力エネルギーとして登り坂方向に電子を運ぶことと要約できる。さらには，1章1節で述べたようにJ.R. フォン・メイヤーによる「太陽光のエネルギー変換」に通じる解釈とJ. フォン・ザックスによる「太陽光による物質変換」としての解釈，歴史的経緯を鑑みると人工光合成とは，

① 太陽光をエネルギー源とする
② 水を原料とする
③ 登り坂反応により有用生成物を得る

の3条件を満たす系として定義することができる。「有用生成物」としては還元側では，水素や二酸化炭素の還元生成物などが目標になる。また，酸化側では，水を原料にするので四電子酸化生成物として分子状酸素，二電子酸化生成物としては過酸化水素，その他，有用酸素化生成物などが生成の目標となる。この定義は現代における「持続する地球」のエネルギー・環境問題を解決し得る科学技術課題としての趣旨からも明快である（図1-7）。

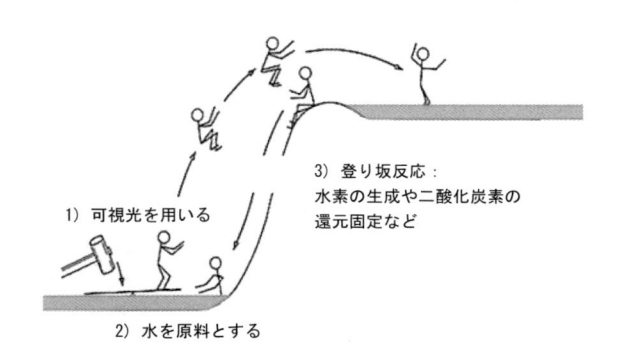

図1-7 人工光合成の定義

1-7 人工光合成へのアプローチと解決すべき課題

1-7-1 光合成を利用し,超えるアプローチ:生物化学からのアプローチ

　天然の光合成では可視光のエネルギーで水から電子を取りだす過程(明反応)の効率は極めて高い。最近,我が国において沈,神谷等が光合成酸素発生中心(PSII)の構造解明に成功し,画期的な成果として世界的に注目されている[10,11]。一方,取り出した電子を二酸化炭素まで段階的に移動させる過程(暗反応)では,自身の生命活動にもエネルギーを消費するので炭水化物を生成・蓄積する全体のエネルギー変換効率は一般に1%程度以下と低い。そこで明反応部分はそのまま利用して,暗反応部分を高効率な人工系として全体の高効率化を図ろうとするアプローチがある。しかし,この方法での最大の課題の1つは,植物体から外に取り出した明反応部分の活性をいかにして持続させることができるかであろう。

1-7-2 金属錯体触媒や有機色素など分子触媒からのアプローチ

　天然光合成のクロロフィルにヒントを得て,可視光照射により電荷分離状態を引き起こすことができる色素類,金属錯体類(分子触媒)を用いて,水を酸化し,水素の発生や,二酸化炭素の還元を図るアプローチがある。酸化側および還元側の反応それぞれで近年大きいブレークスルーが報告されている。このアプローチの課題の1つは,いかにして水分子から電子を有効に取り出すことができるかにあるが,最大の課題は,次節で述べるように,いかにして太陽光の低い光子束密度に対応できるかであろう。

1-7-3 半導体光触媒からのアプローチ

　これは半導体の二酸化チタンによるホンダ−フジシマ効果を一層展開しようとするものである。このアプローチでの最大の課題は,紫外光ではなく可視光,さらには赤外光をいかにして有効に利用できるか? 半導体中のキャリアー再結合をいかにして抑制できるか?等であろう。近年,我が国において可視光を

用いた半導体光触媒が開発され大きく注目されており本書でも述べられている。

1-8 人工光合成では何がボトルネック課題なのか？
Photon-flux-density problem をいかにして解決するか？

　マイヤー等による金属錯体，分子触媒による水の化学酸化の発見[6] 当時は，化学酸化過程を光化学過程に置き換えれば人工光合成系の最も重要な水の光化学的酸化活性化が容易にできると考えられたが，その後長い間，困難な状況が続いている。現時点では水の光化学的酸化の困難さがいわば人工光合成のボトルネック課題となっているといわざるを得ない。それは何故なのか？　従来，露わには気付かれることがなかった問題がある。それは，太陽光の光子束密度の低さである。"Photon-flux-density problem" と呼ぶ[12,13]。以下，その要点を述べよう。

　天然の光合成過程に学び，水の酸化について同じ反応形式で人工系を構築しようとすれば，もちろん水を酸化して分子状酸素を生成する反応形式に固執することになる。水を含む系で分子触媒の可視光照射によって酸素が発生すれば，水自身が電子源になっていることの直接証明にもなるので尚更である。水分子から酸素を発生するには反応式（1-1）のように四電子酸化の化学過程が必要となる。

$$2H_2O \longrightarrow O_2 + 4H^+ + 4e^- \qquad (1\text{-}1)$$

　つまり，4電子を水から可視光照射で引き抜く必要がある。通常，光照射により生成する分子の励起状態からの電子移動では1電子しか移動しない。1章1節で述べたように分子は1個の光子のみを吸収して反応する（Stark-Einstein の光化学等量の法則）ので4電子を引き抜くには4光子が必要となるが，その場合，1個ずつ段階的に4光子を照射することになる。それでは，太陽光から降り注ぐ光子はどのくらいの空間・時間間隔（光子束密度：Photon-flux density）を有するのか？　分子触媒がどのくらいの頻度で光子を吸収するのか？　典型

1 人工光合成の歴史

例として，例えば，金属錯体の中では非常に大きい吸光係数を有する Sn テトラフェニルポルフィリン（SnTPP, ε_{max} ; 5.53 × 10^5 (420 nm) M^{-1}cm^{-1}）がデバイス膜上に吸着固定されている場合について概算してみよう[14]。もし，分子触媒（S）を用いて水の四電子酸化を進行させようとすると，式（1-2）のように分子触媒（S）を＋4 の状態まで酸化活性化する必要がある。

$$S(0) \xrightarrow[-e]{h\nu} S(+1) \xrightarrow[-e]{h\nu} S(+2) \xrightarrow[-e]{h\nu} S(+3) \xrightarrow[-e]{h\nu} S(+4) \qquad (1-2)$$

図 1-8 に太陽光の放射分布（AM1.5 の条件の際の光子数/面積・時間）と SnTPP の光吸収断面積を示す[13]。両者の積を全波長に渡って積分すれば，全太陽光照射の下でデバイス上に固定された SnTPP が吸収する単位時間当たりの光子数を算出することができる。SnTPP のように非常に強く可視光を吸収する分子触媒の場合でも 1 秒間に 5.75 光子しか吸収できない。つまり SnTPP は 0.17 秒毎に 1 回，光子を吸収して励起状態になる。

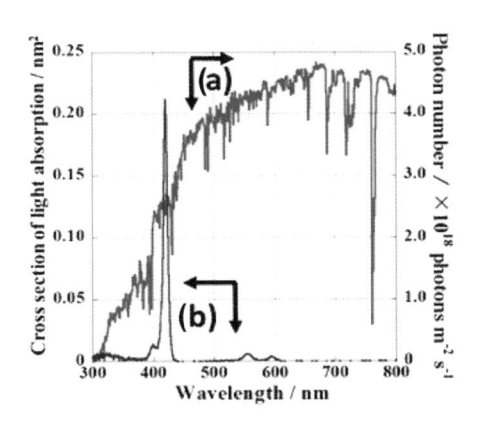

図 1-8　太陽光（AM1.5）の光子数分布（a））と SnTPP の吸収断面積（b））

段階的に 4 光子を吸収するには，その 4 倍の 0.68 秒かかるということになる。つまり，水の四電子酸化に必要な状態（S(+4)）を生成するには，分子触媒（S）にとっては秒オーダーで次の光子が分子に到着するのを待たなければならな

い。この時間間隔は分子の時間スケールからは，極めて長い時間といえる。例えば，溶液中では 1 M の溶質に対し分子拡散速度定数（$\sim 1 \times 10^{10}$ M^{-1} s^{-1}）から計算すると，1 秒の間に 10^{10} 回もの頻度で分子間衝突をするはずである。次の光子を待つ間に分解や副反応が起きてもおかしくない。分子の酸化，還元状態を観測する電気化学的手法としてサイクリックボルタンメトリーがよく知られているが，通常，酸素がない状態では還元波は可逆波として観測されることが多いのに対し，酸化波は不可逆波として観測されることが非常に多い。つまり，酸化された状態（一電子酸化状態（S(+1)））ですら電位を高速逆掃引しても再還元するまでの時間の間に分解することが多いのである。高い酸化活性化状態にある分子触媒（S(+n)）は速かに分解や副反応を起こすので，とても秒オーダーで次の光子を待つ程の安定性はないのである。このような課題を "Photon-flux-density problem"（光子束密度条件の問題）という。上では，典型例として SnTPP のような分子触媒が膜などのデバイス上に固定されている[†1]として推算，考察をしたが，溶液中での分子触媒反応では，同一分子上に光子が到着する時間はさらに長くなるので一層の困難さが増すことになる。光子束密度条件の問題は，光合成が行い，かつ人工光合成が目指している多電子変換反応に特徴的なものといえる。太陽電池のように，本質的に 1 電子のみの関与で完結するシステムではこの問題は起きないのである。

　それでは，これらの光子束密度条件の問題をどのように解決すればよいのだろうか。解決策は 2 通りあり得るはずだ。1 つは，上記の光子束密度条件に適合した分子触媒系を構築することであり，もう 1 つは光子束密度条件を回避することであろう。

　前者への取り組みとしては，到着する光子の時間間隔を分子触媒系の触媒反応回転因子（Turnover frequency）といかにして適合させるかであるが，実は天然の光合成系はそのために光補集系を用意していると解釈できるのである。また反応中心が高酸化状態にある間に分解しないようタンパク質環境が保護していると考えられるのである。

　一方，後者の光子密度条件を回避する方法は有り得るのか？　これには 1 光

[†1] 天然の光合成反応中心はチラコイド膜の中に固定されている。

子のみで水の酸化活性化が誘起できれば良いことになる。そうすれば，次の光子の到着を待たなくて済む。著者等は，水の1光子による酸化活性化反応をこれまでに既に提唱してきているが[14]，ここではその詳細は省く。

以上のような光子束密度条件の問題は分子触媒からのアプローチのみに関わる問題ではなく，半導体上や電極上に分子触媒を吸着させて反応促進を図ろうとする際にも非常に重要な因子となる。

光子束密度条件の問題をいかにして解決するかの視点は今後の戦略的な取り組みに極めて示唆に富んでいる。

1-9 まとめ

人工光合成系を構築しようとする研究努力は現在までは，1章7節で述べた3つのアプローチが主であるが，将来的には融合する形で発展する可能性が極めて高い。太陽電池技術との融合・発展も充分に考えられる。太陽電池により得た電力で電気化学反応を通して物質変換（例えば，水の電気分解による水素と酸素の生成や二酸化炭素を還元してメタンを生成させる）により化学エネルギーに変換・蓄積することも有力な選択肢の1つになろう。人工光合成研究で開発された多電子変換触媒や分子触媒が，電極上での反応促進の鍵を握ることは間違いない。現時点で人工光合成技術の本命はこれだと決め打ちはできない。近年の研究努力を俯瞰すると，数年以内にブレークスルーが続出する可能性が高い。

引用文献

1) 伊藤滋, 光合成研究, **22**（1）（2012）.
2) British Petroleum, Statistical Review of World Energy（2014）.
3) International panel on climate change, Fifth Assessment Report（AR5）（2014）. http://www.ipcc.ch/
4) G. L. Ciamician, *Science*, **36**, 385（1912）.

5) 例えば, N. J. Turro, V. Ramamurthy, J. C. Scaiano, "*Principles of Molecular Photochemistry: An Introduction,*" University Science Books, California, (2009). 邦訳：井上晴夫，伊藤収　監訳,『分子光化学の原理』, 丸善 (2013).
6) 井上晴夫, 高木克彦, 佐々木政子, 朴鍾震,「光化学 I」, 丸善 (1999).
7) A. Fujishima, K. Honda, *Nature*, **238**, 37 (1972).
8) S. W.Gersten, G. J. Sasmuels, T. J. Meyer, *J. Am. Chem. Soc.*, **104**, 4029 (1982).
9) (a) J. Howecker, J.-M. Lehn, R. Ziessel, *J. Chem. Soc., Chem. Commun.*, 536 (1983)., (b) J. Hawecker, J.-M. Lehn, R. Ziessel, *Helv. Chim. Acta.*, **69**, 1990 (1986).
10) Y. Umena, K. Kawakami, J.-R. Shen, N. Kamiya, *Nature*, **473**, 55 (2011).
11) M. Suga, F. Akita, K. Hirata, G. Ueno, H. Murakami, Y. Nakajima, T. Shimizu, K. Yamashita, M. Yamamoto, H. Ago, J.-R. Shen, *Nature*, **517**, 99 (2015).
12) H. Inoue, T. Shimada, Y. Kou, Y. Nabetani, D. Masui, S. Takagi, H. Tachibana, *Chem. Sus. Chem.*, **4**, 173 (2011).
13) F. Kuttassery, S. Mathew, D. Yamamoto, S. Onuki, Y. Nabetani, H. Tachibana, H. Inoue, *Electrochemistry.*, **82**, 475 (2014).
14) 例えば, H. Inoue, M. Sumitani, A. Sekita, M. Hida, *J. Chem. Soc. Chem. Commun.*, 1681 (1987)., S. Takagi, M. Suzuki, T. Shiragami, H. Inoue, *J. Am. Chem. Soc.*, **119**, 8712 (1997)., S. Funyu, T. Isobe, S. Takagi, D. A. Tryk, H. Inoue, *J. Am. Chem. Soc.*, **125**, 5734 (2003). など

第2章
光合成系の分子論

2-1 はじめに

　光合成は，光エネルギーを化学エネルギーに変換するシステムである。この光合成には，大きく分けて2つのシステムがあり，1つは水を電子源とした植物型のものであり，もう1つは水よりも電子を獲得しやすい化合物（硫化水素や水素などの無機化合物や様々な有機化合物）を電子源とした細菌型のものである。前者では水を電子供与体として利用するために，水の酸化が起こり，最終的に酸素が発生する。従って,酸素発生型光合成生物と呼ばれている。一方,後者は水の酸化による酸素発生を伴わず，酸素非発生型光合成生物と呼ばれている。

　水の酸化を行いつつ，生物が利用しやすくて高い化学エネルギーを有する化合物の合成を行うためには，大きなエネルギーが必要であり，そのエネルギーは紫外部の光エネルギーに対応する。つまり，一段階の光励起で水の酸化と高エネルギー化合物の合成を行うためには紫外光が必要であり，そのような光は地球上に届く太陽エネルギーの中にあまり含まれていない。そこで，酸素発生型光合成生物は，太陽エネルギーの中に多く含まれる可視部の光エネルギーを2回吸収して，水の酸化と高エネルギー化合物合成を行っている。例えば，波長が300 nmという高いエネルギーの紫外光が必要なときに，より低いエネルギーである波長600 nmの可視光を2回吸収して，対応しようとしたのと同じ

である：波長の逆数がエネルギーに対応することに注意（光エネルギー＝プランク定数×光速÷波長）。

　一方，面倒な水の酸化を伴わない酸素非発生型光合成生物では，水よりも酸化しやすい化合物を電子源として利用しつつ，高エネルギー化合物の合成を行っているので，可視部よりもエネルギーの低い近赤外部の光による一段階励起でも生育可能である（もちろん，可視光照射でも問題ない）。つまり，二段階の光励起が必要な酸素発生型光合成生物の光合成器官よりも，一段階光励起しか必要のない酸素非発生型光合成生物の光合成器官は単純になる。

　本章では，酸素発生型光合成生物であるシアノバクテリア（ラン藻や藍色細菌と呼ばれることもある）における光合成を分子レベルで説明する。その後に，その初期過程における光吸収用の色素分子に関して，その構造と機能についても触れる[1]。

2-2　シアノバクテリアにおける光合成

　酸素発生型光合成生物には，まず高等植物があげられる。皆さんが生活している陸上で見られる木々や草花がこれにあたり，馴染み深いものである。一方，より単純な生物である細菌（バクテリア）にも酸素発生型光合成を行うものがあり，シアノバクテリアがそれにあたる。高等植物が行う光合成も，シアノバクテリアが行う光合成も，基本的には同じ酸素発生型光合成であるので，ここでは研究の進んでいるシアノバクテリアでの酸素発生型光合成について説明する。なお，通常の細菌型光合成は酸素非発生型であるが，シアノバクテリアは酸素発生型光合成を行うことができる細菌であることにご注意いただきたい。

　シアノバクテリアの光合成では，二酸化炭素と水から高エネルギー化合物である炭水化物（CH_2O）と酸素が合成され，その反応式は次のように示せる。

$$CO_2 + H_2O + 光エネルギー \longrightarrow CH_2O + O_2$$

　この光化学反応は，チラコイドと呼ばれる袋状の小器官およびその周辺部で行われる。チラコイドは，チラコイド膜といわれる二分子膜で覆われており，その膜の外側を細胞質（植物におけるストロマに対応），内側をルーメン（内腔）

2 光合成系の分子論

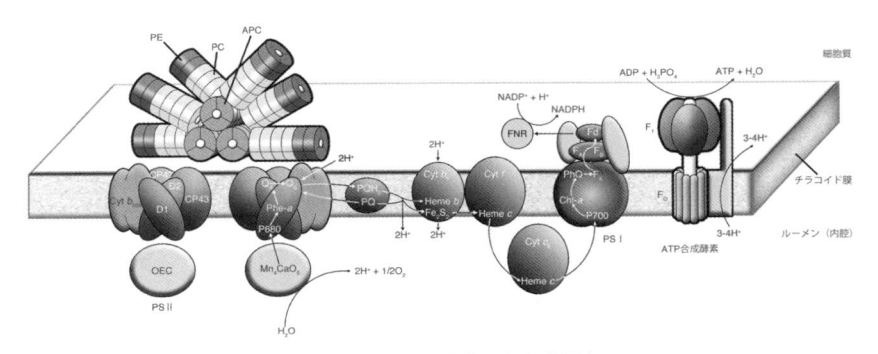

図 2-1　チラコイド膜の光合成器官
APC: アロフィコシアニン；Chl-*a*: クロロフィル *a*; CP: クロロフィル *a* 結合タンパク質；Cyt: シトクロム；$F_A/F_B/F_X$: 鉄 - 硫黄センター；Fd: フェレドキシン；FNR: フェレドキシン-$NADP^+$オキシドレダクターゼ；OEC: 酸素発生複合体；PC: フィコシアニン；PE: フィコエリスリン；Phe-*a*: フェオフィチン *a*；PhQ: フィロキノン；PQ: プラストキノン；PS: 光化学系；Q: キノン

と呼んでいる（図 2-1）。光を吸収し，エネルギー変換を行う光合成初期過程に関与するタンパク質はチラコイド膜近辺に存在し，膜表面にある膜表在性タンパク質と，膜内にある膜内在性タンパク質との二種類がある。

2-2-1　光化学系 II サイト

　光合成初期過程では，まず光吸収によって反応が開始される。太陽光の単位面積あたりのエネルギー密度は比較的低いので，効率的なエネルギー変換のためには，光エネルギーを広い面積で集めて集約するという器官が必要である。この器官は，光収穫部や光合成アンテナ部と呼ばれており，単にアンテナ部（あるいは集光部）とも称される。シアノバクテリアには，フィコビリゾームと呼ばれるチラコイド膜の細胞質側に接着したアンテナ部が存在している（図 2-1）。

　フィコビリゾームは，膜表在性タンパク質であるフィコビリンタンパク質が多数集積した複合体である。フィコビリンタンパク質の単量体は，ビリン型色素分子（2 章 3 節参照）がポリペプチドにチオエーテル結合で共有結合したタンパク質である。この単量体が 3 つ集まって三量体を形成し，ドーナツ状のユニットを形成している（図 2-2）。このユニットの真ん中の穴の部分にリンカータンパク質が結合して，多数のユニットが集積して棒状の複合体を形成している。コアと呼ばれる棒状の複合体がその側面で 3 つ集合してチラコイド膜に接

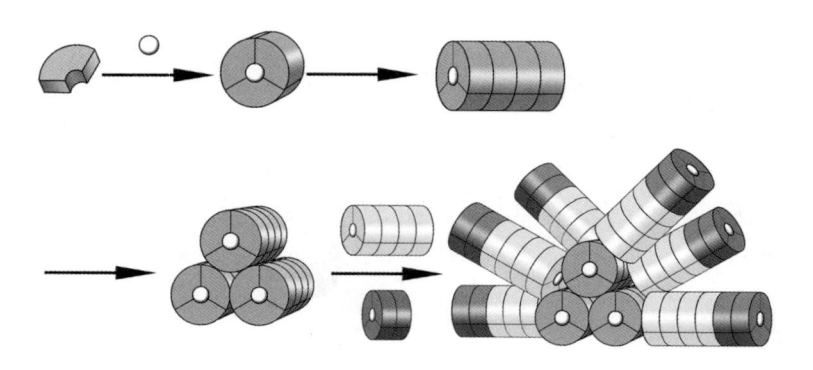

図 2-2　フィコビリゾーム形成の模式図

着し，さらにロッドと呼ばれるコアとは異なる棒状の複合体が，その底面でコアの接着していない側面上に結合して，フィコビリゾームを形成している。多数のロッドで吸収された光エネルギーは，コアへとその励起エネルギーを移動させている。ここで，アロフィコシアニンと呼ばれるフィコビリンタンパク質がリンカータンパク質とともに多数集合してコアを形成し，フィコシアニンと呼ばれるフィコビリンタンパク質が同様に多数集合してロッドを形成している。さらに，フィコエリスリンと呼ばれるフィコビリンタンパク質が多数集合してロッドを形成し，フィコシアニンのロッドの外にロッドの底面同士を接着して結合していることもある。それぞれのロッドの吸収帯は，フィコエリスリン型（吸収極大が約 560 nm），フィコシアニン型（約 620 nm），アロフィコシアニン型（約 650 nm）の順に長波長シフトしており（つまりこの順に励起エネルギー準位が低下する），励起エネルギーをこの順に伝達することが可能になっている。

　チラコイド膜上に接着しているフィコビリゾームは，その集光（収穫）した励起エネルギーを，その膜に埋め込まれた光化学系 II（「こうがくけい」と呼び，「ひかりかがくけい」とは読まないこと：photosystem II = PSII；日本語では「化学」が入っているが，英語では「化学」という言葉は入っていない点にも注意）に伝達する。光化学系 II を略して系 II ということもあるし，II を 2 と書くこともある（本章では光化学を略さず，II で統一する）。光化学系 II は，電荷分離を行う反応中心部とそれに隣接したアンテナ部とシトクロム b_{559} から

なり，それに水の酸化を行うタンパク質がルーメン側で接着している（図2-1；フィコビリゾームのくっついている細胞質側とは反対側）。光化学系IIは，チラコイド膜内でゆるく二量体を形成して，フィコビリゾームと結合している。

この反応中心部は，D1 タンパク質と D2 タンパク質からなり，一次電子供与体である P680 と呼ばれる種と一次電子受容体であるフェオフィチン *a* と二次/三次電子受容体のプラストキノンなどを含んでいる（図 2-3）。D1 タンパク質と D2 タンパク質は類似のポリペプチドで，上記の補欠分子（電子授受体）もほぼ同じように配置されているので，光化学系IIの反応中心部はヘテロ二量体とも称される。紅色光合成細菌の光化学系II型反応中心部における一次電子

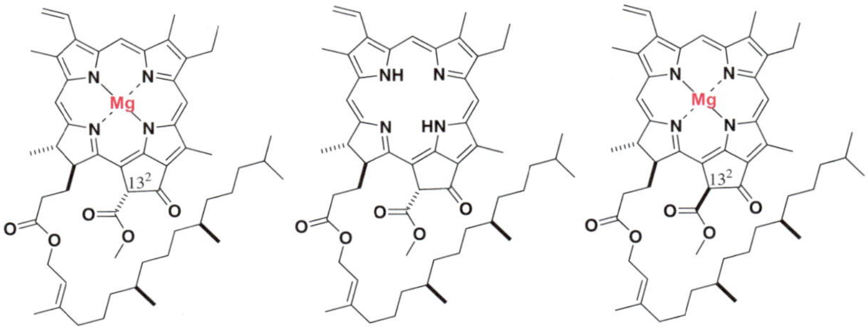

クロロフィル *a*　　フェオフィチン *a*　　クロロフィル *a′*

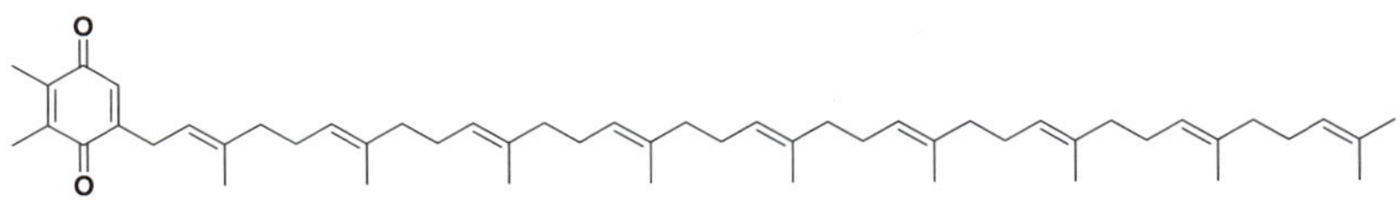

プラストキノン（ＰＱ）

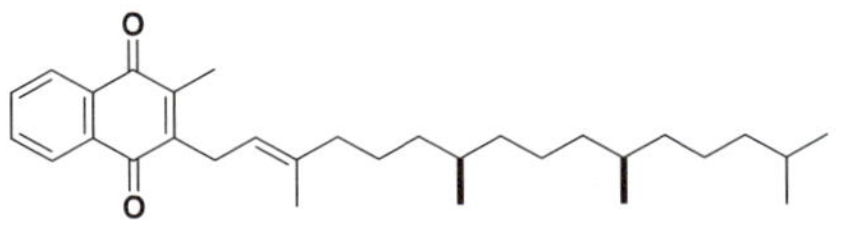

フィロキノン

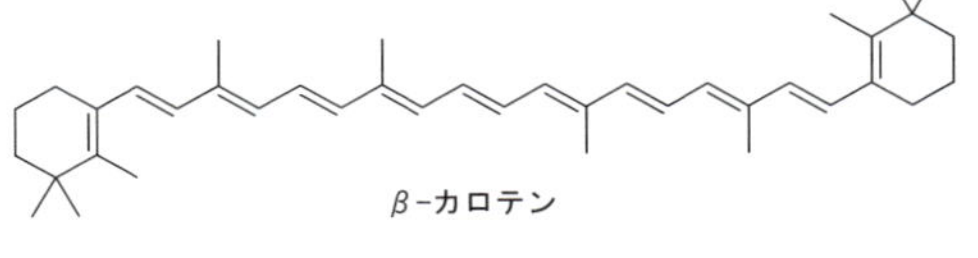

β-カロテン

図 2-3　光化学系における構成補欠分子

供与体であるスペシャルペアとの類似性から，以前は P680 種はクロロフィル *a* が近接した二量体であるとされていたが，その二量体と一次電子受容体であるフェオフィチン *a* との間にあるクロロフィル *a* であるとする説や，その二量体とその両隣りにあるクロロフィル *a* とを合わせた 4 分子のクロロフィル *a* からなる複合体であるとする説が現在提案されており，まだ完全には確定されていない。なお，P680 は，680 nm に吸収極大を持つ色素（pigment）という意味である。光化学系 II の構造と機能の詳細は，4 章を参照していただきたい。

この反応中心部に隣接したアンテナ部は，2 つのクロロフィル *a* 結合タンパク質（chlorophyll *a* binding protein ＝ CP）からなる。分子量が 43,000 ＝ 43 キロダルトン（kDa）と 47 kDa であるので，それぞれ CP43 と CP47 と呼ばれている。これらのアンテナ部は光を直接吸収して，その励起エネルギーを反応中心部に伝達することもできるが，通常はフィコビリゾームで集められた励起エネルギーを反応中心部に伝達する際の媒介を行うことが主たる役割である。前者の直接光吸収に際しては，クロロフィル *a* 分子の直接励起ばかりでなく，含有しているカロテノイド分子の β-カロテンがまず光を吸収し，その二次励起一重項状態（許容遷移状態でその可視吸収帯をみることができる）から隣接のクロロフィル *a* 分子の二次励起一重項状態への励起エネルギー移動を伴う過程もあるとされている[2]。

後者の励起エネルギー伝達に際しては，フィコビリゾームコアの吸収帯（650 nm）よりもクロロフィル *a* の吸収帯（660〜670 nm）が長波長側にあり，反応中心部でのエネルギー受容体（P680）がさらに長波長側に吸収帯を有するので，迅速なエネルギー移動が生じる。CP43 と CP47 は反応中心部に隣接して存在し，その量論比は 1 : 1 : 1 に確定している。そこでこのようなアンテナ部のことを中心集光アンテナ（コアアンテナ）と呼び，生育環境によってサイズを変化させるフィコビリゾーム（従って反応中心部とフィコビリンとの量論比も変化する）を，コアアンテナの回りにあるので周辺集光アンテナ（ペリフェラルアンテナ）と呼んでいる。

周辺集光アンテナであるフィコビリゾームで吸収された光エネルギーは，光化学系 II のコアアンテナ（CP43 と CP47）を経て，最終的にその反応中心部へと伝達される。反応中心部では，その光エネルギーで P680 の励起状態が生じ，

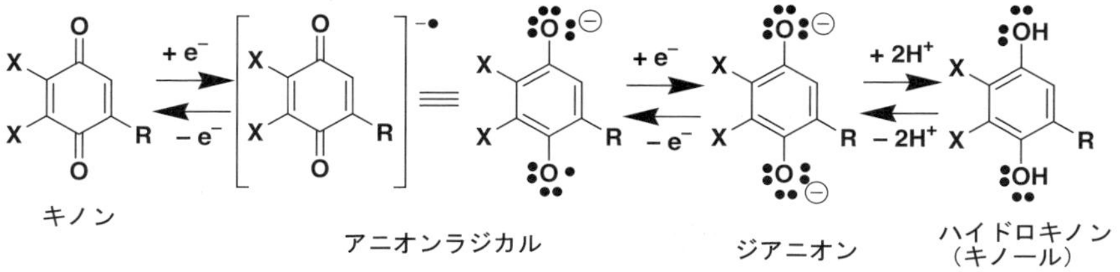

図 2-4　キノンの二電子還元と 2 水素イオン付加によるハイドロキノン合成とその逆反応

　まず一次電子供与体のフェオフィチン a への電子移動が起こり，P680 のカチオンラジカルとフェオフィチン a のアニオンラジカルが生じる。引き続いて，フェオフィチン a のアニオンラジカルから，二次電子受容体のプラストキノン（plastoquinone ＝ PQ; Q_A ともいう）への電子伝達によって，フェオフィチン a の再生と Q_A のアニオンラジカルの生成が起こる（図 2-4）。さらに，Q_A のアニオンラジカルから三次電子受容体のプラストキノン（Q_B）への電子伝達で，Q_A の再生と Q_B のアニオンラジカルが生成する。つまり，反応中心部で，ルーメン側の P680 のカチオンラジカルと細胞質側の Q_B のアニオンラジカルが生じて，チラコイド膜面に垂直方向で電荷分離状態が生成することになる。

　反応中心部はヘテロ二量体なので，上記の経路（A ブランチと呼ぶ）以外にもう 1 つの電子移動が起こりうる経路が存在している。P680 から反対側のフェオフィチン a を経て，直接 Q_B を還元するという経路である（こちらは B ブランチと呼ばれる）。通常の条件下では A ブランチでしか電子移動が見られず，これは構成色素分子の周辺タンパク質による影響であるとされている。

　P680 のカチオンラジカルは，強力な酸化能力を有していて，近傍のマンガンクラスター（Mn_4CaO_5）を介して水を酸素へと酸化できる。この際に，2 分子の水から 4 電子を奪って，1 分子の酸素分子と 4 個の水素イオンをルーメンに放出することになる。つまり，上述の光励起によって生じた P680 のカチオンラジカルがマンガンクラスターから電子を奪って P680 が再生され，この反応が 4 回起こって，酸素 1 分子が発生することになる：酸素発生複合体（<u>o</u>xygen-<u>e</u>voluving <u>c</u>omplex ＝ OEC）。

　一方，反応中心部の電荷分離状態によって生じた Q_B のアニオンラジカルは，もう一度電子を受け取って Q_B のジアニオンとなる（図 2-4）。この Q_B のジア

ニオンは，細胞質から 2 個の水素イオン（プロトン）を受け取って，中性の Q_BH_2（＝ PQH_2，プラストハイドロキノンあるいはプラストキノール）になり，反応中心部から脱離する。

2-2-2　電子・水素イオン伝達系

　光化学系 II の反応中心部から脱離したプラストハイドロキノンは，疎水性の長鎖イソプレノイド（炭素数 45）を分子内に有しているために，チラコイド膜（図 2-5 で示された MGDG などの脂質二分子膜）内から，細胞質やルーメン側の水相に漏れ出ることはなく，膜内を移動することができる（酸化体のプラストキノンも同様である）。プラストハイドロキノンは，膜内を移動して，膜内在性タンパク質であるシトクロム b_6f 複合体に 2 個の電子を渡し，2 個の水素イオンをルーメン側に放出して，プラストキノンを再生する（図 2-1）。

　シトクロム b_6f 複合体内では，まず 2 個の電子をシトクロム b_6 内のヘム b と非ヘム鉄（リスケ鉄 - 硫黄センター：2 鉄 2 硫黄型）が 1 つずつ受け取る（図 2-6）。前者で電子を受け取ったヘム b は，最終的に膜内細胞質側でプラストキノンに電子を渡すことになる（先ほど再生されたプラストキノンと同じ分子である必要はない）。この電子移動が 2 回生じて，細胞質側から 2 個の水素イオンを受け取ると，プラストハイドロキノンが 1 分子生成され，再度シトクロム b_6f 複合体に 2 個の電子を渡すことになる。後者の非ヘム鉄の還元体は，近傍のシトクロム f（電子受容体はヘム c ＝タンパク質内のシステインのチオール残基がヘム b の 3 位と 8 位のビニル基にマルコフニコフ型で付加したもの）に電子を渡すことになり，膜表在性タンパク質のシトクロム c_6（還元型のヘム c 由来の長波長吸収帯（α 帯）が 553 nm にピークを有するのでシトクロム c_{553} とも呼ばれる）を経て，光化学系 I へと電子が渡される。なお，プラストシア

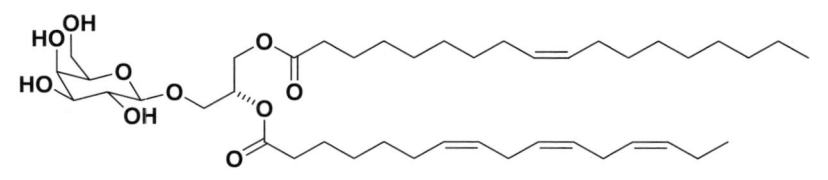

図 2-5　モノガラクトシルジアシルグリセロール
（monogalactosyldiacylglycerol ＝ MGDG）の分子構造（一例）

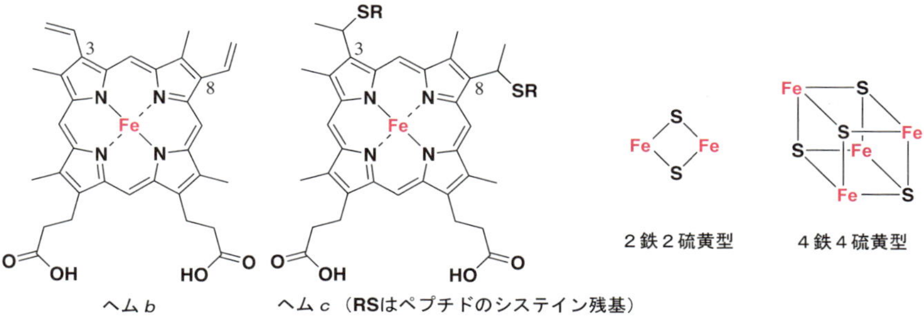

図 2-6　電子伝達に関与する鉄化合物：ヘム（左）と鉄-硫黄センター（右）

ニンと呼ばれる銅(I)タンパク質が，シトクロム c_6 の代わりをする場合もある。

以上より，光化学系 II から最初に生じた 1 分子のプラストハイドロキノンが，プラストキノンへ酸化される際に生じる 2 個の電子は，1/2 分子のプラストハイドロキノンの再生と，光化学系 I の一電子還元に使われることになり，その際に，細胞質側からチラコイド膜内に 1 個の水素イオンが取り込まれ，チラコイド膜からルーメン側に 2 個の水素イオンが放出されることになる。再生された 1/2 分子のプラストハイドロキノンは再度シトクロム b_6f 複合体に電子を伝達することになり，その半分の電子はさらにプラストハイドロキノンの再生に使われ，半分の電子は光化学系 I へと伝達される。このような経路で半分が循環的に電子／プロトン移動に用いられることになるので，最終的には，1 分子のプラストハイドロキノンから，2 電子が光化学系 I に伝達され，2 個の水素イオンが細胞質側から取り込まれ，4 個の水素イオンがルーメン側に放出されることになる。ここで，シトクロム b_6f 複合体が受け取った 2 電子の内の半分の 1 電子が，1 個の水素イオンの移動に関わっていることに注意頂きたい：これは，水素イオンを細胞質側からルーメン側に輸送する（汲み出す）ことになるので，プロトンポンプ機構もしくはキノン（Q）サイクル機構と呼ばれている。

2-2-3　光化学系 I サイト

酸素発生型光合成生物には，酸化能力に秀でた光化学系 II と還元能力に秀でた光化学系 I がある。光化学系 I は光化学系 II に構造的には類似しているが，機能はかなり異なっている。光化学系 I は光化学系 II と同様に，タンパク質の

ヘテロ二量体からなっている。光化学系IIではコアアンテナ部と反応中心部とが別々のタンパク質であるのに対して、光化学系Iではコアアンテナ部と反応中心部とが融合して1つのタンパク質になっている（図2-1）。つまり、光化学系IIにおけるD1タンパク質とCP43ならびにD2タンパク質とCP47が、光化学系Iではそれぞれ一体化したようになっている。

光化学系Iの反応中心部における一次電子供与体は、P700と呼ばれるクロロフィルa（13^2位の立体構造がR体）とその13^2位における立体異性体（エピマー体、13^2位がS体）であるクロロフィルa'（プライム体といい、ダッシュ体とは呼ばない）の二量体である（図2-3）：光化学系IIのP680と同様に、近傍のクロロフィルa色素分子も含めたものなどがその本質であるという説もあるが、今のところ少数派意見。一次電子受容体はクロロフィルaであり、二次電子受容体はフィロキノンである。コアアンテナから励起エネルギーを受け取ったP700から電子が放出されて、クロロフィルaを経てフィロキノンに伝達された後に、反応中心部タンパク質の細胞質側の鉄-硫黄センターF_X（4鉄4硫黄型）が一電子還元される。

ここでヘテロ二量体の光化学系Iには、光化学系IIと同様に2通りの電子移動経路が存在している。光化学系Iではその二回対称軸上に乗っているP700からF_Xに電子が渡されるので、どちらの経路を通っても構わない。実際には生物種によって異なるが、Aブランチが優先しており、Bブランチで電子移動することも見られる。なお、シアノバクテリアの光化学系Iに対するペリフェラルアンテナ部は通常存在しないが、他の酸素発生型光合成物には膜内在性タンパク質として見ることができる。

上記の還元されたF_Xから、細胞質側の水溶性タンパク質のフェレドキシンへの電子伝達が、2つの鉄-硫黄センター（F_AとF_B）を含有したタンパク質を介して行われる。フェレドキシンの酸化還元サイトも鉄-硫黄センターであるが、2鉄2硫黄からなる四角形をとっており、$F_X/F_A/F_B$で見られるような4鉄4硫黄からなる立方体型とは異なっている（図2-6）。一電子還元されたフェレドキシンは、フェレドキシン−NADP$^+$オキシドレダクターゼ（酸化還元酵素：ferredoxin-NADP$^+$oxidoreductadse ＝ FNR; nicotinamide adenine dinucleotide phosphate ＝ NADP$^+$）に逐次電子を2回渡して、高エネルギー化合物である

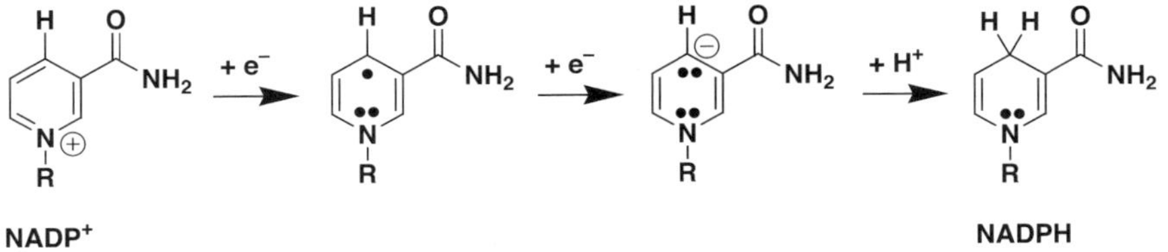

図 2-7　$NADP^+$ の NADPH への還元反応

NADPH が細胞質で 1 分子合成される（図 2-7）。

2-2-4　チラコイド膜を介した電子とプロトンの流れ

これまでのシアノバクテリアにおける光合成の初期過程を，電子と水素イオンの流れという点でまとめてみよう。便宜上，2 電子の流れで説明する。光化学系 II 内で 2 光子による 2 回の電荷分離（$P680^{+\cdot}$ 2 個と PQ^{2-} 1 個）が生じると，水 1 分子からの 2 個の電子が 2 個の $P680^{+\cdot}$ にそれぞれ渡され，2 個の水素イオンと 1/2 個の酸素分子がルーメンに放出される（実際にはその倍の 4 電子酸化還元によって，1 個の酸素分子が放出される）。PQ^{2-} は細胞質から 2 個の水素イオンを取り込んで PQH_2 となり，この PQH_2 はシトクロム b_6f 複合体に 2 電子を渡し，2 個の水素イオンをルーメンに放出して PQ に戻る。シトクロム b_6f 複合体内でのこの電子移動とカップルして，究極かつ仮想的には 2 個の水素イオンが細胞質からルーメンへと運搬されることになる。

光化学系 I 内では 2 光子による 2 回の電荷分離（$P700^{+\cdot}$ と F_X^- が各 2 個）が生じて，$P700^{+\cdot}$ はシトクロム c_6 を介したシトクロム b_6f 複合体からの電子伝達によって P700 に再生される。2 個の F_X^- は，F_A と F_B を介して，フェレドキシンを 2 個還元することになる。細胞質側の 2 個の還元型フェレドキシンからの 2 電子と 1 個の水素イオンと 1 個の $NADP^+$ は，FNR の作用で NADPH となる。

以上のことより，4 光子を利用して，1 分子の NADPH が細胞質で合成され，4 個の水素イオンが細胞質からルーメンへと運搬（能動輸送）されたことになる。細胞質での NADPH に伴う 1 個の水素イオンの消費と，ルーメンでの水の分解に伴う 2 個の水素イオンの生成を考慮すれば，ルーメン側が細胞質側よりも水素イオンが 11 個多くなったことになる。

2-2-5 ATP 合成

　上記の光合成反応に伴って，チラコイド膜で分断されたルーメン側と細胞質側の水相における水素イオン濃度は，どんどんルーメン側で増大し（酸性化），逆に細胞質側で減少することになる。この水素イオン濃度の差を利用して，高エネルギー化合物の ATP（adenosine triphosphate）が合成されることになる。つまり，この水素イオン濃度差を解消するために，親水的な水素イオンが疎水的なチラコイド膜を通過する（実際には膜内在性タンパク質を利用して通過することになる）際に，ATP が合成される。水面の高いところから水面の低いところに重力に従って水が流れる際に，水車が回って粉をひくように，ATP が合成される様を以下で簡単に説明する。

　チラコイド膜上で，水素イオン濃度差を利用して ATP を合成しているのは，ATP 合成酵素である。ATP 合成酵素は，F_O（下付きのアルファベットの「O」なのでエフオーと呼ぶ；エフゼロではないので注意）部と F_1（下付きの数字の「1」なのでエフワンと呼ぶ；エフエルではない）部の 2 つのユニットに大きく分けられ，それぞれがいくつかのサブユニット（タンパク質）から出来上がっている（図 2-1）。F_O 部は，膜貫通ポリペプチドが複数集合したドーナツ状の部分とそれに隣接している部分とからなる。このドーナツの穴の部分に，F_1 部が刺さっている形になっている。F_1 部は，刺さっている軸部分とその細胞質側に突き出している軸に（擬）三回対称型のタンパク質複合体が結合している。この後者の部分が反応活性点であり，活性点が 3 箇所あることになる。

　F_O 部を通して水素イオンがルーメン側から細胞質側に運搬（受動輸送）されると，F_O 部のドーナツ部とそれに刺さっている F_1 部の軸部が，細胞質側から見て時計（右）回りに回る。水素イオンが 10 数個通過するごとに 1 回転するとされている。この回転に伴なって，細胞質側にある F_1 部の 3 つの反応部の構造変化が順次起こり，ADP（adenosine diphosphate）とリン酸から ATP と水が生じることになる（図 2-8）。

　まず，空の反応部が ADP と親和性の高い構造になって，ADP を取り込む。引き続いてさらにリン酸を取り込み易い構造になって，リン酸を ADP の近傍に取り込む。次に ADP とリン酸とが脱水縮合して ATP 合成する際の遷移状態を安定化するような構造になり，リン酸エステル結合が新たに形成され，さら

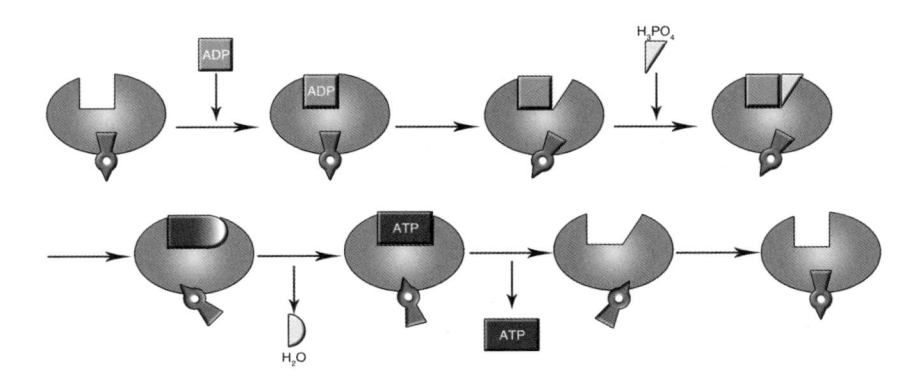

図 2-8 F_1 反応部（1ユニット）での ATP 合成反応スキーム

に基底状態の ATP が安定に収まるような構造になって，水が放出されて，ATP が形成される。最終的に ATP に対する親和性の低い構造になって，ATP が細胞質側に放出され，反応部が空になる。この一連の反応部の構造変化が，軸部の 1 回転で引き起こされ，1 つの反応部で ATP が 1 分子合成される（図 2-8）。

軸部には反応部を有するタンパク質が 3 つ結合しているので，1 回転で 3 分子の ATP が合成されることになる。水素イオン 10 数個が F_0 部を通過するごとに 1 回転するので，3〜4 個の水素イオンの輸送によって，1 分子の ATP が合成されることになる。4 光子吸収・2 電子移動で，チラコイド膜を介して 11 個の水素イオン濃度差が原理的には生じると述べたが，この水素イオン濃度差を解消するのには，11/2 個の水素イオンのルーメンから細胞質への輸送が必要であり，この輸送（F_0 部）で F_1 部が約半回転し，約 3/2（= 1.5）分子の ATP が合成できることになる。

ここまで述べたシアノバクテリアおける光合成系での反応をまとめると，光化学系 I と光化学系 II での各四光子励起で，ルーメン側で 2 分子の水が分解されて酸素 1 分子が発生し，NADPH 2 分子と ATP（約）3 分子が細胞質側で合成されることになる。ここで合成された高エネルギー化合物である NADPH と ATP は，二酸化炭素の還元に伴う炭水化物（安定で貯蔵可能な高エネルギー化合物）の合成に用いられる。この点は次で述べる。

2-2-6 二酸化炭素還元

　二酸化炭素は，NADPH と ATP のエネルギーによって，炭水化物（糖）へと変化していくが，常温常圧で気体の二酸化炭素を酵素反応で有機物に取り込ませるのが，その第一段階となる。この細胞質での炭酸固定反応は，リブロース-1,5-ビスリン酸カルボキシラーゼ／オキシゲナーゼ（rib<u>u</u>lose 1,5-<u>bis</u>phosphate <u>c</u>arboxylase/<u>o</u>xygenase ＝ Rubisco）によって触媒される。Rubisco による酵素反応では，炭素数5個のケトースであるリブロース-1,5-ビスリン酸の2位のケト基の炭素原子に二酸化炭素が付加し，続いてリブロース骨格の C2 と C3 の結合が加水分解を受けて，2分子の3-ホスホグリセリン酸が生じる（図2-9 上 (a)）。

　Rubisco の二酸化炭素に対する親和性はそれほど高くなく，現在の大気中での二酸化炭素濃度では反応効率が最大になっていない。さらに，Rubisco による二酸化炭素の固定化反応は，大気中に大量に存在する酸素分子によって阻害される。二酸化炭素は水に溶けやすいが，大気にさほど含まれいないために，常温常圧での水中濃度は $10\,\mu$M 程度である。一方，酸素分子は水に溶け難いが，大気に大量に含まれいるために，常温常圧での水中濃度は $250\,\mu$M 程度となる。Rubisco の二酸化炭素に対する親和性は，酸素よりも一桁から二桁ほど大きいが，水中濃度は酸素の方が一桁ほど大きいので，酸素阻害を回避する術が，様々な光合成生物で取られている。

　シアノバクテリアは，細胞内の炭酸水素イオン（HCO_3^-）濃度を，細胞外よりも高める能力を有している（能動輸送：エネルギーが必要）。まず，細胞質に存在する Rubisco を大量に含んだカルボキシゾームと呼ばれる構造体に，炭酸水素イオンが高濃度になるように運搬される。カルボキシゾーム内では，炭酸水素イオンと水素イオンとが酵素によって脱水されて二酸化炭素となり，その高濃度二酸化炭素が，二酸化炭素との親和性のさほど高くない Rubisco と直ちに反応して，固定化が進行する。つまり，カルボキシゾームに二酸化炭素を圧縮して，Rubisco による炭酸固定反応の効率を高めていることになる。

　Rubisco によって生成した3-ホスホグリセリン酸には，光合成によって生じた ATP と NADPH で順次リン酸化と還元が施されて，グリセルアルデヒド-3-リン酸（三炭糖）となる（図2-9(b)）。このグリセルアルデヒド-3-リン酸の一部は糖合成に使用され，残りはリブロース-5-リン酸合成に用いられる。後者は，

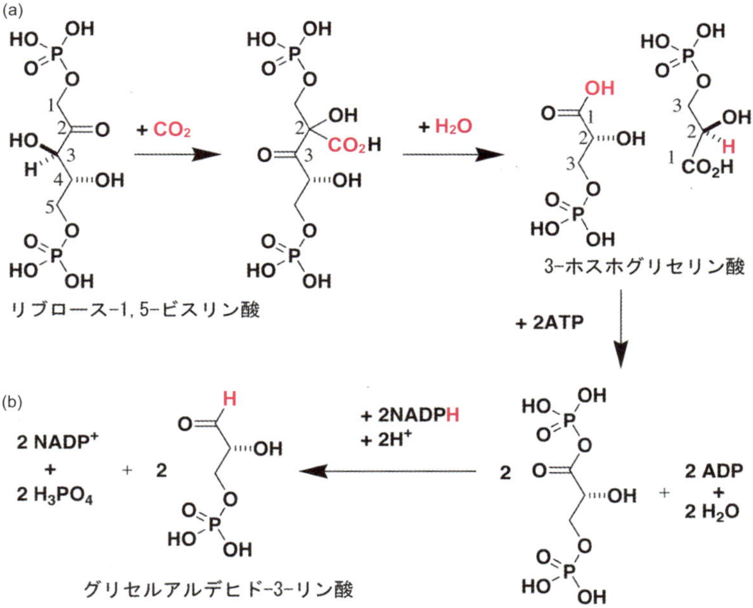

図 2-9 Rubisco 反応 (a) と三炭糖合成 (b)

ATP でリン酸化されて，リブロース-1,5-ビスリン酸が再生され，Rubisco に用いられる．

この反応系の量比関係は次のようになる．Rubisco によって 1 モルの二酸化炭素（C1）が 1 モルのリブロース-1,5-ビスリン酸（C5）と反応して，2 モルのグリセルアルデヒド-3-リン酸（C3 × 2 ＝ C5 ＋ C1）となる：この際に ATP と NADPH を 2 モルずつ使用．1/3 モルの三炭糖（C3）であるグリセルアルデヒド-3-リン酸から様々な糖類がつくられ，六炭糖類（C6）であれば 1/6 モルつくられることになる．残りの 5/3（＝ 2 − 1/3）モルのグリセルアルデヒド-3-リン酸から，1 モルのリブロース-1,5-ビスリン酸（C5 ＝ C3 × 5/3）が再生される：この際に ATP を 1 モル使用．つまり，二酸化炭素 1 分子から，8 光子吸収・4 電子伝達を伴った光合成で作られた NADPH 2 分子と ATP 3 分子を使って，六単糖誘導体 1/6 分子が合成される．この経路を，カルビン - ベンソン回路と呼んでいる．

シアノバクテリアでの光合成をまとめると，光化学系 I と II で各々 24 光子

による電荷分離がなされ，6分子の二酸化炭素が還元されて六炭糖誘導体1分子となり，水の酸化によって酸素6分子が発生することになる。

$$6CO_2 + 6H_2O + 48\,光子 \longrightarrow C_6H_{12}O_6 + 6O_2$$

上記式で，左辺が6分子の水になっているが，6分子の酸素を発生するためには，12分子の水がルーメン側で必要なことに注意。

2-3　色素分子の構造と吸収帯

　光合成において光を吸収するのは，クロロフィル，ビリン，カロテノイドなどの色素分子であり，これらの生合成経路は密接に関係している（図2-10）。プロトポルフィリンIXの中心にマグネシウム(II)が挿入され，官能基変換を受けた上で，ゲラニルゲラニルピロリン酸と反応して，クロロフィル類が合成される。また，プロトポルフィリンIXの中心に鉄(II)が挿入され，酸化的開環と官能基変換によって，ビリン類が合成される。一方，ゲラニルゲラニルピロリン酸が二量化して，その後に脱水素化や官能基変換によって，カロテノイド類が合成される。

　これらの色素分子は，その分子構造に応じて様々な波長の光を吸収することが可能である。クロロフィルは葉緑素ともいわれ，通常緑色をしている。シアノバクテリアには通常クロロフィルaのみが含まれており，可視領域の700 nmと400 nm近辺に強い吸収帯があり，前者をQ_y帯，後者をソーレー帯と呼んでいる[3]。700 nm付近の光は，太陽から地表に届く光の中で，もっとも光子数の多い領域であることを考慮すると，陸上や地表付近の光合成生物が主としてクロロフィルaを利用する有利さが見えてくる。

　ビリンは青いことが多く，600 nm近辺に吸収帯を有している。実際，シアノバクテリアの一種で食用にも供されるスピルリナに含まれるフィコビリゾームは，青い色の食品添加物として認められており，スピルリナ色素（あるいはスピルリナ青）と呼ばれている。スピルリナ色素はスピルリナから水で簡単に抽出されるが，その主成分はフィコシアニンである。水色の棒アイスを食べると，舌が青くなったのを覚えている方も多いと思うが，その青色は主としてフィ

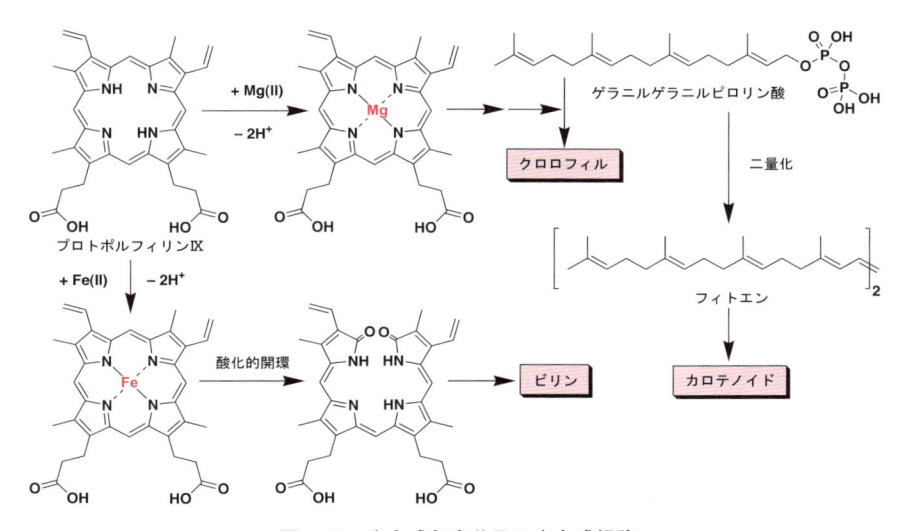

図 2-10　光合成色素分子の生合成経路

コシアニンからなる水溶性のフィコビリゾームである。

　カロテノイド（carotenoid）は黄色から橙色をしており，500 nm 付近に吸収帯を有している[2]。人参（キャロット：carrot）の橙色はカロテンが元であり，その主成分は β-カロテンであり，シアノバクテリアにも第 2 章 2 節 1 項で述べた通り β-カロテンが含まれている。

　シアノバクテリアには，クロロフィル a しか含まれていないが，その励起一重項エネルギー準位（Q_y 帯の吸収極大にほぼ対応している）をうまく調整して，徐々にエネルギーレベルを下げて，効率の良いエネルギー伝達を長距離に渡って可能にしている[3]。例えば，以下のようにしてエネルギー準位の調整が行われている。

　いずれのクロロフィル a もポリペプチドの中で固定化されており，その際に中心金属であるマグネシウムへの配位結合が利用されている。その多くは，マグネシウムへのヒスチジン残基のイミダゾリル基の配位である。クロロフィル a の分子中のカルボニル基が，極性アミノ酸残基と相互作用したり，クロロフィルの π 系やフィチル基が，アミノ酸の疎水性残基と相互作用したりすることもある。このような相互作用を利用して，Q_y 帯のシフトが制御されている。さ

らに光化学系Ⅰの反応中心部におけるP700は，クロロフィルa分子が近接することでJ型の二量体を形成し，Q_y帯を長波長（低エネルギー側に）移動させている。このような分子間相互作用による吸収帯の長波長移動も，光合成生物ではよく見られる現象である。

上記のように，タンパク質内部にクロロフィルaをしっかりと保持することは，励起エネルギーをその分子運動によって失活させることを防止する上で重要である。ただし，長時間1つの分子上に励起エネルギーが留まることは，好ましいことではない。というのは，以下のようにして猛毒の活性酸素種を発生させるからである。クロロフィルaの励起一重項状態はナノ秒レベルの寿命を有しており，それ以上の時間が経つと効率よく励起三重項状態になる。クロロフィルaの励起三重項状態は，基底状態の酸素分子（三重項状態）とたやすく反応して，その三重項励起エネルギーを移動させて，励起一重項状態の酸素分子を形成させる。この励起一重項状態は反応性が高く，生体物質を無秩序に酸化させるので，生物にとって危険で厄介な分子種である。

シアノバクテリアのフィコビリゾームを形成しているフィコシアニンとアロフィコシアニンは，同じフィコシアノビリン分子がペプチドのシステインのチオール基を介してチオエーテル結合している（図2-11）。同じ分子であるのにも関わらず，吸収帯が前者で約620 nmで後者では約650 nmにみられる。これは，ビリン分子が鎖状のピロール四量体であり，様々な分子配座を取れるということによる。同じピロール四量体でも，環状構造のクロロフィルでは，π系に関与するC-C炭素結合における回転が制限されていて，その分子配座多

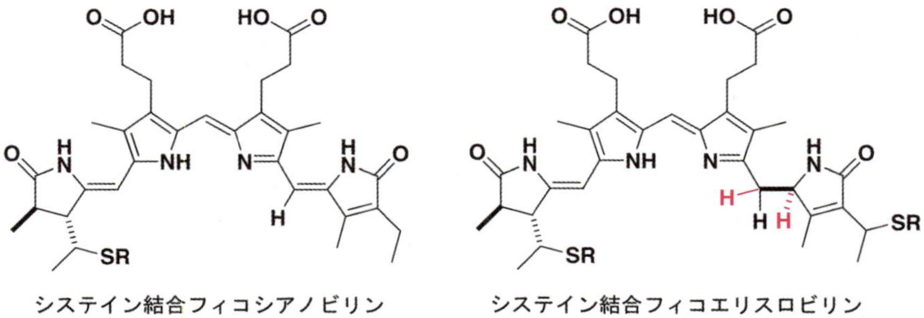

システイン結合フィコシアノビリン　　　　システイン結合フィコエリスロビリン

図2-11　フィコビリン中でのビリン分子の立体配座（RSはペプチドのシステイン残基）

様性が低く，配座異性による吸収帯の制御が難しい．さらに，フィコエリスリンでは，フィコエリスロビリン分子が光を吸収しているが，フィコシアノビリンのπ系の途中のC＝C二重結合が水素化されて，π共役系が短くなっており，吸収帯の短波長シフトを達成している：フィコエリスリンの吸収極大は約560 nm．

2-4 まとめ

　酸素発生型光合成生物であるシアノバクテリアにおける光合成を，光吸収に始まって，電荷分離を経て，高エネルギー化合物の合成に至るまで，分子レベルで説明してきたが，ご理解いただけたであろうか？ 各反応に関与する分子を中心にして，どのようにして光エネルギーが化学エネルギーに変換されていくのかを述べてきたが，光合成の一端を分子レベルでご理解いただけたのなら幸いである．このような反応が起こっている環境や，光合成反応の制御などのダイナミックなところなどはほとんど触れていないが，光合成生物の生き様を理解するには必要不可欠である．本章はあくまでも静的な側面からの光合成であり，動的な面での光合成を知ることも重要であることをお知りおきいただきたい．

引用文献

1) 光合成の化学に関する全般は次の和成書を参照してください．
    佐藤公行編，『光合成』（朝倉植物生理学講座3），朝倉書店（2002）．
    日本光合成研究会編，『光合成事典』，学会出版センター（2003）．
    民秋　均，『金属錯体の光化学』（錯体化学会選書2, 13章），三共出版（2007）．
    東京大学光合成教育研究会編，『光合成の科学』，東京大学出版会（2007）．
    北海道大学低温科学研究所，日本光合成研究会共編，『光合成研究法』，低温科学，67巻（2008）．
    山崎　巌，『光合成の光化学』，講談社（2011）．
    寺島一郎，『植物の生態』新・生命科学シリーズ，裳華房（2013）．
2) 三室　守，高市真一，富田純史，『カロテノイド』，裳華房（2006）．
3) 垣谷俊昭，三室　守，民秋　均，『クロロフィル』，裳華房（2011）．

第3章
光合成の光捕集系タンパク質色素複合体の構造と機能

3-1　はじめに

　光合成膜では，光捕集（アンテナ）（Light–Harvesting, LH）系膜タンパク質複合体が，クロロフィルならびにカロテノイド色素などの色素分子を積み木のごとく組み立てて，太陽光の光エネルギー変換機能を持つ自己組織化膜を作っている。この膜のLH系タンパク質の内部には諸種の機能が内包されており，高効率な光エネルギー変換を行っている。この膜の機能はナノレベルで高度に制御されおり，将来の光エネルギーナノ変換デバイスを開発するのに必要とする基本的なアイデアを見いだすことができる。この光合成膜を構成するタンパク質色素複合体およびその機能を人工的に模倣することによって，ナノレベルで光エネルギー変換機能を持つ超微細のデバイスの開発ができる。

　光合成の最初のステップは，光合成膜での光励起反応初期過程で起こる。アンテナ（Light–Harvesting, LH）系での光エネルギー捕集と，その光エネルギーを利用した反応中心（Reaction Center, RC）での電荷分離である。光合成膜の電荷分離で生じた電子をうまく取り出すことができるならば，分子レベルの光電池および光半導体デバイスなどを作ることができる。また，この機能をもつ分子を自由に取扱うことができれば，光エネルギー変換機能を模した素子の開発ができるであろう[1~4]。

さて，光合成のLH系タンパク質色素複合体といっても，その色素複合体の構造や機能は極めて多様である。また，この色素複合体は極めて精巧に作られている。そのアプローチとして，まず光合成膜タンパク質色素複合体の構造と機能を理解して，人工的にそれを構築できるかを判断することが大切である。

本章では，光合成膜での光エネルギー変換機能を持つLH系タンパク質色素複合体の構造と機能について解説し，人工光合成アンテナ系への展開について述べる。

3-2 光合成膜での光エネルギー変換システム

光合成は，植物だけではなく微生物の光合成細菌も行っている。基本的なエネルギー変換システムは植物と光合成細菌とで類似している。最も簡単な構造を持つのが光合成細菌である。光合成細菌には，光合成膜があり，ナノレベルで高度に制御された色素群を用いて効率の良い光エネルギー変換がなされている。

図 3-1 に構造が簡単でその解析が最も進んでいる紅色光合成細菌の光合成膜の模式図を示した。光合成細菌の光合成膜は顆粒状につながり，細胞から分離

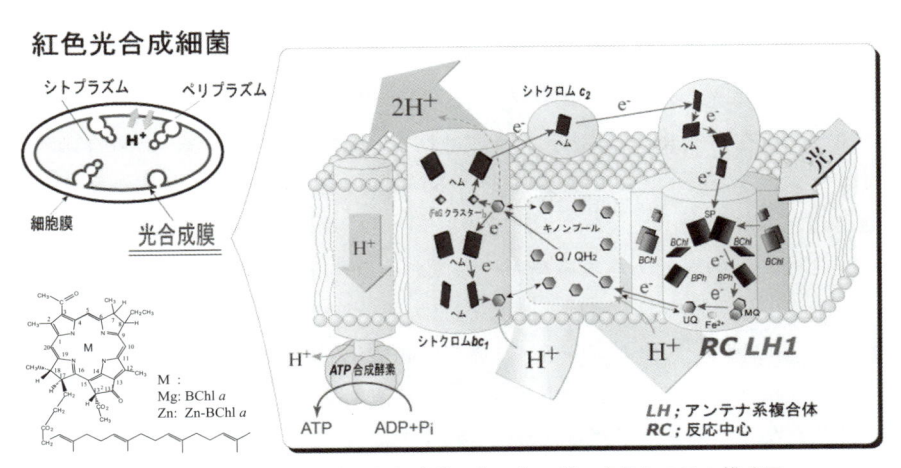

図 3-1　紅色光合成細菌の光合成膜の光エネルギー変換システム模式図

したこの顆粒は閉じた膜を形成している。光合成膜は，5〜10 nm のタンパク質複合体が脂質と組合わさることにより，100 nm 程度の超分子膜構造を形成している。その膜構造ではタンパク質 1 分子の機能が直列に集積され，光電変換システムとして機能している。光はまず，光合成色素のバクテリオクロロフィル（BChl a）と，膜貫通型ポリペプチドからなる LH 系タンパク質複合体によりまず吸収される。LH 系タンパク質／色素複合体には LH2 タンパク質複合体（BChl a の Q_y 帯：吸収極大 800〜850 nm）および LH1 タンパク質複合体（吸収極大 870 nm）（以下それぞれ LH2 複合体，LH1 複合体）がある。光合成膜では LH2, LH1 で集められた光のエネルギーは RC のバクテリオクロロフィル a が 2 分子会合したスペシアルペア(SP)に移動し，そこで光電荷分離が生じる。この電荷分離で生成した電子は，膜を貫通する RC で生じた電子は，さらにキノン誘導体（キノンプール）を介して膜中を拡散し，シトクロム（Cyt bc_1）に移動する。そして，貫通する Cyt bc_1 内で膜を電子移動をさらに起こして再び RC に電子が戻っている。光合成膜では，これらの電子伝達システムと共役したプロトン（H^+）勾配により ATP 合成酵素が働き，光エネルギーが電気化学エネルギーに変換されている（図 3-1）。光合成膜では，電子の流れは一方向に整流され，同時に膜を介した水素イオン濃度の勾配を作り出すのに膜の三次元構造が活かされている。

　図 3-2 に LH 複合体間の光エネルギー移動とその速度を示した[5]。この図で示したように，LH2 複合体から LH1 複合体への超高速の色素間の励起エネルギー移動により集光される。この集められた光エネルギーは，LH1 に取り囲まれるように存在する RC に二次元的に運ばれる。RC では LH1 複合体から移動してきたエネルギー的に低い近赤外光（860〜890 nm）の光エネルギーで電荷分離が起きている。

　光合成の素過程であるエネルギー移動および電子移動を可能にしているのは，脂質二分子膜中での諸種の機能を持つタンパク質色素複合体から作り出される自己組織化システムである。この自己組織化には非特異的な相互作用である疎水性相互作用，特異的な相互作用である水素結合，静電相互作用および軸配位結合などの因子が挙げられる。これまでに我々は，これらの因子について分子レベルで明らかにするために，光合成細菌の LH1 タンパク質複合体の自

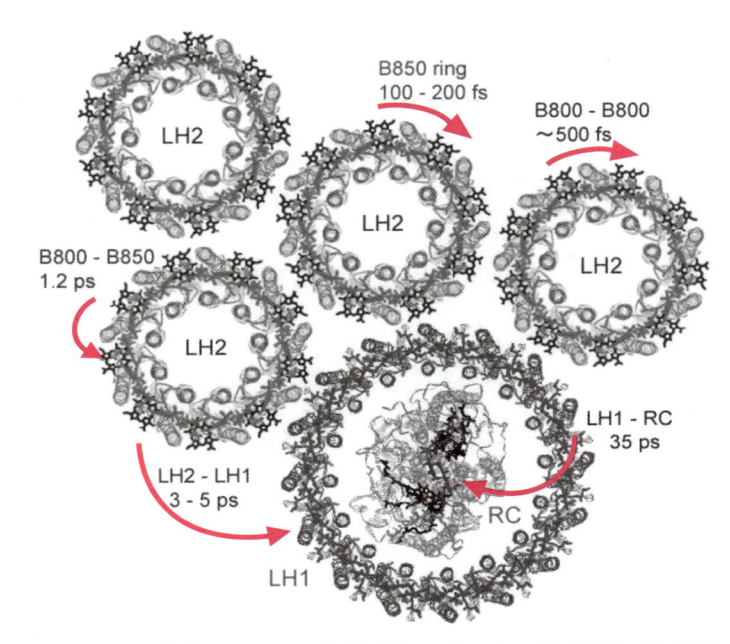

図 3-2 光合成膜でのアンテナ複合体間での光エネルギー移動とその速度

己組織化について検討を行なってきた。

図 3-3 に LH1-RC および LH2 の X 線構造解析と原子間力顕微鏡 (AFM) 解析像を示した[6〜9]。図 3-4 には光合成細菌 *Rhodospirillum rubrum* および *Rhodobacter sphaeroides* の LH1 タンパク質の構成成分である LH1-α および LH1-β ポリペプチド (以下それぞれ LH1-α, LH1-β) のアミノ酸配列ならびに *Rhodopseudomonas acidophila* の LH2 ポリペプチドのアミノ酸配列を共に示した。これまで，RC[10] および LH2 複合体[6] の高分解能の X 線構造解析像は得られていたが，LH1 複合体では解像度の高い X 線解析像は得られていなかった。2003 年 LH1-RC 複合体 (*Rhodopseudomonas palustris*) として 4.8 Å の解像度で X 線解析像が得られ，その姿が少し明らかになった[7]。しかしながら，その分解能は RC[6] および LH2 複合体[7] のそれと比較して高くなく，それの詳細な構造解析が望まれる。

図 3-5 に光合成細菌 *Rhodobacter sphaeoides* 由来の RC のタンパク質部分 (a)，

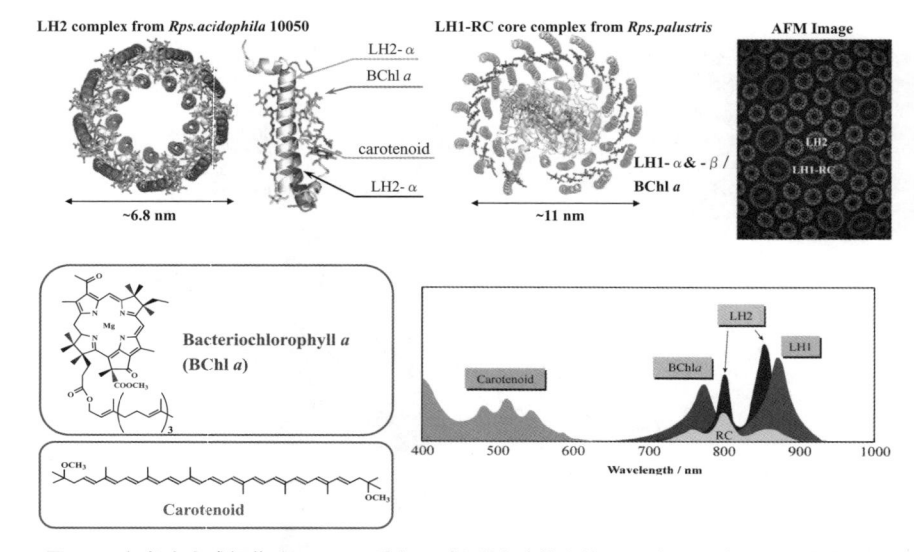

図 3-3 紅色光合成細菌のアンテナ系タンパク質色素複合体のX線ならびにAFM構造解析
(LH2 および LH1 はアンテナ系タンパク質複合体を表す)

		N-terminal	hydrophobic core	C-terminal
		-20	-10　　　　0	10
LHα				
R. acidophila	LH2	NQGKIWTVVNPAI	GIPALLGSVTVIAILVHLAILSH	TTWFPAYWQGGVKKAA
R. rubrum	LH1	MWRIWQLFDPRQ	ALVGLATFLFVLALLIHFILLST	ERFNWLEGASTKPVQTS
R. sphaeroides	LH1	MSKFYKIWMIFDPRR	VFVAQGVFLFLLAVMIHLILLST	PSYNWLEISAAKYNRVAVAE
LHβ				
R. acidophila	LH2	ATLTAEQSEELHK	YVIDGTRVFLGLALVAHFLAFSA	TPWLH
R. rubrum	LH1	EVKQESLSGITEGEAKEFHK	IFTSSILVFFGVAAFAHLLVWIW	RPWVPGPNGYS
R. sphaeroides	LH1	ADKSDLGYTGLTDEQAQELHS	VYMSGLWLFSAVAIVAHLAVYIW	RPWF

図 3-4 LH2 および LH1 タンパク質のアミノ酸配列

および色素の配列 (b) をそれぞれ示した[11]。RC での電荷分離はファンデルワールス距離で組織化された BChl a 分子の重なりによる二量体のスペシャルペア (SP) と呼ばれる会合体で起こることが知られている。そして，図 3-5(b) に示すように SP での電荷分離後，電子はアクセサリー BChl a から中心金属のない BPheo を経てキノン分子を還元し，水素イオンによりハイドロキノンとなり膜中を拡散してシトクロムなどの酵素を還元すると考えられている（図 3-1 参照）。この光合成膜の RC 系の電荷分離と電子移動系は，1 つの電子の移動が

3 光合成の光捕集系タンパク質色素複合体の構造と機能

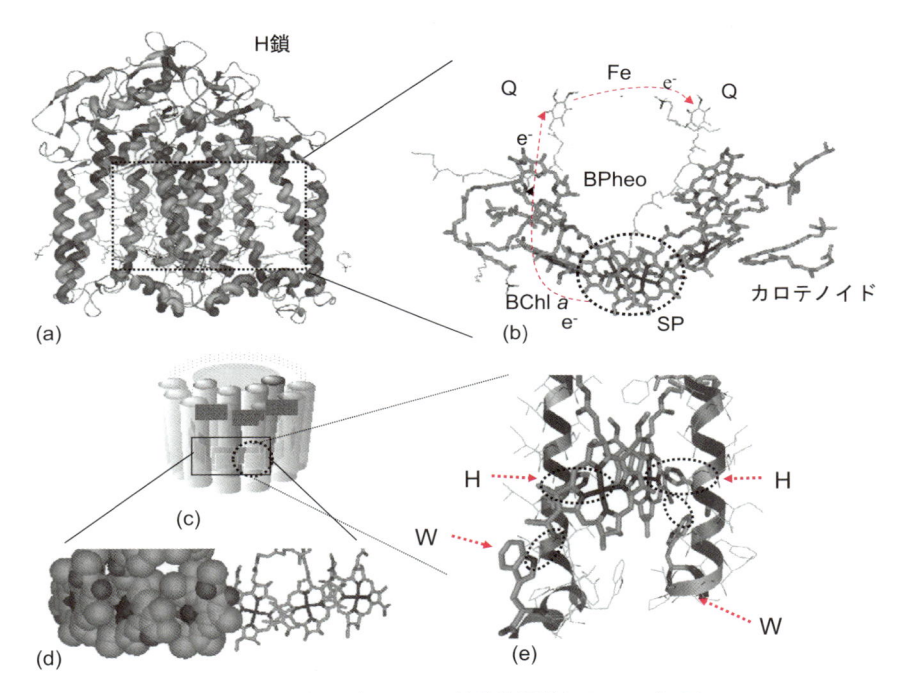

図 3-5　RC および LH2 の X 線構造解析とそのモデル図
(a) RC を横から見た図，(b) (a) の四角点線囲みを拡大した色素の配置図。SP: BChl *a* スペシャルペア，Bpheo: バクテリオフェオフイチン，Q: キノン，(c) LH2 のモデル図，(d) B850 での BChl *a* の配列の一部，(e) B850 周りの LH2 タンパク質のアミノ酸残基

起きているという点では半導体のバンド構造に基づく電子の集団的移動である半導体素子とは原理面から全く異なるが，生命機能を持つ電子素子と見なせる。

LH 中では光エネルギー移動を効率良く伝達するために，タンパク質により BChl *a* 色素分子がファンデルワールス距離ですべて配列されている。図 3-3 の X 線構造解析では[6]，LH2 複合体は LH-α および LH-β（それぞれ分子量 6,000 程度）が 2 つの BChl *a* 分子と 1 つのカロテノイド分子から成るサブユニットを形成し，さらに 9 つ集合して 1 つのリング構造を作成している。LH2 複合体モデルを図 3-5(c) に，BChl *a* の 6 分子のつながりをワイヤーフレームおよび球体モデルで図 3-5(d) に，それぞれ示した。光合成色素の BChl *a* は中心金属がマグネシウムとなっている。ここで，中心金属が亜鉛の ZnBChl *a* 分子を

有する光合成細菌も発見されている。図3-5(e) に LH2 の BChl *a* と LH タンパク質の結合部分を拡大して示した。LH2 の BChl *a* の Mg はタンパク質の 残基 (His, H) と配位結合をしてタンパク質に結合している。Mgの配位数は5である。さらに BChl *a* のアセチル基が LH タンパク質の親水基のトリプトファン残基 (Trp, W) (図3-4参照) と水素結合していることがラマン分光などによって確かめられている。

また，光合成膜の AFM 観察結果は 2003 年以降に次々と発表され，光合成膜中の LH2 と LH1-RC の集合構造も少し明らかになっている (図3-3)[8,9]。興味深いことに，菌種によって LH1-RC がダイマー構造を形成したり，LH2 と LH1-RC が比較的均一に混ざり合ったりと，光合成膜中での LH2 と LH1-RC の集合構造が多様であることが明らかになった。LH2 と LH1-RC は光合成反応の初期過程で連動して機能することから，光合成膜中での LH2 と LH1-RC の集合構造は光合成反応に重要な意味を持つと考えられる。しかし現在までに，LH2 と LH1-RC の集合構造と機能との相関関係は明らかにされていない。この関係を明らかにすることは，光合成反応の集合構造を含めた機能メカニズムの理解や高効率な光エネルギー変換デバイスの構築にも重要な指針となる。

次節では，まだ構造解析が行われていない光合成の LH1 系タンパク質複合体について，その複合体の再構成ならびに基板系および脂質二分子膜中での自己組織化を行って，光エネルギー変換機能および導電性 AFM (C-AFM) から構造と機能の関係について検討した我々の研究を主に紹介する[11〜19]。

3-3 アンテナ系膜タンパク質による色素複合体の自己組織化と基板上でのその色素複合体の機能解析[11〜13]

3-3-1 分子単位で再構成できる LH1 色素複合体

図3-6に *Rhodopseudomonas palustris* の LH1-RC の 4.8 Å の X 線構造解析データを膜面からみた図3-6(a) および色素系 (図3-6(b)) の配置を示した。中心部分に RC の色素がある (図3-3と同じ)。図3-6(c) および (d) に LH1-α,-β およびそれぞれの化学修飾タンパク質のアミノ酸配列を示した[11]。

3 光合成の光捕集系タンパク質色素複合体の構造と機能

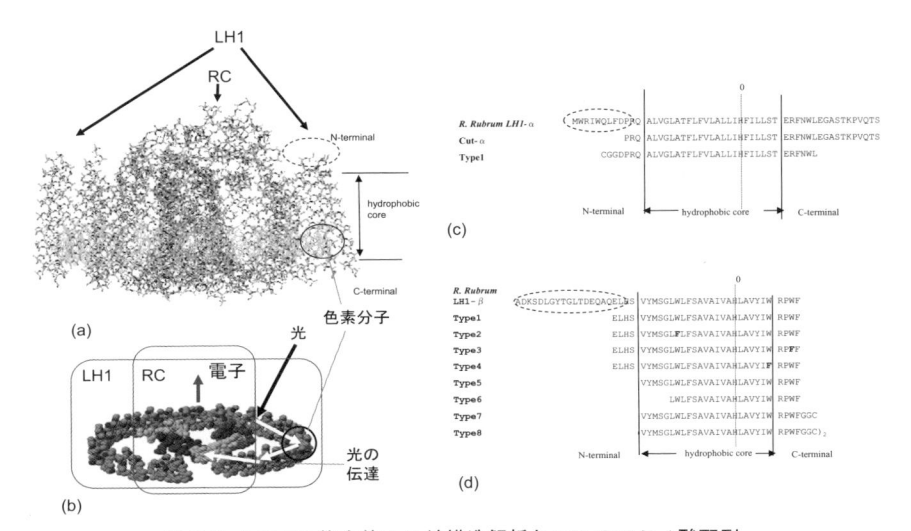

図 3-6 LH1-RC 複合体の X 線構造解析と LH1 のアミノ酸配列
LH1-RC 複合体 (a) 横から見た図, (b) 色素の配列を横やや上方から見た図, (c) LH1-αタンパク質およびその誘導体のアミノ酸配列, (d) LH1-βタンパク質およびその誘導体のアミノ酸配列

　ここで，光合成細菌の LH タンパク質ならびに色素分子を用いて LH1 色素複合体の再構成を行った我々の結果を以下に紹介する[11,12]。LH1 色素複合体の再構成法の概略を図 3-7 に示す[11]。光合成細菌から単離精製した LH1 タンパク質（α, β 体）をゲル濾過し，HPLC でさらに精製した。この LH1 タンパク質を界面活性剤中（β-オクチルグルコシド，OG）で，別途精製した BChl a 分子と混合すると，BChl a 分子の Q_y 帯吸収が 770 nm から 860〜870 nm へと大きく長波長シフトした。この波長は光合成膜中での LH1 色素複合体と一致する。また，ラマン分光などの測定によって OG 中で LH1 タンパク質と色素間の配位結合および水素結合などが回復し，LH1 色素複合体が自発的に形成されていることが認められた。これらのことから，この手法を用いて光合成膜での LH1 色素複合体と類似の複合体を再構成できることがわかる。また，中心金属の配位について調べるために中心金属の Mg を Zn に置き換えてその効果を検討した結果[13]，ZnBChl a を用いると LH1 色素複合体のサブユニットが安定かつ迅速（数秒）に形成されることがわかった。

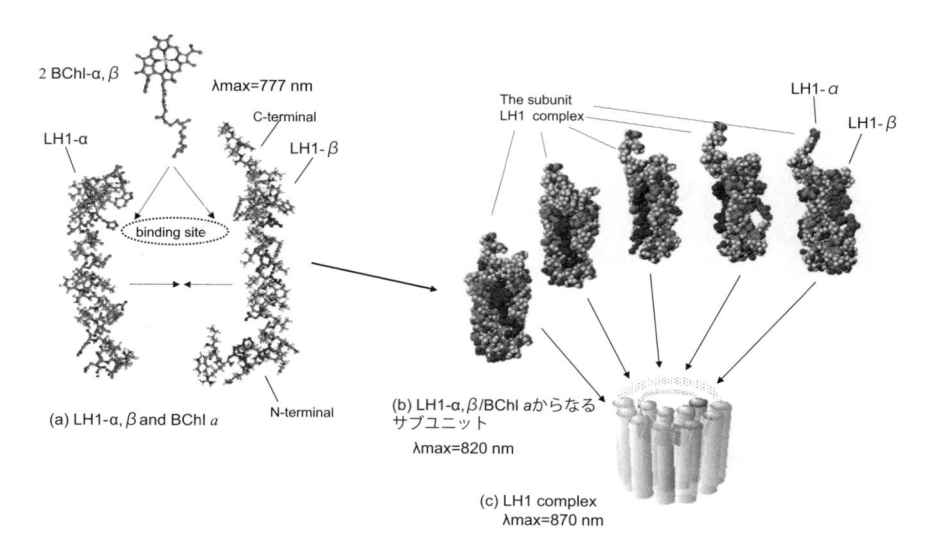

図 3-7　LH1 色素複合体の再構成法
(a) LH1-α と LH1-β が BChl a を取り込みサブユニットを形成：BChl a の結合部位は図3-6 (c), (d) の 0 位の H (His), (b), (c) サブユニットが環状に集合して天然類似 LH1 を形成

3-3-2　LH1 タンパク質による色素分子の配列

　LH1 の BChl a 分子はどのように LH1 タンパク質によって配列されているのであろうか．現在，LH1 の X 線構造解析の分解能は 4.8 Å であるので，アミノ酸配列の決定は困難であり，また，水素結合の様式も確認されていない．しかしながら，電子密度の高い BChl a は比較的精度よく座標が決定されている．図 3-6 (b) に BChl a の配列を拡大して示した．ここで，BChl a の電子雲が連なっており，この π 電子雲の重なりが LH 分子全体に広がっているために，色素分子全体に励起子が広がると考えられる．このように LH1 の B870 は LH2 の B850 と同様に色素分子同士の強い相互作用が分子全体の形体に影響を与えている．また，色素分子同士のつながりを規定する要因として LH1 タンパク質の N および C 末端の絡み合いが挙げられる．このことは N 末端を切除した LH1-α, Cut-α (図 3-6 (c)) を用いて再構成すると，Cut-α 体同士でも BChl a を認識し複合体を形成できることより確認されている．一方，N 末端を切除した LH1-β (図 3-6 (d)) Type 1 ではその変化は認められなかった．また，興味深い

ことに，N末端を切除したLH1-αと-βの共存体でも色素複合体を再構成できた。これらのことから，N末端のLH1-α, -βのアミノ酸同志の相互作用が少なくても，色素会合体とLH1-α, -βのC末端のアミノ酸同志の相互作用が可能ならばLH1類似の色素複合体を再構成できることがわかった[11,12]。

3-3-3　LH1モデルタンパク質による色素分子の配列

次に，図3-6(c)および(d)に示した合成LH1モデルタンパク質を用いて再構成法を行い，色素の複合体形成におよぼすLH1タンパク質の特定極性アミノ酸残基の影響について検討した[11,12]。ここで，水素結合を形成するW(6)をフェニルアラニン（Phe, F）に置換したType 4（図3-6(d)）を用いると，Type 1と比較してBChl aの長波長シフトが見られなくなったことから，Type 1のWはBChl aと相互作用していることが示唆される。また，Type 3でW(10)をFに置き換えても長波長シフトに変化がなかったことから，この複合体の構造形成でW(10)は重要ではないことがわかった。これらのことから，LH1タンパク質のC末端側の極性アミノ酸残基は，色素の複合体形成に対して重要な役割を担っていることが認められた。一方，LH1タンパク質の疎水性部位のアミノ酸部位とBChl a分子との直接的な相互作用はいまのところ明瞭になっていない。そこで，この色素の複合体形成に重要なLH1タンパク質の最小構造の探索のために，Type 5および6を用いて再構成を行った。その結果，LH1タンパク質複合体形成を発現できる最小構造はType 5であることがわかった。また，ここで，LH1タンパク質の疎水性部位のアミノ酸部位とBChl a分子のフィトール基との疎水性相互作用も複合体形成に対して重要であることが認められた。さらに，LHタンパク質の末端にシステイン残基を導入したType 7およびType 8を用いて複合体形成におよぼすジスルフィド結合の影響について検討を行った。その結果，ジスルフィド結合の存在により，色素とのより厳密な会合制御が可能となり，脂質二分子膜中でも安定な色素複合体を形成できることがわかった。

3-4 光合成色素タンパク質複合体 LH1-RC の基板上への組織化と光電変換素子への展開[14]

　光合成細菌由来の RC, LH1-RC の電極基板上への組織化とそれらを光エネルギー変換材料として展開するために，図 3-8 でモデル的に示したように，LH1-RC の光電流応答および C-AFM を検討した結果について述べる[14]。

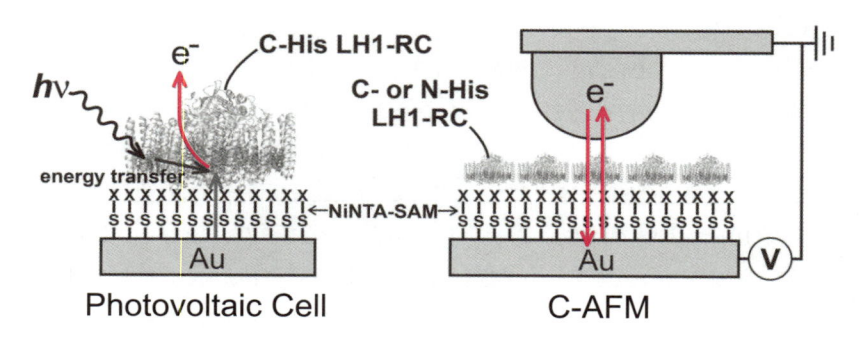

図 3-8　C 末端および N 末端 His-tag 化 LH1-RC の金電極上への組織化とその光電変換応答機能および単一分子の導電性 AFM（C-AFM）測定

　基板上での LH1-RC の配向性をより制御するために，分子生物学的手法を用いて，図 3-9 で示した LH1-α タンパク質の N 末端あるいは C 末端に His-tag を導入した C-His LH1-RC および N-His LH1-RC を作成した。

　図 3-10 に，Ni-NTA の SAM を形成した金電極上での C-His LH1-RC および N-His LH1-RC の組織化モデルとその光電流応答の結果を示した。図 3-10 で示すように，C-His LH1-RC は N-His LH1-RC と比較して大きなカソード電流を示した。この要因として，C-His LH1-RC は電極と RC 複合体のスペシャルペアとの距離が N-His LH1-RC と比較して近いためと考えられた。このように，LH1-RC 複合体では N 末端あるいは C 末端に His-tag を導入することにより，金電極上での配向が制御されてそれらの電流応答に差が認められた。

3 光合成の光捕集系タンパク質色素複合体の構造と機能

R. sphaeroides His-tagged LH1-α

	N-terminal	hydrophobic core	C-terminal
C-His LH1-α	MSKFYKIWMIFDPRR	VFVAQGVFLFLLAVMI**H**LILLST	PSYNWLEISAAKYNRVAVAE**HHHHHH**
N-His LH1-α	M**HHHHHH**SKFYKIWMIFDPRR	VFVAQGVFLFLLAVMI**H**LILLST	PSYNWLEISAAKYNRVAVAE

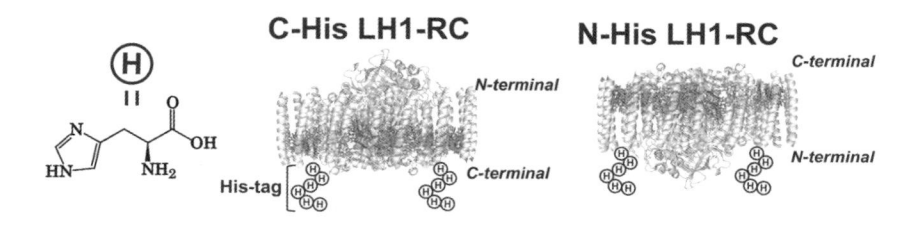

図 3-9　C 末端および N 末端 His-tag 化 LH1 アミノ酸組成と LH1-RC のモデル図

次に，図 3-8（右）に示したように基板上での C-His LH1-RC および N-His LH1-RC 複合体の 1 分子観察について C-AFM を用いて行い，その配向をそれらの電子伝達機能から評価した。得られた AFM 画像から 1 分子を選択して I-V 曲線を抽出した結果を示した。その結果，C-His LH1-RC はバイアス電圧が負側の際に電流が大きく流れ，このことから C-His LH1-RC 複合体は基板上で C-His の配向に制御されて電子は RC の色素間の電子伝達パスを通っていると考えられた。一方，His-tag を持たない LH1-RC はバイアス電圧が正側，負側共に電流が大きく流れ，LH1-RC 複合体が傾いていることが示唆された。また，N 末端側に His-tag を導入した N-His LH1-RC 複合体も同様に N-His の配向と考えられる I-V 曲線が得られた。

これらのことから，LH1-RC 複合体は，His-tag を導入することにより Ni-NTA 金電極上で配向を制御して吸着されており，I-V 曲線の特性評価から C-His LH1-RC および N-His LH1-RC 複合体とも 65 % 配向を制御されていることがわかった。また，LH1 タンパク質の N- および C- 末端のいずれで固定化しても RC の整流特性は見られた。このことから電子の RC への注入は，基板側からでもチップ側からでも同様に可能であった。以上のことから，LH1-RC は光電変換素子と同時に単一分子電子素子への展開が期待される。

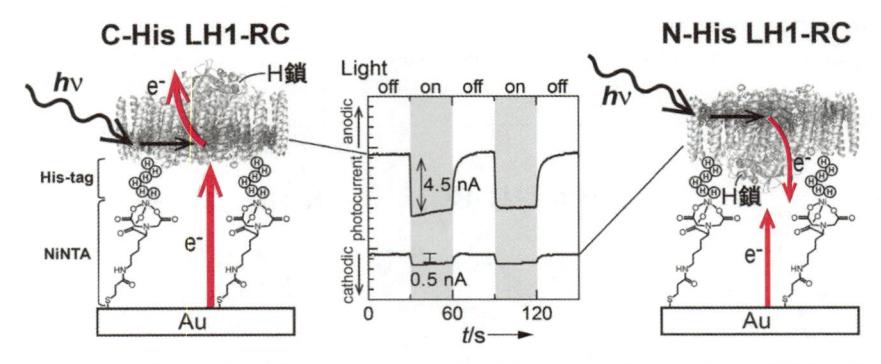

図 3-10　C 末端および N 末端 His-tag 化 LH1-RC の金電極上への組織化とその光電変換応答

3-5　光合成膜タンパク質（LH2 および LH1-RC）の脂質二分子膜中への再構成と AFM による集合構造の直接観察[15〜19]

　LH2 および LH1-RC の集合構造と機能相関の解明のためには，LH2 および LH1-RC の集合状態を分子レベルで評価すること，またそれらの協同的な機能を検出することが必要である。ここでは，単離精製した膜タンパク質と任意の脂質からなる再構成膜に着目した[15〜19]。そして，LH2, LH1-RC 再構成膜の構築と AFM を用いた分子レベルでの集合構造の評価および LH2 から LH1-RC へのエネルギー移動の計測を行った。

3-5-1　LH2 および LH1-RC の脂質膜（PE-PG-CL 組成膜）中への再構成と AFM による集合構造観察[15〜18]

　光合成膜中から単離精製した LH2 あるいは LH1-RC を界面活性剤存在化で脂質と混合し，透析により界面活性剤を除去することで脂質膜中へ再構成した。図 3-11 に再構成前後の LH2 および LH1-RC の吸収スペクトルを示した。LH2 単独膜，LH1-RC 単独膜共に，再構成の前後（前：赤色破線，後：黒色実線）で吸収スペクトルの形状が変化しなかったことから，各複合体は再構成膜中で構造を維持していることが確認された。

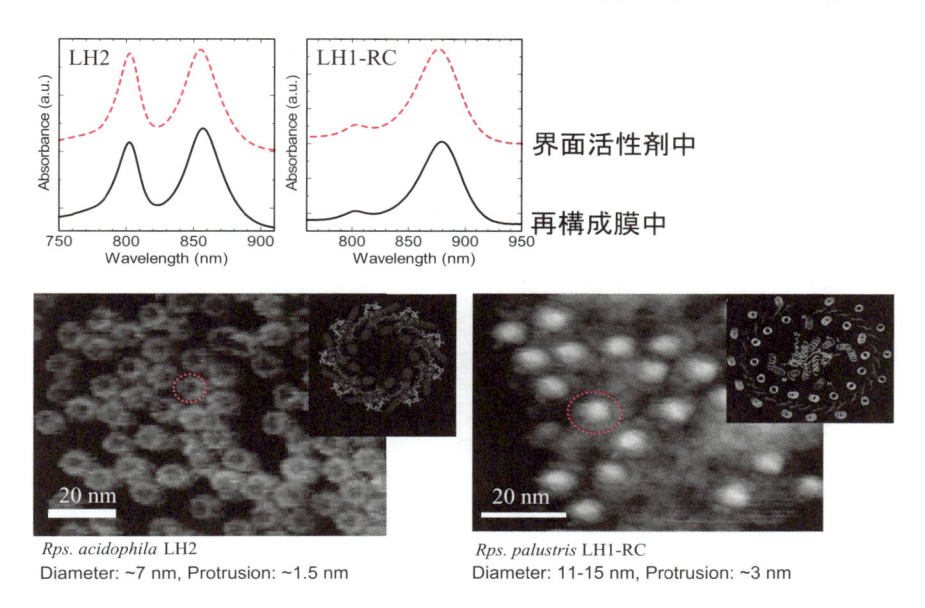

3 光合成の光捕集系タンパク質色素複合体の構造と機能

Rps. acidophila LH2
Diameter: ~7 nm, Protrusion: ~1.5 nm

Rps. palustris LH1-RC
Diameter: 11-15 nm, Protrusion: ~3 nm

図3-11　LH2あるいはLH1-RCの再構成膜の吸収スペクトルとAFM観察

　調製した再構成膜中でのLH2, LH1-RCの集合状態を分子レベルで評価するため，再構成膜をマイカ基板上へ固定化し，AFMによる直接観察を行った。

　図3-11にLH2あるいはLH1-RCの再構成膜を同様にマイカ基板上に平面膜化しAFM観察した結果を示した。LH2単独膜では，直径約7 nmのリング構造が集合している様子が観察された。この直径はLH2のX線結晶構造解析結果とよく一致しており，リング構造1つ1つがLH2 1分子に相当する。LH1-RC単独膜では，脂質膜表面から3～4 nm突出した粒子と，それを囲む楕円構造（脂質膜表面からの高さ1～2 nm, 直径11～15 nm）が観察された。これらはそれぞれLH1-RC複合体のRCのHサブユニットとRCを取り囲んでいるLH1複合体に相当する。

　次にLH2/LH1-RC共存膜のAFM観察した結果を図3-12に示した。LH2/LH1-RC共存膜では，高さ約4 nmの脂質膜表面（m）から約2 nmのLH2と考えられる領域と約4 nmのLH1-RCのHサブユニットが観察された。興味深いことに，光合成膜中と同様にLH2, LH1-RCは膜中で自発的に集合化していた。

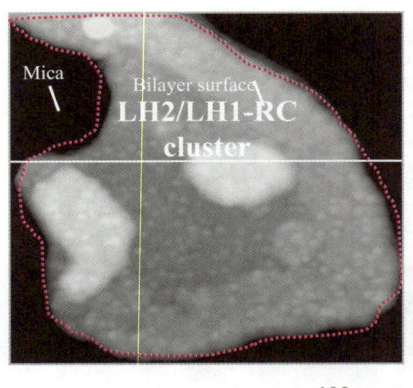

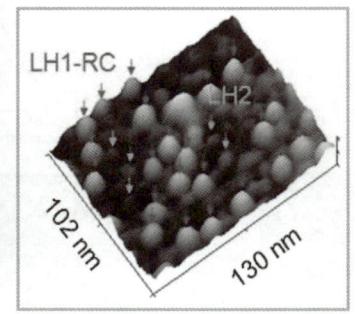

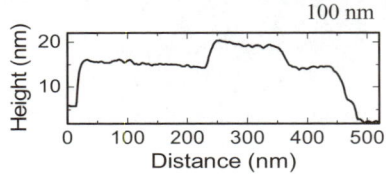

図 3-12　LH2 および LH1-RC 混合の再構成膜の AFM 観察

このような自己集合挙動は，LH2/LH1-RC 共集合体の機能解析をする上でも興味深く，また，AFM により LH2/LH1-RC の再構成膜中の集合構造を分子レベルで評価できることがわかった。

3-5-2　再構成膜（PE-PG-CL 組成膜）中での LH2 から LH1-RC へのエネルギー移動[15〜18]

再構成膜中での LH2 から LH1-RC へのエネルギー移動について検討した。図 3-12 より脂質膜中に再構成した LH2 と LH1-RC は密な集合体を形成していた。これにより，再構成膜中では LH2 から LH1-RC へのエネルギー移動が起こりやすくなっていることが期待された。

図 3-13 に LH2/LH1-RC 混合の再構成膜の蛍光スペクトルを示した。また，LH2 および H1-RC の成分に分割した蛍光スペクトルも併せて示した。LH2 を選択的に励起するため，励起波長は 800 nm にて測定した。図 3-13 から，界面活性剤の均一中と比較して 869 nm 付近の LH2 由来の蛍光の大幅な減少と，897 nm 付近の LH1 由来の蛍光の大幅な増幅が観察された。これは LH2 から

LH1-RC への分子間エネルギー移動が起こった結果であり，LH2 から LH1-RC へのエネルギー移動が再構成膜中での自己集合特性（図 3-11 および図 3-12）を反映して起こりやすくなったためと考えられた．

このような再構成膜を用いたアプローチは，脂質-膜タンパク質間相互作用の解析や，機能性脂質を取り入れた人工光合成膜構築へとつながることが期待される．

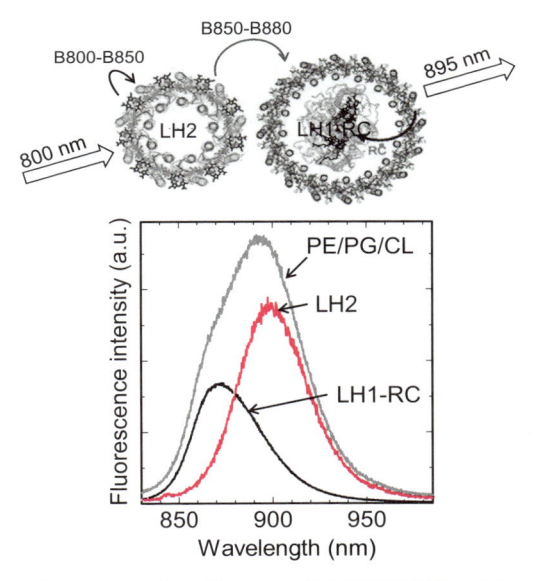

図 3-13 LH2 および LH1-RC 混合の再構成膜中での
エネルギー移動の模式図と蛍光スペクトル観察

3-5-3　LH1-RC および LH2 の C-AFM 測定[19]

図 3-14(a) に測定の概略を示した．AFM の形状測定を行って図 3-14(b) から LH1-RC 再構成膜の位置を確認したところ，高さ 7 nm の膜が観察された．つぎにこの LH1-RC 膜および金上で測定点を選択（×印）し，I-V 測定を行った（図 3-14(c)）．金表面上では対称で直線的な I-V 特性を示したが，LH1-RC 上では負の整流特性が観察された．このことから，図 3-14(a) に示したように，金電極から LH1-RC を通ってカンチレバー（Pt）へと電流が流れていると考えられ

た。この負の整流特性は，LH1-RC を His-tag を介して金電極上に今回と同様の向きに固定した場合の結果と一致した（図 3-10 参照）。興味深いことに，その整流特性は LH1-RC を His-tag 化して組織化したものよりも高く，95%以上であった。このことから，LH1-RC は脂質二分子膜の共存により配向を高度に制御できることがわかった。

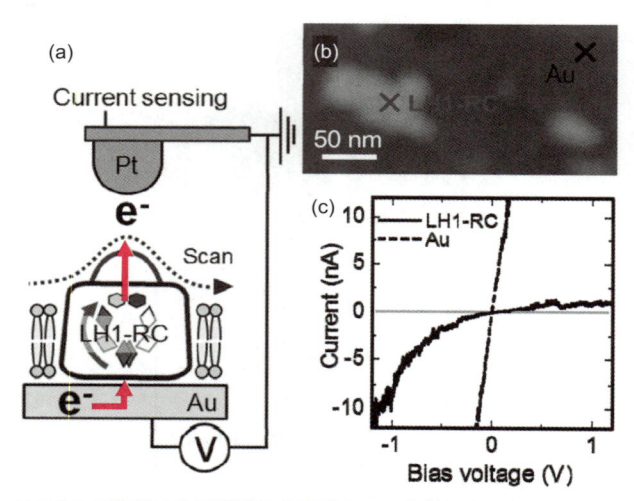

図 3-14　LH1-RC の脂質二分子膜修飾金電極上への組織化と　単一分子の C-AFM 測定
(a)：測定の概略図，(b)：再構成膜中での LH1-RC の位置，(c)：I-V 測定

3-5-4　脂質二分子膜中での LH1-RC の光電変換機能[19]

C-AFM 測定により，脂質膜を組織化の場として用いることで LH1-RC の配向がそろい，弱い接触圧であれば LH1-RC を変性させることなく電流測定が可能であることがわかった。ここでは，脂質膜中での LH1-RC の光電変換機能を検討するために，LH1-RC をアニオン性脂質である DOPG に再構成し，APS によりカチオン化修飾した ITO 電極上へ静電相互作用により組織化した。そして電子メディエーターである UQ-10 または UQ-1 を加え，光照射に応答した光電流発生を測定した。図 3-15 にその概略をまとめて示した。図 3-15(a) に溶液中および基板上の LH1-RC の吸収スペクトルおよびそのアクションスペクトルを示した。このアクションスペクトルは吸収スペクトルの波形と一致した。

3　光合成の光捕集系タンパク質色素複合体の構造と機能

このことから，LH1-RC は基板上に組織化した脂質二分子膜中でも機能を維持し，光電流応答を検出できることがわかった。また，880 nm の光を照射した時の電流応答は，UQ-10 を用いた場合の方が UQ-1 に比べ 2.3 倍大きい電流応答を示した（図 3-15(b)）。これは，疎水性の高い UQ-10 の方が膜中により多く取り込まれて，多くの電子を運び出すことができたためだと考えられた。また，UQ-10 の電子キャリアの拡散の場として脂質膜の重要性がわかった（図 3-15(c)）。

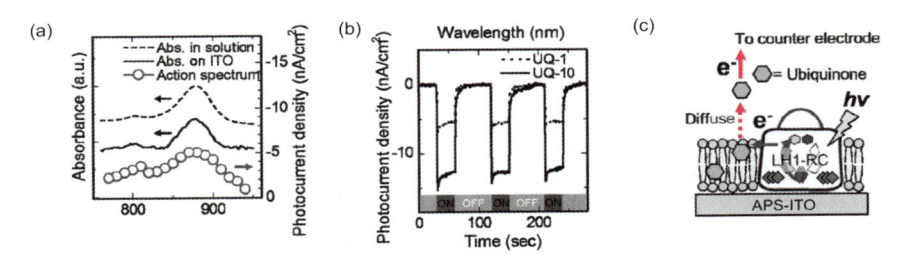

図 3-15　LH1-RC の脂質二分子膜で修飾した金電極上への組織化と その光電変換応答機能
(a)：吸収およびアクションスペクトル，(b)：キノン誘導体共存下での光電流応答，(c)：組織化モデル図

3-6　まとめ

　光合成膜での光捕集系膜タンパク質の色素複合体は，光エネルギー変換機能をもつ自己組織化膜を形成している。この膜中での色素複合体は極めて精巧につくられている。本章では　光合成膜での光エネルギー変換機能をもつ光捕集系タンパク質色素複合体の構造と機能について解説し，人工光合成アンテナ系への展開について記述した。この光合成膜を構成するタンパク質色素複合体およびその機能を人工的に模倣することによって，ナノレベルで光エネルギー変換機能をもつ超微細のデバイスの開発が期待できる。

引用文献

1) 杉浦美羽, 伊藤　繁, 南後　守 編,『光合成のエネルギー変換と物質変換』, 化学同人 (2015).
2) 日本化学会編,『人工光合成と有機系太陽電池』, 化学同人 (2010).
3) 東京大学光合成教育研究会編,『光合成の科学』, 東京大学出版会 (2007).
4) A. F. Collings, C. Critchley, "*Artificial Photosynthesis*" Wiley-Vch Verlag (2005).
5) V. Sundstrom, T. Pullerits, R. van Grondelle, *J. Phys. Chem. B*, **103**, 2327 (1999).
6) G. McDermott, S. M. Prince, A. A. Freer, A. M. Hawthornthwaite-Lawless, M. Z. Papiz, R. J. Cogdell, N. W. Isaacs, *Nature*, **374**, 517-521 (1995).
7) A. W. Roszak, T. D. Howard, J. Southall, A. T. Gardinar, C. J. Law, N. W. Isaacs, R. J. Cogdell, *Science*, **302**, 1969-1972 (2003).
8) S. Scheuring, J. Seguin, S. Marco, D. Levy, B. Robert, J.-L. Rigaud, *Proc. Natl. Acad. Sci, USA*, **100**, 1690-1693 (2003).
9) a) S. Bahatyrova, R. N. Frese, C. A. Siebert, J. D. Olsen, K. O. van der Werf, R. van Grondelle, R. A. Niederman, P. A. Bullough, C. Otto, C. N. Hunter, *Nature*, **430**, 1058-1062 (2004). b) S. Scheuring, J. N. Sturgis, V. Prima, A.Bernadac, D.Levy, J-Lrigaud, *Proc. Natl. Acad. Sci, USA*, **100**, 11293-11297 (2004).
10) J. Deisenhofer, O. Epp, K. Miki, R. Huber, H. Michel, *Nature*, **318**, 618 (1985).
11) 飯田浩史, 南後　守, オレオサイエンス, **3**, 457 (2003).
12) K. A. Meadows, K. Iida, K. Tsuda, P. A. Recchia, B. Heller, B. Antonio, M. Nango, P. A. Loach, *Biochemistry*, **34**, 1559-1574 (1995).
13) M. Nagata, M. Nango, A. Kashiwada, S. Yamada, S. Ito, N. Sawa, M. Ogawa, K. Iida, Y. Kurono, T. Ohtsuka, *Chem. Lett.*, **32**, 216-217 (2003).
14) M. Kondo, K. Iida, T. Dewa, H. Tanaka, T. Ogawa, S. Nagashima, K. V. P. Nagashima, K.Shimada, H. Hashimoto, A. T. Gardiner, R. J. Cogdell, M. Nango, *Biomacromolecules*, **13**, 432 (2012).
15) A. Sumino, T. Dewa, M. Kondo, T. Morii, H. Hashimoto, A. Gardiner, Ri.Cogdell, M. Nango, *Lamgmuir*, **27**,1092-1099 (2011).
16) A. Sumino, T. Takeuchi, M. Kondo, T.Dewa, N. Sasaki, N. Watanabe, T. Morii, H.Hashimoto, M. Nango, *Surface Science & Nanotechnology*, **9**, 15-21 (2011).
17) T. Dewa, A. Sumino, N. Watanabe, T. Noji, M. Nango, *Chem. Phys.*, **419**, 200-204 (2013).
18) A. Sumino,T. Dewa, T. Noji , Y. Nakano, N.Watanabe, R. Hildner, N. Bösch, J. Köhler, M. Nango, *J. Phys. Chem. B* . **117**, 10395–10404 (2013).
19) A. Sumino, T. Dewa, N. Sasaki, M. Kondo, M. Nango, *J. Phys. Chem. Lett.*, **4**, 1087-1092 (2013).

第4章
光化学系IIの構造と機能

4-1 光化学系IIの全体構造

　光化学系II（PSII）は，植物やシアノバクテリアのチラコイド膜内に存在する膜タンパク質複合体の1つで，太陽の光エネルギーを捕集して反応中心で電荷分離・電子伝達反応を行うと共に，酸素発生中心である Mn_4CaO_5 クラスターで水を分解して電子を反応中心へと供給，それらの反応の副産物として分子状酸素を形成する[1,2]。人類を含めた地球上の多くの生命は，植物の光合成によって作られた分子状酸素を用いて呼吸を行い，生命活動を続けている。生物種によってPSIIのサブユニット構成は微妙に異なるが，生体膜内では二量体で機能していると考えられている。現在，X線結晶構造解析で詳細な構造情報が得られている好熱性シアノバクテリア *Thermosynechococcus vulcanus* のPSIIは，反応中心タンパク質であるPsbA（D1），PsbD（D2），集光性アンテナタンパク質であるPsbB（CP47），PsbC（CP43），膜の外側（ルーメン側）に位置する表在性タンパク質（PsbO，PsbU，PsbV），そして13個の低分子量サブユニット（PsbE，PsbF，PsbH，PsbI，PsbJ，PsbK，PsbL，PsbM，PsbT，PsbX，PsbY，PsbZ，Psb30）から成り（図4-1），クロロフィルやカロテノイド，フェオフィチン，プラストキノン，脂質といった様々な補欠分子を含んでいる（図4-2）。さらに，PSIIには酸素発生中心である Mn_4CaO_5 クラスターが存在し，この部位で水分解・酸素発生反応を行っている。Mn_4CaO_5 クラスター周辺部，およ

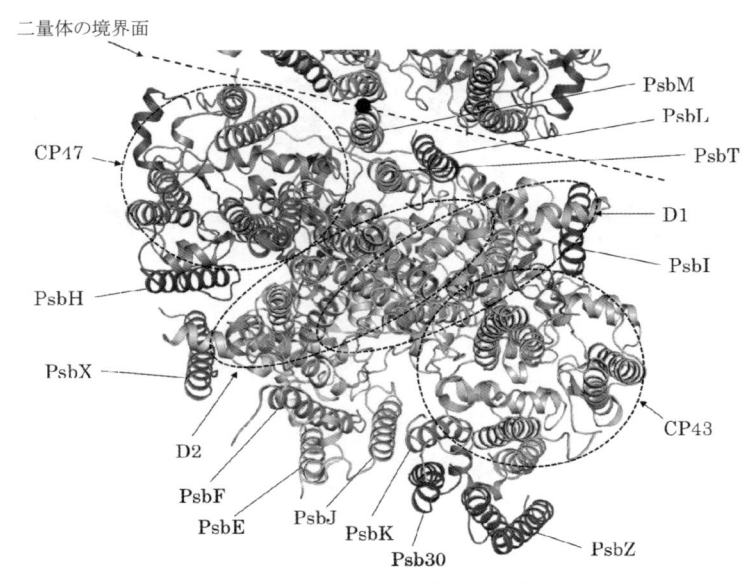

図 4-1　ストロマ側から見た PSII の膜貫通サブユニットの配置

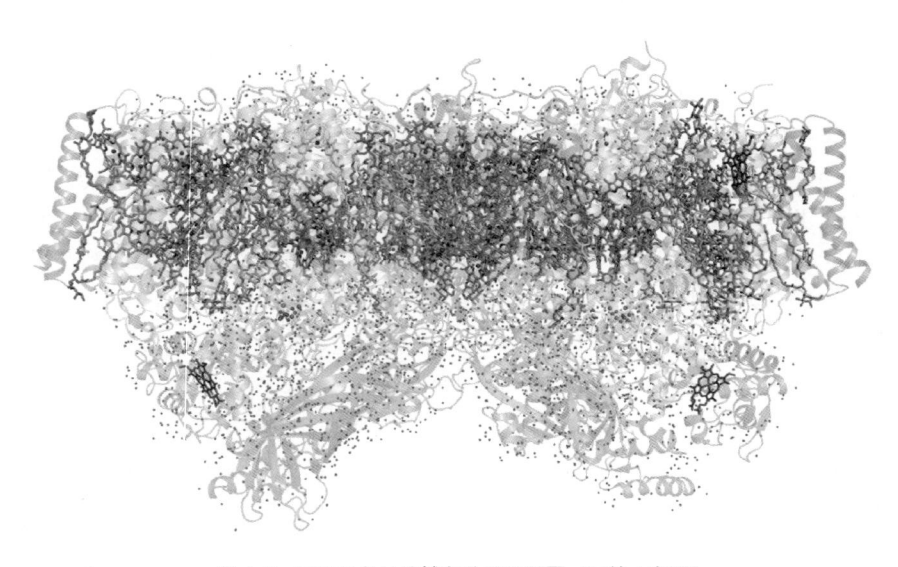

図 4-2　PSII における補欠分子の配置（口絵 1 参照）
膜貫通領域には，多くのクロロフィル，カロテノイド，脂質が存在している．ドットは結晶構造解析で同定された水分子を表している

4 光化学系 II の構造と機能

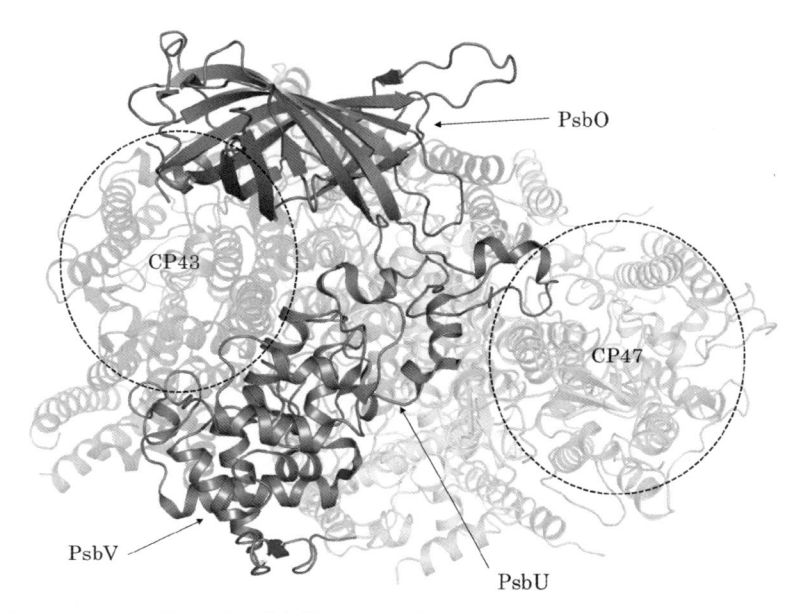

図 4-3 ルーメン側から見た表在性タンパク質(PsbO, PsbU, PsbV)の配置 （口絵 2 参照）

び表在性タンパク質領域，膜の外側（ルーメン側）には多くの水分子が存在する（図 4-2, 図 4-3）。

D1，D2，CP43，CP47 は，光エネルギーの捕集，電荷分離・電子伝達反応を行うサブユニットで，さらに，これらのサブユニットを構成する一部のアミノ酸残基は Mn_4CaO_5 クラスターと結合し，水分解・酸素発生反応に直接関与している。さらに，D1，D2 には PSII 内の電子伝達反応に関与する 2 つのプラストキノン（Q_A，Q_B）が存在する。電荷分離反応によって反応中心から放出された電子は Q_A を介して Q_B へと伝達され，Q_B は電子を計 2 個受け取ることでプラストキノールとなってその結合サイト（Q_B サイト）から外れてチトクロム b_6/f に電子を伝達する。そして，新たなプラストキノンが Q_B サイトに結合する。PSII は光エネルギーを捕集して電荷分離反応を起こし，電子を別の膜タンパク質に伝達する役割を担っている。

PSII の主な反応には D1，D2，CP43，CP47 が大きく関与しているが，これらのサブユニットだけでは PSII は安定に機能することはできない。表在性タ

ンパク質である PsbO, PsbU, PsbV は，Mn_4CaO_5 クラスターとは直接結合していないが，PSII の酸素発生反応の維持に寄与しており，Mn_4CaO_5 クラスター周辺の構造維持や，水分解反応によって放出されたプロトンの放出経路の形成に関与していると考えられる。特に，PsbO が PSII から解離するとその酸素発生活性は大幅に低下し，このサブユニットは全ての生物種に保存されていることから，PsbO は PSII の酸素発生反応に必須のものである[3]。PsbE, PsbF にはヘム（HEM）が結合し，近傍のカロテノイド（CarD2）と共に PSII 内の二次電子伝達反応に関与していると考えられている[4,5]。また，PsbE, PsbF は PSII の分子集合の初期段階から D2 と結合しているため，機能性のある PSII 二量体の形成に必須のサブユニットである。一方，D1 側には PsbI が PSII の分子集合の初期段階から結合しており，PsbI は PSII の二量体形成に重要なサブユニットと考えられている[6]。PsbH と PsbX は PSII の外側に存在するサブユニットで，それぞれが欠損しても細胞の生育には影響はないが，機能性のある PSII 二量体の量が減少するに伴い，PSII 単量体の量が増加し，PsbH が欠損すると PsbX も外れてしまうため，この 2 つのサブユニットは PSII の構造安定化に寄与していると考えられる[7]。PsbL, PsbM, PsbT は PSII 単量体同士の境界面上に位置し，これらのサブユニットは PSII 二量体の安定化に寄与している[8〜10]。また，PsbM が欠損することで電子伝達反応を行う Q_B サイト周辺の構造が変化するなど，低分子量サブユニット 1 つが欠損することで，PSII の全体構造が微細に変化していることが示唆されている[11]。しかし，これまでの生理学的解析では実際の立体構造変化を確認できないため，X 線結晶構造解析によるさらなる解析が必要である。PsbJ は D1, PsbE, PsbF の近傍に存在し，D1 の一部分と疎水性相互作用を形成している。PsbJ が欠損することで表在性タンパク質が結合していない PSII 単量体が増加することから，PsbJ は PSII 二量体の安定化，および表在性タンパク質の安定な結合に関与していることが示唆されている[12]。PsbK, PsbZ, Psb30 は PSII の周辺部に存在する低分子量サブユニット群で，PsbZ が欠損することで PsbK, Psb 30 も外れてしまうため，これら 3 つのサブユニットはこの周辺領域の構造安定化に寄与している[13,14]。このように反応中心，集光性アンテナタンパク質以外のサブユニットは，主に PSII の構造安定化と酸素発生反応の維持に関与しており，これら全てのサブユニットが

揃うことでPSIIが機能している。

　また，サブユニットだけでPSIIの構造が維持されているわけではない。PSIIには多くの脂質が存在しており，この量はチラコイド膜内に存在する他の膜タンパク質に比べて非常に多い。チラコイド膜は，主にリン脂質とガラクト脂質，グリセロ糖脂質によって形成されていて，PSII内にはリン脂質の一種であるPhosphatidylglycerol（PG），ガラクト脂質であるMonogalactosyldiacylglycerol（MGDG），Digalactosyldiacylglycerol（DGDG），グリセロ糖脂質であるSulfoquinovosyl diacylglycerol（SQDG）が存在する。現在，PSII単量体内に計20個の脂質が同定されており，MGDG, DGDG, PG, SQDGがそれぞれ6個，5個，5個，4個あり，この量比は生理学的に解析された量比と良い一致を示している。MGDGとDGDGは電荷をもたない脂質で，PSII内では主にルーメン側の膜領域に存在している。一方，電荷を持ったPGとSQDGは膜の内側（ストロマ側）の膜領域に存在し，明らかに脂質の分布に偏りがある（図4-4）。

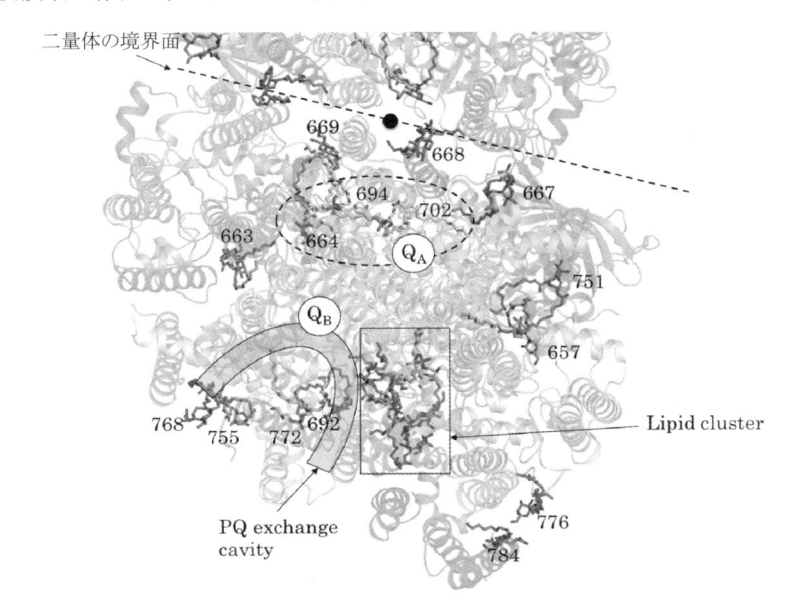

図 4-4　PSIIにおける脂質の配置（口絵3参照）
結晶構造解析の過程で付与された番号のみ記載した

緑：Monogalactosyldiacylglycerol（MGDG），シアン：Digalactosyldiacylglycerol（DGDG），
黄：Phosphatidylglycerol（PG），橙：Sulfoquinovosyl diacylglycerol（SQDG）

これまでの DGDG 欠損変異体の機能解析から，DGDG が欠損することで PSII の酸素発生活性が大きく低下することが示されている。これは，酸素発生反応に関与する PsbO，PsbU，PsbV が PSII から解離してしまったことが原因である[15]。DGDG の分布を見るとそのほとんどがルーメン側の膜領域に存在し，D1，D2，CP43，CP47 と強く結合している。表在性タンパク質とは直接結合してはいないものの，これらの脂質が欠損することによって D1，D2，CP43，CP47 に大きな構造変化が起こり，その結果，表在性タンパク質の結合安定性が低下してしまったと考えられる。

　692 MGDG/D2（D2 と相互作用しており結晶構造解析の過程で 692 の番号を付与された MGDG。以後他の要素についても同様の命名法に従う）は 67 Tyr/D2，41 Gln/PsbF（アミノ酸残基に付与された番号はその残基番号に対応する），および Mg イオンと結合しており，その Mg イオンは 31 Gly/PsbJ，34 Ala/PsbJ，36 Leu/PsbJ，水分子と結合して周辺の構造を安定化している（図 4-5）。さらに，PsbJ 近傍には 660 DGDG/CP43 と 661 DGDG/PsbJ が存在しており，PsbJ が欠損することによって PSII 二量体および表在性タンパク質の結合不安

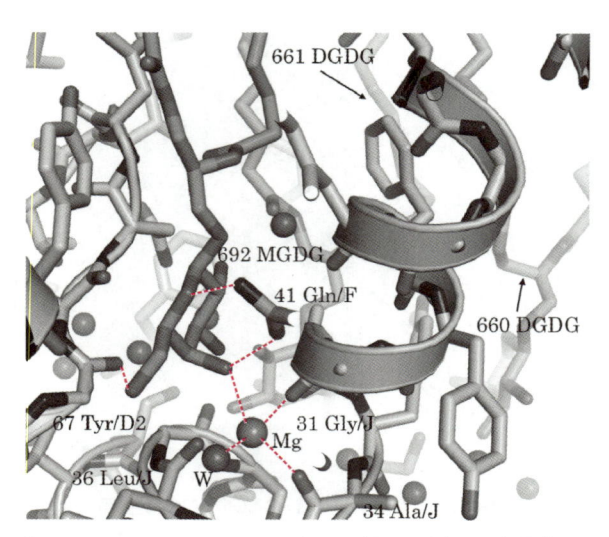

図 4-5　PsbJ と Monogalactosyldiacylglycerol（MGDG），Mg イオンの相互作用（口絵 4 参照）
点線は配位・水素結合を示している

定化が起こることから，PsbJ 欠損 PSII ではこれらの脂質が脱離してしまい，PSII の構造不安定化が引き起こされたと考えられる。

MGDG のほとんどはルーメン側の膜領域に存在するが，1 分子だけ例外的にストロマ側の膜領域に存在する（784 MGDG/PsbZ）。しかし，この脂質の親水性頭部の温度因子は 80 Å^2 を超えている。温度因子とは，原子の熱振動振幅に対応する X 線結晶構造解析のパラメーターで，この値が 80 Å^2 以上の原子は，原子核を中心として 1 Å 以上の振幅で振動しており，非常に不安定，もしくはその座標を決定しにくいことを意味している。すなわち，PSII に対する X 線結晶構造解析の現状では，この脂質が真に MGDG であるという根拠は十分とはいえない。

MGDG のみを欠損させた PSII 試料を調製して MGDG の役割について詳しく検討することが今後の課題である。これは，DGDG 合成には MGDG 合成が必須であり，またチラコイド膜は主に MGDG，DGDG で構成されているため，MGDG の合成酵素の 1 つを欠損させるとチラコイド膜の形成自体に重大な影響を与えてしまうためである。好熱性シアノバクテリアから調整した PSII 試料にリパーゼ処理を施すことで，DGDG や PG，SQDG を保持した状態で MGDG のみを約半分程度除去することができ[16]，この PII 試料の酸素発生活性は約半分程度まで低下する。この分析をより詳細に解析していくことで，PSII の酸素発生反応に寄与する MGDG の役割が明らかになってくると期待される。

図 4-4 に，ストロマ側から見た PSII 単量体における脂質の分布を示す。PG はこれまでの機能解析で PSII の酸素発生反応，および二量体化とその安定化に大きく寄与し，また，Q_A から Q_B への電子伝達にも大きく関わっていると報告されている。PSII 二量体の境界面には PG は存在しないが，非常に温度因子の低い PG が 3 分子（664 PG/D2，694 PG/PsbL，702 PG/D2）集合しており，D2，CP47 の近傍に強く結合している（図 4-6）。さらに，702 PG/D2 は Q_A と非常に近い距離に存在し，772 PG/PsbE は Q_B のテール部位に存在している（図 4-4）。これらのことから，PG が PSII の反応中心付近の構造安定化に大きく寄与し，Q_A および Q_B の結合安定性にも大きく関与していると考えられる[17]。

常温性シアノバクテリア Synechocystis sp. PCC 6803 の SQDG 欠損 PSII の研究において，SQDG が欠損すると Q_B サイトに結合して PSII の電子伝達反応を

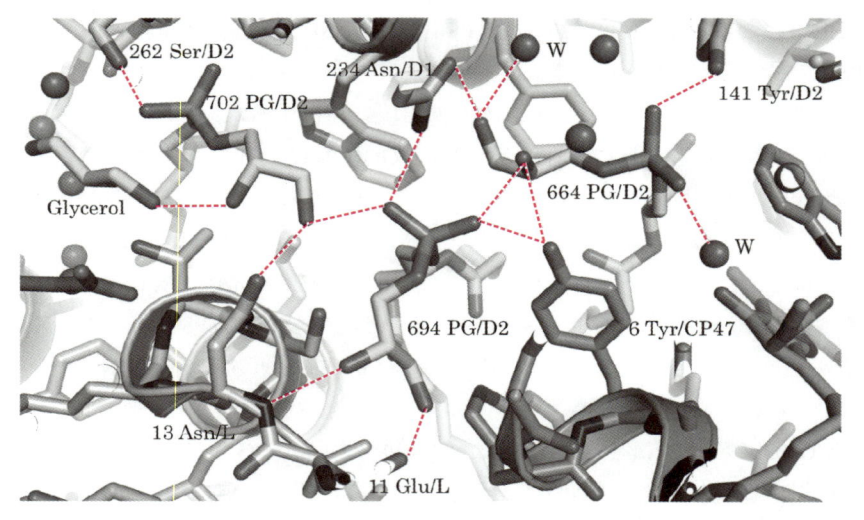

図 4-6　D2, CP47 周辺に存在する温度因子の低い Phosphatidylglycerol (PG)（口絵 5 参照）
点線は水素結合を示している

阻害する除草剤（3-(3,4-dichlorophenyl)-1,1-dimethylurea, DCMU; 2-chloro-4-(ethylamine)-6-(isopropylamine)-s-triazine, Atrazine）の効果が増大することが報告されている[18]。一方，同じシアノバクテリアの一種である *Synechococcus* sp. PCC 7942 の SQDG 欠損 PSII に対する除草剤の効果は野生株と変わらない。これは，PSII における SQDG の役割が生物種によって異なることを示唆している。結晶構造を見ると，SQDG は PSII 二量体の境界面に計 4 分子存在し（単量体で 2 分子ずつ。667 SQDG/D1 と 668 SQDG/PsbL），Q_B のテール部位に 1 分子（768 SQDG/D2），Q_B サイト近傍に 1 分子存在している（659 SQDG/D1）。X 線結晶構造解析の観点から，境界面に存在する 4 分子の SQDG は PSII 二量体の構造安定化に寄与している可能性があり，Q_B 付近に存在する 2 分子の SQDG は Q_B の結合安定性，および Q_B サイトの構造安定化に関与していると推察される。また，複数の脂質によって形成される脂質クラスター（659 SQDG/D1, 660 DGDG/CP43, 661 DGDG/PsbC, 714 MGDG/D2, 729 MGDG/PsbC）と 692 MGDG/D2, 772 PG/PsbE によって，Q_B サイトから PSII の外側まで通じる通路が形成されている（図 4-4）[19]。各サブユニットと脂質の絶妙な配置によってこの通路がうまく形成され，電子伝達反応が制御されている。

これまでのPSIIの機能解析と最近のX線結晶構造解析の結果から、反応中心タンパク質と集光性アンテナタンパク質の周りに存在する、いくつもの低分子量サブユニット、さらには脂質などの補欠分子によってPSIIはその構造を維持し、機能していることがわかる。

4-2 PSⅡの光捕集と電荷分離・電子伝達反応

D1, D2, CP43, CP47には数多くのクロロフィルが含まれており（D1とD2にはそれぞれ3分子、CP43には13分子、CP47には16分子のクロロフィルが含まれており、PSII単量体内で計35分子のクロロフィルが同定されている）、紅色光合成バクテリアの集光タンパク質複合体に見いだされたような規則正しい環状の配置[20]ではなく、非常に複雑でランダムな配置となっている。PSII内に存在するクロロフィルのポルフィン環の大まかな配置については、これまでのX線結晶構造解析から特定されていたが、近年、各ポルフィン環のわずかな歪みやフィトール部の詳細な配置、配位子についてより詳しく明らかになった。

CP43、CP47によって集められた光エネルギーは反応中心へと伝達される。反応中心は、クロロフィル二量体（P_{D1}/P_{D2}）のP680（PはPigmentの略。数値は吸収波長）と2分子のアクセサリークロロフィル（Chl_{D1}, Chl_{D2}）、2分子のフェオフィチン（$Pheo_{D1}$, $Pheo_{D2}$）によって構成される。光エネルギーを受け取った反応中心は励起され、まずはChl_{D1}と$Pheo_{D1}$の間で電荷分離反応が起こる（$[P_{D1}P_{D2}]Chl_{D1}{}^{\cdot+}Pheo_{D1}{}^{\cdot-}Q_A$、右肩のドットは不対電子を示す）。その後、P680の電子がChl_{D1}に移動した一過的な状態（$[P_{D1}/P_{D2}]^{\cdot+}Chl_{D1}Pheo_{D1}{}^{\cdot-}Q_A$）を経て、電子は$Pheo_{D1}$から$Q_A$、$Q_B$へと伝達される。これら一連の電子移動反応に伴って形成された$P680^{\cdot+}$は強い酸化力を持つため、D1の特定のチロシン残基（161 Tyr/D1、Y_Zと呼ばれる）を介してMn_4CaO_5クラスターから電子を受け取る。こうして、反応中心が吸収した光エネルギーにより、1個の電子がMn_4CaO_5クラスターからQ_Bへと移動し、Mn_4CaO_5クラスターはその酸化状態を一段階だけ上げる。Mn_4CaO_5クラスターは同様の過程を4回繰り返した後、2分子の

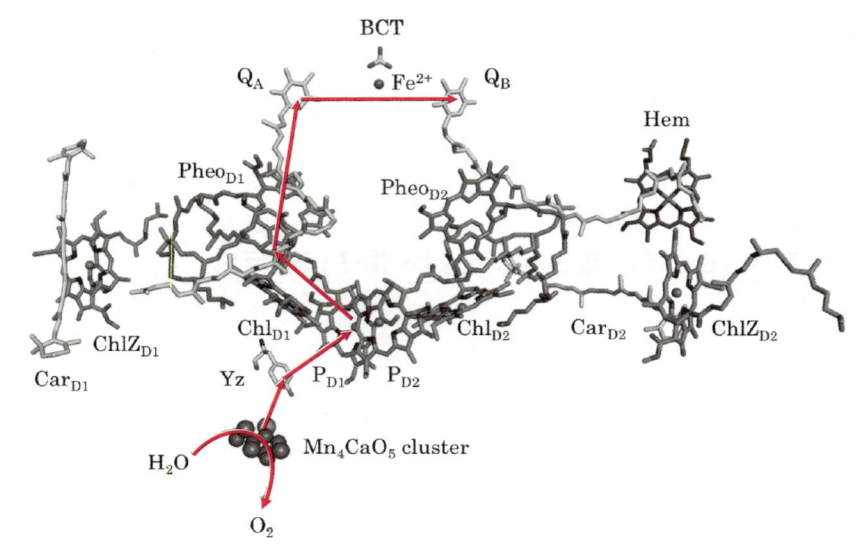

図 4-7 PSII の電子伝達に関与する補欠分子の配置（口絵 6 参照）
矢印は電子の流れを示している

水を分解して 4 個の電子を引き抜き，最も低い酸化状態となる。分子状酸素はこれらの反応の副産物として形成される（図 4-7）[21]。

　反応中心の各色素の配置は，一見するとそれぞれ左右対称な位置に存在しているように見える。しかし，結晶構造を詳しく調べると，わずかながらそれぞれの色素の配置に違いがあることがわかる。P_{D1}，P_{D2}，Chl_{D1}，Chl_{D2} は，近傍に存在するそれぞれの色素とπ-π結合，もしくはCH-π結合を形成しており（結合距離は 3.3 〜 3.5 Å），最も結合距離の短いのは P_{D1} と Chl_{D1} の CH-π 結合（3.3 Å）である（図 4-8(a)）。さらに，Chl_{D1}，Chl_{D2} の Mg イオンの第一配位子はどちらとも水分子であるが，Chl_{D1} 側の水分子は 179 Thr/D1 と水素結合を形成しているのに対し，Chl_{D2} 側の水分子はアミノ酸残基と結合していない（図 4-8(b)，図 4-8(c)）。反応中心で電荷分離反応が行われた際，P_{D1} と P_{D2} の間で正電荷の分布に偏りがあり（おおよそ $P_{D1}^{\cdot+} P_{D2}^{\cdot+} = 8 : 2$），これは D1，D2 を構成するアミノ酸残基の違いによるものと考えられている（D1 側では Mn_4CaO_5 クラスターを保持するために負電荷のアミノ酸残基が D2 側に比べて多く分布している）。先に述べた各色素間のわずかな配置の違いや結合様式の違いも，

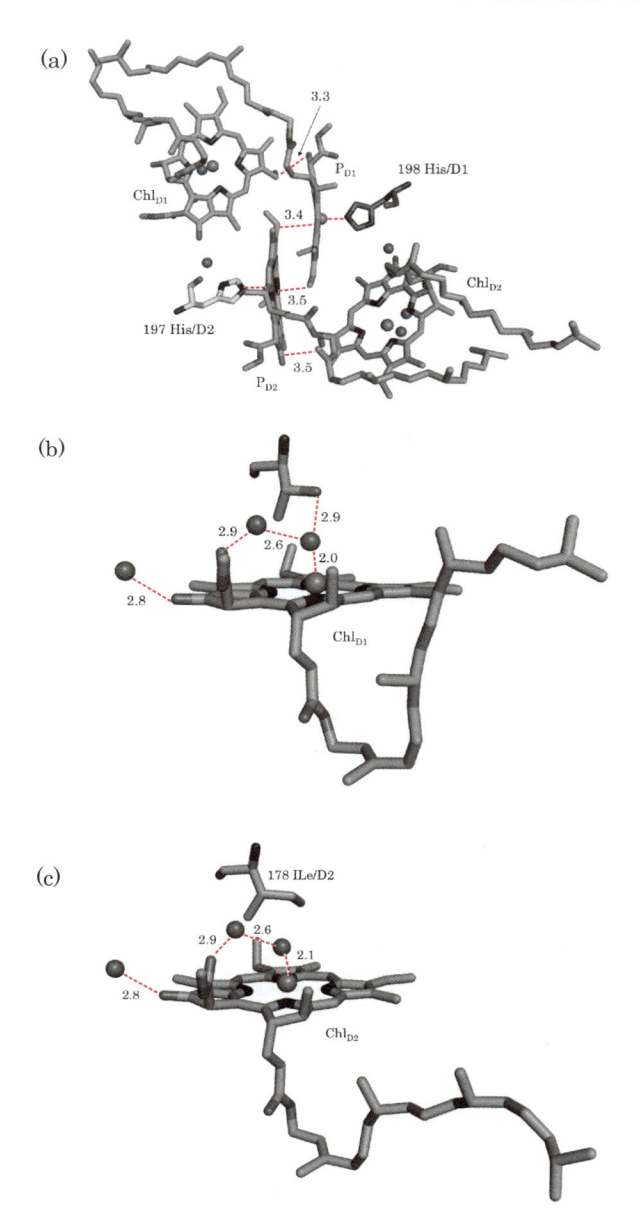

図 4-8 （a）反応中心におけるクロロフィルの配置。（b）ChlD1 の構造。（c）ChlD2 の構造
　　　点線は配位・水素結合を示している（**口絵 7 参照**）

反応中心で起こる特異的な電荷分離反応に影響していると考えられる[22]。

クロロフィルの配位子の多くは His であるが，CP43 内に 1 分子だけ配位子が Asn のクロロフィルがあり，またアミノ酸残基以外に水分子を配位子とするクロロフィルが少数ながら存在する。各クロロフィルの吸収スペクトルの極大値は配位子の種類や周辺の環境によって異なり，このタンパク質環境下でのクロロフィルの光吸収エネルギーを「サイトエネルギー」という。各クロロフィルのサイトエネルギーについては未だ完全には理解されていないが，CP43，CP47 内に存在する特定のクロロフィルが低温条件下において蛍光を放出することが以前から知られており（それぞれ F685（CP43 由来），F695（CP47 由来）と名付けられている。F は Fluorescence の略。数値は蛍光の極大波長），この 2 つの蛍光を放出するクロロフィルの特定が近年行われた[23]。温度を 5 K まで下げると F685 の蛍光が強くなることから，F695 よりも F685 の原因となるクロロフィルが光捕集の主要な経路と考えられ，F685 は CP43 内の 29 Chl/CP43 または 37 Chl/CP43（Loll et al. の 43 または 45）であるとされている（図 4-9）。F695 は CP47 内の 27 Chl/CP47（Loll et al. の 29）で，その近傍には片方の PSII 単量体の Chl_{D1} やいくつかのカロテノイドが存在し，PSII 内の消光機構に関与していると示唆されている。

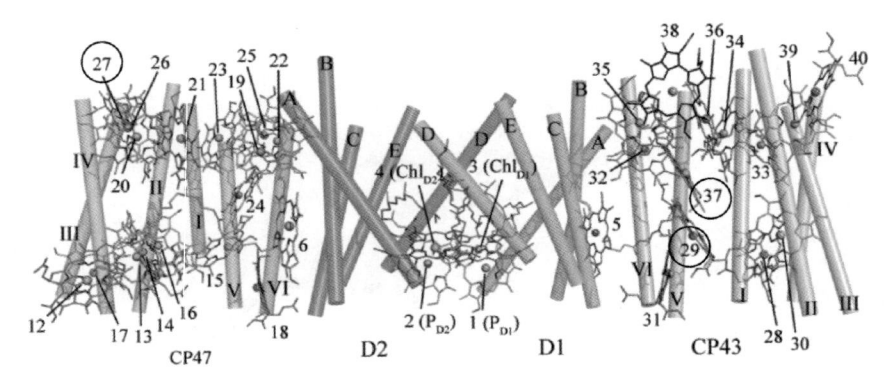

図 4-9　PSII 内のクロロフィルの配置
（引用文献 1）より引用）

4-3　Mn$_4$CaO$_5$ クラスターの構造とその反応様式

　反応中心で電荷分離反応が行われると，PSII は Mn$_4$CaO$_5$ クラスターを用いて水を分解し，Y$_Z$ を介して P680 に電子を供給する。この水分解反応は 5 つの反応状態を繰り返しており，Kok サイクル又は S$_i$（i = 0 ~ 4）状態サイクルと呼ばれている（図 4-10）[24,25]。通常，暗黒条件下において PSII は S$_1$ 状態で安定とされ，閃光照射を行うごとに Mn$_4$CaO$_5$ クラスターは酸化されて S$_2$, S$_3$ 状態へと進む。S$_3$ 状態にさらに閃光照射を行うことで S$_4$ 状態となり，その後酸素を放出して S$_0$ 状態となる。そして，S$_0$ 状態に再度閃光照射を行うことで S$_1$ 状態へと戻る。S$_0$ 状態は S$_1$ 状態と同様に暗黒条件下で安定な状態とされ，光を照射しないと S$_1$ 状態に進まないが，Y$_Z$ の左右対称位置に存在する 160 Tyr/D2（Y$_D$）が中性のラジカル状態（Y$_D^\cdot$）で安定に存在しており，長期間暗黒条件下に静置することで Y$_D^\cdot$ に電子を受け渡し，S$_0$ 状態から S$_1$ 状態まで進むとされている。また，S$_2$, S$_3$ 状態においても一定時間は安定であるが，室温に長時間静置して置くと Y$_D$ から電子を受け取って S$_1$ 状態に戻る。水が分解されて酸素が放出される反応式は，

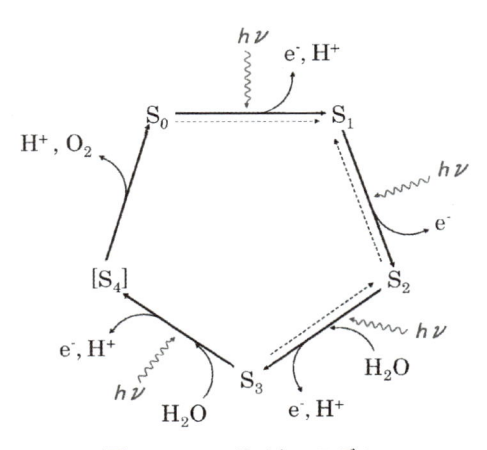

図 4-10　Kok サイクルモデル

$$2H_2O \longrightarrow O_2 + 4H^+ + 4e^-$$

であり，2個の水分子から1個の酸素分子が形成される。これまでは閃光照射によってS状態が進行するごとにH^+とe^-が1個ずつ放出されると考えられていたが，近年の詳細な赤外分光測定により，$S_0 \to S_1 : S_1 \to S_2 : S_2 \to S_3 : S_3 \to S_0 = 1 : 0 : 1 : 2$の比率で$H^+$が放出され[26]，$S_2 \to S_3$状態への反応の際にまず1個目の水分子が$Mn_4CaO_5$クラスターに取り込まれ，もう1個の水分子は$S_4$状態から$S_0$状態に進行する際に取り込まれるという考えが有力になっている[27]。

2011年，PSIIのX線結晶構造解析の高分解能化が達成され，Mn_4CaO_5クラスターの詳細な構造が明らかとなった[1]。PSIIの結晶化は暗黒条件下で行われ，X線結晶構造解析の際は100 Kという極低温条件下で測定されたため，解明された構造はS_1状態の構造と考えられる。Mn_4CaO_5クラスターは，4個のMnと1個のCaが5個の酸素原子によって結びつけられた金属錯体である。4個目のMnであるMn4とCaにはそれぞれ2個ずつ，計4個の水分子（W1とW2，W3とW4）が配位しており，さらに，周辺に存在するアミノ酸残基によってMn_4CaO_5クラスターの構造は安定化されている（図4-11）。構造の安定化に寄与するアミノ酸は，主にGlu（333 Glu/D1, 189 Glu/D1, 354 Glu/CP43）やAsp（170 Asp/D1, 342 Asp/D1）といった通常の生理的な水素イオン濃度では負電荷を持つアミノ酸残基で，これは正電荷を帯びたMn_4CaO_5クラスターを電荷的に中

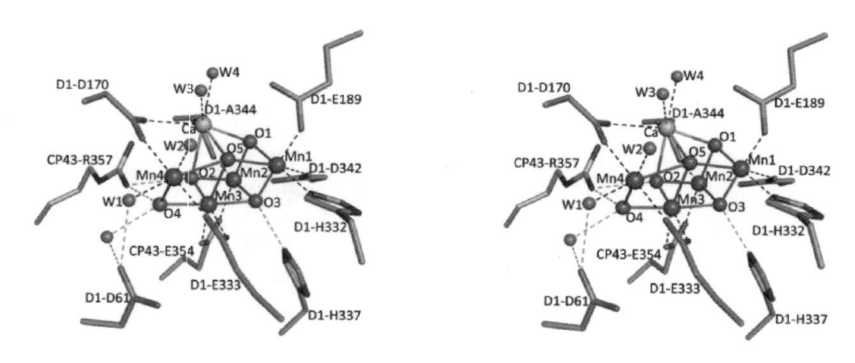

図4-11 Mn_4CaO_5クラスターとその周辺の構造のステレオ表示
（引用文献1）より引用）

性にする役割があると考えられる。61 Asp/D1 は Mn_4CaO_5 クラスターには結合していないが、W1 と水素結合を形成しており、プロトンの放出に関与する重要なアミノ酸残基である[28]。一方、生理的な水素イオン濃度では正電荷を持ちやすいアミノ酸残基（332 His/D1, 337 His/D1, 357 Arg/CP43）も Mn_4CaO_5 クラスターの配位子として存在する。332 His/D1 は Mn1 と配位結合を形成しているのに対し、337 His/D1 は 3 番目の酸素原子（O3）と水素結合を形成している。この 2 つの His の役割は結晶構造からは未だ判断できないが、これまでの機能解析から 332 His/D1 は S2 → S3 状態の反応に関与していると考えられる[29]。357 Arg/CP43 はプロトンの放出に関与する重要なアミノ酸残基とされ、2 番目（O2）と 4 番目の酸素原子（O4）と水素結合を形成している。また、D1 の C 末端のアミノ酸残基である 344 Ala/D1 は負電荷を持つカルボキシル基で Mn2 と Ca に配位しており、Mn_4CaO_5 クラスターは様々な性質を持ったアミノ酸残基によって構造を保持されている。

　Mn_4CaO_5 クラスターの大きな特徴は、Ca がクラスター内に含まれることで構造に歪みが生じ、「歪んだ倚子型構造」となっていることである。合成によって得られる Mn 錯体は通常対称性の高い構造となっており、水分解反応性を示さないことが多い。そのため、対称性のないこの歪んだ構造こそが、水分解反応を行う上で重要な要素であると推察される。Mn-O 間の一般的な配位距離は 1.9～2.1 Å であるが、5 個目の酸素原子（O5）周りの結合距離は 2.4～2.5 Å と通常の結合距離よりも長く、結合力が他の部位よりも弱いと考えられる（図 4-12）。そのため、O5 周りは反応性に富んだ部位と推測され、またこの距離の

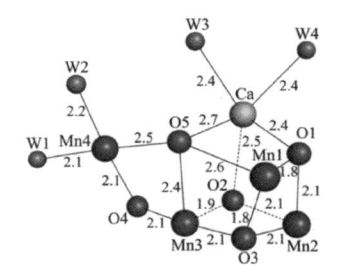

図 4-12　Mn_4CaO_5 クラスターを構成する金属原子、および水分子間の配位距離
(引用文献 1) より引用)

長さから，O5 は酸素原子ではなく水酸化物イオン（OH$^-$）である可能性も示唆されている。さらに，O5 周辺には各金属原子（Mn4 と Ca）に配位した水分子（W2 と W3）と水素合距離にあることから，O5, W2, W3 周辺が水分解・酸素発生反応の中心部位として機能している可能性が高い。そして，O5 から約 4 Å 離れたところに 185 Val/D1 が存在し，これは Mn_4CaO_5 クラスター周りの中で唯一の疎水性アミノ酸残基である。水分解反応によって放出される酸素分子は疎水性であり，Mn_4CaO_5 クラスター周りには多くの水分子が存在してそのほとんどが親水性環境である。Mn_4CaO_5 クラスター周りで唯一疎水性環境を作り出す 185 Val/D1 周辺，すなわち Mn_4CaO_5 クラスターの O5 が水分解・酸素発生反応の中心部位と考えられる[30]。

4-4 プロトン移動の分子レベルでの考察

PSII は，水を分解する過程で光を照射するごとに一定の比率でプロトンをルーメン側に放出し，ATP 合成酵素の駆動力となるプロトン濃度勾配を形成する。それでは，水分解によって生じたプロトンはどのようにして PSII の内部からルーメン側へと排出されるのか？

反応中心で電荷分離反応が起こった後，Mn_4CaO_5 クラスターから Y_Z を介して P680$^{\cdot+}$ に電子が伝達される反応と共役してプロトン移動が PSII 内で起こる (Proton coupled electron transfer, PCET)。Y_Z は 190 His/D1 と水素結合を形成しているがその結合距離は短く（2.5 Å），特殊な低障壁水素結合を形成しているとされている（水素結合の距離は通常 2.7～3.3 Å）（図 4-13(a)）[31]。この短い水素結合が PSII 内で起こる PCET に大きく関与していると推測される。また，Mn_4CaO_5 クラスター周辺には W1～W4 以外にも水分子が複数存在し，特に Y_z と水素結合している水分子は Y_z と 190 His/D1 の間で形成されている特殊な水素結合の安定化に関与していると考えられている[31]。Mn_4CaO_5 クラスター周辺には，いくつもの水素結合ネットワークが存在し，主に水分解反応によって放出されるプロトンの放出と，その反応に利用される水分子の供給に利用されている。これらのネットワークを同定するためには，PSII 内に存在する水分子

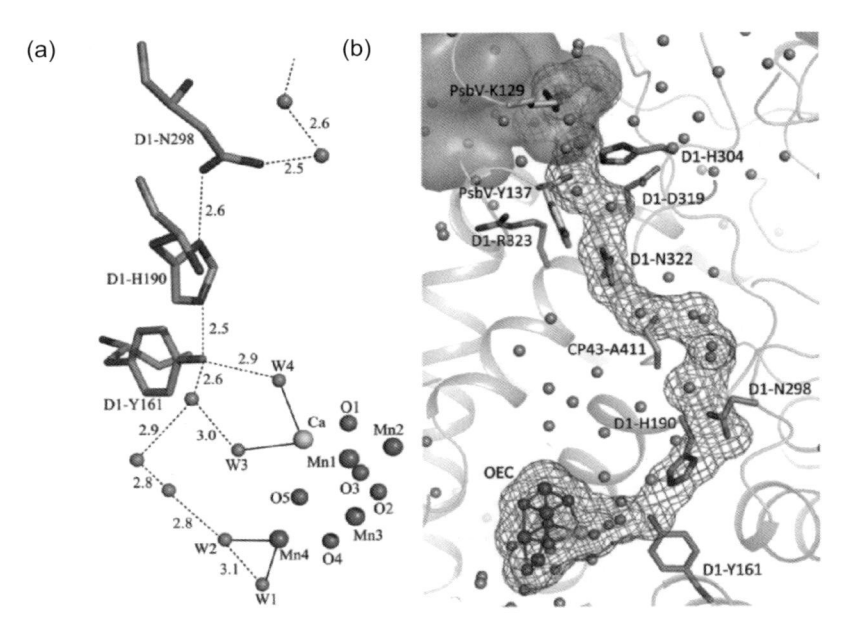

図 4-13 (a) Yz と 190 His/D1 で形成される低障壁水素結合
(b) Yz からルーメン側まで繋がった水素結合ネットワーク (PCET pathway)
(引用文献 1) より引用)

の数とその配置を特定しなければならない。プロトン移動は，水素結合によって繋がった水分子やアミノ酸残基間でリレーのような連続反応によって行われていると考えられており（Proton relay mechanism），これまでの結晶構造解析では水分子を同定できる分解能でなかったため，結晶構造からその反応機構を推測することは極めて困難であった。しかし，PSII 結晶の高分解能化が達成されたことで PSII 内に存在する多数の水分子が同定され，これまで一切不明であった PSII 内の水分子を介した水素結合ネットワークが明らかとなってきた。

Y_z と水素結合を形成している 190 His/D1 は，298 Asn/D1 とも水素結合を形成しており，その先には水素結合ネットワークを形成したいくつもの水分子，アミノ酸残基が存在し，この経路は最終的にルーメン側まで繋がっていた（PCET pathway）（図 4-13(b)）。この経路が本当に PSII のプロトン放出機構に関与しているかどうかは，現在の X 線結晶構造解析及び機能解析からは確認

できていないが，水分子とアミノ酸残基を介して Y_Z からルーメン領域まで水素結合ネットワークが形成されており，この経路は Babcock らが推測していた『190 His/D1 を介したプロトン放出経路』と整合する[32]。

一方，190 His/D1 を介さずに Mn_4CaO_5 クラスターからルーメン側へと繋がっている水素結合ネットワークが幾つか存在する。1つ目は Cl^- といくつかのアミノ酸残基，水分子を介した水素結合ネットワークである（Cl-1 pathway）。Cl^- は PSII の酸素発生反応に不可欠な陰イオンであり，高等植物由来の PSII ではこのイオンがないと酸素発生が完全に停止してしまう[33]。Cl^- は Mn_4CaO_5 クラスター近傍に 2 個存在し[1,34,35]（図 4-14(a)，図 4-14(b)），317 Lys/D2 の側

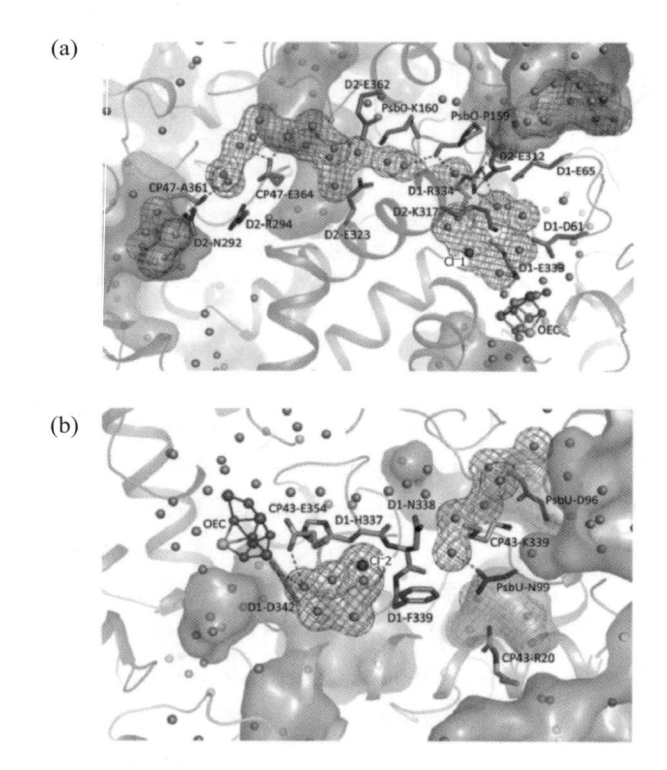

図 4-14 （a）Mn4CaO5 クラスター，Cl-1 からルーメン側まで繋がった水素結合ネットワーク（Cl-1 pathway）。(b) Cl-2 周辺に存在する水素結合ネットワーク（Cl-2 pathway）
（引用文献 1）より引用）

鎖と静電的相互作用を形成しているものを Cl-1, 338 Asn/D1 の主鎖の窒素原子と相互作用しているものを Cl-2 と名付けられている。Cl-1 周辺に存在する 61 Asp/D1, 65 Glu/D1, 317 Lys/D2, 312 Glu/D2 は，PSII のプロトン放出に関与するアミノ酸残基とされ，これらのアミノ酸残基といくつかの水分子を介して，Mn_4CaO_5 クラスターからルーメン側まで水素結合ネットワークが形成されている（図 4-14(a)）。Cl-1 がない状態では，量子化学計算から，317 Lys/D2 は周辺に存在する酸性のアミノ酸残基と塩橋を形成し，水素結合ネットワークが遮断されるモデルが提案され[36]，Cl-1 と周辺のアミノ酸残基によって Mn_4CaO_5 クラスターからルーメン側へのプロトンの放出が制御されていると推定されている。

2 つ目は，337 His/D1 と 338 Asn/D1 の主鎖の N 原子と相互作用した Cl-2 を介した水素結合ネットワークで（Cl-2 pathway），Mn_4CaO_5 クラスターから水分子を介して水素結合ネットワークを形成している（図 4-14(b)）。しかし，そのネットワークはポリペプチド鎖によって途中で遮断されており，ルーメン側まで繋がっていない。そのため，Cl-2 の機能については未だ詳しく理解されていない。

3 つ目は，Mn_4CaO_5 クラスターから PsbV, PsbU の方面へ繋がる水素結合ネットワークである。このネットワークは主に水分子によって形成され，また PSII の結晶化の際に使用したグリセリンも含まれている（生体中にはグリセリンは存在しないため，本来この箇所には水分子が存在していると考えられる）。また，現在同定されているネットワークの中で最もサイズが大きいことから，これは水分子を Mn_4CaO_5 クラスターへと供給するチャンネルと考えられる（Water channel）（図 4-15）[2]。さらに，このチャンネルの外側には 3 個目の Cl^- が同定されており，おそらくこのチャンネルは陰イオンの供給経路としても利用されていると考えられる。

4-5 まとめ

PSII の高分解能 X 線結晶構造解析によって，Mn_4CaO_5 クラスターの詳細な構造と，それを安定化している配位子の配置が確定した。そして，Mn_4 と Ca

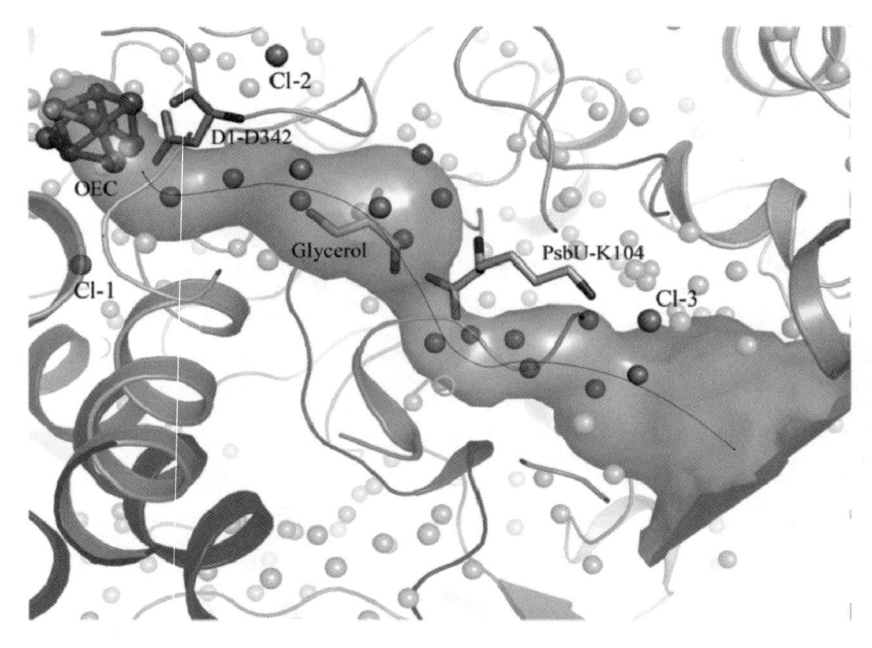

図 4-15　水分子を Mn_4CaO_5 クラスターへと供給するチャンネル
(引用文献 2) より引用)

に配位して水分解反応に直接関与する可能性がある 4 個の水分子（W1〜W4）も同定された。さらに，PSII 内に存在する多数の水分子とイオンの位置が同定され，これまで解析不能であった PSII 内の水素結合ネットワークが明らかになってきた。現在，量子化学計算によって Kok cycle の全容を明らかにしようとする研究が盛んに行われている。また，PSII の構造安定化に寄与しているサブユニットや脂質の役割についても結晶構造解析から理解できるようになり，クロロフィルを用いた PSII の光捕集システムについても徐々に理解されだしている。このように，PSII の詳細な構造情報が得られたことによって PSII 研究が飛躍的に進みだした。しかし，X 線結晶構造解析によって得られる情報は結晶を構成している PSII 分子の時間的・空間的な平均構造であり，また測定温度が 100 K という極低温であることから，反応中間状態の構造情報を得ることは極めて難しい。さらに，X 線照射によって Mn_4CaO_5 クラスターが還元され，

その構造が微細に変化しているという主張が X 線吸収スペクトルの測定や量子化学計算の立場から行われており, Mn_4CaO_5 クラスターの構造とその反応様式については現在も激しい議論がなされている[37〜39]。また, 現在高分解能構造として報告されている PSII 結晶の電子密度分布図には, 未だ特定できていない電子密度の領域がいくつか残されている。さらに言えば, 水素結合ネットワークの解析を行うにあたって最も重要な水素原子の位置情報はまったく得られていない。X 線結晶構造解析を用いて PSII の Kok cycle の全容を明らかにするためには, X 線照射による Mn_4CaO_5 クラスターの還元を抑えると共に, PSII 結晶の分解能をさらに向上させ, その反応中間体の構造を明らかにしていく必要がある。

引用文献

1) Y. Umena, K. Kawakami, J.-R. Shen, K. Kamiya, *Nature*, **473**, 55-60 (2011).
2) K. Kawakami, Y. Umena, K. Kamiya, J.R. Shen, *J. Photochem. Photobiol. B.*, **104**, 9-18 (2011).
3) R.L. Burnap, J.R. Shen, P. Jursinic, Y. Inoue, A. Sherman, *Biochemistry*, **31**, 7404-7410 (1992).
4) Y. Kitajima, T. Noguchi, *Biochemistry*, **45**, 1938-1945 (2006).
5) H. Ishikita, B. Loll, J. Biesiadka, J. Kern, K.D. Irrgang, A. Zouni, W. Saenger, E.W. Knapp, *Biochim. Biophys. Acta.*, **1767**, 79-87 (2007).
6) M. Dobáková, M. Tichy, J. Komenda, *Plant Physiol.*, **145**, 1681-1691 (2007).
7) H. Katoh, M. Ikeuchi, *Plant Cell Physiol.*, **42**, 179-188 (2001).
8) F.K. Bentley, H. Luo, P. Dilbeck, R.L. Burnap, J.J. Eaton-Rye, *Biochemistry*, **47**, 11637-11646 (2008).
9) T. Henmi, M. Iwai, M. Ikeuchi, K. Kawakami, J.-R. Shen, N. Kamiya, *J. Synchrotron Radiat.*, **15**, 304-307 (2008).
10) K. Kawakami, Y. Umena, M. Iwai, Y. Kawabata, M. Ikeuchi, N. Kamiya, J.-R. Shen, *Biochim Biophys Acta*, **1807**, 319-325 (2011).
11) P. Umate, S. Schwenkert, I. Karbat, C. Dal Bosco, L. Mlcòchová, S. Volz, H. Zer, R.G.

Hermann, I Ohad, J. Meurer, *J. Biol. Chem.*, **282**, 9758-9767 (2007).

12) M. Sugiura, E. Iwai, H. Hayashi, A. Boussac, *J. Biol. Chem.*, **285**, 30008-30018 (2010).

13) K. Takasaka, M. Iwai, Y. Umena, K. Kawakami, Y. Ohmori, M. Ikeuchi, Y. Takahashi, N. Kamiya, J.-R. Shen, *Biochim. Biophys. Acta.* **1797**, 278-284 (2010).

14) M. Iwai, T. Suzuki, A. Kamiyama, I. Sakurai, N. Dohmae, Y. Inoue, M. Ikeuhi, *Plant Cell Physiol.*, **51**, 554-560 (2010).

15) I. Sakurai, N. Mizusawa, H. Wada, N. Sato, *Plant Physiol.*, **145**, 1361-1370 (2007).

16) J. Leng, I. Sakurai, H. Wada, J.-R. Shen, *Photosynth. Res.*, **98**, 469-478 (2008).

17) I. Sakurai, N. Mizusawa, S. Ohashi, M. Kobayashi, H. Wada, *Plant Physiol.*, **144**, 1336-1346 (2007).

18) A. Minoda, K. Sonoike, K. Okada, N. Sato, M. Tsuzuki, *FEBS Lett.* **553**, 109-112 (2003).

19) A. Guskov, J. Kern, A. Gabdulkhakov, M. Broser, A. Zouni, W. Saenger, *Nat. Struct. Mol. Biol.*, **16**, 334-342 (2009).

20) A.W. Roszak, T.D. Howard, J. Southall, A.T. Gardiner, C.J. Law, N.W. Isaacs, R.J. Cogdell, *Science.* **302**, 1969-1972 (2003).

21) G. Renger, T. Renger, *Photosynth. Res.*, **98**, 53-80 (2008).

22) K. Saito, T. Ishida, M. Sugiura, K. Kawakami, Y. Umena, N. Kamiya, J.-R. Shen, H. Ishikita, *J. Am. Chem. Soc.*, **133**, 14379-14388 (2011).

23) Y. Shibata S. Nishi, K. Kawakami, J.-R. Shen, T. Renger, *J. Am. Chem. Soc.*, **135**, 6903-6914 (2013).

24) B. Kok, B. Forbush, M. McGloin, *Photochem Photobiol.* **11**, 457-475 (1970).

25) P. Joliot, *Photosynth. Res.* **76**, 65-72 (2003).

26) H. Suzuki, M. Sugiura, T. Noguchi, *J Am. Chem Soc.*, **131**, 7849-7857 (2009).

27) H. Suzuki, M. Sugiura, T. Noguchi, *Biochemistry*, **47**, 11024-11030 (2008).

28) R.J. Service, W. Hiller, R.J. Debus, *Biochemistry*, **49**, 6655-6669 (2010).

29) M. Sugiura, F. Rappaport, W. Hiller, P. Dorlet, Y. Ohno, H. Hayashi, A. Boussac, *Biochemistry*, **48**, 7856-7866 (2009).

30) M. Shoji, H. Isobe, S. Yamanaka, Y. Umena, K. Kawakami, N. Kamiya, J.-R. Shen, K. Yamaguchi, *Catal. Sci. Technol.*, **3**, 1831-1848 (2013).

31) K. Saito, J.-R. Shen, T. Ishida, H. Ishikita, *Biochemistry*, **50**, 9836-9844 (2011).
32) C. Tommos, G.T. Babcock, *Biochim. Biophys Acta.*, **1458**, 199-219 (2000).
33) K. Hasegawa, Y. Kimura, T. Ono, *Biochemistry*, **41**, 13839-13850 (2002).
34) J.W. Murray, K. Maghlaoui, J. Kargul, N. Ishida, T.-L. Lai, A.W. Rutherford, M. Sugiura, A. Boussac, J. Barber, *Energy Environ.*, **1**, 161-166 (2008).
35) K. Kawakami, Y. Umena, N. Kamiya, J.-R. Shen, *Proc. Natl. Acad. Sci. USA.*, **106**, 8567-8572 (2009).
36) I. Rivalta, M. Amin, S. Luber, S. Pokhrel, Y. Umena, K. Kawakami, J.-R. Shen, N. Kamiya, D. Bruce, G.W. Brudvig, M.R. Gunner, V.S. Batista, *Biochemistry*, **50**, 6312-6315 (2011).
37) J. Yano, J. Kern, K.D. Irrgang, M.J. Latimer, U. Bergmann, P. Glatzel, Y. Pushkar, J. Biesiadka, B. Loll, K. Sauer, J. Messinger, A. Zouni, V.K. Yachandra (2005) *Proc. Natl. Acad. Sci. USA.*, **102**, 12047-12052.
38) A. Galstyan, A. Robertazzi, E.W. Knapp, *J. Am. Chem. Soc.*, **134**, 7442-7449 (2012).
39) C. Glockner, J. Kern, M. Broser, A. Zouni, V.K. Yachandra, J. Yano, *J. Biol. Chem.*, **288**, 22607-22620 (2013).

第5章
光捕集アンテナ系のモデル研究と人工光合成への応用

5-1 はじめに

　本章では，光合成の初期過程である光捕集を模倣した人工のシステムについて述べる。天然の光捕集アンテナ系の分子レベルでの構造が明らかになる中，色素分子を天然系に倣って配列することで，人工の光捕集アンテナ系を構築する試みが進められている。ここでは，自然界に存在する有機金属錯体であるクロロフィルおよびその誘導体の集積化による光捕集アンテナのモデル化と，その人工光合成への応用について述べる。

5-2 天然クロロフィル誘導体による光捕集アンテナモデル

5-2-1　自然に学んだ人工の光捕集アンテナの構築

　生物は地球上の様々な場所で利用できる太陽光エネルギーを，光合成を通じて化学エネルギーに変換し，生命活動に必要なエネルギーを得ている。一方で人類は，豊かな生活のためにより多くのエネルギーを求め，過去の光合成産物である化石燃料を消費してきた。そのため持続可能な社会を構築するためには，別のエネルギー資源を確保する必要があり，中でも有効な資源である太陽光エ

ネルギーを人類の活動に利用可能な形に変換する「人工光合成」を自らの手で構築する必要がある[1]。光合成は本質的に太陽光エネルギーを貯蔵が容易な化学エネルギーへと変換する過程であり，人工光合成研究においては「電荷分離（光電変換）」と「触媒系によるCO_2の還元（物質変換）」に多くの目が向けられてきた。しかしながら，地表に降り注ぐ太陽光の強度はその地域や季節，天候によって大きく変動するため，光合成に必要なエネルギーを確保するためには，太陽光を効率よく集め，光量が少ない環境下でも駆動できるようなシステムを構築する必要がある。そのため，光合成生物は「光捕集アンテナ」を形成し，降り注ぐ太陽光を効率よく利用することで弱光下でも駆動する仕組みを持っている。人工光合成系の創製においても，安定なエネルギー供給のためには，効果的に機能する実用的な光捕集アンテナの創製が欠かせない。

天然の光捕集アンテナにおいては，可視領域の波長において高い吸光係数を持つ色素として，クロロフィル，ビリンおよびカロテノイドが利用され，中でもクロロフィルは主たる色素分子として広く用いられている。単に光を吸収することであれば，クロロフィル色素を多数アンテナ系に組み入れれば良いのであるが，天然の光捕集アンテナにおいてクロロフィルは分子間での距離と配向が適切に制御され，分子間での励起エネルギーが効率よく移動する位置に並べられている。加えて，光捕集アンテナでは波長が少しずつ異なるクロロフィルを配置して幅広い波長の光を吸収すると共に，励起エネルギーを望ましい方向に伝達できるようなシステムが構築されている[2]。

これまでに，天然の光捕集アンテナが生体より単離され，その構造と光化学過程が明らかになりつつあるが，この高効率な光合成デバイスを人工的に再現することが次の課題である。天然の光捕集アンテナを手本にした人工光捕集アンテナを構築するためには，次のようなポイントが挙げられる。

① たくさんのクロロフィル分子を高密度に集積化させる
② 各クロロフィル分子をある一定の距離と配向を持って固定化し，エネルギー伝達に適した位置に配列させる
③ クロロフィル分子間で連鎖的に，かつ決まった方向に励起エネルギーが移動できるように系を構築する

生体系ではこれらの要点を達成するために，主に次の2つの方法を用いている。

(I) クロロフィル-タンパク質複合体を形成し，タンパク質の支えによってクロロフィル分子を配列する。

(II) クロロフィル分子のみが特異的に自己集積しながら，エネルギー伝達に適した位置に配列する。

このうち，高等植物や紅色細菌の膜内アンテナなど，多くの光合成系は(I)の方法を採用している。色素-タンパク質複合体の中で，クロロフィル分子は中心のマグネシウム，およびテトラピロール骨格周りの置換基がタンパク質のアミノ酸残基と相互作用しながら複合体を形成している。また，その複合体においてクロロフィル分子周りのアミノ酸残基の構造を変えることによって色素の吸収波長を変化させている。一方，(II)の方法を使った系としては緑色光合成細菌のクロロソームが広く知られている（図5-1）[3]。クロロソームは着色した（クロロ）小胞体（ソーム）を意味するが，およそ20〜200 nmスケールの楕円の形状をしており，膜タンパク質を含んだ脂質単分子膜の小胞体の中に，およそ10万個のクロロフィル分子が含まれている。この巨大なクロロフィル分子の集合体が，コアとなるアンテナ部を形成し，吸収した光エネルギーは，色素－タンパク質複合体であるベースプレートへと効率よく伝達し，膜内アンテナを経て反応中心まで運ばれる。よって，クロロソームはタンパク質を利用せずともクロロフィル色素を配列したシンプルな構造を持つ光捕集アンテナである。

以上のことから，人工の光捕集アンテナの構築においては可視領域に大きな吸光係数を持つ色素分子を用意し，それらを適切に配置することが必要となる。天然の光捕集アンテナは高度にシステム化された系であり，人間の手で一から作り上げるのは非常に困難であるが，これらの天然の系を手本にし，また天然材料を有効に利用することでモデル化が可能となる。

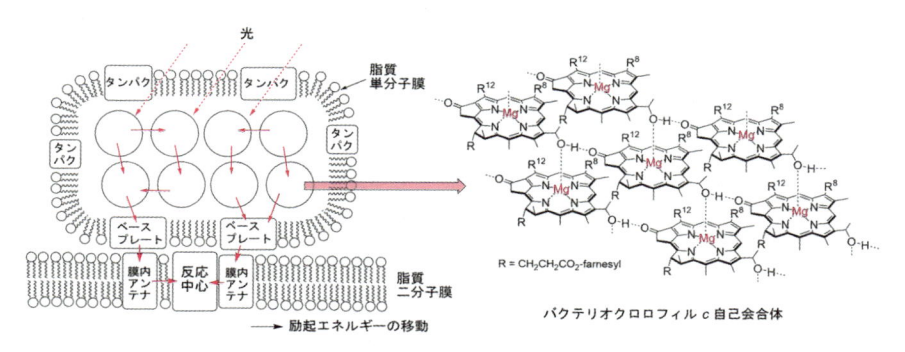

5 光捕集アンテナ系のモデル研究と人工光合成への応用

図 5-1　クロロフィル類の自己会合体で駆動する光捕集アンテナ（クロロソーム）

5-2-2　天然クロロフィルを用いた人工光捕集アンテナ

　クロロフィルはテトラピロール骨格を有する天然色素であり，地球上で１年間に約10万トン以上も合成されている自然界で最も大量に存在する光機能性有機金属錯体である[4]。この天然色素は石油を原料にした有機合成によっても得られる（1965年にウッドワード（Woodward）がクロロフィルの全合成でノーベル賞を受賞している）が，天然クロロフィルは再生可能かつ豊富に存在する機能性分子の資源としての活用が期待できる。クロロフィルはアセトンなどの有機溶媒を用いると光合成生物の組織から比較的容易に抽出できる。この抽出液にはクロロフィル以外の様々な成分が含まれるが，実験室ではシリカゲルを固定相とする順相クロマトグラフィーやODS（オクタデシルシリル）カラムを用いた逆相クロマトグラフィーにより，クロロフィルを単離，精製することができる。

　自然界には分子構造，光吸収特性の異なる様々なクロロフィルが存在し，光合成生物はその生育環境に合わせてクロロフィルの分子構造を適切に選び，自ら生合成している。近年，クロロフィルの生合成過程に関する研究も盛んに行われると共に，現在もなお，自然界にある光合成生物あるいはその変異株から，新種のクロロフィルが発見されている点も見逃せない[5,6]。クロロフィルの多様性についての興味は尽きないが，人工光合成に利用することを考えれば，比較的手に入りやすいクロロフィル色素を原料にすることが望ましい。これまでに光捕集アンテナモデルの構築に用いられてきた主なクロロフィル類としては，

クロロフィル (Chl) a，バクテリオクロロフィル (BChl) a，および BChl c がある。ここで，BChl a がバクテリオクロリン (7,8,17,18-テトラヒドロポルフィリン) 骨格を有し，BChl c は Chl a と同様にクロリン (17,18-ジヒドロポルフィリン) を持つことに注意したい (図 5-2)。Chl a は植物に含まれる主たるクロロフィル色素であり，身近にある植物の葉などから抽出することができる。しかしながら，植物には 7 位にホルミル基を有する Chl b がおよそ 20% 程度含まれているため，Chl a のみを含むシアノバクテリア (乾燥スピルリナ粉末など) から抽出すると純粋な Chl a を容易に得ることができる[7]。また，BChl a[8]，ならびに BChl c[9] はそれぞれ，純粋培養が可能な紅色光合成細菌 (*Rhodobacter sphaeroides* など) および緑色光合成細菌 (*Chlorobaculum tepidum* など) から抽出できる。

生体の光合成系において，光合成細菌は比較的構造の簡単な光捕集アンテナを有していることから，これらの構造を生体外で再構成する人工系の創製が試みられてきた。紅色光合成細菌の光捕集アンテナである LH1 複合体を，それらを構成するタンパク質と BChl a から再構成させた例がある[10]。紅色細菌か

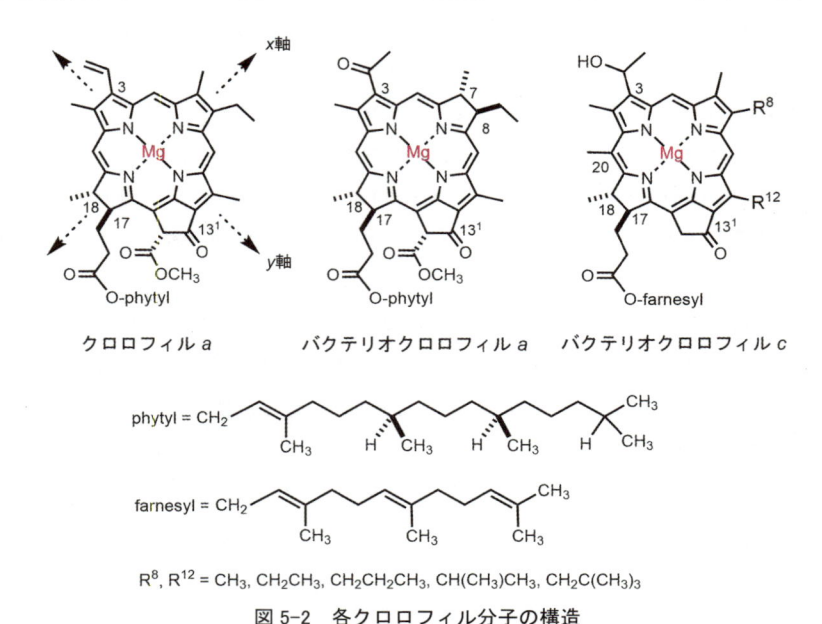

図 5-2 各クロロフィル分子の構造

ら単離あるいは、分子生物学的な手法で遺伝子を発現させることで調製した LH1 複合体のタンパク質部分（LH-α および LH-β）と BChl a とをオクチルグリコシド（界面活性剤）を含む水中で混合するだけで、生体の LH1 複合体に類似した系を調製することができ、この色素-タンパク質複合体は天然の LH1 複合体と同様のリング構造を有するとともに、極めて類似した光吸収特性を示す。さらに、吸収した光エネルギーを反応中心へと伝達するアンテナとしての機能をも有していることが確認されている（図 5-3）。

光合成のアンテナ複合体の自己組織化

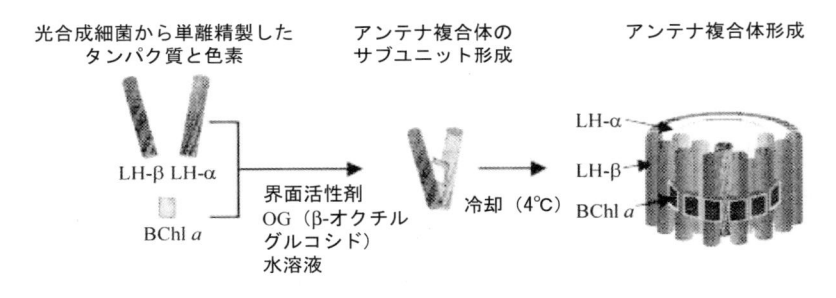

図 5-3 タンパク質を利用した光捕集アンテナの再構成系

一方、タンパク質を利用しない色素分子の自己集合体による光捕集アンテナであるクロロソームの再構成研究も行われている。前述のとおり天然のクロロソームに含まれている BChl c は、タンパク質と複合化せずに組織化し、光捕集のコアを形成するが、天然の BChl c を緑色光合成細菌から抽出し、そのクロロホルム溶液をヘキサンなどの低極性溶媒中に分散させると、BChl c はクロロソームで見られるクロロフィル分子集合体と同様に組織化し、光捕集アンテナを生体外で再構築できることが確認されている。

以上の再構成実験の結果は、光合成光捕集アンテナで用いられている色素分子やタンパク質は、自己組織化によって機能発現に適した構造体を形成できるようプログラムされ、分子が設計されていることを示している。よって、光合成系で用いられている分子の構造を注視し、分子間相互作用に寄与している部位をモデル化することによって、人工の光捕集アンテナの創製につながると期

待できる。またこうした分子の自己組織化を利用したシステム構築は、分子を並べるためのエネルギーを必要とせず、より小さいエネルギーで組織を作ることができる点も付記しておきたい。

5-2-3　クロロフィル誘導体を用いた人工光捕集アンテナ

前節では、生体より抽出した天然クロロフィル分子をそのまま利用した人工の光捕集アンテナモデルの可能性について述べたが、有機合成化学の手法を用いて改良した人工のクロロフィル分子を用いれば、天然系の再現にとどまらず、より実用的な応用が期待できる。クロロフィルを原料とした化学合成において気を付けたいのは、天然クロロフィルの中心にあるマグネシウム(II)が、酸性条件下で容易に2つのH^+と置き換わって、脱金属されたフリーベース体へと変換されることである。よって、クロロフィルの官能基変換においては、抽出したクロロフィルをまず希塩酸等の酸で処理し、フリーベース体とした状態で行うことが多い。そして官能基変換が終わった後、中心に金属を配位させる場合には、天然系と同じマグネシウム(II)を導入することもできるが、より合成が容易かつ化学的に安定な亜鉛(II)錯体を利用することが多い。亜鉛(II)はテトラピロール部の励起状態を失活しないため、クロロフィル誘導体のみならず、ポルフィリンやフタロシアニンの錯体に広く利用されている。さらに、自然界にも中心に亜鉛を持つクロロフィルが好酸性細菌 *Acidiphilium rubrum* 中に含まれ、この亜鉛クロロフィルが光捕集アンテナおよび反応中心で機能していることが確認されているのは興味深い[11]。これまで、クロロフィルのテトラピロール骨格の3位、7位、8位、13^2位、20位が主として化学修飾されている。とりわけ、3位の位置はテトラピロール骨格のy軸上に位置し、クロロフィル分子の最低励起状態への遷移に対応するQ_y吸収帯はこのy軸方向の遷移モーメントの変化に対応していることから、この3位の置換基はクロロフィル分子の分光学的特性に大きく影響を与える。自然界に最も多く存在するクロロフィルである Chl *a* はその3位にビニル基を有している。このビニル基は比較的反応性が高く、触媒を使った水素添加によりエチル基へ、水和によりヒドロキシエチル基へ、あるいは開裂酸化によりホルミル基へと変換できる。ホルミル基はさらに様々な置換基へと誘導できるため、3位を修飾したクロロフィル類が

5 光捕集アンテナ系のモデル研究と人工光合成への応用

多数合成できる。

この3位を修飾したクロロフィル誘導体により，有効な光捕集アンテナモデルを構築した例を紹介する。クロロフィル誘導体の3位にあるホルミル基をヒドロキシメチル基へと還元した後，亜鉛を導入した分子は，緑色光合成細菌のクロロソームで機能している BChl c と同様に自己会合に有効な 3^1 位のヒドロキシ基を有している（図5-4）。実際に BChl c のモデルとなる亜鉛クロロフィル誘導体のテトラヒドロフラン溶液をヘキサンなどの低極性有機溶媒に分散すると，クロロソーム内の BChl c と同様の分子間相互作用（C=O⋯H−O⋯Zn）によってモデル分子が自己会合し，光捕集アンテナの人工モデルを与えることが明らかとなっている。また，Triton X-100 などの界面活性剤の存在下でこのモデル分子を水に分散させることによって，BChl c の自己会合体が脂質分子で覆われた構造を持つ天然クロロソームと類似の，ミセル様の分子集合体が構築できる（図5-5）。さらに，天然クロロソームのベースプレート内にあるエ

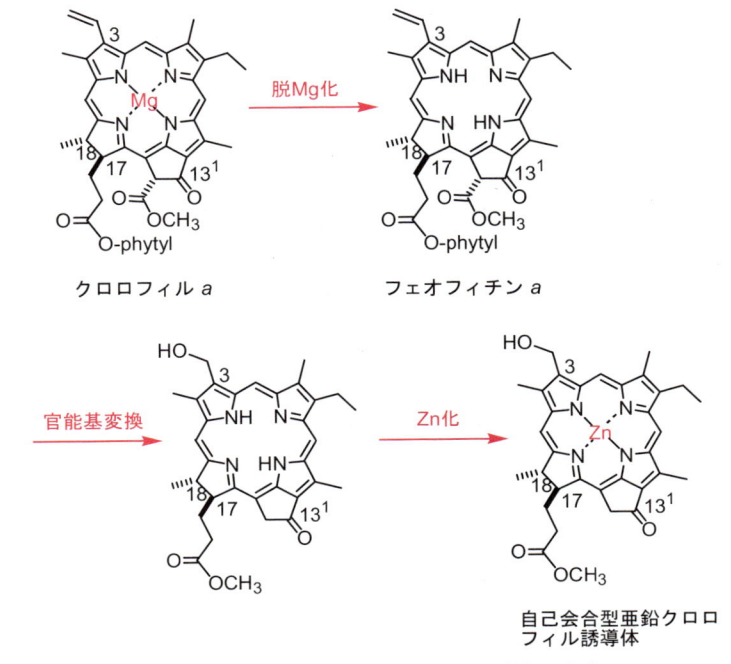

図 5-4　自己会合性クロロフィル誘導体の合成

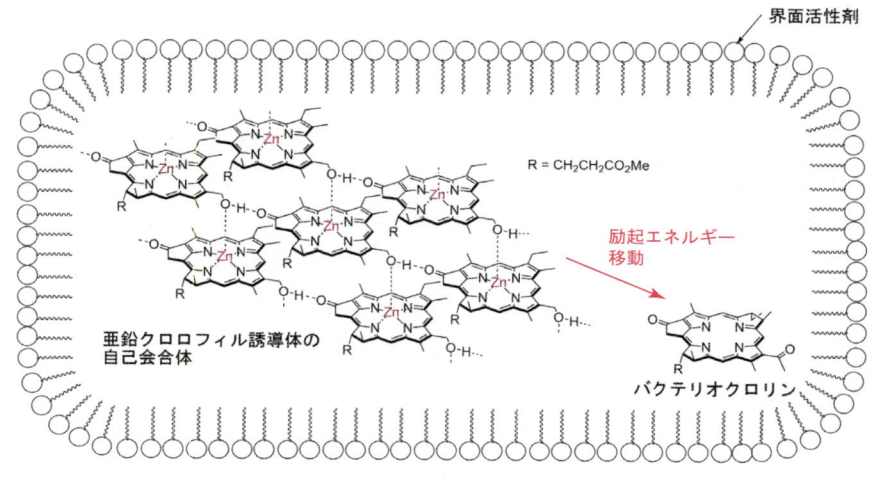

図 5-5 モデル分子の自己会合体を用いたクロロソームモデル

ネルギー受容体分子である BChl a のモデル分子（バクテリオクロリン）をミセル内に組み入れると，亜鉛クロロフィル誘導体の自己会合体で吸収した光エネルギーがバクテリオクロリン分子へと移動することが確認された[12]。また，そのエネルギー移動過程は天然のクロロソームと同様の速度（およそ 8 ps）で起こっており，これらのモデル分子の自己集合体で構築したクロロソームモデルは，天然光捕集アンテナの構造と機能を同時に再現していることがわかった。以上のように，BChl c 分子の自己会合に必要な部位を再現したモデル分子を作成することによって，クロロフィル分子をエネルギー伝達に適した位置に配列し，有効に機能する光捕集アンテナを構築できることが示された。

このクロロソームモデルを構築できる亜鉛クロロフィル誘導体分子は，有機合成化学の手法により，さらに改良を加えることができる。たとえば，テトラピロール骨格の 17 位から伸びたプロピオン酸部位は縮合反応を通じて様々な置換基を導入することができる。親水性を有するオリゴオキシエチレン基を導入することによって，脂溶性であるクロロフィル分子に両親媒性を持たせることができ，この分子は水中で単独で安定な分子集合体を形成し，クロロソームのモデルを与える[13]。また，モデル分子の 20 位に置換基を導入すると，立体

障害によるテトラピロール骨格のひずみのため，クロロフィル色素の吸収波長をわずかに変化させることができる。こうしたアンテナ色素分子の構造変化に伴う光吸収波長のシフトは天然のクロロソームにおいても確認されている。

5-3　まとめ

　自然界の光合成生物が多数のクロロフィル分子を高度に組織化した光捕集アンテナを形成していることからもわかるとおり，太陽光エネルギーの有効利用のためには，光量が変化する環境でも効果的に光合成を行うための光捕集システムが重要である。天然クロロフィルは，その高い光吸収・エネルギー移動特性，自己集積能，および構造の多様性から，光捕集アンテナの材料として有用である。クロロフィルは化学的および物理的な安定性に乏しい点が課題であるものの，自然界で毎年大量に生産，廃棄される光機能性分子であることから，その有効利用が求められる。

　本章で述べた通り，天然クロロフィル分子の構造と機能を注意深く調べ，鍵となる分子構造を再現することによって，光を吸収し，そのエネルギーを伝達する光捕集アンテナの機能をもつ人工システムが構築できる。さらに，天然から抽出したクロロフィル分子を化学修飾することによって，天然系を再現することにとどまらず，天然系では見られない機能を付与することもできる。これらのことは，天然に存在する再生可能な材料を有効利用した人工光合成系の創製につながり，持続可能な社会の構築に貢献できるものと期待される。

引用文献

1) 日本化学会編,『人工光合成と有機系太陽電池』(CSJ Current Review), 化学同人 (2010).
2) 山崎 巌著,『光合成の光化学』, 講談社 (2011).
3) 佐々木陽一, 石谷 治編著, 石井和之, 石田 斉, 大越慎一, 加藤昌子, 小池和英, 杉原秀樹, 民秋 均, 野崎浩一, 長谷川靖哉著,『金属錯体の光化学』(錯体化学

会選書2), 316-342, 三共出版 (2007).
4) 三室 守編, 垣谷俊昭, 三室 守, 民秋 均著, 『クロロフィル―構造・反応・機能―』, 裳華房 (2011).
5) M. Chen, M. Schliep, R. D. Willows, Z.-L. Cai, B. A. Nelian, H. Scheer, *Science*, **329**, 1318 (2010).
6) 原田二朗, 民秋 均, 化学, **63**, 48 (2013).
7) H. Tamiaki, S. Takeuchi, S. Tsudzuki, T. Miyatake, R. Tanikaga, *Tetrahedron*, **54**, 6699 (1998).
8) H. Tamiaki, M. Kouraba, K. Takeda, S. Kondo, R. Tanikaga, *Tetrahedron Asymmetry*, **9**, 2101 (1998).
9) J. M. Olson, J. P. Pedersen, *Photosynth. Res.*, **25**, 25 (1990).
10) 南後 守, 生物物理, **41**, 192 (2001).
11) 小林正美, 秋山満知子, 山村麻由, 木瀬秀夫, 渡辺 正, 蛋白質 核酸 酵素, **43**, 75 (1998).
12) T. Miyatake, H. Tamiaki, A. R. Holzwarth, K. Schaffner, *Helv. Chim. Acta*, **82**, 797 (1999).
13) T. Miyatake, H. Tamiaki, *Coord. Chem. Rev.*, **252**, 2593 (2010).

第6章
有機化学的アプローチによるアンテナ分子の合成研究

6-1　はじめに

　天然の光合成系における光捕集アンテナや反応中心では，多数のクロロフィルやバクテリオクロロフィルがタンパク質中で絶妙な位置関係に配列され，これが電子移動やエネルギー移動の方向性や効率を決める重要な因子となっている[1,2]。これらの仕組みを理解し，機能発現に必要な要素を抽出・モデル化することで，光エネルギーを化学エネルギーに変換する人工光合成システムを構築することが化学者の長年の究極的な目標である。さらにその研究成果は太陽電池の開発などにも活かされている。

　実験室レベルではクロロフィルの代わりにポルフィリンがよく用いられる（図6-1）。ポルフィリンはその中央の空孔に様々な金属イオンを配位できる性質やその金属錯体の多彩な触媒機能に加え，電気化学的・光化学的および磁気的な特性のため，電子・光学材料として広範な分野で盛んに研究されている。特に，大きなπ共役系を有し比較的安定なポルフィリンを，多量化あるいは共役系を拡張することによって，より大きなπ系を構築する試みがこれまでに多数報告されている[3]。さらに，分子スケールのデバイスの構成要素としても，ポルフィリンのπ系が期待されている[4]。

　本章では光合成アンテナモデルとしてのポルフィリン多量体の合成とその電

子的な特徴について述べる。

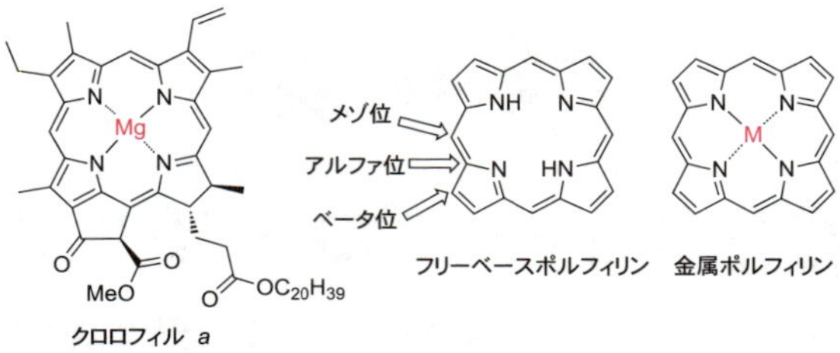

図 6-1

6-2 架橋型ポルフィリン多量体

　ポルフィリン同士を芳香族架橋ユニットで結合すると，結合部位の隣の水素の立体反発を避けるためにポルフィリンと架橋ユニットは共平面配置を取れず，また，局所的な芳香族安定化が勝ってしまう結果，電子共役が分子全体に広がらず，π共役の拡張にはそれほど効果的ではない。個々のポルフィリンは単量体の性質を保持している。このため，中性状態での導電性は大きくないが，励起エネルギーの伝搬には適している。一連の芳香環架橋型ポルフィリンが合成され，近距離に配置された色素間の励起子相互作用（exciton coupling）に関する非常に重要なカシャ（M. Kasha）の励起子理論[5]が実験的に確認されている[6]。Kashaによると，近接する色素の体系的なスペクトル変化は，遷移モーメントを点双極子（point-dipole）と近似してその相互作用を考えることで説明できる。分子 i の遷移双極子モーメントを $\boldsymbol{\mu}_i$，遷移モーメントの中心を結ぶ位置ベクトルを $\boldsymbol{r}$，距離を R とすると，吸収スペクトルの分裂幅 ΔE は，

$$\Delta E = \frac{1}{4\pi\varepsilon_0}\left[\frac{\boldsymbol{\mu}_1 \cdot \boldsymbol{\mu}_2}{R^3} - 3\frac{(\boldsymbol{\mu}_1 \cdot \boldsymbol{r})(\boldsymbol{\mu}_2 \cdot \boldsymbol{r})}{R^5}\right] \tag{6-1}$$

で与えられる。

　励起子相互作用により，色素間が強く相互作用するほど吸収スペクトルが大きく分裂し，結果としてより広範な波長の光エネルギーを捕集できるようにな

る。このようなアンテナ効果を示すポルフィリン多量体の合成例は，実はあまり多くない。そのように近接した位置に多数の色素を固定することがそれほど容易ではないからである。

環状ポルフィリン多量体の合成法として，サンダース（J. K. M. Sanders）らは鋳型分子を用いたサイズ選択的合成手法を開発した（図 6-2）[7]。化合物 1 を鋳型分子 5 と混合してカップリング反応を行うと，環状二量体 2 が優先的に得られ，鋳型分子 6 と混合して行うと，環状三量体 3 が主生成物として得られる。さらに，テトラピリジルポルフィリン 7 を鋳型とすることで，環状四量体 4 を得ている。

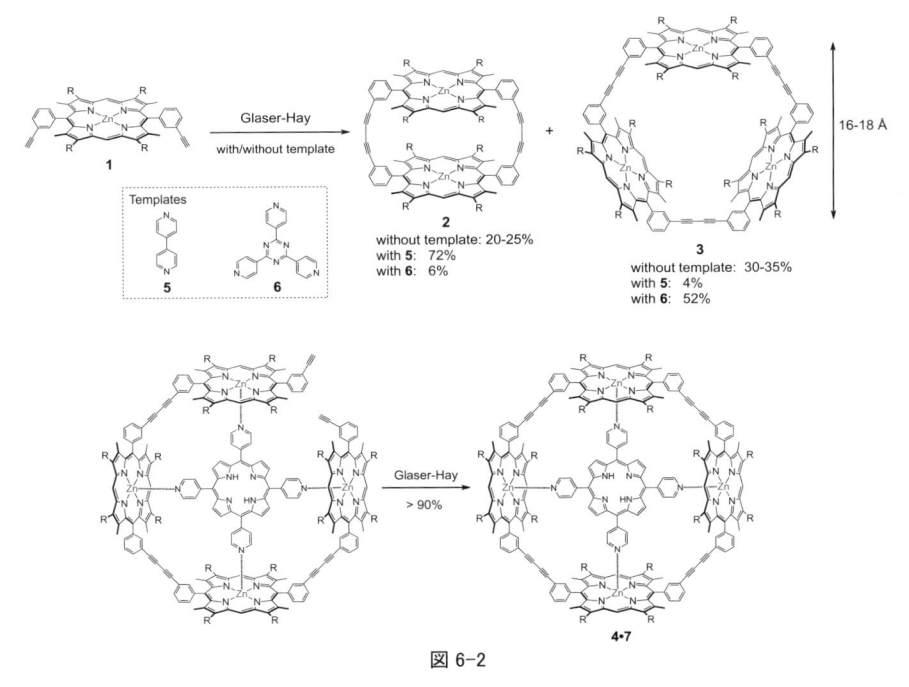

図 6-2

鋳型分子を用いた環状ポルフィリン多量体の合成は，その後リンゼイ（J. S. Lindsey）[8] やゴソアー（A. Gossauer）[9] らによる環状ポルフィリン六量体の合成に活かされている（図 6-3）。先に鎖状の六量体まで段階的合成で準備しても，鋳型分子なしでは希薄条件下でも分子内カップリングがスムーズに進行しない

図 6-3

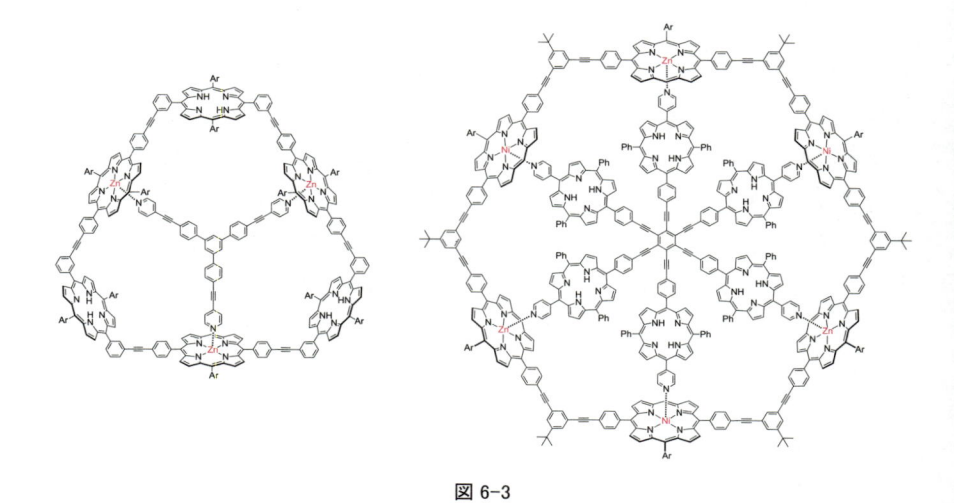

ケースも報告されている。

　アセチレンの酸化的カップリング反応はその効率の良さからしばしば環状多量体合成に用いられる。杉浦らはL字型のアセチレン架橋ポルフィリン三量体を四量化して，正方形型の12量体の合成に成功している（図6-4)[10]。

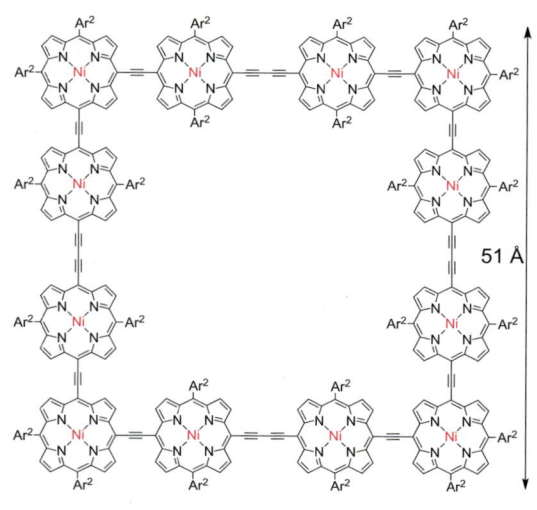

図 6-4

6 有機化学的アプローチによるアンテナ分子の合成研究

　上述したように超分子的なアプローチで環状ポルフィリンを合成するには，あらかじめ前駆体を精密に設計し，望みの高次構造を取らせるような仕掛けが必要になる．この際ポルフィリン超分子では中心金属の Lewis 酸性を利用している例が圧倒的に多い．アンダーソン（H. L. Anderson）らはブタジインで連結した直鎖状ポルフィリン多量体を，精密に設計した鋳型分子に巻き付けるようにたわませて，両末端をつないで環状にすることに成功した（図 6-5）[11]．あらかじめ環を巻くようには設計されていない直線状のポルフィリンワイヤが意外なほど柔軟で，環状構造に誘導できることは大変興味深い．

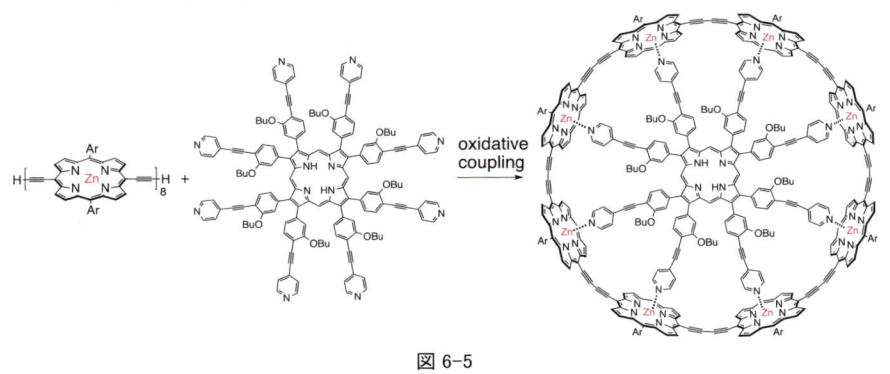

図 6-5

　ハンター（C. A. Hunter）らは，二種類の長さの異なるポルフィリンワイヤ（N 量体および M 量体）から，分子長が N と M の最小公倍数に一義的に決まる超分子ポルフィリンワイヤが得られる方法を提案した[12]．"Vernier Assembly"（vernier は副尺）と名付けられたこの方法で，彼らはプロトタイプとして二量体と三量体で構成される「六量体分」の長さを持つポルフィリンワイヤを実際に合成して見せた．この斬新なコンセプトのすばらしい発展として，アンダーソンらは 8 本の腕を持つ鋳型分子と直線状ポルフィリン六量体とから，環状ポルフィリン 24 量体の合成に成功している[13]．

　アセチレンを酸化的に結合する方法以外にも，近年のクロスカップリング法の発展に伴って，様々な形状を持つポルフィリン多量体が合成されている．たとえば，ポルフィリンの β 位直接ホウ素化反応の開拓によって，一連の β 位二重架橋ポルフィリン多量体が合成されている．この場合はポルフィリンと β

位の芳香環が共平面化するためにポルフィリン間の電子的相互作用が大きくなり，巨大な非線形光学効果を示す[14]。さらに発展として，ポルフィリン環4枚を鈴木−宮浦クロスカップリングを用いて滑らかな曲面を持つ中空のチューブ状につなぎ合わせることに成功している（図6-6）[15]。これは，溶液中でフラーレンと混ぜると，中にフラーレンが入り込む。今後は異なる径や長さを持つ真のチューブの合成が期待できる。

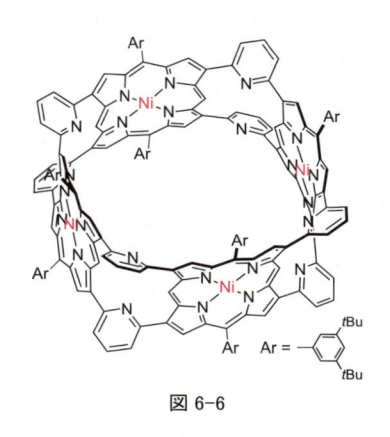

図 6-6

6-3 直鎖状メゾ位直接結合ポルフィリン多量体

求核性のない対アニオンを有する穏やかな酸化剤である $AgPF_6$ を用いて5,15-ジアリールポルフィリン亜鉛錯体を一電子酸化すると，メゾ位で直接結合したポルフィリン多量体が生成する（図6-7）[16]。

図 6-7

反応は必ずメゾ位で起こる。これは，5,15-ジアリールポルフィリン亜鉛錯体のカチオンラジカルのフロンティア軌道が a_{2u} 軌道であり，メゾ位の反応性が高いことが理由であると考えられている[17]。これまでに様々な形状・性質を持つメゾ位直接結合ポルフィリン多量体が多数報告されている[18]。100 量体を超えるポルフィリン多量体であっても，厳密に単分散であり，純粋な状態で単離精製でき，通常の有機低分子と同じように，^{1}H-NMR や飛行時間型マトリックス支援イオン化法質量分析（MALDI-TOF-MS）によって同定された。ポルフィリンに限らず近年のオリゴマー合成において，サイズ分取クロマトグラフィー（GPC）と MALDI-TOF-MS は決定的に重要なツールとなっている。

メゾ位直接結合ポルフィリン多量体では，ポルフィリン同士がほぼ直交した配置を取るため，ポルフィリン間の π 電子共役は事実上妨げられている。しかしながら，大きな遷移双極子モーメントによる励起子相互作用の結果，可視光全域にまたがる吸収帯を持つ。これらの性質は光捕集アンテナや励起エネルギーホッピングに好適である。図 6-8 に示すようなメゾ-メゾ結合ポルフィリンアレイ（エネルギードナー）の一端にエネルギーアクセプターを共有結合で連結したアンテナ系モデルの励起ダイナミックスが，過渡吸収スペクトル・蛍光異方性スペクトル等を用いて詳細に調べられている[19]。励起エネルギードナーの亜鉛ポルフィリンには，1〜24 個のものが検討された。いずれの場合も，非常に速い励起エネルギー移動が進行する。

ドナーポルフィリンの個数と励起エネルギー移動の関係は，通常はドナー分子全体を励起子として考え Förster の式[20]で解析されるが，より発展した住の式[21]で定性的に理解された。ここでは，励起エネルギー移動の速度定数を見積もる際に，ドナーポルフィリンの集合体としての励起状態からではなく，ア

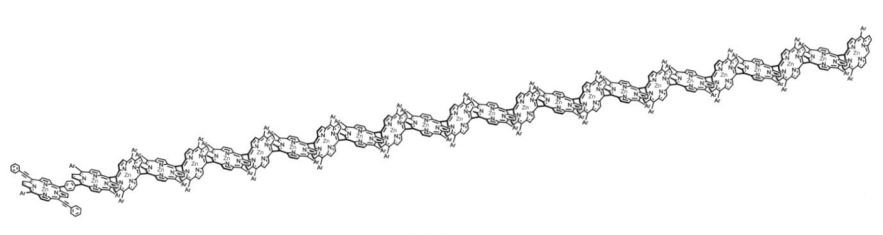

図 6-8

クセプターポルフィリン近傍に位置するポルフィリンの遷移双極子モーメントを介して励起エネルギー移動することが考慮されている。

大須賀らはフェニレン架橋ポルフィリン三量体を酸化的にカップリングすることで，風車型ポルフィリンの合成に成功している（図 6-9）[22]。すべて亜鉛化された風車型ポルフィリンは中心部位のポルフィリン二量体の S_1 エネルギーレベルが周囲のそれと比較して低いため，周辺部位のユニットを選択的に励起すると中心部位への高速の励起エネルギー移動が起こり，光エネルギーを補足するアンテナ分子系として働く。中央部のポルフィリンユニットに適切な電子アクセプターを導入すると，周辺ポルフィリンから中央ポルフィリンに励起エネルギー移動した後に電荷分離する。つまり 1 有機分子上で光アンテナ捕集・励起エネルギー移動・電荷分離を達成している。

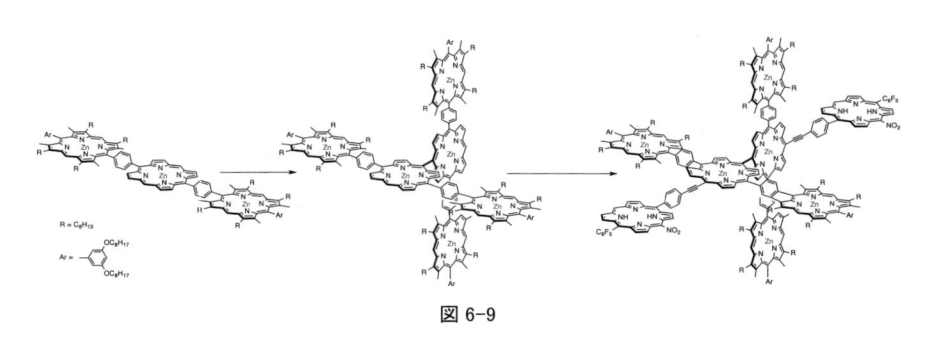

図 6-9

分子内に屈曲点を導入し，銀塩酸化によるカップリングを分子内反応に応用することで，環状ポルフィリン多量体が得られている[23]。1,3-フェニレンで架橋した亜鉛ポルフィリン二量体 **2ZA** の銀塩酸化を繰り返し，直鎖状ポルフィリン 12 量体 **12ZA** を得て，これを高希釈条件下で分子内環化することにより大環状ポルフィリン 12 量体 **C12ZA** が収率 60％で合成されている（図 6-10）。この対称性の高い環状構造は非常に単純な ^{1}H NMR スペクトルに加え，走査型トンネル顕微鏡（Scanning Tunneling Microscopy: STM）による単分子測定で確認している。環状ポルフィリンに沿って高速で進行する一重項励起エネルギー移動の時定数は，天然の光捕集アンテナに匹敵する値だった。一辺が直接結合ポルフィリン四量体からなる環状 24 量体 **C24ZB** の合成にも成功している

6 有機化学的アプローチによるアンテナ分子の合成研究

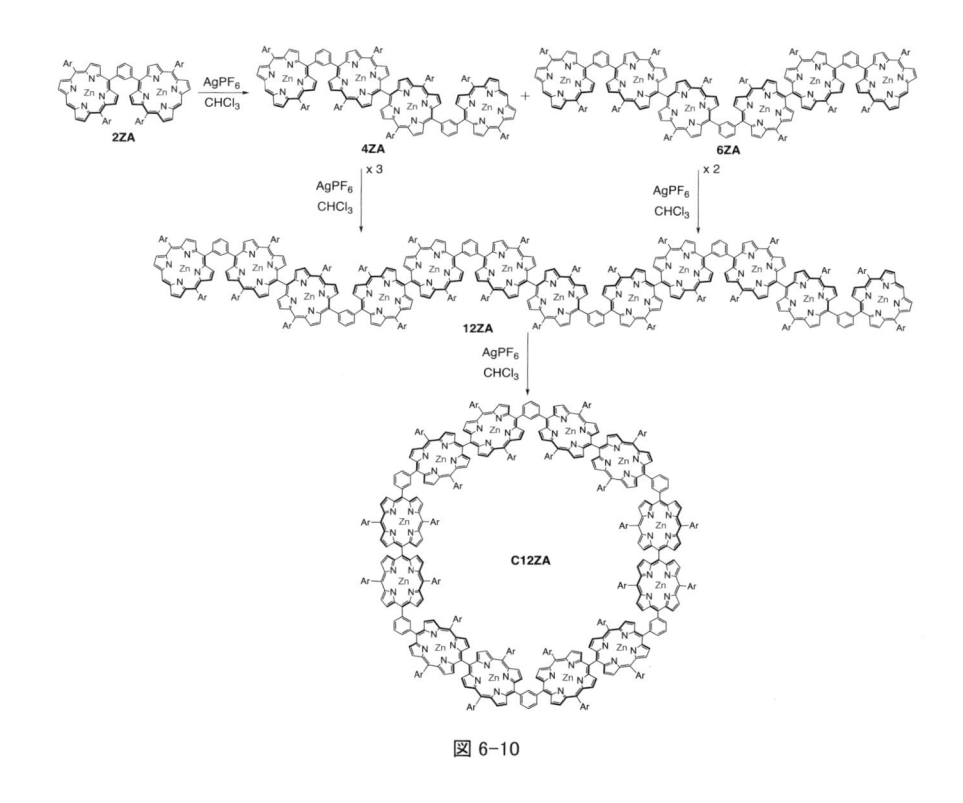

図 6-10

（図 6-11）。このポルフィリンリングの構造決定も STM による単分子測定により行われ，その巨大環構造（半径約 70 Å）が確認されている。同様の手法で32 量体まで合成されており[24]，これが共有結合型の環状ポルフィリン多量体として最大のものである。STM による分子構造の直接観測は，巨大分子の構造同定に絶大な威力を発揮している。ポルフィリン骨格は STM 観測に利用されることが多く[25]，金属表面での反応や超分子相互作用を用いたパターン形成などの研究例がある。

5,15-ジアリール亜鉛ポルフィリンの銀塩酸化では，ポルフィリンアレイは直線状に伸長するのに対し，5,10-ジアリール置換亜鉛ポルフィリンの銀塩酸化では，ポルフィリンリングが生成する。四量体，六量体，八量体の合成が達成されている（図 6-12）[26]。

図 6-11

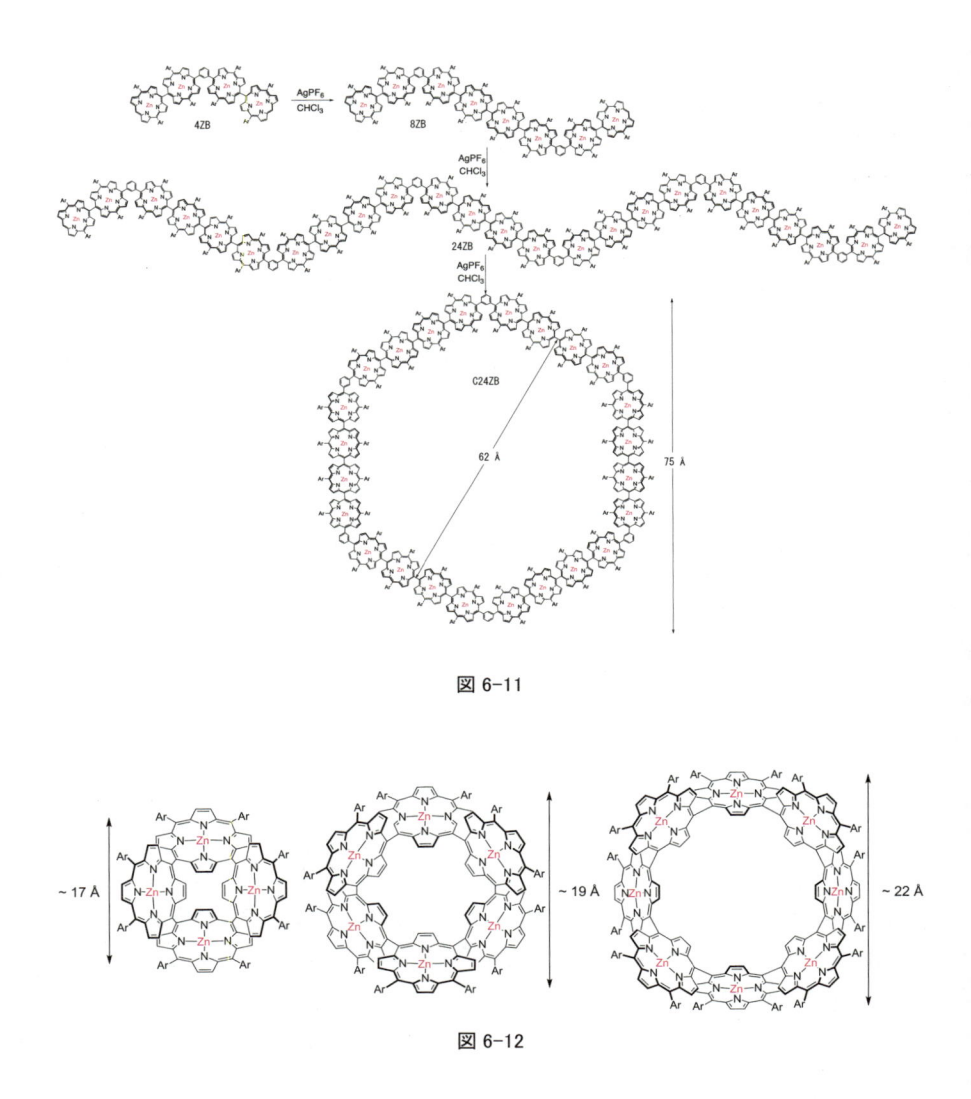

図 6-12

　直鎖状のメゾ位直接結合型ポルフィリンでは，Soret 帯が 2 つに分裂するが，これは，分子の長軸方向に沿った遷移双極子モーメントだけが励起子相互作用によって長波長シフトするのに対し，分子の短軸方向にそった遷移双極子モーメントは直交した配置のため励起子相互作用がなく，対応する Soret 帯が単量体と同じ波長に留まるためだと理解できる．一方，これらメゾ-メゾ結合型ポ

ルフィリンリングでは，すべての遷移双極子モーメントはすべて同じ配置にあり，同じように励起子相互作用するために，対応する Soret 帯は，直鎖状ポルフィリンの分裂した Soret 帯の間に観測される。

この J 会合様式によってできた Soret 帯の分裂幅（ΔE）から，隣り合ったポルフィリン間の S_2 励起状態における励起子結合エネルギー（ΔE_0）を見積もることができる。N 個のポルフィリンが等間隔に並び，隣り合うポルフィリンのみが励起子相互作用すると仮定すると，$\Delta E = 2\Delta E_0 \cos[\pi/(N+1)]$ の関係式が導き出される。横軸に $\cos[\pi/(N+1)]$，縦軸に Soret 帯の分裂幅をプロットすると直線関係が得られ，ΔE_0 を見積もることができる。

6-4 アンテナ機能を発揮するデンドリマー

　樹状分子であるデンドリマーの構成単位にポルフィリンを含む様々な化合物が報告されている。そのなかでも相田らによって合成されたポルフィリンデンドリマーは，コアの部分にフリーベースポルフィリン，周辺部に亜鉛ポルフィリンを配置し，その励起エネルギー移動効率がデンドリマーの成長にしたがって飛躍的に高まるアンテナ効果を見出した（図 6-13）[27]。デンドロンの末端部位にフラーレンを導入し，長寿命電荷分離も達成している。

図 6-13

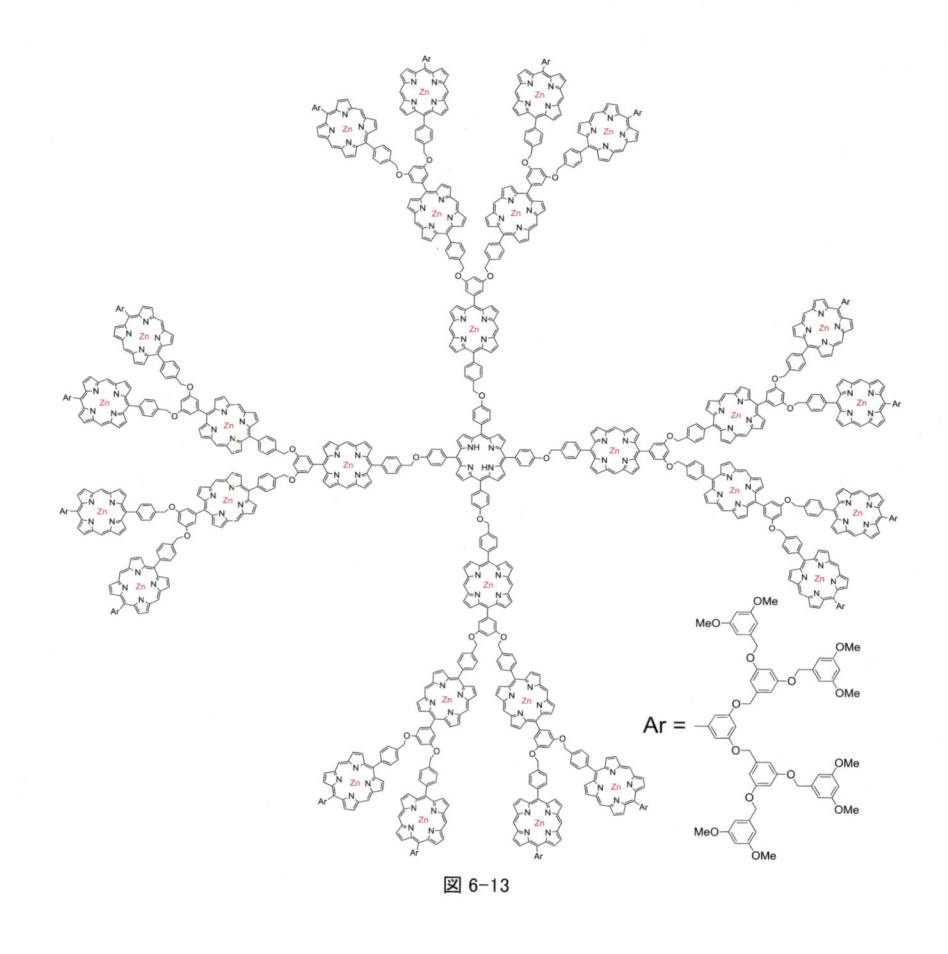

6-5 ポルフィリン超分子

　共有結合ではなく超分子的相互作用で高次構造を形成する場合，一点配位では構造が不安定であるために，分子の柔軟性と系全体のエントロピーとのバランスにより相補的に会合し，より小さく閉じた構造を組むことが優先する[28]。そのため，しばしば高分子は得られない。これを理解し積極的に利用すると，中心金属と側鎖の配位サイトとの角度をデザインすることにより，多量体の構

造を一義的に決めることができる。例えば，小夫家らによって開発されたメソ位に 2-イミダゾリル基などの 5 員環を持つポルフィリンは，亜鉛イオンに相補的に配位し，ほとんど共有結合として扱えるぐらい安定な対面型二量体を形成する。亜鉛ポルフィリンは主に 5 配位であるために，多量化するためには何らかの工夫が必要である。小夫家らは，2-イミダゾリルポルフィリンをメタフェニレン架橋することで，環状のポルフィリン多量体を得ることに成功している（図 6-14）[29]。このような超分子ポリマーのサイズを厳密にコントロールすることができれば，超分子といえどもディスクリートな分子と同様に扱うことができる。

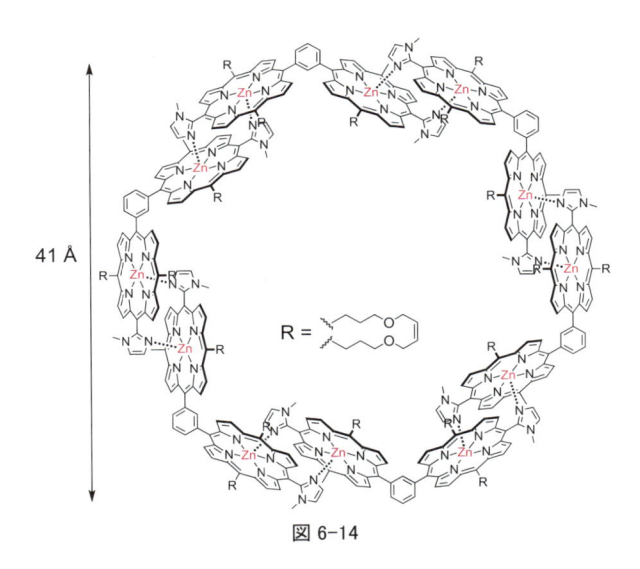

図 6-14

6-6 ポルフィリンのフロンティア軌道

　ポルフィリンの電子状態は，周辺置換基や中心金属によって大きく変化する。これを上手く活用すれば，あらかじめ精密に分子設計することによって電子状態を調整することが可能である。このポルフィリンの電子状態について理解するために，Gouterman の Four-Orbital Model が非常に有効である[30]。Four-Orbital

Model では，近似的に D_{4h} の対称性を有するポルフィリンの4つのフロンティア軌道（HOMO, HOMO–1, LUMO, LUMO+1）を考えることにより，分子の反応性や吸収スペクトルについて説明する。2つの被占軌道は a_{1u} と a_{2u} であり，空軌道は2つの縮退した e_g 軌道である（図 6-15）。a_{1u} 軌道はピロールのベータ位に係数を持ち，a_{2u} 軌道ではメゾ位と窒素上に大きな係数がある。HOMOおよび HOMO–1 はエネルギー的に非常に近い分子軌道であるために，a_{1u} 軌道と a_{2u} 軌道は置換基や中心金属に依存して入れ替わる。これらは現在の精確な量子化学計算によっても支持されている。

テトラフェニルポルフィリン亜鉛錯体は，a_{2u} 軌道が HOMO である[31]。メゾ位の置換基が電子求引性のペンタフルオロフェニル基になると，メゾ位に大きな分布を持つ a_{2u} 軌道が安定化されるが a_{1u} 軌道はメゾ位が節（node）になっているためそれほど影響がなく，その結果，相対的に a_{1u} 軌道がエネルギー的に高くなり，これが HOMO になる[32]。あるいは，β 位に電子供与基であるアルキル基を導入すると，β 位にスピン密度を持つ a_{1u} 軌道が不安定化するが a_{2u} 軌道への影響はほとんど無視できるため，a_{1u} 軌道が HOMO になる[33]。非常にシンプルであり，なおかつ定性的にポルフィリンの反応性やスペクトル変化をよく説明する。ポルフィリンの還元体であるクロリンや，その他のポルフィリ

亜鉛ポルフィンのフロンティア軌道

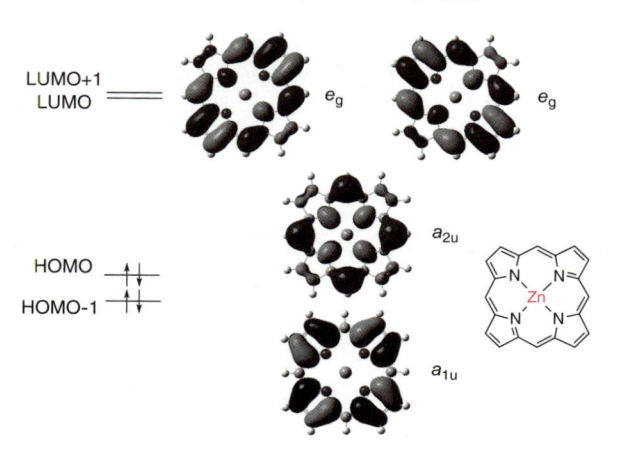

図 6-15

ン類縁体についても適用可能である[34]。

　比較的近接した距離に配置された色素間の励起エネルギー移動には，空間を介して進行するFörster型[20]と，結合を介して進行するDexter型[35]が考えられる。分子間距離がある程度離れ，双極子-双極子相互作用が有効な範囲ではFörster機構が優勢となり，この場合のエネルギー移動速度は距離の6乗に逆比例する。一方，色素間距離が非常に小さくなると，分子間で電子雲（波動関数）の重なりが生じ，Dexter機構（または交換機構）が有効に働くようになり，こちらは距離に対して指数関数的に減少する。ポルフィリン間の励起エネルギー移動速度が，架橋ユニットの結合する炭素のスピン密度に依存する，すなわちメゾ位で連結したポルフィリンの場合，HOMOがa_{2u}軌道のポルフィリンの方がa_{1u}軌道のものよりも速く進行することがリンゼイらのモデル研究によって見出され[32]，また，ドナー分子の配置とアクセプター分子の位置の違いによる励起エネルギー移動効率の変化についての考察もなされている[36]。これらの研究は人工アンテナ分子の分子設計に活かされている。

6-7　まとめ

　ポルフィリンを用いた人工アンテナ分子の合成戦略とその物性について述べてきた。ポルフィリン化学の歴史は古く，年々増える文献数も膨大である。近年では，低分子量の有機分子の合成に最適化され開発が進んでいた有機金属化学が，ポルフィリンに適用される例が増えてきた[37]。今後益々，望みの構造を得るための優れた反応が出現することが期待できる。通常，亜鉛ポルフィリンは配位によって消光せず，光化学プロセスを探索するには好適であり，サイズや効率の面で天然の光捕集アンテナ系に匹敵するリング構造を産み出すことが期待できる。このような大きな環状化合物の内部空間は，酵素が基質を取り込み反応を行う空間に似た環境を提供し，分子認識点から離れた位置での反応制御も期待でき，将来の発展が見込まれる。また，ある種の共役ポルフィリンアレイは非常に大きな二光子吸収断面積を有し，高密度記録材料への展開も期待される。

ボトムアップ手法で合成できる分子サイズは確実に巨大化しており，また単分子計測等の分解能も著しく向上している。もはや，数ナノメートルサイズの分子の精密測定も可能であることから，今後ますます多くのポルフィリン系人工アンテナモデル分子の出現によって，天然のアンテナ系で起こる様々な事象の理解に役立つ分光測定が行われると期待できる。

引用文献

1) G. McDermott, S. M. Prince, A. A. Freer, A. M. Hawthornthwaite-Lowless, M. Z. Papiz, R. J. Cogdell, N. W. Isaacs, *Nature*, **374**, 517 (1995).
2) A. W. Roszak, T. D. Howard, J. Southall, A. T. Gardiner, C. J. Law, N. W. Isaacs, R. J. Cogdell, *Science*, **302**, 1969 (2003).
3) L. Jaquinod, *The Porphyrin Handbook*, K. M. Kadish, K. M. Smith, R. Guilard (ed), Academic Press, Vol. 1, Chap. 5 (2000).
4) K. Tagami, M. Tsukada, T. Matsumoto, T. Kawai, *Phys. Rev. B.*, **67**, 245324 (2003).
5) M. Kasha, H. R. Rawls, M. A. El-Bayoumi, *Pure Appl. Chem.*, **11**, 371 (1965).
6) A. Osuka, K. Maruyama, *J. Am. Chem. Soc.* **110**, 4454 (1988).
7) S. Anderson, H. L. Anderson, J. K. M. Sanders, *Acc. Chem. Res.*, **26**, 469 (1993).
8) R. W. Wagner, J. Seth, S. I. Yang, D. Kim, D. F. Bocian, D. Holten, J. S. Lindsey, *J. Org. Chem.*, **63**, 5042 (1998).
9) O. Mongin, A. Schuwey, M.-A. Vallot, A. Gossauer, *Tetrahedron Lett.*, **40**, 8347 (1999).
10) A. Kato, K. Sugiura, H. Miyasaka, H. Tanaka, T. Kawai, M. Sugimoto, M. Yamashita, *Chem. Lett.*, **33**, 578
11) M. Hoffmann, C. J. Wilson, B. Odell, H. L. Anderson, Angew. *Chem. Int. Ed.*, **46**, 3122 (2007).
12) C. A. Hunter, S. Tomas, *J. Am. Chem. Soc.*, **128**, 8975 (2006).
13) N. Aratani, D. Kim, A. Osuka, *Chem. Asian J.*, **4**, 1172 (2009).
14) J. Song, N. Aratani, H. Shinokubo, A. Osuka, *J. Am. Chem. Soc.*, **132**, 16356 (2010).
15) D. V. Kondratuk, L. M. A. Perdigao, M. C. O'Sullivan, S. Svatek, G. Smith, J. N. O'Shea, P. H. Beton, H. L. Anderson, *Angew. Chem. Int. Ed.*, **51**, 6696 (2012).

16) N. Aratani, A. Takagi, Y. Yanagawa, T. Matsumoto, T. Kawai, Z. S. Yoon, D. Kim, A. Osuka, *Chem. Eur. J.*, **11**, 3389 (2005).
17) M. Kamo, A. Tsuda, Y. Nakamura, N. Aratani, K. Furukawa, T. Kato, A. Osuka, *Org. Lett.*, **5**, 2079. (2003).
18) N. Aratani, A. Osuka, *Handbook of Porphyrin Science*, K. M. Kadish, K. M. Smith, R. Guilard (ed) World Scientific, Vol. 1. Chap. 1 (2010).
19) N. Aratani, H. S. Cho, T. K. Ahn, S. Cho, D. Kim, H. Sumi, A. Osuka, *J. Am. Chem. Soc.*, **125**, 9668 (2003).
20) T. Förster, *Discuss. Faraday Soc.*, **27**, 7 (1959).
21) H. Sumi, *Chem. Record* **1**, 480 (2001).
22) a) A. Nakano, A. Osuka, I. Yamazaki, T. Yamazaki, Y. Nishimura, *Angew. Chem. Int. Ed.*, **37**, 3023 (1998), b) Nakano, A. Osuka, T. Yamazaki, Y. Nishimura, S. Akimoto, I. Yamazaki, A. Itaya, M. Murakami, H. Miyasaka, *Chem. Eur. J.*, **7**, 3134 (2001).
23) a) X. Peng, N. Aratani, A. Takagi, T. Matsumoto, T. Kawai, I.-W. Hwang, T. K. Ahn, D. Kim, A. Osuka, *J. Am. Chem. Soc.*, **126**, 4468 (2004). b) T. Hori, N. Aratani, A. Takagi, T. Matsumoto, T. Kawai, M-C. Yoon, Z. S. Yoon, S. Cho, D. Kim, A. Osuka, *Chem. Eur. J.*, **12**, 1319 (2006).
24) T. Hori, X. Peng, N. Aratani, A. Takagi, T. Matsumoto, T. Kawai, Z. S. Yoon, M-C. Yoon, J. Yang, D. Kim, A. Osuka, *Chem. Eur. J.*, **14**, 582 (2008).
25) 杉浦健一，坂田祥光，『分子ナノテクノロジー』, 73-90, 化学同人 (2002).
29) Y. Nakamura, I.-W. Hwang, N. Aratani, T. K. Ahn, D. M. Ko, A. Takagi, T. Kawai, T. Matsumoto, D. Kim, A. Osuka, *J. Am. Chem. Soc.*, **127**, 236 (2005).
27) a) Choi, M.-S.; Aida, T.; Yamazaki, T.; Yamazaki, I. *Angew. Chem. Int. Ed.*, **40**, 3194 (2001). b) Choi, M.-S.; Aida, T.; Yamazaki, T.; Yamazaki, I. *Chem. Eur. J.*, **8**, 2667 (2002).
28) A. Satake, Y. Kobuke, *Tetrahedron*, **61**, 13 (2005).
29) Y. Kuramochi, A. Satake, Y. Kobuke, *J. Am. Chem. Soc.*, **126**, 8668 (2004).
30) M. Gouterman, *J. Mol. Spectrosc.*, **6**, 138 (1961).
31) P. J. Spellane, M. Gouterman, A. Antipas, Y. C. Liu, *Inorg. Chem.*, **19**, 386 (1980).
32) J.-P. Strachan, S. Gentemann, J. Seth, W. A. Kalsbeck, J. S. Lindsey, D. Holten, D. F.

Bocian, *J. Am. Chem. Soc.*, **119**, 11191 (1997).

33) M. Gouterman, *The Porphyrins*, D. Dolphin (ed), Academic Press, Vol. III, Chap. 1 (1978).

34) E. Tsurumaki, S. Saito, K. S. Kim, J. M. Lim, Y. Inokuma, D. Kim, A. Osuka, *J Am. Chem. Soc.*, **130**, 438 (2008).

35) D. L. Dexter, *J. Chem. Phys.*, **21**, 836 (1953).

36) P. G. V. Patten, A. P. Shreve, J. S. Lindsey, R. J. Donohoe, *J. Phys. Chem. B.*, **102**, 4209 (1998).

37) H. Yorimitsu, A. Osuka, *Asian J. Org. Chem.*, **2**, 356 (2013).

第7章
金属錯体を光増感剤に用いる光化学的酸化還元反応の基礎

7-1　はじめに

　クリーンエネルギー開発の一環とし，太陽光エネルギーの貯蓄型エネルギーへの変換に関する研究が益々重要視される時代となっている。太陽光の偉大さは，地球上に降り注ぐ太陽光のうち，テキサス州かそれよりやや広い領域に降り注ぐ光線だけで地球上のすべてのエネルギー需要を賄える点にある。また，貯蔵型エネルギーだけでなく，直接電気エネルギーに変換する太陽電池の開発も進められている。しかしながら，曇りや夜間時の動力源，あるいは，自動車や飛行機などの動力源としては，やはり何らかの貯蔵型エネルギーの開発が必要となる。重要な研究ターゲットは，光合成を人工的に再現すること，もしくはそれに匹敵する人工光合成を開発することである。ただし，現在の推移でグルコースまでの化学合成を目標とするのはかなりハードルが高い。生命が何億年もの進化の過程で作り上げた巧妙な光合成システムを人工的に構築するのは至難の業である。そこで，注目されてきたより簡易型の人工光合成モデルの1つが，太陽光エネルギーを利用した水の可視光分解反応，すなわち，水からの水素ガスと酸素ガスの発生反応である。著者もこの水素エネルギー開発の分野に長年身を置きながら，金属錯体の光化学と触媒反応についてあれこれ考えてきた。本章では，金属錯体を用いた水の可視光分解反応を分子レベルで取り扱

ううえで重要となる諸事項に目を向けつつ，光化学と電子移動反応の基礎について述べると同時に，天然ならびに人工の光合成について述べることにする。ただし，本章で取り扱う学問分野はその奥が深く，著者自身十分に理解しきれていない部分も残されているため，不充分な記述があるかもしれないががその点ご容赦願いたい。

7-2　水の可視光分解反応の熱力学と光化学

まず始めに，水の可視光分解に関する基礎事項について触れておきたい。図7-1に，水の可視光分解に関する模式図を示した。図には，水の均等分解反応がそれ自身上り坂の反応であり，光エネルギーを吸収して，より高いポテンシャルエネルギーからの下り坂反応としてのみ進行することを示した。無論，水は可視光線を吸収しないので，何らかの成分が光吸収剤 α として働き，その励起状態である α^* の高い反応性を利用して反応を促進する必要がある。α を光増感剤（photosensitizer）という。しかし，水の分解反応は，酸素への酸化反応（$2H_2O \rightarrow O_2 + 4H^+ + 4e^-$）と水素への還元反応（$2H^+ + 2e^- \rightarrow H_2$）の2つの半反応として書くべきものであるから，このままでは化学的な意味を持たない。つまり，これらの反応は酸化還元反応であり，レドックス特性から記述すべきである。図7-2に示すように，励起分子は基底分子に比べ，酸化剤としても，還元剤としてもより高い反応性を示す。つまり，通常では進行しない電子移動反応

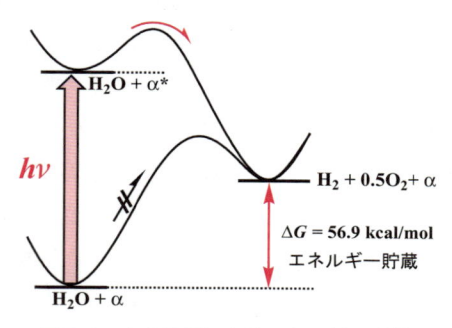

図7-1　水の分解によるエネルギー貯蔵

7 金属錯体を光増感剤に用いる光化学的酸化還元反応の基礎

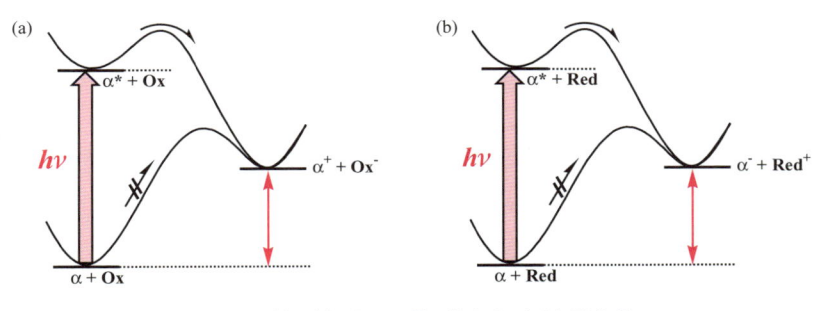

図 7-2 (a) 励起分子の還元能および (b) 酸化能

が，励起分子のより高いポテンシャルエネルギーを利用して進行することになる。一方，水からの酸素発生電位と水素発生電位は共に pH 依存性を示す。ネルンストの式を用いれば，それぞれ $E(\mathrm{O_2}発生) = 1.23 - 0.059\,\mathrm{pH\,(V)}$，および $E(\mathrm{H_2}発生) = -0.059\,\mathrm{pH\,(V)}$ が導かれる。また，両式の辺々を差し引いて得られる $E(\mathrm{O_2}発生) - E(\mathrm{H_2}発生) = 1.23\,\mathrm{V}$ は，水の均等分解に最低限必要となる電解電圧に相当する。上述のように，酸化還元反応が進行するためには発熱過程（下り坂反応）となるべきであり，光化学的にこれらの反応を進行させるためには，少なくとも $E(\mathrm{O_2}発生)$ よりもいくぶん高い酸化還元電位を持つレドックス活性種 Ox を発生させ，かつ，$E(\mathrm{H_2}発生)$ よりもいくぶん低い酸化還元電位を持つレドックス活性種 Red を発生させる必要がある（図 7-3 参照）。

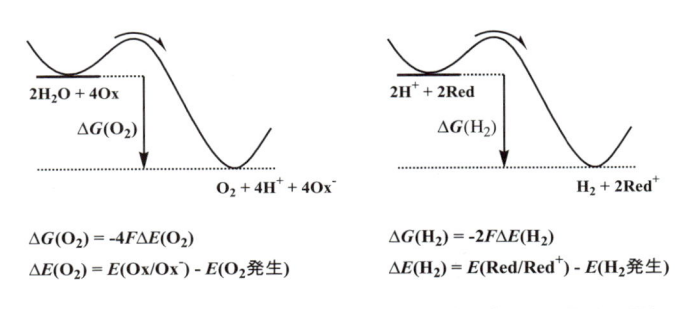

$\Delta G(\mathrm{O_2}) = -4F\Delta E(\mathrm{O_2})$
$\Delta E(\mathrm{O_2}) = E(\mathrm{Ox/Ox^-}) - E(\mathrm{O_2}発生)$

$\Delta G(\mathrm{H_2}) = -2F\Delta E(\mathrm{H_2})$
$\Delta E(\mathrm{H_2}) = E(\mathrm{Red/Red^+}) - E(\mathrm{H_2}発生)$

図 7-3 水の酸化反応および還元反応の熱力学と酸化還元電位の関係

7-3　酸化還元反応の駆動力と電子移動速度（マーカス理論）

　類似する酸化還元反応同士を比較する際には，一般に発熱量と反応障壁（$\Delta G^{\neq}$；活性化自由エネルギー）が反比例の関係を示す（これを直線自由エネルギー関係という）。ここでは下り坂反応であることを前提としているので，発熱量は $-\Delta G$（ギブズ自由エネルギー変化の反対符号の値）であり，それに相当するエネルギー量を反応の駆動力（driving force = DF; DF = $-\Delta G$）という（図 7-4 参照）。言い換えると，DF が大きいほど $\Delta G^{\neq}$ は小さくなり，反応速度は比例的に増大することが長年良く知られてきた。しかし，これは厳密には間違いであり，ある大きさの DF 値を境に，反応速度は逆に減少し始める。そのことが Marcus によって初めて指摘されたのは 1956 年のことであった[1]。しかし，それを証明する実験データが Closs と Miller らによって世に公表されたのは 1986 年のことであった[2]。1956 年に発表した学説を基に Marcus は，その電子移動理論をさらに約 10 年間かけて発展させた[3~10]。実験化学者からのサポートを受けたことが契機となり，1992 年にはノーベル化学賞を受賞している[11]。

　マーカス理論（Marcus Theory）では，実に単純な仮定の基，高校生にもわかる簡単な数式を解くことにより，電子移動の速度を表す式を導いている。マーカス理論が提供した最も重要な見解は，「反応物（A + B）の構造変形が電子移動に先だって起こり，電子移動後は，発熱的に生成物（A$^+$ + B$^-$）への構造緩和が起こる」とする点である。この理論は，1952 年に発表された Libby の理論[12]，すなわち，「反応物の構造変形に先だって電子移動が起こり，その後構造緩和が起こる」とするモデルとは決定的に異なる（これについては，後で，より詳しく触れよう）。ただし，Libby が核座標位置や溶媒の再編成（再配向

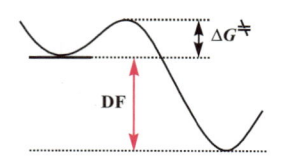

図 7-4　反応駆動力（DF）と活性化自由エネルギー

ともいう）が電子移動と連動して起こることを既に指摘していたことは見逃せない事実である。また，電子励起状態の生成と同様に，電子移動時にはFranck-Condon則が適用されることを指摘したのもLibbyの功績といえる。いくつかの観点でMarcus理論はLibbyの提唱したモデルをヒントにしていることは間違いないが，以下に述べるように，Marcus理論は電子移動の速度を定量的に取り扱う上で最も重要な根幹を築いたことが評価され，ノーベル化学賞に価すると判断されたのであろう。

　Marcusの適用した斬新ともいえる仮定は，反応系と生成系の自由エネルギーが，図7-5に示すように，同じ対称型の放物線で表せるとするものである。ここで，横軸は反応座標系と呼ばれるが，その意味を真に理解するのはなかなか容易ではない。この軸は1つの座標軸であるにもかかわらず，反応に関わる分子のあらゆる構造変化を1つの変数に集約して表している。放物線は調和振動子に相当し，2原子分子の核間距離を横軸（x軸）とし，放物線の最下点のx座標値を平衡核間距離とし，その距離からの伸びや縮みに対してエネルギー（縦軸y）の不安定化が起こることを示している（$y = (1/2)kx^2$）。いかなる構造であっ

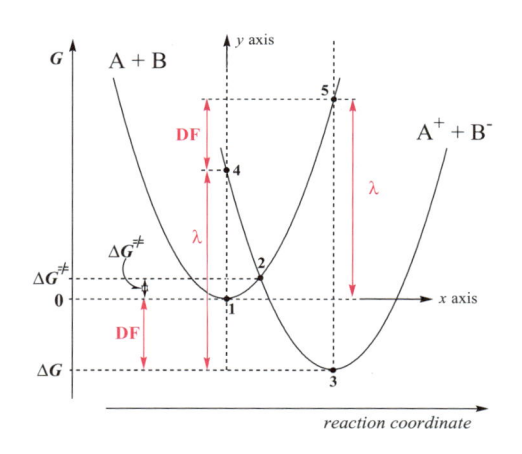

図7-5　反応系と生成系の自由エネルギーを同一の調和振動子（つまり，同じ対称型の放物線）を用いて表した電子移動反応の構図
$A + B \rightarrow A^+ + B^-$ が発熱反応である場合について示している。反応障壁$\Delta G^{\neq}$と駆動力DFは図のように与えられる。λは電子移動をすることなく，$A + B$の構造を$A^+ + B^-$の構造まで歪めさせるのに必要となる再編成エネルギーに相当する。

ても，構造を変形して理想構造からのずれを生じ，不安定化する様子をそのような単純な描像で表せると仮定している。つまり，多数の結合の伸長や短縮，あるいは,結合角やねじれ角の変化をすべてひとめとめにし,反応座標系（x軸）としている。これについて，以下簡単なモデルを用いて読者の理解を促すことにしよう。

　それでは，電子移動はいつどのようなタイミングで起こるのであろうか。図7-5に示すように，まず，反応系 A + B において電子移動が起こり，生成系 $A^+ + B^-$ が生じる場合について考えてみよう。反応系は，基本的には，左の放物線の最下端1の状態にあると考えられるが，溶媒分子との衝突をくり返すことにより，溶媒分子とのエネルギーのやり取りを絶えず行っている。その際，反応系は放物線にそって，その最下点の両側を登ったり降りたりしている。Marcus は，実際の電子移動に先だち，反応系はまず点1から点2まで駆け登る必要があると仮定した。そのために必要となるエネルギーは全て溶媒から吸い上げる必要がある。獲得したエネルギーはAやBの構造を歪めさせるためのエネルギーとして用いられると同時に，AとBを取り囲む溶媒の配向や配置を換えるためのエネルギーとしても用いられる。電子移動は，点2においてのみ起こり，電子移動が起こる間，A，B，ならびに溶媒を含むすべての核座標位置は静止状態（frozen）にあるとみなせる（Franck-Condon 則に基づく）。ただし，この点で，その後電子を元に戻し，つまり，逆電子移動を引き起こすことも可能であると仮定した。結論として，点2において，系は A + B または $A^+ + B^-$ の状態に属すことになる。いずれの場合にも，その後，系は発熱しながら構造緩和を引き起こし，各放物線の最下点に向かうことになる。つまり，系のエネルギーを溶媒分子に引き渡しながら構造を各系の理想構造へと戻すことになる。A + B に属す場合には，1→2で獲得したエネルギーと同じエネルギーをそのまま溶媒に引き渡しながら，再度1に戻ることになる。右の系（$A^+ + B^-$）に移行し，点3に至る場合には，1→2で獲得したエネルギーに加え，駆動力 DF 相当のエネルギーを放出する発熱過程をたどる。以上のことからいえることは，この電子移動過程の反応障壁 $\Delta G^{\neq}$ は1→2の自由エネルギー差に相当するということである。他方，Libby の提唱したモデルは，図7-5に示すいわゆる垂直遷移1→4が先行過程として起こり，その後，溶媒の配置を

含む全ての核座標位置に関する再配置が起こるとするものであった。しかし，このような遷移が現実には起こらず，光励起によってのみ起こることは明白であろう。

次に，遷移状態に至るために必要となる活性化自由エネルギー $\Delta G^{\neq}$ の導出について簡単に示しておこう。下記の計算式には，点1および点3の (x, y) 座標値をそれぞれ $(0, 0)$ および $(a, \Delta G)$ と仮定し，2つの放物線の交点2の座標値から反応障壁 $\Delta G^{\neq}$ を求める過程を示した。図7-5に示したように，点 $(a,$

点1: $(0, 0)$ ⟶ $y = x^2$ ……………………… ①

点3: $(a, \Delta G)$ ⟶ $y = (x - a)^2 + \Delta G$ ……………… ②

①を②に代入して，交点2における x 座標値を求めると，

$$x^2 = (x - a)^2 + \Delta G = x^2 - 2ax + a^2 + \Delta G$$

$$\therefore\ 2ax = a^2 + \Delta G$$

$$\therefore\ x = \frac{a^2 + \Delta G}{2a}$$

これを①に代入すれば，$\Delta G^{\neq}$ が求まる。

つまり，$\Delta G^{\neq} = \dfrac{(a^2 + \Delta G)^2}{4a^2}$ が得られる。

a^2）が点5であることがわかる。また，図7-5には，すでに a^2 が λ であることを示しており，λ を再編成エネルギー（あるいは再配向エネルギー；reorganization energy）という。従って，上式の a^2 を λ に置き換え，式 (7-1) を得ることができる。再編成エネルギー λ の意味は，図7-5から容易に理解することができる。λ は，反応系 A＋B において，電子を移動することなく，1→5を駆け登ることに対応する。これは，反応系 A＋B の電子配置を保持したまま，構造のみを生成系 $A^+ + B^-$ の最安定構造まで歪めることに対応する。勿論，その周囲にある溶媒の配置についても再編成を行う。従って，λ は，関

$$\Delta G^{\neq} = \frac{(\lambda + \Delta G)^2}{4\lambda} \tag{7-1}$$

与する分子やイオンの構造変形に要する内部再編成エネルギー（λ_{int}; internal reorganization energy）と溶媒などに関する外部再編成エネルギー（λ_{ext}; external reorganization energy）の 2 つからなることがわかる（$\lambda = \lambda_{int} + \lambda_{ext}$）。後者は一般に溶媒のみに関するものであるため，溶媒再編成エネルギー（λ_s; solvent reorganization energy）として取り扱う（$\lambda_{ext} = \lambda_s$）。興味深いことに，対称型の放物線を 2 つ用意した性質上，逆に，生成系 $A^+ + B^-$ において，3 → 4 を駆け登り，生成系の電子配置を保持しつつ構造のみを反応系の最安定構造まで歪ませるのに要する再編成エネルギーもやはり λ となる。

電子移動速度定数 k_{ET} は，いわゆる Arrhenius の式に式 (7-1) で求めた $\Delta G^{\ddagger}$ を代入することで式 (7-2) のように表すことができる。

$$k_{ET} = A' \exp\left[\frac{-\Delta G^{\ddagger}}{k_B T}\right] = A' \exp\left[\frac{-(\lambda + \Delta G)^2}{4\lambda k_B T}\right] \tag{7-2}$$

ここで，Arrhenius 定数 A' の取り扱いが問題となる（A' は頻度因子と呼ばれ，衝突回数に相当する）。ここでは，反応系 A + B と生成系 $A^+ + B^-$ の状態間の電子結合行列要素（electronic coupling matrix element）（H_{AB}）が小さく，電子移動が非断熱的（nonadiabatic または diabatic）に起こる場合の式を式 (7-3) に示した。これを Marcus の古典的表式という[13]。非断熱的とか，状態間の結合要素 H_{AB} の意味については，後でもう少し補足する。

$$k_{ET} = \frac{2\pi^{3/2}}{h\sqrt{\lambda k_B T}} |H_{AB}|^2 \exp\left[\frac{-(\lambda + \Delta G)^2}{4\lambda k_B T}\right] \tag{7-3}$$

これでは，まだ，構造再編成や溶媒再編成の意味がはっきりしないかもしれないので，くどいようだが勉強のために，もう少し系を簡略化して電子移動の障壁について考えてみることにする。まず，溶媒の再編成を一切無視し，つまり，真空中で図 7-6 に示す 2 原子分子 M－X と単原子 M の間で，1 つの結合開裂と 1 つの結合生成を伴う電子移動反応が起こると仮定しよう。つまり，原子移動を伴う電子移動である。この反応は，金属イオン M^+ がハロゲンイオン

$$\begin{array}{c} \overset{e^-}{\frown} \\ M \!-\! X \!\cdots\cdots\! M \\ \underset{d_1}{\leftrightarrow}\ \underset{d_2}{\leftrightarrow} \end{array} \rightleftharpoons \begin{array}{c} \overset{e^-}{\frown} \\ M \!\cdots\cdots\! X \!-\! M \\ \underset{d_2}{\leftrightarrow}\ \underset{d_1}{\leftrightarrow} \end{array} \quad (d_1 < d_2) \tag{7-4}$$

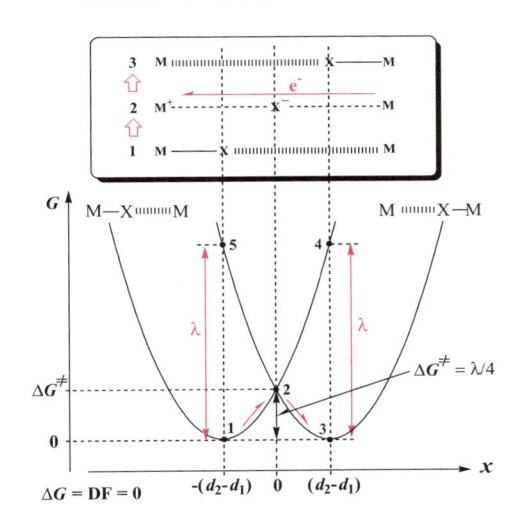

図7-6 M—X分子がM原子と出会い錯体を形成し，その後遷移状態においてX⁻は左右の両金属Mに弱く結合した状態をとり，ちょうどM—M間の中点に到達したところで電子移動が起こると考えられる。電子移動の後，X⁻イオンは安定構造へと構造緩和する。つまり，M⁺イオンと結合する

X⁻と結合してM—X分子を形成しており，M原子からM—X分子への電子移動が起こり，それに伴いX⁻は一方の金属Mとの結合を切断し，他方の金属Mとの結合を形成するものとする。このイベントの間，3原子は直線状に並んでおり，2つのM原子は電子移動の前後で不動の位置を保つと仮定する。つまり，電子移動の間，X⁻のみがその位置を変えるものとする。また，前述の通り，溶媒は存在せず，外部再編成エネルギーは考慮しなくてよいものとする。また，始状態において点線で描画したM⋯X間の相互作用はいわゆる化学結合ではなく，M—XとMが遭遇して出会い錯体（encounter complex）を形成していると仮定しよう。

図7-6に示すように，この系では，反応座標系をX^-の核座標位置（しかも，1つの座標値x）で置き換えることができ，より明確に内部再編成エネルギーの意味について理解することができる。反応系と生成系で化学的に等価な化学種を生じるため，$DF = -\Delta G = 0$であり，それを式(7-1)に代入すると，$\Delta G^{\neq} = \lambda/4$が得られる。そこで，$\lambda$の意味について考えてみると，始状態1から点4

へ到達させることは，電子移動をすることなく X^- の位置のみを終状態 3 と同じところまで移動させることを意味する．しかし，電子が移動していないので当然それは不安定な状態であり，λ だけ高いエネルギーを与えなければ到達することはできない（M^+ から X^- を引き離すため）．また，左右対称の反応であるため，逆向きの反応について同様の見解が得られることは明白であろう．次に，実際の電子移動について考えてみよう．ただし，ここでは真空状態という条件付きであるため，溶媒との衝突で周囲からエネルギーを獲得して障壁を乗りこえることができない．仕方がないので，これはあくまでも仮想的なことと理解しつつ，系が何らかの近隣分子団との衝突を行いながらエネルギーの出し入れをすると仮定して話を先に進めることにしよう．始状態 1 からスタートし遷移状態 2 に到達する．遷移状態に到達するために必要なエネルギーは X^- の座標位置をちょうど 2 つの金属 M の中点まで移動させる（つまり，構造を歪ませる）のに必要なエネルギーに相当し，この場合それが $\lambda/4$ である．終状態 3 から逆方向に向かって同じ遷移状態 2 に到達しても，ちょうど同じエネルギーを費やさなければならない．そして，遷移状態 2 においてのみ，電子が左の M から右の M へと（あるいは，右から左へと）移動することができる．当然，電子移動時には構造は全て静止状態にあるべきである．従って，電子移動の障壁は，構造を始状態と終状態の中間位置まで変化させるのに必要となる再編成エネルギーであることがわかる．結局，電子移動それ自体には，エネルギー消費を必要としないという重要な見解が得られる．これが電子移動反応である．さらに言えることは，電子移動前後の構造変化を必要としないものほど，電子移動反応の障壁は小さく，電子移動速度は大きいと期待される．フラーレン（C_{60}，C_{70} など）はその典型例である．フラーレンは分子サイズが大きく，共役系がその球状表面の全体に及んでおり，電子の出入りによる構造変化が表面全体で平均的に起こる（つまり，その効果は分子全体に非局在化する）．それゆえ，全体としての構造変化が通常の小分子に比べ相対的に小さい．つまり，フラーレンは電子移動障壁が小さく，好都合な電子伝達物質となりえる．

補足となるが，上で用いた $M-X\cdots M$ モデルは，始状態で $M\cdots X$ 間に結合をもたず，いわゆる化学結合を形成した中間体を経由する内圏電子移動（inner-sphere electron transfer）とは無関係であることに注意しよう．この結合がいわ

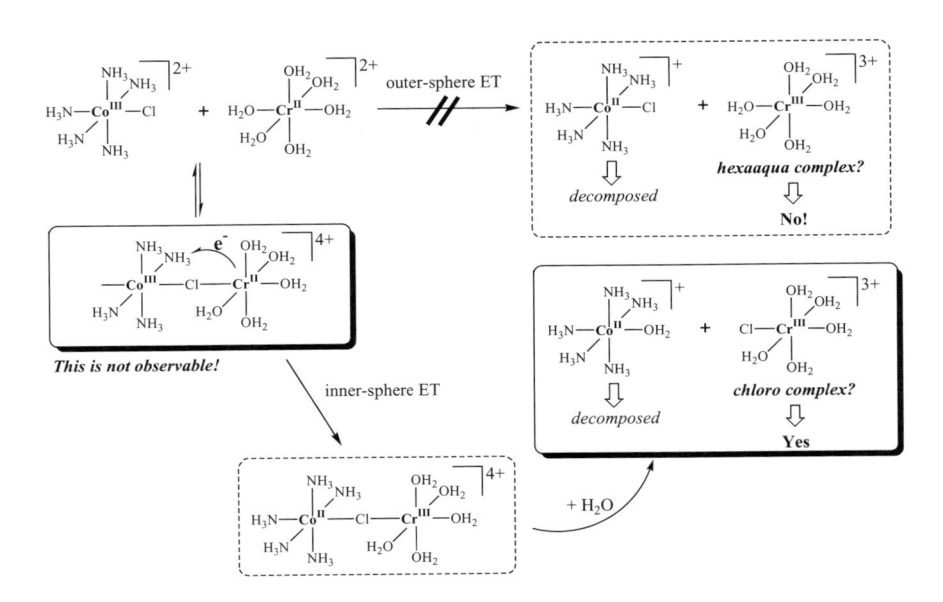

7 金属錯体を光増感剤に用いる光化学的酸化還元反応の基礎

ゆる共有結合である場合に限り，内圏電子移動という。また，上記モデルは，あくまで原理を理解するために設定した仮想的なモデルである。内圏電子移動過程は，金属錯体の電子移動反応に関する研究で1983年にノーベル化学賞を受賞したTaubeによって示された。Taubeは，$Cr(II)$と$Cr(III)$イオンの配位子置換反応速度の違いに着目し，$[Co(III)(NH_3)_5Cl]^{2+}$と$[Cr(II)(OH_2)_6]^{2+}$に対する電子移動反応の中間体として，$Co(III)$-Cl-$Cr(II)$骨格を持つハロゲン架橋二核中間体が生成し，その後電子移動を経て，CoからCrへのCl^-イオンの原子移動が起こることを実験的に示した[14〜16]。図7-7に示すように，この中間体を経由しない場合には，$[Co(III)(NH_3)_5Cl]^{2+}$と$[Cr(II)(OH_2)_6]^{2+}$の間で外圏電子移動が起こり，得られる$[Cr(III)(OH_2)_6]^{3+}$錯体中のアクア配位子はもはやCl^-イオンと交換することができず（$Cr(III)$イオンが配位子置換不活性であるため），生成する$Cr(III)$種は$[Cr(III)(OH_2)_6]^{3+}$のままであるべきことを指摘した。実際には，

図7-7 Taubeによって示された$[Co(III)(NH_3)_5Cl]^{2+}$と$[Cr(II)(OH_2)_6]^{2+}$に対する電子移動反応の機構

右上の経路では置換不活性な$[Cr(III)(OH_2)_6]^{3+}$の生成が期待されるが，それは生成せず，右下の$[Cr(III)Cl(OH_2)_5]^{2+}$が生成したことから内圏電子移動の経路で進行することが立証された。

[Cr(III)Cl(OH$_2$)$_5$]$^{2+}$が主生成物であることから,反応は二核中間体を経由する内圏電子移動の例であることが立証された.この研究によって,電子移動反応は,反応物間で電子移動に先だつ結合形成を伴う内圏電子移動と結合形成を伴わない外圏電子移動 (outer-sphere electron transfer) に分類されることが示された.

次に,以下に示す Fe^{2+} イオンと Fe^{3+} イオンの間の電子移動反応を例にとり,Marcus 理論についてさらに考えてみよう.今度は,構造の再編成エネルギーのみではなく,これらイオンをとりまく溶媒の再編成エネルギーについても考えることにする.先の例と同様に,DF $= -\Delta G = 0$ であり,対称型の放物線を横に並べて配置するモデル(図 7-6 と同様のモデル)であり,電子移動の障壁は $\lambda/4$ である.この反応が水溶液中で起こると考えると,各イオンはヘキサア

$$\text{Fe}^{2+} + \text{Fe}^{3+} \xrightarrow{e^-} \rightleftharpoons \text{Fe}^{3+} + \text{Fe}^{2+} \xleftarrow{e^-} \quad (7\text{-}5)$$

クアイオン ([Fe(II)(OH$_2$)$_6$]$^{2+}$ および [Fe(III)(OH$_2$)$_6$]$^{3+}$) である.これら錯イオンは加水分解平衡を持つと考えられるが ([Fe(II)(OH$_2$)$_6$]$^{2+}$ $\rightleftharpoons$ [Fe(II)(OH$_2$)$_5$(OH)]$^+$ + H$^+$ など),ヒドロキソ種の存在が無視できる酸性条件下であると仮定しよう.電子移動で大きく変わるのは,配位結合の距離である.いずれも理想的な八面体型の錯イオンであり,かつ,高スピン状態 (high-spin state) をとる.単結晶 X 線構造解析により,Fe(II)$-$O $= 2.13$ Å および Fe(III)$-$O $= 1.99$ Å であると決定されており[17],電子移動反応によって各 Fe$-$O 結合は 0.14 Å の伸び,または縮みを余儀なくされる.各錯イオンにつき,6 つの Fe$-$O 結合があるため,電子移動に先だち 2 つの錯イオンは体積の増減を余儀なくされる.この現象を 2 つの球状モデルで近似すると,[Fe(II)(OH$_2$)$_6$]$^{2+}$ と [Fe(III)(OH$_2$)$_6$]$^{3+}$ の間の外圏電子移動は図 7-8 に示す過程をたどるものと考えられる.図 7-8 に示したように,始状態 1 では結合距離の違いのため,Fe(II) 錯体(左)は Fe(III) 錯体(右)よりも大きな球状分子とみなせ,それゆえ,溶媒のかご (solvent cage) は左右非対称なひょうたん状となることがわかる.先に述べたように,遷移状態 2 に向かうに際し,両者は互いに歩み寄り,互いに同じ Fe$-$O 結合距離を持つところまで構造を歪ませることになる.つまり,左右に関して同サイズの球状分子と同サイズの溶媒キャビティーを与えることになる.分子構造

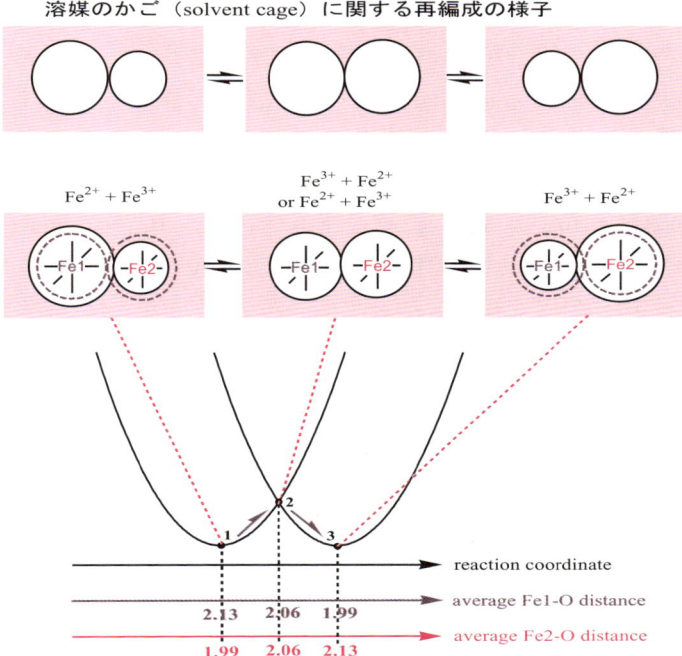

7 金属錯体を光増感剤に用いる光化学的酸化還元反応の基礎

溶媒のかご (solvent cage) に関する再編成の様子

図 7-8 　$[Fe(II)(OH_2)_6]^{2+}$ と $[Fe(III)(OH_2)_6]^{3+}$ に関する外圏電子移動のポテンシャルエネルギー曲線，ならびに，それに伴う錯イオンの構造変化と溶媒がなすキャビティーの変化について示した．図では，出会い錯体中の左側の鉄イオンを Fe1 とし，右側の鉄イオンをFe2 とした

の変形と溶媒の配置換えのために，それぞれ再編成エネルギーを要することになる．反応座標は，その間に起こるあらゆる核座標の変化を 1 つに集約するものであるため，その内訳を詳細に解き明かすことはできない．

しかしながら，構造変化の主たる要因は Fe−O 距離の変化であり，八面体型の対称性を保持したままで構造変化が起こると仮定すれば，図に示すように，横軸を一方の鉄イオンに関する Fe−O 距離の変化と置き換えても，特に問題を生じないことがわかる．このように，電子移動の障壁とは，構造と溶媒キャビティーを電子移動の始状態と終状態のちょうど中間的状態まで強制的に歪めさせるために要する再編成エネルギーの総和に相当する．当然，そのエネルギー

は周囲にある溶媒分子との衝突によって獲得することになる。そして，電子移動後はそのエネルギーを放出して安定構造へと緩和する。

ところで，上記イベントを引き起こすに先だち，二種のイオンは水溶液中を拡散し，遭遇し，出会い錯体を形成する必要がある（式(7-6)）。各種運動のタイムスケールについて確認しておくと，拡散運動が $10^{-9} \sim 10^{-11}$ s，溶媒双極子の配向運動が $10^{-11} \sim 10^{-12}$ s，核の運動が $10^{-13} \sim 10^{-14}$ s，電子の運動が 10^{-15} s であるという。出会い錯体の寿命が $10^{-9} \sim 10^{-11}$ s 程度であり，その間に 2 つのイオンは衝突を繰り返す。その際，電子移動を引き起こす場合もあるが，出会い錯体を解消して互いに別の方向に拡散する場合もある。ここまで述べてきた，Marcus 理論の適用範囲は，あくまでも出会い錯体からの電子移動速度に相当し，出会い錯体自体の生成速度や安定度については全く考慮していないことに注意を要する。つまり，実際の電子移動速度 k_obs は，物質の拡散速度にも支配されることになる。例えば，式 (7-6) のモデルにおいて，電子移動速度は $k_\mathrm{obs} = K_\mathrm{ec} k_\mathrm{ET}$ で与えられる。これについては，本来ならばもう少し詳しい議論が必要であるが，本章ではこれ以上触れないことにする。ただし，電子移動には拡散律速反応（diffusion-controlled reaction）と呼ばれる反応があることを覚えておくとよい。拡散律速の電子移動反応とは，反応物が遭遇しさえすれば，直ちに進行する過程をさす。つまり，電子移動速度は反応物の拡散速度よりも十分に速く，反応物の遭遇のみが反応速度の支配要因となる場合がある。このような場合には，Marcus 理論が適用できないかのような挙動を示すことになる。

$$A + B \underset{}{\overset{K_\mathrm{ec}}{\rightleftharpoons}} \underset{\text{encounter complex}}{[A \cdots B]} \xrightarrow{\overset{e^-}{} k_\mathrm{ET}} \qquad (7\text{-}6)$$

次に，Marcus によって示された DF 増大時の速度減少の効果について述べる。図 7-9 に示すように，DF を徐々に増大させることは，右の生成系の放物線の下端を左に対して DF だけ下げていくことに対応する。これにより，始点 1 に対する遷移状態 2 の高さ（つまり反応障壁）が徐々に減少する様子がわかる。同じ対称型の放物線を一定の幅で配置しているため，これらの変化に対して再編成エネルギー λ は不変である。図 7-9 左下の例では，DF $= \lambda = -\Delta G$ であり，

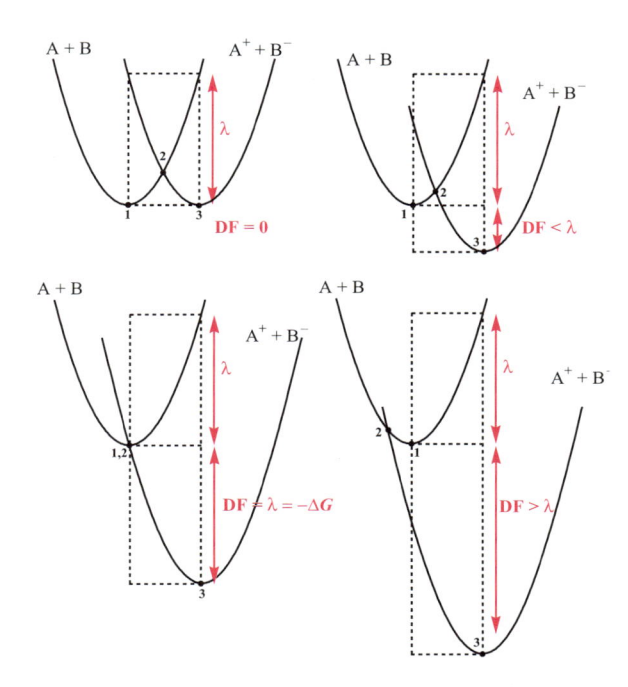

7 金属錯体を光増感剤に用いる光化学的酸化還元反応の基礎

図 7-9 DF=0 を開始点として，DF を徐々に増加させた際の反応障壁の違いを示した。反応は同様に 1 → 2 → 3 を経由するものとする。放物線は全て同じ線形のものを左右等間隔で配置させ，DF のみを変化させており，再編成エネルギー λ は常に一定の値をとる

これを式 (7-1) に代入すると，$\Delta G^{\neq} = 0$ が得られる。つまり，この条件は電子移動速度の極大値を与えることがわかる。次に，さらに DF を大きくすると，図 7-9（右下）に示すように，再度遷移状態 2 の高さは有限の値を持ち始め，その値は DF の増加に従って単調に増加することになる。Marcus 理論の偉大さは，それを示す実験データが全くない時代に，このような単純な数学的取り扱いのみを用いて，DF 値が大きい領域で電子移動速度が減少することを予測した点にある。Marcus 理論では，この結果を図 7-10 のように示し，釣鐘 (bell-shaped parabola) の左側で DF の増加に伴い電子移動速度が増大する領域を正常領域（Normal Region）とし，右側で DF の増加に従って逆に電子移動速度が減少する領域を逆転領域（Inverted Region）と定義した。長年受け入れられることのなかったものであるが，現在では，Marcus の逆転領域（Marcus Inverted

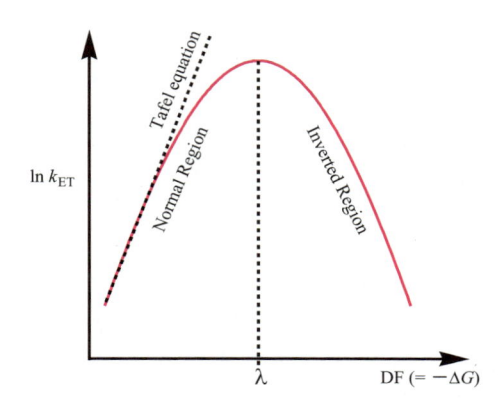

図 7-10 Marcus 理論によって導かれる電子移動速度 k_{ET} の DF 依存性を示す曲線

左側を正常領域（Normal Region），右側を逆転領域（Inverted Region）という。正常領域に外挿した点線はターフェルの式（Tafel equation: $\eta = a + b\log|j|$）から予測される電子移動速度である。ここで，η は過電圧で，DF に比例する値であり，j は電極反応の電流密度に相当し，$\log|j|$ は $\ln(k_{ET})$ に比例するとみなせる

Region; MIR）と呼ぶのが慣習的であり，大きな DF 値を持つ反応の進行が阻害される効果を MIR 効果（MIR effect）という。

当初，逆転領域に対する実験的検証は，分子間の電子移動反応を用いてそれとなく傾向が見られるに留まり，決定的な証拠は得られなかった。最初の明確な証拠は，Closs と Miller らの行った実験によって与えられた[2,18]。Closs と Miller は，図 7-11 に示す剛直な分子骨格を持つアンドロスタンの 16 位にビフェニルを導入し，3 位に異なる酸化還元電位を持つ種々の電子アクセプター（図 7-11 参照）を導入し，分子内の電子移動速度を決定することにより，DF と電子移動速度定数の相関について調べた。その実験では，これら Donor-Acceptor 系分子を含む溶液に対し，高エネルギー（20 MeV）の電子パルスを照射し，溶媒和電子（solvated electron）を発生させ，溶媒和電子からビフェニルへの電子の引き渡し，および後続するビフェニルラジカルアニオンから電子アクセプターへの分子内電子移動過程を吸収スペクトルで追跡した。おもにラジカルアニオン種の減衰からその速度を見積ったところ，図 7-10 に示す挙動，すなわち，釣鐘型の曲線が示された。その研究では，用いる溶媒を変えて溶媒の再配向エネルギーの違いによる電子移動制御に関する話題も提供している。その詳細については割愛するが，より発展的な勉強を望む読者には是非とも原著をあたっ

7 金属錯体を光増感剤に用いる光化学的酸化還元反応の基礎

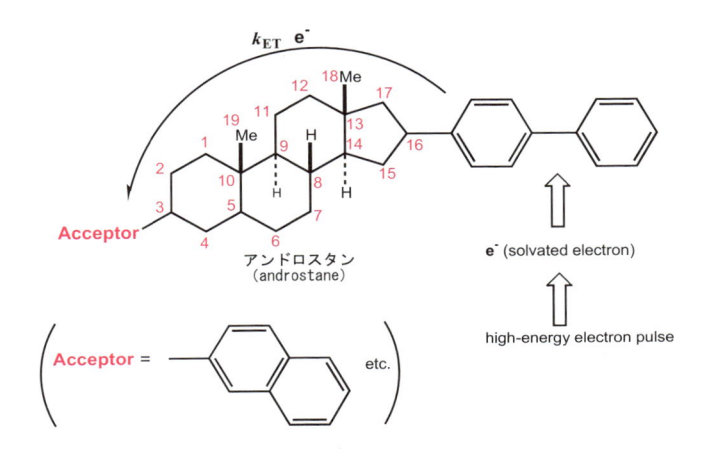

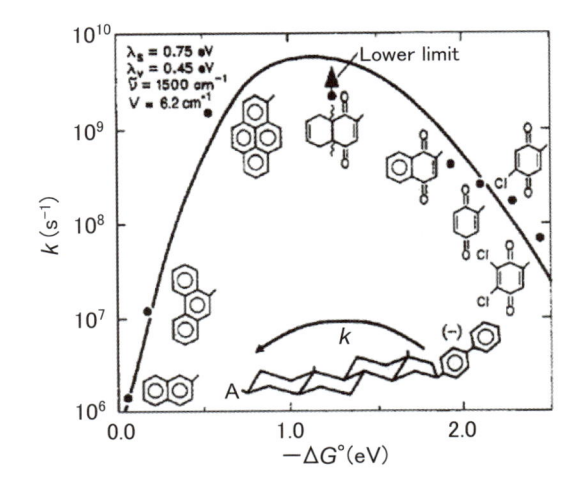

図 7-11 Donor-Acceptor 系分子によって初めて検証された Marcus の逆転領域
剛直なアンドロスタンの 16 位に電子ドナー源となるビフェニル基を導入し，3 位に電子アクセプター (A) を各種導入した系で分子内電子移動の速度定数が見積もられている[2]

て頂きたい。

　最後に，上で簡単に触れた非断熱的過程などについて補足することにする。Marcus の古典的理論では，おもに反応系と生成系との電子的相互作用が弱い系のみについて取り扱っている。その境界領域は，電子結合行列要素 H_{AB} が

k_BT より十分に大きいか,あるいは十分に小さいかで決まる.$T = 298$ K($25\,°C$)とすれば,$k_BT = 8.6173 \times 10^{-5}$ (eV/K) $\times 298$(K) $= 0.0243$ eV であり,単位を kcal/mol に換算すると,k_BT (kcal/mol) $= 0.0243$ (eV) $\times N_A \times 0.382673 \times 10^{-22}$ (kcal/eV) $= 0.56$ kcal/mol である($N_A = 6.022 \times 10^{23}$ mol^{-1}, 1 eV $= 0.382673 \times 10^{-22}$ kcal).H_{AB} は,遷移状態で電子移動に関わる占有軌道と電子移動先となる非占有軌道(もしくは部分的に満たされた軌道)の相互作用の大きさを表す尺度であり,k_BT より十分に大きい状態($H_{AB} \gg k_BT$)では,比較的強い電子的相互作用があり,電子移動が高い確率で起こる.逆に,$H_{AB} \ll k_BT$ となる系では,そのような電子的相互作用が極めて小さい系であり,電子移動が起こる確率が低いことを意味する.このことは,式 (7-3) に示した電子移動速度定数 k_{ET} の前指数項にその二乗の項($|H_{AB}|^2$)があることからも明白である.式 (7-2) では Arrhenius の式を用いたが,Eyring の式($k = (\kappa k_BT/h) \exp(-\Delta G^{\neq}/k_BT)$)では,前指数項に透過係数 κ が含まれる.これは遷移状態にいたる反応物のすべてが生成系に至るわけではないことを表す.後で述べるように,実は,$|H_{AB}|^2$ はこの透過係数と良く似た性格を持つ.例えば,遷移状態においても A と B の接近が阻害される系では,H_{AB} は小さく,電子移動の効率は低くなるであろう.

　電子移動の関わる 2 つの軌道間の相互作用が強い系では,軌道エネルギーの分裂を与えるであろう.図 7-12(a) は左右 2 つの放物線が本来交差する点では反応系と生成系が同じエネルギーを持つはずであるのに対し,電子的相互作用の強い系では 2 つの状態は互いに強く避け合うことを示している.この状態を「断熱的(adiabatic)」であるという.その結果生じる安定化と不安定化の寄与がそれぞれ H_{AB} に相当する.また,そのような系では,遷移状態のみならず,反応系と生成系を表す固有関数の間に比較的強い相互作用が働き,その結果として,図 7-12(b) のように,新しい 2 つの固有状態を与える(下の状態と上の状態にわかれる).このように強い摂動(perturbation)のものとでは,左右に定義した対称型の放物線はもはや互いに交差することはなく,新たに 2 つの固有状態を与える.

　非断熱的な系と断熱的な系を比較すると,前者の場合には,構造と溶媒の再編成によって系は交差点付近に到達するが,反応系曲線の放物線から生成系の

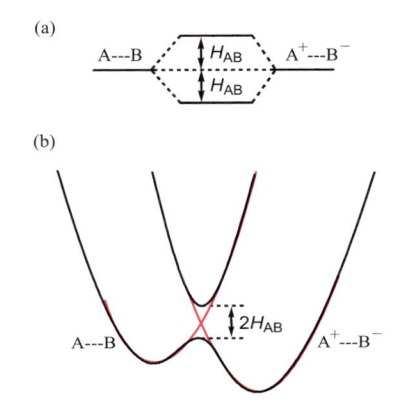

図 7-12 (a) 遷移状態において，左右においた 2 つの固有状態は本来交差するので同一のエネルギーを持つが，状態間の相互作用が強い場合には，2 つの新たな固有状態へと分裂する．(b) 左右においた対称型の放物線間に相互作用が働くことで，それら 2 つの状態の混合が起こり，新たに 2 つの曲線を生じる．両曲線は交差することなく強く避け合っており，このような状態を断熱的であると言う

放物線への移行確率が低いため，交差点付近を行ったり来たりする状態を繰り返すことになる．そして，歩留まりの悪いジャンプを行って生成系の放物線に乗り移ることになる．これが非断熱的な系の特徴であり，電子移動の速度は大きくはならない．一方，断熱的な系においては，反応系の曲線はそのまま異なる状態間をジャンプすることなく生成系の曲線へとつながっており，遷移状態において熱エネルギー（$k_\mathrm{B}T$）で上の状態曲線にジャンプすることもなく，そのままスムーズに生成系へと導かれる（図 7-12(b)）．くどいようであるが，非断熱的な系では，電子移動の関わる軌道間の相互作用が小さいため，電子移動に先だつ構造や溶媒の再編成を起こすことができたとしても，電子移動自体の起こる確率が低い系とみなされる．

なお，断熱的な系に対する格好のモデルが混合原子価二核錯体などであり，例えば，Creutz と Taube が開発した図 7-13 の 2 核錯体（Creutz-Taube イオン[19]として知られる）は，上で示した自己交換反応の重要なモデル（$\Delta G = 0$）であり，かつ，電子移動に関わる軌道間相互作用も強い系であるため，電子移動反応を研究する好都合なモデルとなった．混合原子価錯体としては，分子内において原子価の非局在化が素早く起こる系，比較的遅い系，さらには，ほとん

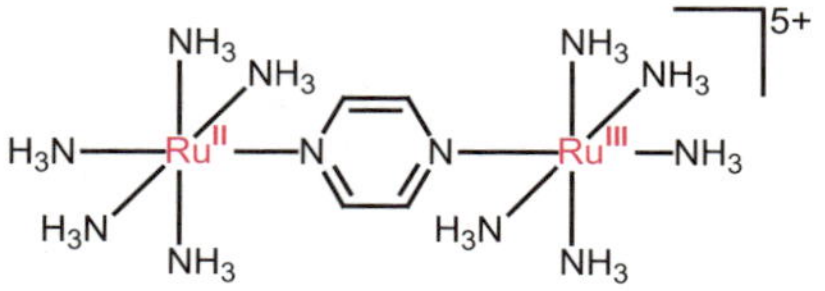

図 7-13 内圏電子移動反応のモデルとして研究された Creutz-Taube イオン

ど起こらない系まで様々なモデル錯体が合成され，様々な知見が得られてきた。本章では，紙面の都合上その詳細には触れないが，興味ある読者には是非とも独自に学んで頂きたい。

7-4 水の光化学的な酸化還元

　水を光化学的に酸化および還元する際には，図 7-3 で示した Ox と Red のどちらを光化学的に発生させるかが問題となる。その方法としては，図 7-14(a)〜(c) に示す 3 種を仮定することができる。(a) は酸素発生反応のみを光反応として駆動し，(b) は水素発生反応のみを光で駆動し，最後の (c) では，水の酸化と還元の両反応を光化学的に駆動する場合を示している。良くいわれることだが，分子（あるいは，イオン）が光を吸収して励起状態に至ると，分子は吸収した光エネルギーに相当する電圧のかかった微小な電極のように振る舞う（注意：励起状態の分子を同時に酸化剤と還元剤として用いるわけではないので，この定義は厳密には正しくない）。例えば，分子が 400 nm の光を吸収すると，$1,240/400 = 3.1$ V の電圧がかかり，600 nm では約 2 V の電圧がかかった微電電極とみなせる。7-2 節で述べたように，水の均等分解には少なくとも 1.23 V の電解電圧が必要であるので，単一の光子吸収過程を利用する (a) および (b) を用いる場合には，少なくとも $1,240/1.23 = 1,008$ nm よりも高い光子エネルギーを吸収しなければならない。ただし，電子移動を加速するうえで余剰の駆動力を要すること（直線自由エネルギー関係，あるいは Marcus の正常領域）を考慮する必要がある。例えば，両反応に 0.3 V ずつの余剰の電圧（これを過電圧（overpotential）と呼ぶ）をかけるとすれば，$1,240/(1.23 + 0.6) = 678$ nm

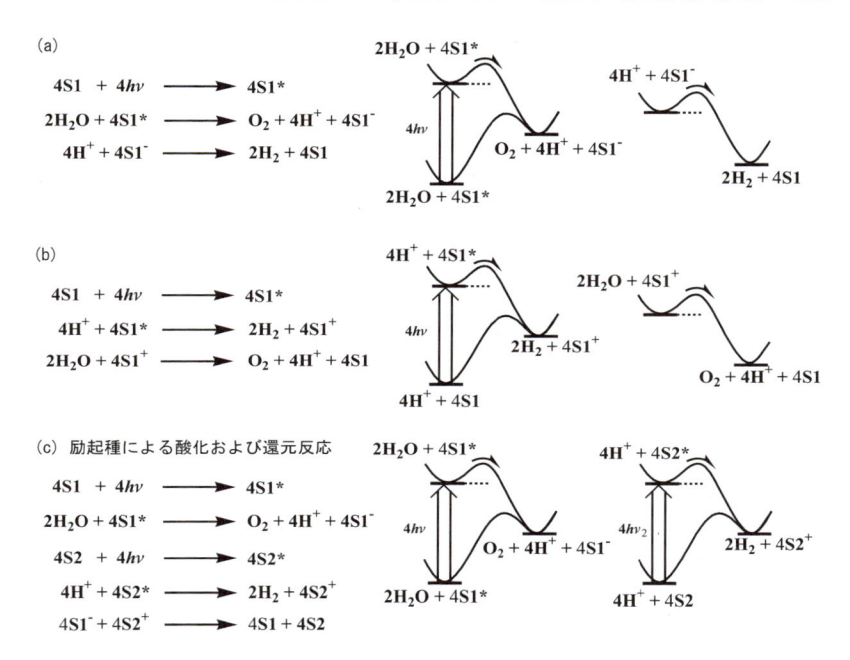

7 金属錯体を光増感剤に用いる光化学的酸化還元反応の基礎

(a)
$$4S1 + 4h\nu \longrightarrow 4S1^*$$
$$2H_2O + 4S1^* \longrightarrow O_2 + 4H^+ + 4S1^-$$
$$4H^+ + 4S1^- \longrightarrow 2H_2 + 4S1$$

(b)
$$4S1 + 4h\nu \longrightarrow 4S1^*$$
$$4H^+ + 4S1^* \longrightarrow 2H_2 + 4S1^+$$
$$2H_2O + 4S1^+ \longrightarrow O_2 + 4H^+ + 4S1$$

(c) 励起種による酸化および還元反応
$$4S1 + 4h\nu \longrightarrow 4S1^*$$
$$2H_2O + 4S1^* \longrightarrow O_2 + 4H^+ + 4S1^-$$
$$4S2 + 4h\nu \longrightarrow 4S2^*$$
$$4H^+ + 4S2^* \longrightarrow 2H_2 + 4S2^+$$
$$4S1^- + 4S2^+ \longrightarrow 4S1 + 4S2$$

図 7-14 (a) 励起種 $S1^*$ を O_2 発生に用いる水分解 (b) 励起種 $S1^*$ を H_2 発生に用いる水分解
(c) 励起種 $S1^*$, $S2^*$ を O_2, H_2 発生に用いる水分解

程度は最低必要であることがわかる。以下に述べるように，この波長が植物の光合成で利用される色素（クロロフィル二量体：special dimer）の吸収極大波長と良く一致しているのは単なる偶然であるが，うまくやればこの程度の低エネルギーの可視光線でも水の分解が原理的には可能であることがわかる。

7-5 植物の光合成と水の可視光分解の関係

　ここで，植物の光合成についても触れておこう。ここまで，光エネルギーを化学反応の駆動力にかえる基本原理について述べてきたが，植物の光合成には，さらにいくつかの要素が巧妙にからみあい，同時進行で別のエネルギー，つまり，プロトン勾配エネルギーを蓄えている。最終的には，プロトン勾配エネル

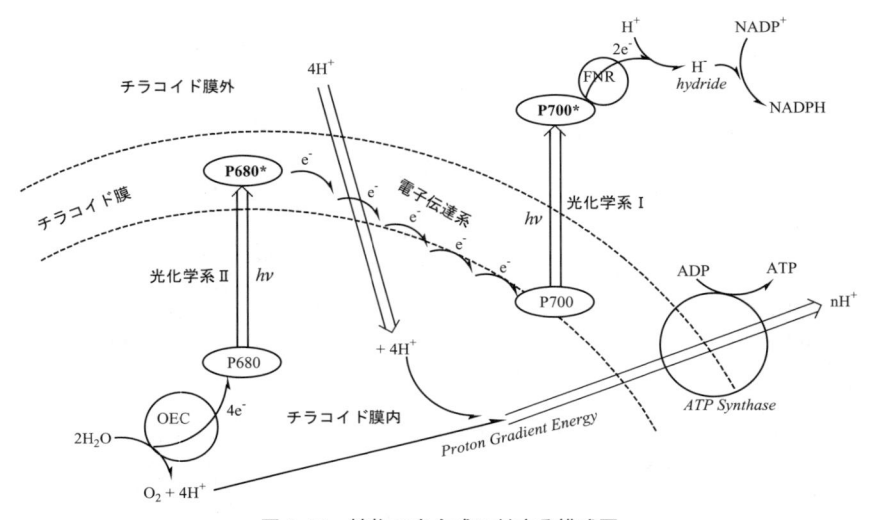

図7-15 植物の光合成に対する模式図

ギーをATP合成酵素（ATP Synthase）が働くためのエネルギー源にかえている。図7-15にその模式図を示した。光化学系Ⅱ（Photosystem II; PSII）では，P680（680 nmに吸収帯を持つ色素）の電子励起状態を用いて，電荷分離を効率よく達成している。P680は2つのクロロフィルからなることから，スペシャルダイマー（special dimer）とも呼ばれ，2つのクロロフィルの電子励起は個別に起こるのではなく，ダイマー特有の電子励起状態を持つ。P680の励起状態（P680*）は，P680*から近傍にある別の色素分子（フェオフィチン；pheophytin）への電子移動を引き起こし（光照射後，3 ps程度で起こる），その結果生じるP680$^+$は，それとOEC（Oxygen-Evolving Complex）との間に位置するチロシン部位から電子を受け取り，P680を再生する。一方，電子を受け取って生成したフェオフィチンのラジカルアニオン（pheophytin$^{-\cdot}$）は，PSII内に固定されているキノン分子（Q_A）に電子を引き渡す（200 ps後のイベント）。最後に脂質二重膜中のキノンと交換可能なキノン分（Q_B）への電子移動が起こり，Q_BはPSIIを離脱する。ただし，2電子と2プロトンを受けとってヒドロキノン型を生成してから離脱する。PSIIで行っていることは，図7-14(a)または(c)の酸素発生反応にほかならない。目的は水から電子を取り出すことであり，酸素発生自体はそ

7 金属錯体を光増感剤に用いる光化学的酸化還元反応の基礎

の主眼ではない(つまり,発生する O_2 は副生成物である)。OEC (Oxygen Evolving Complex) は,$CaMn_4O_5$ を含むクラスター化合物 (Ca^{2+} イオンとマンガン四核クラスターからなる金属錯体) を活性中心とする酸素発生触媒サイトである。この活性サイトにおける酸素発生機構については長年解明することが困難とされてきたものの,近年,放射光を用いた PSII の X 線構造解析の進歩が著しく,より詳細な構造と反応機構が解き明かされつつある。人工的に OEC に匹敵する錯体触媒を開発することが長年の課題であり,その解決が人工光合成システムを達成する鍵を握っている。要するに,光合成の目的は,光子吸収により高エネルギー電子を取り出し,何かを還元して燃焼可能な形態へと変換すること,すなわち,還元型生成物を得ることにある。酸素発生反応 ($2H_2O \rightarrow O_2 + 4H^+ + 4e^-$) が四電子過程であることが,その反応障壁を高くしている要因,つまり,反応速度が極めて遅い要因となっている。問題は,いかにして「高速回転」の触媒サイクルを実現するかである。話が少し横道にそれるが,触媒反応の研究では,触媒回転数 TON (Turn Over Number;ある反応時間内に触媒が反応に関与した回数) や触媒回転頻度 TOF (Turn Over Frequency;単位時間当たりの触媒回転数) をいかにして向上させるかが重要となることを心に留めておくとよい。

次に,植物の光合成が,PSII に加えてもう 1 つの光化学系 I (Photosystem I; PSI) からなる点も注目すべき特徴である。PSII と PSI の光化学過程とそれを結ぶ電子伝達系 (Electron Transport Chain) を合わせて,Z スキーム (Z-scheme) と呼ばれる二段階の光化学過程をうまく組み合わせている (図 7-15 参照)。

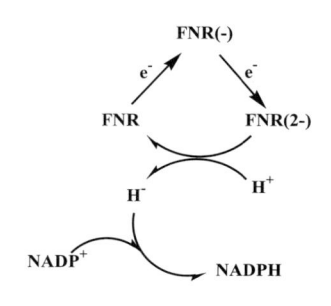

図 7-16 FNR による二電子貯蔵

PSIIで光を吸収して電子励起状態をつくり，そのエネルギーを電子移動の駆動力として利用し，チラコイド膜内のキノンプールに高エネルギー電子を伝える。キノン-ヒドロキノンのサイクルが2電子/2プロトンを単位とする点も見逃せない事実である。さらに，それに後続するいくつかの電子移動過程を経て，PSIに高エネルギー電子を伝える。それには，Fe(II/III)やCu(I/II)のレドックス過程が用いられている。このように，電子伝達系を電子が駆けめぐる間，チラコイド膜外からプロトンを取り込み，最終的には，膜内へプロトンを放出する。つまり，キノン型が電子を受け取りヒドロキノン型を生成する際にプロトンを受け取り，その後，ヒドロキノン型が電子を放出する際にプロトンを膜内へと放出する。それゆえ，1電子の移動に伴い，2プロトン分のプロトン勾配エネルギーを獲得できる（この過程はヘム鉄とFe_2S_2を含む酵素 cytochrome b_6f によって巧妙に制御されている）。酸素発生に伴い，やはり1電子当たり1プロトンの勾配を生成するため，PSIIの一光子過程はPSIへの1電子の移動を引き起こすと同時に，チラコイド膜内外の3プロトン分の勾配エネルギーを生み出している。つまり，PSIIの役割は，電子を取り出すこと，プロトン勾配エネルギーを発生させること，PSIの光化学過程で生じる正孔をつぶすことの3つである。電子伝達系での電子移動は一見無駄なエネルギーを発熱しているだけと考えがちであるが，実はその間に獲得するプロトン勾配エネルギーが極めて重要な役割を果たしている。その後，PSIでは，PSIIと同様に光吸収と電子移動を引き起こすが，高エネルギー電子の出口にはFNR（Ferredoxine-NADP(+) Reductase）と呼ばれる酵素が存在し，$NADP^+$にH^-（ヒドリドイオン）を移動し，NADPHを生成すると考えられている。PSIIでもそうであるが，PSIでは連続して起こる一光子吸収に基づく一電子移動過程が進行するが，その出口にあるFNRでは一端2電子を貯蔵し，プロトンの二電子還元体であるヒドリドイオンを生成して$NADP^+$からNADPHの生成を一段階で行うと考えられている。つまり，$FNR + e^- \to FNR(-)$ および $FNR(-) + e^- \to FNR(2-)$ が引き続き起こり，その後，$FNR(2-) + H^+ \to FNR + H^-$ および $NADP^+ + H^- \to NADPH$ が順次起こると考えられている（図7-16参照）。このように，植物はZスキームを用いて水から電子を取り出し，プロトン勾配エネルギーを発生させ，高エネルギー分子としてNADPHおよびATPを合成している。プロトン

の膜内移動やATP合成酵素を用いたATPの生成に関しては，依然我々化学者の力の及ぶところではない。また，合成したNADPHとATPをエネルギー源とするカルビン回路（Calvin Cycle）の働き，つまり，CO_2からグルコースを合成する過程はさらに手ごわい研究対象であろう。

　そこで，思い切って，光合成のZスキームの中央に位置する電子伝達系の役割（つまり，プロトン勾配エネルギーを蓄える過程），NADPHやATPの合成などを一切忘れることにしよう。ただし，ヒドリドイオンについては，それをプロトンと結合させることで水素ガスを生成できるので，水の還元側の半反応に置き換えることにしよう。この過程（$H^- + H^+ \rightarrow H_2$）は，約100 kcal/molの発熱過程である。また，このエネルギーは水素分子のH–H結合エネルギーであると考えても良い。以上述べてきたように，植物の光合成は，その一部を抽出すれば水の可視光分解と同等であるとみなせる。電子伝達系の役割がプロトン勾配エネルギーを生成することにあるのであれば，それを簡略化して，2つの光化学系ではなく，1つの光化学系としても良さそうである。

7-6　人工色素を用いた水の可視光分解

　水の可視光分解に関連して長年注目されてきた人工の色素がトリス(2,2'-ビピリジン)ルテニウム(II)，すなわち $[Ru(bpy)_3]^{2+}$ である（図7-17）。この金属錯体は，可視域に比較的吸光係数の大きい電荷移動吸収帯（$\lambda max = 452$ nm, $\varepsilon = 14{,}000$ $M^{-1}cm^{-1}$）を持つ。また，その電子励起状態は系間交差（Intersystem Crossing）を経て，比較的長寿命の三重項励起状態を与える。その様子を図7-18に示した。なお，図中に示したMLCT, MC, LCは，それぞれ，Metal-to-

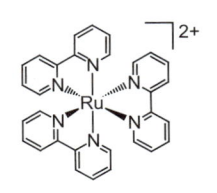

図7-17　$[Ru(bpy)_3]^{2+}$

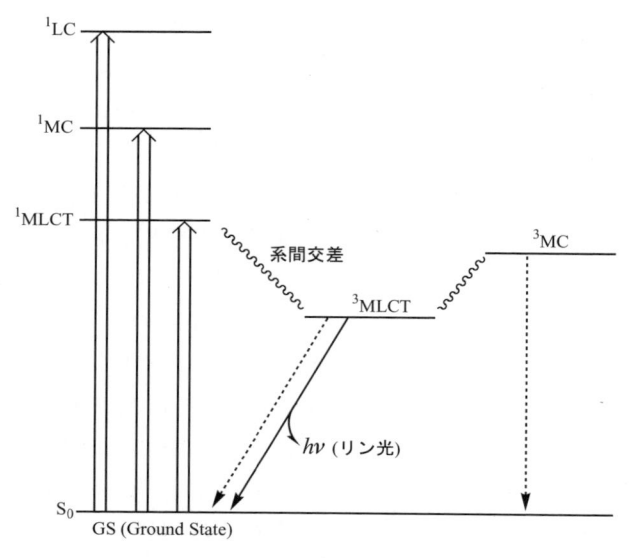

図 7-18 [Ru(bpy)$_3$]$^{2+}$ の電子励起状態

Ligand Charge Transfer Transition（金属－配位子電荷移動遷移），Metal-Centered Transition（金属を中心とする遷移），Ligand-Centered Transition（配位子を中心とする遷移）の略であり，その左肩には各電子状態のスピン多重度が示されている．三重項状態からの発光（つまり，リン光）を 610 nm に示し，その発光寿命は水中，脱酸素した雰囲気下において，およそ 680 ns である．この寿命は，他の分子と出会い錯体を形成して電子移動を引き起こす上で十分に長い．出会い錯体の寿命（10^{-9}〜10^{-10} s）に比べ，約 1,000 倍の寿命を持つからである．寿命の長い理由は三重項から基底一重項への遷移が本来スピン禁制の遷移であることに由来する．そもそも，電子励起の後，一重項 ^{1}MLCT 状態から三重項 ^{3}MLCT 状態への系間交差，つまり，スピン禁制遷移が許容となる点で，通常の錯体とは大きく異なる．これらの命題は一見矛盾しているようにも思える．なぜならば，^{1}MLCT から ^{3}MLCT への遷移が通常より速いのが特徴であり，逆に，^{3}MLCT から GS への遷移が遅いので好都合であると言う．ただし，前者が起こらなければ後者は何も観測されないことに気づくべきである．また，前者が極めて遅い系では，後者はさらに遅くなることが予測される．それでは，

なぜ禁制の遷移が許容になるかというと，それにはスピン軌道相互作用（spin-orbit coupling）の寄与が大いに関係している．スピン軌道相互作用は重原子の存在によって増強される．$[Fe(bpy)_3]^{2+}$では観測されない現象が，$[Ru(bpy)_3]^{2+}$や$[Os(bpy)_3]^{2+}$では観測されるようになる．これらはいずれも低スピンd^6電子系であり，基底状態において電子は軌道角運動量を持たない．スピン軌道相互作用とは，スピン角運動量と軌道角運動量の結合であるので，電子が軌道角運動量を持つ場合にのみ重要となる．MLCT遷移は，Ru(II)から電子が抜け出し，配位子であるbpyへと電子がほぼ引き渡される遷移に相当する．また，MLCT遷移に限らず，すべての一重項励起状態が，いったん最低励起状態である^{1}MLCTへと内部転換を引き起こす．つまり，すべての電子励起状態が^{1}MLCTを経由してほぼ定量的に^{3}MLCTにいたる．この励起状態は$[Ru(III)(bpy)_2(bpy^-)]^{2+}$と表記することができるが，いくつかの説が唱えられており，還元部位（bpy^-）の「局在化説」と「非局在化説」がある（未だなお定説はない）．この問題については，これ以上触れないことにする．話を元に戻すと，励起状態ではRu(III)，つまり低スピンd^5電子系であり，電子は軌道角運動量を持つことになる．八面体型錯体でd電子が軌道角運動量を持つのは，d_{xy}, d_{yz}, d_{xz}の間を電子が動き回れる場合である．逆に，d電子がd_{z^2}と$d_{x^2-y^2}$の間を行き来するだけでは軌道角運動量をもたないことに注意すべきである．つまり，$(d_{xy})^2(d_{yz})^2(d_{xz})^1 \leftrightarrow (d_{xy})^2(d_{yz})^1(d_{xz})^2 \leftrightarrow (d_{xy})^1(d_{yz})^2(d_{xz})^2 \leftrightarrow (d_{xy})^2(d_{yz})^2(d_{xz})^1$で表される電子配置の変化を引き起こすことにより，電子は互いに直交する軌道間を自由に動き回り，軌道角運動量を持つことになる．結論として，スピン軌道相互作用によって，一重項は三重項の性質を帯び，逆に，三重項は一重項の性質を帯びることになる．それにより，禁制は解け，一重項-三重項間の系間交差の速度は著しく増大する（つまり，許容となる）．このような特徴を持つ金属錯体はさほど多いわけではない．補足となるが，452 nmの光は$1,240/452 = 2.74$ eVであり，610 nmのリン光エネルギーは$1,240/610 = 2.03$ eVであることを確認しておこう．反応の駆動力としては，後者の励起分子にかかった電圧，つまり，約2.0 Vが重要な意味を持つ．つまり，水の均等分解に最低必要となる1.23 Vには足りる電圧がかかっていることになる．しかし，これはあくまでも必要条件を満たすに過ぎず，十分条件を満たすことにはならない．なぜならば，実

際には，電子励起状態がもたらすレドックス特性と，水の酸化電位および還元電位との関係が重要となるからである（図7-3・図7-14参照）。換言すると，励起分子の酸化電位や還元電位の単なる差ではなく，個々のレドックス特性に関する情報が必要となる（参考：$[Ru(bpy)_3]^{2+}$の第一酸化電位と第一還元電位の差から求められるエネルギーは，この錯体の^{1}MLCT遷移のエネルギーにほぼ相当する。これは，^{1}MLCT遷移が金属の酸化と配位子の還元にほぼ同等な現象を引き起こすことを意味している）。

そこで，$[Ru(bpy)_3]^{2+}$の励起状態である$[Ru^*(bpy)_3]^{2+}$（^{1}MLCT状態ではなく^{3}MLCT状態に相当する）の酸化還元反応について考えてみることにする。$[Ru^*(bpy)_3]^{2+}$が引き起こす電子移動反応には，以下の2つが考えられる（式(7-7)および式(7-8)）。ここで，Qは消光剤（quencher）であり，その呼称は消光剤の添加によって$[Ru(bpy)_3]^{2+}$の発光性が失われることに由来している。この現象を消光（quenching）という。

$[Ru^*(bpy)_3]^{2+} + Q \longrightarrow [Ru(bpy)_3]^{3+} + Q^-$ (oxidative quenching) (7-7)

$[Ru^*(bpy)_3]^{2+} + Q \longrightarrow [Ru(bpy)_3]^{+} + Q^+$ (reductive quenching) (7-8)

$[Ru^*(bpy)_3]^{2+} + Q \longrightarrow [Ru(bpy)_3]^{2+} + Q^*$ (energy transfer quenching) (7-9)

上の式で示したように，励起分子が酸化を受けることにより発光性を失う場合を酸化的消光（oxidative quenching）といい，励起分子が還元を受けることで消光する場合を還元的消光（reductive quenching）という。上で述べたように，これら電子移動反応のDFは，$[Ru^*(bpy)_3]^{2+}/[Ru(bpy)_3]^{3+}$および$[Ru^*(bpy)_3]^{2+}/[Ru(bpy)_3]^{+}$に対する酸化還元電位や$Q/Q^-$および$Q/Q^+$に対する酸化還元電位を用いて見積もられる。

そこで，励起分子の酸化還元電位についても知る必要がある。これは意外に簡単なベクトル演算のような手続きで見積もることができる。まず，図7-19(a)に示した$[Ru^*(bpy)_3]^{2+}$が酸化的消光を受ける時，つまり，励起分子が電子ドナーとして働く系に着目し，その酸化還元電位である$E(D^*/D^+)$を見積もることにしよう。

ここで，D^*は$^3D^*$に相当する。D^*はリン光を発し，E_{00}はリン光のエネルギー

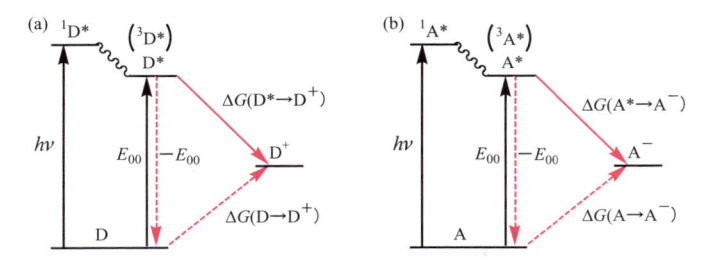

7 金属錯体を光増感剤に用いる光化学的酸化還元反応の基礎

図 7-19 [Ru(bpy)$_3$]$^{2+}$の三重項励起状態が酸化的消光または還元的消光を受ける際のエネルギーダイヤグラム
(a)は励起状態が電子供与体として作用し、(b)はそれが電子受容体として作用する場合である。便宜上、[Ru(bpy)$_3$]$^{2+}$がドナーとして作用するとき記号 D を用い、アクセプターとして作用するとき記号 A を用いた

から見積もられる。低温（77 K など）のリン光スペクトルには振動構造が明確に現れることが多く、最も短波長側に観測されるバンドの頂点から E_{00} を見積もることができる。室温の発光スペクトルを用いる場合にも、やはり短波長側の吸収端の外挿によって求めることができる。図 7-19(a) の三角形分部（D, D*, D$^+$）の自由エネルギー変化に対して式 (7-10) が導かれる。

$$\Delta G(\text{D}^* \to \text{D}^+) = \Delta G(\text{D} \to \text{D}^+) - E_{00} \tag{7-10}$$

この式 (7-10) では、エントロピー項の寄与が無視できると仮定している。式の導出においては、D* から D$^+$ にいたる際の自由エネルギー変化を 2 つの経路（赤矢印と赤点線矢印の経路）で示し、それらを等式で結んでいる。ここで、D* → D に対する自由エネルギー変化は負の値を持つため、リン光エネルギー E_{00} を反対符号としたもの（つまり、$-E_{00}$）になる。次に、良く知られる $\Delta G = -nFE$（n は反応時に関わる電子数、F はファラデー定数、E はその酸化還元反応に関する起電力）の関係を用いて、式 (7-10) を酸化還元電位 $E(\text{D}^*/\text{D}^+)$ および $E(\text{D}/\text{D}^+)$ で表したい。一電子過程（$n = 1$）では $nF = 1e$ であることより、ΔG (eV) $= -eE$ と書ける。ただし、起電力 E を常に還元型の反応で定義すべきことに注意しよう。なぜならば、起電力を還元反応に対して定義した時のみ、起電力は酸化還元電位に等しいとおけるからである。つまり、起電力 $E(\text{D}^+ \to \text{D})$ =酸化還元電位 $E(\text{D}^+/\text{D})$ は正しいが、$E(\text{D} \to \text{D}^+) = E(\text{D}^+/\text{D})$ は正

しくない．正しくは，$E(\mathrm{D}\to\mathrm{D}^+) = -E(\mathrm{D}^+\to\mathrm{D}) = -E(\mathrm{D}^+/\mathrm{D})$ である．同様の理由から，例えば，$\Delta G(\mathrm{D}^+\to\mathrm{D}) = -eE(\mathrm{D}^+\to\mathrm{D})$ は正しいが，$\Delta G(\mathrm{D}^+\to\mathrm{D}) = -eE(\mathrm{D}\to\mathrm{D}^+)$ などは間違いである．これらに注意して式 (7-10) を以下の手順で書き換えることができる．

$$-\Delta G(\mathrm{D}^+\to\mathrm{D}^*) = -\Delta G(\mathrm{D}^+\to\mathrm{D}) - E_{00} \qquad (7\text{-}11)$$

$$eE(\mathrm{D}^+\to\mathrm{D}^*) = eE(\mathrm{D}^+\to\mathrm{D}) - E_{00} \qquad (7\text{-}12)$$

$$eE(\mathrm{D}^+/\mathrm{D}^*) = eE(\mathrm{D}^+/\mathrm{D}) - E_{00} \qquad (7\text{-}13)$$

まず，式 (7-10) → 式 (7-11) では，$\Delta G(\mathrm{D}^+\to\mathrm{D}) = -\Delta G(\mathrm{D}\to\mathrm{D}^+)$ などの処理を行い，すべてを還元型の反応で表している．次に，式 (7-11) → 式 (7-12) では，$\Delta G = -eE$ を適用して式変形をしている．式 (7-13) では，各起電力がそのレドックス対の酸化還元電位であることを反映させている．このような単純な手続きにより，励起分子の酸化還元電位を基底分子の酸化還元電位とリン光のエネルギーから見積もれることを示した．勉強をかねて，還元的消光過程（図 7-19(b)）に対する式展開も式 (7-14)～式 (7-16) に示しておく．

$$\Delta G(\mathrm{A}^*\to\mathrm{A}^-) = \Delta G(\mathrm{A}\to\mathrm{A}^-) - E_{00} \qquad (7\text{-}14)$$

$$-eE(\mathrm{A}^*\to\mathrm{A}^-) = -eE(\mathrm{A}\to\mathrm{A}^-) - E_{00} \qquad (7\text{-}15)$$

$$eE(\mathrm{A}^*\to\mathrm{A}^-) = eE(\mathrm{A}\to\mathrm{A}^-) - E_{00} \qquad (7\text{-}15')$$

$$eE(\mathrm{A}^*/\mathrm{A}^-) = eE(\mathrm{A}/\mathrm{A}^-) + E_{00} \qquad (7\text{-}16)$$

次に，これらを用いて，いわゆる光誘起電子移動の駆動力や電荷分離状態について考えてみよう．図 7-20 に D＋A 系が三重項励起状態 D* を経由して電荷分離状態 $\mathrm{D}^+ + \mathrm{A}^-$ を与える場合のエネルギーダイヤグラムを示した．
この光誘起電子移動（Photo-induced Electron Transfer; PET）の駆動力 $\mathrm{DF_{PET}}$ は，以下の手続きで簡単に求めることができる．

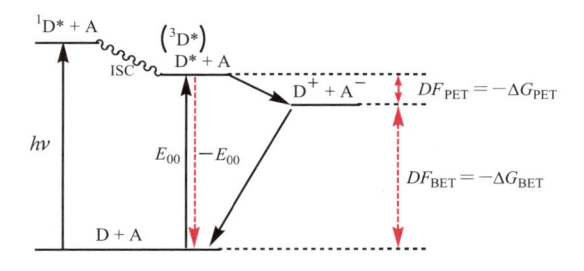

7 金属錯体を光増感剤に用いる光化学的酸化還元反応の基礎

図 7-20 [Ru(bpy)$_3$]$^{2+}$ が三重項励起状態を生じ，その後，電子アクセプター A（例えば，メチルビオローゲンなど）への電子移動消光（酸化的消光）を起こす際の駆動力 DF について示した

$$\begin{aligned}\Delta G_{PET}(eV) &= -nF\Delta E = -nF[\,E(A/A^-)-E(D^+/D^*)\,]\\ &= -[\,eE(A/A^-)-eE(D^+/D^*)\,]\;(\because nF=1e)\\ &= eE(D^+/D^*)-eE(A/A^-)\end{aligned} \quad (7\text{-}17)$$

これに式 (7-13) を代入して，式 (7-18) が得られる。

$$\Delta G_{PET}(eV) = eE(D^+/D) - eE(A/A^-) - E_{00} \quad (7\text{-}18)$$

これに DF$_{PET}=-\Delta G_{PET}$ を適用すれば，反応駆動力を求めることができる。このように，酸化的消光過程の駆動力は，光増感剤の第一酸化電位，電子アクセプターの第一還元電位，ならびに，光増感剤のリン光（または蛍光）のエネルギーから見積もることができる。ただし，式 (7-18) は厳密には正しくない場合がある。それは，特に，D と A が中性分子の時などである。D と A がいずれも中性分子の場合には，電荷分離状態において，D$^+$ と A$^-$ を生じるが，それらは互いにクーロン引力によって引き寄せられ安定化を受けることになる。その際，安定化によって放出されるエネルギーを加味すると，式 (7-19) が得られる。

$$\Delta G_{PET}(eV) = eE(D^+/D) - eE(A/A^-) - E_{00} - e^2/\varepsilon d \quad (7\text{-}19)$$

最後に追加した項は，電荷分離によって生じる $+e$ と $-e$ の電荷が距離 d 離れて位置する際のクーロン引力の仕事量に相当する（e は電気素量，ε は溶媒

の誘電率)。この式 (7-19) は，以前までは Rehm-Weller の式として広く用いられてきたが，2006 年に IUPAC はこれを Rehm-Weller 式と呼ぶべきではないと指摘している：

The equation used for the calculation of the Gibbs energy of photoinduced electron-transfer processes should not be called the Rehm-Weller equation.
Source: PAC, 2007, 79, 293（Glossary of terms used in photochemistry, 3rd edition (IUPAC Recommendations 2006)）on page 348.

最後に著者らが長年推進してきた水からの光化学的水素生成触媒反応の研究[21~23]に関連する光水素発生系について触れる。先の図 7-20 で示した光誘起電子移動過程ならびに後続する逆電子移動過程（Back Electron Transfer; BET）は，実は式 (7-20) の系にほぼ合致している。その最大の特徴は, MV^{2+}（メチルビオローゲン；N,N'-dimethyl-4,4'-bipyridinium）に対する電子移動反応の正反応が Marcus の正常領域にあり，逆電子移動が逆転領域にあるということである。

Oxidative Quenching

EDTA／1.26V＼Ru(bpy)$_3^{3+}$←—-0.84V—MV$^+$·＼Catalyst／2H$^+$
EDTA(ox)／＼Ru(bpy)$_3^{2+}$—$h\nu$→Ru*(bpy)$_3^{2+}$／MV^{2+}＼／H$_2$ (7-20)

Reductive Quenching

Ascorbate／Ru*(bpy)$_3^{2+}$←$h\nu$—Ru(bpy)$_3^{2+}$＼Catalyst／2H$^+$
Ascorbate(ox)／0.84V＼Ru(bpy)$_3^+$←—-1.26V—／＼H$_2$ (7-21)

また，式 (7-20) と式 (7-21) の比較から得られる重要な見解は，一方は酸化側に強く，他方は還元側に強い系であるということである。もう少し詳しく述べると，酸化的消光を経由する式 (7-20) では，水素生成に対する DF が約 0.4 eV だけ劣るが，逆に酸素発生に対する DF は約 0.4 eV だけ大きい。一方，還元的消光を経由する式 (7-21) では，それとはまったく反対の関係にあることに気づく。さらに，「水の安定領域」（水の酸化電位および還元電位の pH 依存

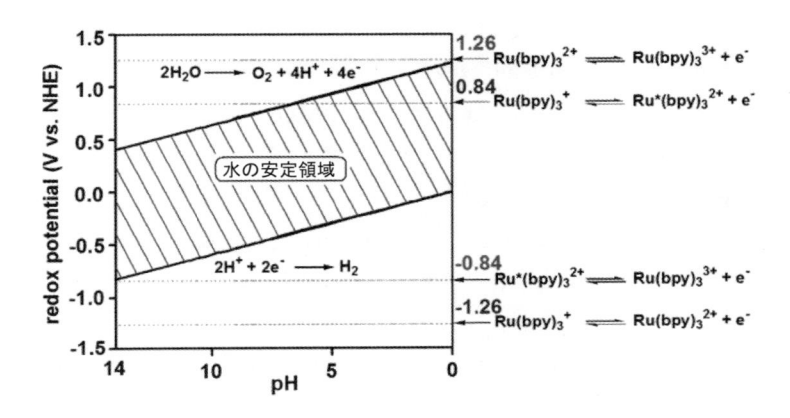

図 7-21　水の安定領域と $[Ru(bpy)_3]^{2+}$ から派生する各種レドックス過程の相関

性の図）に対して，$[Ru(bpy)_3]^{2+}$ の関わる 4 つの酸化還元平衡とその平衡電位がどのように位置するかを図 7-21 に示す．励起分子が酸化剤として働く図 7-14(a) の場合と，還元剤として働く図 7-14(b) の場合がある．前者の場合には，0.84 V の酸化電位で水からの酸素発生を駆動し，−1.26 V の還元電位で水からの水素発生を駆動すべきである．この系は，水の酸化側の反応に対して不利であり，それを補うためにかなり強いアルカリ条件としなければ両反応を促進することはできない．一方，励起分子を還元側に用いる場合には，1.26 V で酸素発生を駆動し，−0.84 V で水素発生を駆動すれば良いことがわかる．しかも，この方が比較的マイルドな条件下（例えば，pH ＝ 5〜7）において，酸化側と還元側の両者に対して，適当な駆動力 DF を適用することができることが分かる．

もし仮にこの光増感剤の酸化的消光過程で生じるレドックス種のみを用いて水の酸化と還元の両者を駆動するのであれば，各反応を Marcus の正常領域で駆動することになる．各過程に対して 0.3 eV 程度の DF を適用し，高い触媒回転数かつ高速回転（高い TOF）で反応を促進することのできる触媒の開発が極めて重要となる．本稿では，光化学と酸化還元反応の基本原理を中心に解説したため，残念ながら水の酸化および還元に対して効果的な分子性触媒や金属単体触媒については特に触れることができなかった．ただし，是非とも興味ある読者には独自の興味を育んで頂きたい．

なお，式 (7-9) に示したように，3つ目の消光過程として，エネルギー移動消光（energy transfer quenching）があることも心に留めておく必要がある．当然のことながら，エネルギー移動消光では，^{3}MLCT 励起状態よりも低いエネルギーの励起状態を生じることになる．エネルギー移動の機構には，Förster 機構と Dexter 機構がある．いま励起エネルギーを与える側をドナー D とし，受け取る側をアクセプター A とすると，Förster 機構では，ドナーからの電磁波の放出なしに，直接ドナーとアクセプターとの間の共鳴によって励起エネルギーの移動が起こる．その際，図 7-22(a) に示すように，ドナーで励起状態から基底状態への遷移が起こるのと同時に，アクセプターで基底状態から励起状態への遷移が起こる．従って，両者で起こる電子遷移がスピン許容であることが全体の選択則として適用される．また，この機構では，ドナーの発光スペクトルとアクセプターの吸収スペクトルの重なり部分が大きいほどエネルギー移

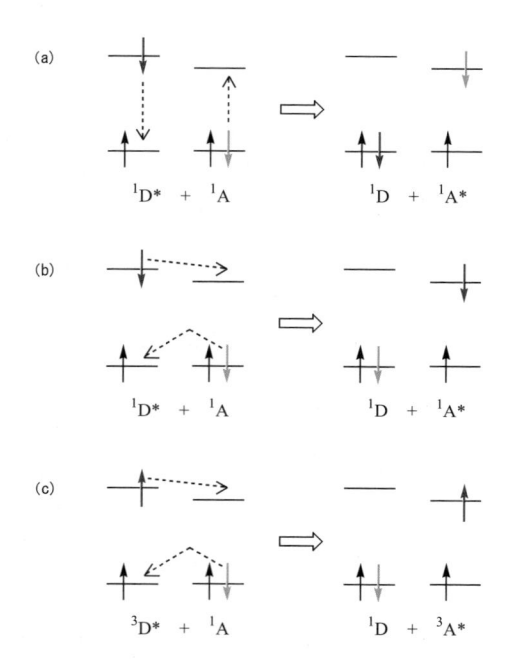

図 7-22 (a) Förster 機構によるエネルギー移動の例
(b),(c) Dexter 機構によるエネルギー移動の例

動の効率が高く，かつ，より長距離でのエネルギー移動が可能となる。また，この機構の場合には，エネルギー移動の速度定数（$k_\text{Förster}$）はドナー-アクセプター間の距離 $R_\text{D-A}$ の六乗に反比例する（$k_\text{Förster} \propto R_\text{D-A}^{-6}$）。Förster 機構に基づくエネルギー移動の有効半径は 10～100 Å と長い。

一方，Dexter 機構では，別名電子交換機構と呼ばれるように，ドナーとアクセプターの間で電子を交換することによりエネルギー移動を達成している。図 7-22(b) では，励起一重項と基底一重項の組み合わせから基底一重項と励起一重項の組み合わせを生じる。また，図 7-22(c) の例では，電子交換の結果，ドナーとアクセプターのスピン多重度までもが交換されることになる。この機構では，電子移動を起こすためにドナーとアクセプターが分子衝突の距離まで接近し，電子移動の関わる軌道間相互作用を持つことが重要となる。つまり，波動関数の重なりが重要となる。それゆえ，有効半径は 3～10 Å 程度と短い。

7-7 まとめ

本章では，著者が長年研究を推進してきた $[\text{Ru}(\text{bpy})_3]^{2+}$ を基盤とした水の可視光分解反応に関する基礎について，あれこれ発散しつつも，重要な事項を極力多く盛り込むように努めた。意外に勉強不足である点も多かったため，自身久しぶりに勉学に没頭する良い機会を得た。読者のなかからこの分野に興味を持ち，人類の明るい未来を切り拓くために研究に没頭する研究者が育つことを期待したい。また，さらに勉強されたい方には，Kavarnos の『光電子移動』を参考図書として推薦しておきたい[24,25]。

引用文献

1) R. A. Marcus, *J. Chem. Phys.*, **24**, 966 (1956).
2) G. L. Closs, L. T. Calcaterra, N. J. Green, K. W. Penfield, J. R. Miller, *J. Phys. Chem.*, **90**, 3673 (1986).
3) R. A. Marcus, *J. Chem. Phys.*, **24**, 979 (1956).

4) R. A. Marcus, *J. Chem. Phys.*, **26**, 867 (1957).
5) R. A. Marcus, *J. Chem. Phys.*, **26**, 872 (1957).
6) R. A. Marcus, *Disc. Faraday. Soc.*, **29**, 21 (1960).
7) R. A. Marcus, *J. Phys. Chem.*, **67**, 853 (1963).
8) R. A. Marcus, *Annu. Rev. Phys. Chem.*, **15**, 155 (1964).
9) R. A. Marcus, *J. Chem. Phys.*, **43**, 679 (1965).
10) R. A. Marcus and N. Sutin, *Biochim. Biophys. Acta,* **811**, 265 (1985).
11) Marcus, R.A. *Angew. Chem. Int. Ed. Engl.*, **32**, 1111 (Nobel Lecture) (1993).
12) W. F. Libby, *J. Phys. Chem.*, **56**, 863 (1952).
13) V.G. Levich, *Adv. Electrochem. Electroehem. Eng.*, **4**, 249 (1966).
14) H. Taube, H. Myers, R. L. Rich, *J. Am. Chem. Soc.*, **75**, 4118 (1953).
15) H. Taube, *J. Am. Chem. Soc.*, **77**, 4481 (1955).
16) H. Taube, *J. Am. Chem. Soc.*, **82**, 526 (1960).
17) N. J. Hair, J. K. Beattie, *Inorg. Chem.*, **16**, 245 (1977).
18) G. L. Closs, J. R. Miller, *Science*, **240**, 440 (1988).
19) C. Creutz, H. Taube, *J. Am. Chem. Soc.*, **91**, 3988 (1969).
20) D. Rehm, A. Weller, *Israel J. Chem.*, **8**, 259 (1970).
21) K. Sakai, H. Ozawa, *Coord. Chem. Rev.*, **251**, 2753 (2007).
22) H. Ozawa, K. Sakai, *Chem. Commun.*, **47**, 2227 (2011).
23) K. Kitamoto, K. Sakai, *Angew. Chem. Int. Ed.*, **53**, 4618 (2014).
24) G. J. Kavarnos, "Fundamentals of Photoinduced Electron Transfer", VCH Publishers Inc. (1993).
25) G. J. Kavarnos, 小林宏編訳, 『光電子移動』, 丸善 (1997).

第8章
金属錯体触媒による光水素生成反応

8-1　はじめに

　近年人工光合成の達成を目的として様々な光エネルギー変換過程が研究されている。その中で，特に注目されてきたのが可視光を用いた水からの水素発生に関する研究である。水素ガス（H_2）は，その燃焼反応（$2H_2 + O_2 \rightarrow 2H_2O$）によって 237 kJ/mol のエネルギーを利用することができ，さらに生成物が水（H_2O）のみであることから，クリーンエネルギーとして注目されている。しかしながら，現時点において水素ガスは主に天然ガスの水蒸気改質（$CH_4 + H_2O \rightarrow CO + 3H_2$）によって製造される状況にある。それゆえ，水素エネルギー社会を実現するためには，環境負荷の小さな水素製造法の確立が必要不可欠であり，太陽光エネルギーを用いて水を分解し水素（と酸素）を得る方法（$2H_2O + 4h\nu \rightarrow 2H_2 + O_2$）の確立に期待が寄せられている。水の完全分解を目指した金属錯体の研究分野では，水素発生（$2H^+ + 2e^- \rightarrow H_2$）並びに酸素発生（$2H_2O \rightarrow 4H^+ + O_2 + 4e^-$）の2つの素反応がしばしば個別に研究されている。酸素発生触媒反応については第10章に譲り，本章では，光水素生成反応を駆動する光化学系について述べた後，光増感作用を持つ金属錯体について紹介する。さらに，ニッケル，コバルト，ロジウム，白金等の錯体を用いる水素生成触媒反応について紹介すると共に，それら触媒の水素生成機構について概説する。最後に，単一分子光水素生成システムについても簡単に紹介する。

8-2 光水素生成システム

8-2-1 酸化的消光経路と還元的消光経路

当然のことながら純水に光を照射しても水素は発生しない。水素生成反応は二電子過程であるため、一電子過程を担う光増感触媒の励起種を生じても、簡単には水素生成は進行しない。これまで報告されてきた光水素発生の進行を可能とする系は 2 つに大別される。一方は、光増感剤（PS）の酸化的消光を用いる系である（図 8-1(a)）。一般に、光吸収によって生じる光増感剤の励起種（PS*）は、触媒（Cat）に対して直接電子移動を引き起こすほど長寿命ではない。通常、電子伝達剤（R）が消光剤として働き、安定な一電子還元種（R$^-$）と光増感剤の一電子酸化種（PS$^+$）を与えることで、電荷分離を完結させる。ここで、電子ドナー（D）は PS$^+$ を還元し PS を再生する。最後に、水素生成触媒（Cat）が R$^-$ を電子源とする水素発生（$2H^+ + 2R^- \rightarrow H_2 + 2R$）を駆動し、1 回の光触媒サイクルが完結する。

もう一方は、光増感剤（PS）の還元的消光を利用する系である（図 8-1(b)）。この場合、励起種（PS*）は適切な電子ドナー（D）の存在下において還元的消光を受け、一電子還元種（PS$^-$）を与える。PS$^-$ は、励起種（PS*）と異なり、十分に長い寿命を持つため、水素生成触媒（Cat）存在下で直接的に水素生成反応に関わることができる（$2H^+ + 2PS^- \rightarrow H_2 + 2PS$）。これらの 2 つの光水素生成システムは、D が過剰に存在する条件下では、触媒的に水素発

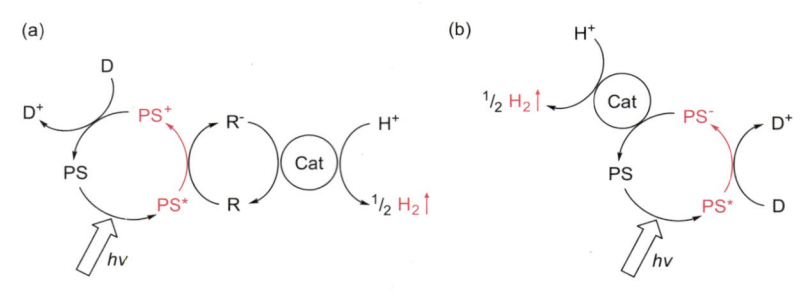

図 8-1 光水素生成システム：(a) 酸化的消光経路、および (b) 還元的消光経路
(PS：光増感剤、R: 電子伝達剤、Cat: 水素生成触媒、D: 電子ドナー)

生が進行すると期待される。

8-2-2 水分解の熱力学的要請

8章2節1項で紹介した酸化的消光と還元的消光の違いが，水の分解反応に対して及ぼす影響について述べる前に，水素生成電位並びに酸素生成電位について述べる。それに加え，光増感剤である $[\mathrm{Ru(bpy)}_3]^{2+}$ を用いた場合の熱力学的構図についても紹介しよう。

式 (8-1) の酸化還元平衡に対するネルンスト式は式 (8-2) で与えられる

$$x\mathrm{Ox} + ne^- \rightleftarrows y\mathrm{Red} \tag{8-1}$$

$$E = E^\circ - \frac{RT}{nF} \ln \frac{a_\mathrm{Red}^y}{a_\mathrm{Ox}^x} \tag{8-2}$$

ここで，E は酸化還元電位，E° は標準酸化還元電位，R は気体定数，T は絶対温度，F はファラデー定数，a_Red と a_Ox は，それぞれ Red と Ox の活量である。同様にして，水素発生の電極平衡（$2\mathrm{H}^+ + 2e^- \rightleftarrows \mathrm{H}_2$）に対するネルンスト式は式 (8-3) で与えられる。

$$E = E^\circ_{2\mathrm{H}^+/\mathrm{H}_2} - \frac{RT}{2F} \ln \frac{a_{\mathrm{H}_2}}{(a_{\mathrm{H}^+})^2} \tag{8-3}$$

ここで，$T = 298$ K，水素分圧を 1 atm（$a_{\mathrm{H}_2} = 1$）とし，さらに $-\log_{10}[\mathrm{H}^+] = \mathrm{pH}$ であり $E^\circ_{2\mathrm{H}^+/\mathrm{H}_2} = 0$ V vs. NHE であることから式 (8-4) が導かれる。

$$E = -0.059\,\mathrm{pH}\ (\mathrm{V\ vs.\ NHE}) \tag{8-4}$$

酸素発生に関する電極平衡（$2\mathrm{H}_2\mathrm{O} \rightleftarrows 4\mathrm{H}^+ + \mathrm{O}_2 + 4e^-$）についても同様に式 (8-5) が導かれる。

$$E = 1.23 - 0.059\,\mathrm{pH}\ (\mathrm{V\ vs.\ NHE}) \tag{8-5}$$

図 8-2 は，式 (8-4) と式 (8-5) から導かれる電位－pH の相関図である。▦で示した領域は，水素発生も酸素発生も起こらない条件に対応し，「水の安定領域」と呼ばれる。一方，水の安定領域よりも負側に酸化還元電位を有するレドックス過程の還元体のみが水素生成反応を駆動する熱力学上の要請を満たし，水の安定領域よりも正側に酸化還元電位を有するレドックス過程の酸化体のみが，酸素発生反応を駆動する熱力学上の要請を満たすことになる。

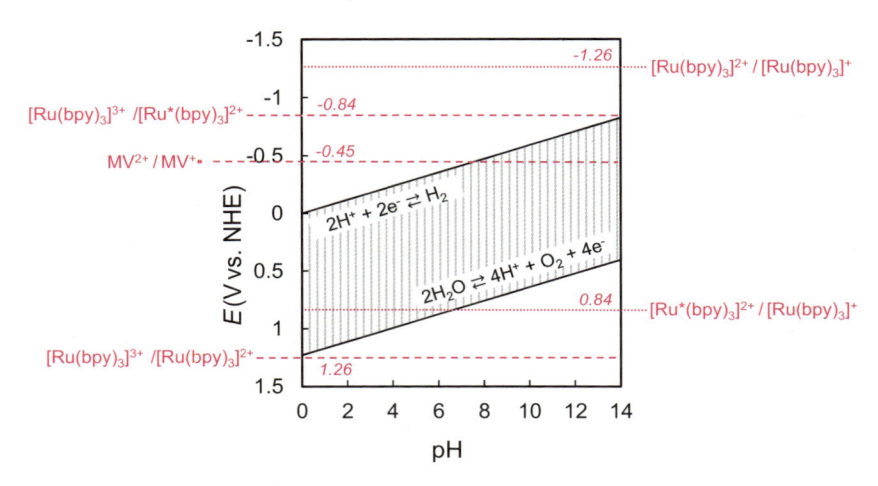

図 8-2　水の安定領域と [Ru(bpy)$_3$]$^{2+}$ の関わる各種酸化還元過程

　図 8-2 には，光増感剤として広く用いられてきた [Ru(bpy)$_3$]$^{2+}$ の光反応によって誘起される種々のレドックス過程に対する電位も示した。[Ru(bpy)$_3$]$^{2+}$ は，太陽光スペクトルの極大付近の波長位置に強い吸収帯を持ち（$\lambda_{max} = 452$ nm，$\varepsilon_{452} = 14,000$ M^{-1}cm^{-1}），その一重項励起状態は系間交差を経て，比較的長寿命な三重項励起状態（[Ru*(bpy)$_3$]$^{2+}$；$\tau = 630$ ns）を生じる[1]。図 8-2 に示したように，[Ru*(bpy)$_3$]$^{2+}$ は比較的強い還元作用を有する（E([Ru(bpy)$_3$]$^{3+}$/[Ru*(bpy)$_3$]$^{2+}$) $= -0.84$ V）[1]。例えば，この光誘起のレドックス過程を利用すれば，電子伝達剤であるメチルビオローゲン（MV^{2+}）をメチルビオローゲンカチオンラジカル（MV$^+\cdot$）へと還元し，電荷分離を完結することができる（式(8-6)）。

$$[\text{Ru*(bpy)}_3]^{2+} + \text{MV}^{2+} \longrightarrow [\text{Ru(bpy)}_3]^{3+} + \text{MV}^+\cdot \quad (8\text{-}6)$$

しかしながら，その結果，水素生成に利用可能なレドックス過程の電位（E(MV^{2+}/MV$^+\cdot$) $= -0.45$ V vs. NHE）[2] は正電位側へ大きく移行するため，水素発生に対する駆動力は明らかに低下する。図 8-2 に示したように，MV^{2+}/MV$^+\cdot$ を利用して水素生成を駆動できるのは酸性〜中性領域に限られる。無論，その反応速度は水素生成触媒に大きく支配される。一方，MV^{2+} への電子移動

消光によって生じた [Ru(bpy)$_3$]$^{3+}$ は，強い酸化力を有し（E([Ru(bpy)$_3$]$^{3+}$/[Ru(bpy)$_3$]$^{2+}$) = 1.26 V vs. NHE)[1]，幅広い pH 領域において水からの酸素生成反応を駆動する熱力学的要請を満たす。

一方，[Ru(bpy)$_3$]$^{2+}$ の還元的消光によって生じる [Ru(bpy)$_3$]$^+$ は極めて強い還元力を持ち（E([Ru(bpy)$_3$]$^{2+}$/[Ru(bpy)$_3$]$^+$) = $-$1.26 V vs. NHE)[1]，図 8-2 に示すように全 pH 領域において水素生成反応を駆動するための熱力学的要請を満たしている。このように，還元的消光は，酸化的消光に比べ，水素生成に対して格段に有利である。これに対し，還元的消光経路における [Ru*(bpy)$_3$]$^{2+}$ の酸化力（E([Ru*(bpy)$_3$]$^{2+}$/[Ru(bpy)$_3$]$^+$) = 0.84 V vs. NHE)[1] は小さく，塩基性条件下でのみ水の酸化を駆動するための要請を満たす。酸素発生反応は一般に水素発生反応よりも大きな過電圧（8 章 5 節 2 項参照）を要することから，中性の pH 領域で水の完全分解を目指す上では，[Ru(bpy)$_3$]$^{2+}$ の酸化的消光を利用する方が有望であるといえる。

8-3　犠牲還元剤

図 8-1 に示したような光水素生成触媒反応では，電子ドナー D が不可欠である。これまでの光水素発生反応の研究では，電子ドナー D として図 8-3 に示す種々の犠牲還元剤が用いられてきた。水の酸化反応（酸素発生反応）を水

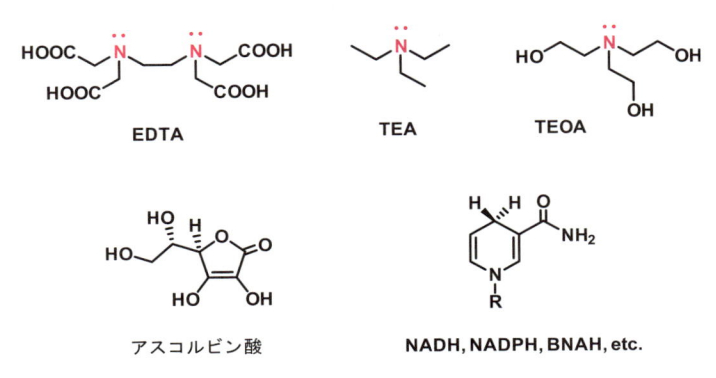

図 8-3　犠牲還元剤の例

素生成反応の電子源とするのが究極目標であるが，水素発生反応に携る諸問題の研究に専念する上ではやむを得ない選択である。

8章2節2項で述べたように，還元的消光を利用する方が強い還元力を発生できるが，その長所と短所を明確に定義することは難しい。エチレンジアミン四酢酸(EDTA)は主として水溶液系で用いられるのに対し[3]，同じアミンドナーであるトリエチルアミン(TEA)およびトリエタノールアミン(TEOA)は有機溶媒系または有機溶媒と水の混合溶媒系で用いられることが多い[4]。また，EDTAと同様に，主に水溶液系で用いられるアスコルビン酸は，還元力が高い(E(ascorbic acid(ox)/ascorbic acid) $= -0.07$ V vs. NHE at pH 7)[5]ことから，還元的消光を経由する光水素発生系にしばしば用いられる[6]。また，生体内の補酵素であるニコチンアミドアデニンジヌクレオチド(NADH)やニコチンアミドアデニンジヌクレオチドリン酸(NADPH)，並びにそのモデル化合物である1-ベンジル-1,4-ジヒドロニコチンアミド(BNAH)も犠牲還元剤として利用可能である。

犠牲還元剤は，逆電子移動を抑制する上で，光増感剤に電子を移動すると同時に不可逆に分解することが望ましい。その際，反応の阻害要因を生じないことも重要となる。EDTA，TEA，TEOAなどのアミンドナーについては，下記の反応過程に従ってN–C結合の開裂が起こり，2級アミンとアルデヒドを生成することが知られている[7]。

$$R_2\ddot{N}-CH_2-R' \longrightarrow R_2\dot{N}^+-CH_2-R' + e^- \qquad (8\text{-}7)$$

$$R_2\dot{N}^+-CH_2-R' \rightleftharpoons R_2\ddot{N}-\dot{C}H-R' + H^+ \qquad (8\text{-}8)$$

$$R_2\ddot{N}-\dot{C}H-R' \longrightarrow R_2N^+=CH-R' + e^- \qquad (8\text{-}9)$$

$$R_2N^+=CH-R' + H_2O \longrightarrow R_2NH + R'-CHO + H^+ \qquad (8\text{-}10)$$

これらの反応の収支は式(8-11)のようになる。

$$R_2\ddot{N}-CH_2-R' + H_2O \longrightarrow R_2NH + R'-CHO + 2H^+ + 2e^- \qquad (8\text{-}11)$$

式(8-11)から，TEAやTEOAは1分子当たり2電子を供給することがわかる。なお，酸性条件下では，式(8-8)の平衡が左に片寄ることで分解反応が抑制され，犠牲還元剤としての効果が低下することが指摘されている[8]。

8-4 光増感作用を持つ金属錯体

　水からの光水素発生を駆動する分子システムが初めて報告されたのは1977年のことである[9]。その報告では，光増感剤としてアクリジンイエロー（2,7-Dimethylacridine-3,6-diamine）が用いられたが，このような有機色素増感剤は一般的に酸化に対する耐久性に乏しいという欠点を持つ[†1]。

　一方，図8-4に示した金属錯体は，比較的寿命が長いことに加え，酸化還元反応に対する安定性も高いことから，光水素発生系に応用されてきた。

　$[Ru(bpy)_3]^{2+}$を光増感剤とする光水素生成系は，1970年代後半から1980年代前半にかけて盛んに研究が行われ，その間に様々な観点の研究が行われた[3,7,8,11~14]。例えば，触媒種に対する依存性，電子伝達剤に対する依存性，pH依存性，犠牲還元剤に対する依存性などについて研究がなされた。触媒としては，白金（コロイド）が最も高い触媒活性を示し，各種金属酸化物（PtO_2, RuO_2, IrO_2）も高

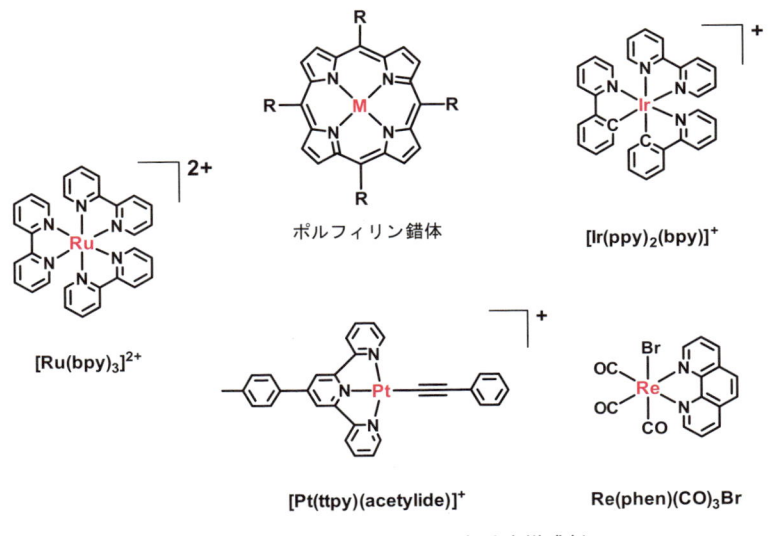

図8-4　光水素発生で用いられる光増感剤

[†1] 最近では，安定な有機色素増感剤を用いて，高い効率で水素発生を光駆動できる色素も複数報告されている[10]。

い活性を示すことが報告された[12,14]。さらに，安定な一電子還元種を与える様々なレドックス対の中でも，式 (8-6) に示したメチルビオローゲン（MV^{2+}）が最も優れた電子伝達剤であるとされている[13]。一例であるが，EDTA を犠牲還元剤とする系については，下記の条件で比較的高い活性が認められている。[Ru(bpy)$_3$]$^{2+}$ (0.057 mM；光増感剤)，MV^{2+} (3 mM；電子伝達剤)，EDTA (100 mM；犠牲還元剤)，および白金コロイド (0.019 mM；水素生成触媒) を含む pH 5 の水溶液について，0.085 の量子収率（$\Phi(H_2)$）で水素が生成することが報告されている[3,14]。なお，同様の実験条件下で光増感触媒の触媒回転数（TON; 8 章 5 節 1 項参照）を見積もると，TON > 290 であることから，[Ru(bpy)$_3$]$^{2+}$ は高い耐久性を持つといえる[3]。なお，量子収率 $\Phi(H_2)$ は，光増感剤が吸収した光子（フォトン）の数を基準として，何個の水素分子が発生したかを表すものであり，式 (8-12) で与えられる。

$$\Phi(H_2) = \frac{生成した水素分子数}{光増感剤が吸収した光子数} \quad (8-12)$$

また，$\Phi(\tfrac{1}{2}H_2)$ も用いられるが，これは吸収した光子数当たり，水素生成に導かれた電子移動数を表すものであり，$2\Phi(H_2) = \Phi(\tfrac{1}{2}H_2)$ の関係にある。

他方，亜鉛，スズ，ルテニウム等の金属ポルフィリン錯体を光増感剤に用いた例もある。例えば，亜鉛ポルフィリン錯体は特に優れた光増感特性を有し，EDTA／亜鉛ポルフィリン錯体（ZnTMPyP^{4+}）／MV^{2+}／白金コロイドを含む pH 5 の水溶液に可視光（波長 550 nm）を照射すると，$\Phi(H_2) = 0.30$ という極めて高い量子収率で水素生成が起こることが報告されている[15]。また，その光増感触媒としての触媒回転数は TON = 6,000 に達する[15]。また最近では，図 8-4 に示す [Ir(ppy)$_2$(bpy)]$^+$ 型[16] の構造を有するイリジウム錯体で，光増感触媒として TON = 17,000 が達成される例も報告されている[17]。その他には，図 8-4 に示す白金錯体[18]やレニウム錯体[19]を用いた研究報告もあり，高効率かつ高光耐久性の光増感触媒の開発に期待が寄せられている。

8-5 均一系水素生成触媒の機能評価

8-5-1 触媒回転数（TON）と触媒回転頻度（TOF）

分子性触媒の活性を評価する際，着目した反応がその触媒1分子当たり何回引き起こされたかを表す値として，触媒回転数（TON）を用いる。水素発生反応のTONは，通常式(8-13)で与えられる。

$$\text{TON} = \frac{\text{生成した水素分子のモル数}}{\text{水素生成触媒のモル数}} \quad (8\text{-}13)$$

TONが高い触媒は，その触媒が高い耐久性を持つことを意味する。また，単位時間当たり何回触媒サイクルが回転したかを示す触媒回転頻度（TOF）は，式(8-14)を用いて見積もることができ，他の触媒との活性比較に有用である。

$$\text{TOF} = \frac{\text{TON}}{\text{時間（s, min, or h）}} \quad (\text{s}^{-1}, \text{m}^{-1}, \text{or h}^{-1}) \quad (8\text{-}14)$$

8-5-2 過電圧による評価

電極反応によって決定される過電圧（overpotential）は，触媒活性を比較する別の指標として重要である。過電圧は，反応を駆動するためにどのぐらいのエネルギー損失があるのかを表す指針ともなる。水素発生過電圧は，水素発生の平衡電位（式(8-4)）と実際に水素発生が起こる電位の差に相当する。白金等の電極触媒の場合，水素生成時の電流密度が 0.1 mA cm^{-2} となる電位を用いて水素発生過電圧が見積もられる[†1]。例えば，白金電極の水素発生過電圧は 30 mV 程度であるのに対し，水銀電極は 900 mV である[20]。このように，過電圧は電極素材に強く依存する。金属錯体触媒も同様に，中心金属や配位子の違いによって過電圧は大きく異なる。図8-5に，金属錯体触媒を溶かしたpH 5の水溶液について還元方向に電位を掃引した場合の電流—電位曲線（リニアスイープボルタモグラム）を示す。

[†1] 1 mA cm^{-2} の時の電位から見積もられることもある。

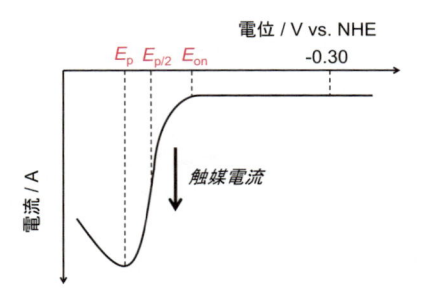

図 8-5 触媒電流

開始電位 E_{on}（onset potential）から不可逆的な触媒反応に対する電流上昇が観測される。この電流を触媒電流（catalytic current）と呼ぶ。この際，E_{on} より負側の電位領域では，電極上で錯体触媒による触媒的な水素生成が進行している。単体や固体の電極触媒とは異なり，均一系水素生成触媒の過電圧を評価する方法には以下の3つがある。触媒電流の開始電位 E_{on}，電流値がピークとなる時の電位 E_p，または電流値がピーク電流の半分となる電位 $E_{p/2}$（半波電位）から見積もる三種類の方法が知られている[21,22]。具体的には，pH 5 における水素発生の平衡電位は -0.30 V vs. NHE であるため，採用する電位によって，過電圧はそれぞれ $(-0.30-E_{on})$ V，$(-0.30-E_p)$ V，または $(-0.30-E_{p/2})$ V となる。しかしながら，$(-0.30-E_{on})$ V と $(-0.30-E_p)$ V には，一般的に 0.2 V 程度の差があるため，以前は同一反応に対する複数の報告値が一致しないという問題が良く生じていた[21]。それゆえ現在は，$E_{p/2}$ を過電圧とする方法が一般的となっている[22]。

この他に，特殊な方法として回転ディスク電極を用いる方法がある[†1]。Artero らは，この方法で決定する半波電位 $E_{p/2}'$ の方が，上述の $E_{p/2}$ よりも過電圧の算出基準として妥当であると指摘している[21]。また，E_{on} から E_p の間で電流値の

[†1] 円形の表面を持つディスク電極を回転させることにより，拡散ではなく対流を利用した電極表面への物質輸送が可能となる。この方法で測定した電流─電位曲線は，限界電流 i_l を示す飽和形の曲線となり，$i_{1/2}$ の電流値となる電位を半波電位 $E_{p/2}'$ として採用することができる。詳細については，『電気化学測定法』（藤嶋　昭，相澤益男，井上　徹著，技報堂出版（1984））などを参照されたい。

増大（$|di/dE|$）が最大となる電位から 0.015 V 差し引くことにより，$E_{p/2}$' の近似値が得られることを報告している[21]。

さらに，中性の水溶液中では，カソード方向に掃引しても電流値が上昇し続け，ピーク電位を観測できない場合がある。そのような場合には，触媒電流の開始電位 E_{on} を過電圧とし採用せざるを得ない[22]。

8-6 酵素ヒドロゲナーゼ

微生物が持つ酵素ヒドロゲナーゼは，水素を可逆的に活性化し生命活動を行う。[FeFe] 型の二核構造を活性中心に有する [FeFe] 型ヒドロゲナーゼ（図 8-6）は，極めて高い水素生成触媒活性を有し，30 ℃において TOF = 6,000〜9,000 s^{-1} で水素生成を触媒することが知られている[23]。[NiFe] 型ヒドロゲナーゼについては，幾分低めの TOF（700 s^{-1}）を示すことが報告されている[23]。また，水素の酸化反応（$H_2 \rightarrow 2H^+ + 2e^-$）に対する触媒活性も極めて高く，30 ℃における TOF は，28,000 s^{-1}（[FeFe] 型），および 700 s^{-1}（[NiFe] 型）と報告されている[23]。

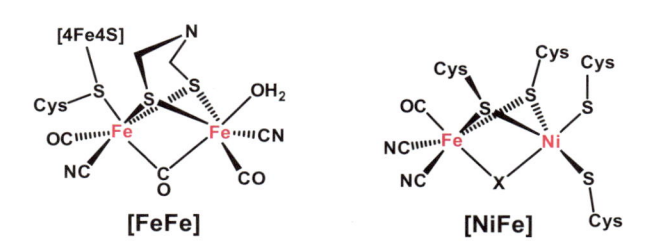

図 8-6 [FeFe] 型および [NiFe] 型ヒドロゲナーゼの活性中心に対する推定構造

ヒドロゲナーゼを触媒とした光水素生成系については，大倉らによって先駆的な研究がなされている[24],[25]。例えば，メルカプトエタノール（犠牲還元剤）/テトラ p-トリスルホナトフェニルポルフィリン亜鉛錯体 /MV^{2+}/[NiFe] 型ヒドロゲナーゼ（7.4×10^{-9} M）を含む水溶液に 390 nm 以上の光を照射すると，

24時間に渡って持続的な水素生成が観測されている[24]。また，約1,000倍の濃度を有する白金コロイド（6.3×10^{-6} M）を触媒として用いた際の結果と比較しても，より多量の水素が発生することが報告されている[24]。このように，酵素ヒドロゲナーゼは，最も優れた固体触媒である白金コロイドをはるかにしのぐ活性を持つ。それゆえ，金属錯体触媒を基盤とした分子触媒の開発においては，ヒドロゲナーゼの触媒活性に匹敵する人工酵素の創出が1つの大きな目標となっている。

8-7　均一系水素生成触媒

8-7-1　コバルト錯体触媒

水素生成を促進する分子触媒として，初期の時代より広く研究されてきたものとしてコバルト錯体触媒が著名である。図8-7にその例を示す。

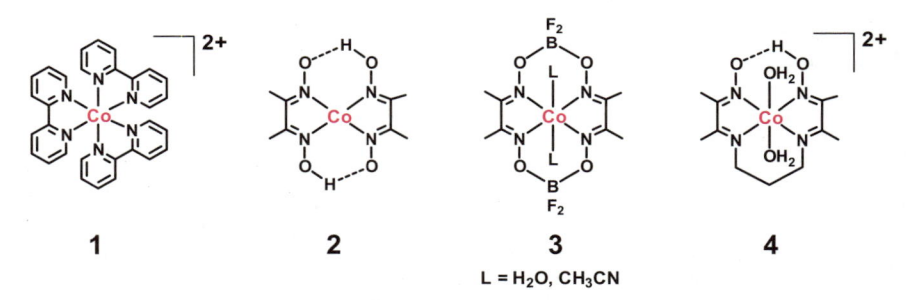

図8-7　水素生成を促進するコバルト錯体触媒

$[Co^{II}(bpy)_3]^{2+}$（**1**）は，1980年代前半にSutinらによって報告された水素生成触媒である[26~28]。$[Co(bpy)_3]^{2+}$（**1**），ルテニウム光増感剤，およびTEOAを含むpH 8の水-アセトニトリル混合溶媒（1:1）に可視光を照射すると，0.28の量子収率（$\Phi(H_2)$）で水素が生成することが報告されている[28]。Sutinが，提唱した触媒反応機構について述べると，光触媒反応の間，$[Co(bpy)_3]^{2+}$（**1**）が一電子還元を受けると，1つのbpyが解離した平面四配位の$[Co(bpy)_2]^+$を与える。

その後，[Co(bpy)$_2$]$^+$の軸位にプロトンが酸化的付加することによって，*trans*-[Co^{III}(bpy)$_2$(H)(H$_2$O)]$^{2+}$が中間体として生成し，水素生成反応が進行すると考えられている[27]。

コバルト錯体 **1** に関する報告と時期を同じくして，コバロキシム (**2**) とその誘導体 **3** についても水素生成触媒効果が認められていたが[29,30]，それらの反応機構については不明な点が多かった。2000 年代後半になり，Peters や Artero らは，各種コバロキシム誘導体が有機溶媒中で酸をプロトン源とする水素発生の電極触媒として機能すること，また，過電圧が比較的小さいことを相次いで報告した[31,32]。さらに，これらの研究では，図 8-8 に示すいくつかの反応経路が提案されている[33]。また，Co^I の軸位にプロトンが酸化的付加して生成する Co^{III}–H（コバルト(III)ヒドリド）種の検出にも成功している[33]。

$$Co^{III} \xrightarrow{+e^-} Co^{II} \xrightarrow{+e^-} Co^{I} \xrightarrow{+H^+} Co^{III}\text{-H} \xrightarrow{+e^-} Co^{II}\text{-H}$$

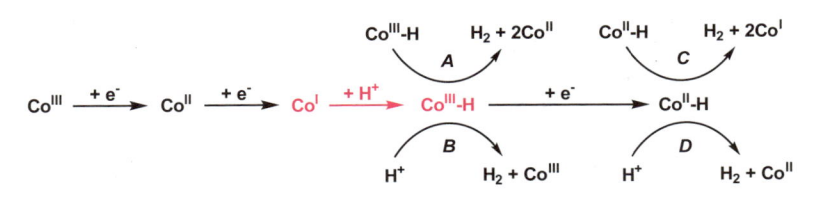

経路 A: Co^{III}-H → H$_2$ + 2Co^{II}
経路 B: H$^+$ → H$_2$ + Co^{III}
経路 C: Co^{II}-H → H$_2$ + 2Co^{I}
経路 D: H$^+$ → H$_2$ + Co^{II}

図 8-8　コバロキシム誘導体の水素生成触媒経路

一方，Muckerman らは，錯体 **3** の水素生成触媒経路について量子化学計算を行い[34]，Co^I が生成する条件下において Co^{III}–H 種は Co^{II}–H 種まで還元されると期待されるため，図 8-8 の C または D が主たる反応経路である可能性が高いことを指摘している。

コバロキシム誘導体を用いた光水素生成反応に関する研究も広く行われているが，その多くが有機溶媒中あるいは有機溶媒—水混合溶媒中における光水素発生反応である。最近，有機溶媒を含まない水溶液中において，錯体 **4** が低過電圧（0.3 V 程度）で水素発生を促進することが報告されており[35]，さらなる活性の改善に期待が寄せられている。

8-7-2　ニッケル錯体触媒

ニッケル(II)錯体は，平面四配位，四面体，あるいは八面体の構造を取る。

特に，平面四配位のニッケル (II) 錯体はその軸位で水素原子の活性化が可能であると期待され，研究の対象となってきた。Dubois らは，配位子に三級アミンを有する様々なビス（ジホスフィン）ニッケル (II) 錯体がヒドロゲナーゼと同様に可逆的な水素の活性化を触媒することを明らかにしてきた[36]。最近 Dubois らは，電気化学的手法を用い，錯体 **5a**（図 8-9）が，[DMF(H)](CF$_3$SO$_3$)（0.43 M），H$_2$O（1.2 M）を含むアセトニトリル中で，106,000 s^{-1} の TOF を達成することを報告している[37]。その水素発生過電圧は 0.6 V 程度と非常に大きな値であるものの，8 章 6 節で述べた [FeFe] 型ヒドロゲナーゼの 10 倍以上の TOF を達成した点で注目に値する。

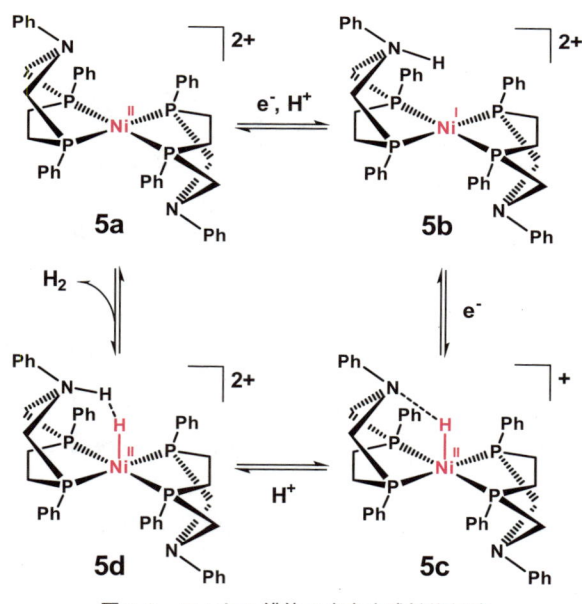

図 8-9　ニッケル錯体の水素生成触媒経路

図 8-9 に示したように，錯体 **5a** は Ni(I) 錯体 **5b** を中間体として，単一の Ni サイト上における H$_2$ 生成を触媒するものと考えられている[38]。さらに重要な点は，軸位の空間に位置した配位子中の窒素ドナー（ペンダントアミン）がプロトン供与サイトとして機能していることである。これらの窒素ドナーサイ

トは，反応過程 **5b → 5c** で Ni^{II}– H 種 **5c** を生成する際のプロトン供与サイトとして機能するのみならず，反応過程 **5c → 5d** で Ni^{II}– H 種 **5c** を生成する際のプロトン供与サイトとしても機能するといわれている。このようなプロトン伝達サイト（あるいはプロトン活性化サイトともいう）は，[FeFe] 型ヒドロゲナーゼの活性中心[39]（図 8-6 参照）をヒントにしており，Dubois らはヒドロゲナーゼ活性中心の反応場を人工的に再現することに成功した。

Dubois らが開発したこれらの Ni ホスフィン錯体については，それを触媒として用いた光水素生成反応についても報告されている[40]。**5a** と同様の基本骨格を有する類似錯体を触媒に用い，[Ru(bpy)$_3$]$^{2+}$，およびアスコルビン酸を含む pH 2.3 の水-アセトニトリル混合溶媒（1:1）に可視光を照射することにより，150 時間に亘って持続的な水素生成が観測されている。その際，TON は 2,700 以上の値を示し，この錯体触媒が極めて高い耐久性を持つことが確認されている。

8-7-3　ロジウムおよび白金錯体触媒

上述のコバルトおよびニッケル錯体以外では，ロジウム錯体や白金錯体（図 8-10）が活性を示すことが以前から報告されている。特に [Rh^{III}(bpy)$_3$]$^{3+}$ (**6**) は，[Co(bpy)$_3$]$^{2+}$ (**1**) よりもさらに初期の時代に Lehn, Sauvage らによって報告されたものである[7,11]。

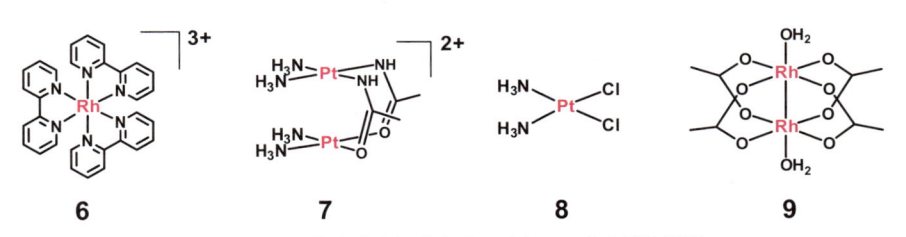

図 8-10　水素生成を促進するロジウム，白金錯体触媒

その後，Sutin らにより，[Rh(bpy)$_3$]$^{3+}$ (**6**), [Ru(bpy)$_3$]$^{2+}$，および EDTA を含む水溶液（pH 5.2）に可視光を照射することにより，$\Phi(H_2) = 0.04$ の光量子収率で水素が生成することが報告されている[41]。その触媒反応の過程では，

[Rh(bpy)$_3$]$^{3+}$の二電子還元種として[Rh(bpy)$_2$]$^+$が生成し，その後[Co(bpy)$_2$]$^+$について述べた機構（8章7節1項参照）とほぼ同様の機構に従って水素生成が進行することが提唱されている[7,41]。

一方，白金(II)二核錯体**7**，白金(II)単核錯体**8**，ロジウム(II)二核錯体**9**などは，EDTA/[Ru(bpy)$_3$]$^{2+}$/MV^{2+}からなる光水素発生系において白金コロイドには及ばないまでも，それに迫る触媒活性を有することが報告されている[42~45]。特に，白金二核錯体**7**の触媒活性は高く，EDTA/[Ru(bpy)$_3$]$^{2+}$/MV^{2+}系（pH 5）において，0.16という高い量子収率（$\Phi(H_2)$）で水素が発生し，また5時間の光照射でTON = 200を達成することが報告されている[42,43]。図8-2に示す通りpH 5におけるMV$^+\cdot$からの水素発生反応（2MV$^+\cdot$ + 2H$^+$ → 2MV^{2+} + H$_2$）の反応駆動力は0.15 eVである。それゆえ，その反応を促進できる錯体触媒は，0.15 Vと同等あるいはそれ以下の水素発生過電圧を持つことが期待される。なお，白金(II)錯体は白金コロイドの供給源ともなりうることから，白金コロイドが関与する可能性について指摘する報告もある[46]。しかしながら，著者らは，電気化学的に調製したMV$^+\cdot$と各種白金錯体を光照射なしの条件下で混合し，MV$^+\cdot$による水還元反応が白金錯体を触媒とする暗反応として進行することを実証した[47]。その際，水素発生速度は触媒の分子構造や電子状態によって大きく異なることも確認されている。また，錯体**8**を用いた研究では，MV$^+\cdot$からの水素発生反応の駆動力が0.03 eVとなるpH 7においても，水素生成の促進が観測されている。

著者の知る限り，白金錯体やロジウム二核錯体以外で，MV$^+\cdot$からの水素生成反応を促進する系は報告されていない。これは，白金錯体やロジウム錯体が，コバルト錯体やニッケル錯体とは異なる触媒反応機構を取るためと考えられる。上述のように，コバルトやニッケル錯体の場合には，いったん，Co(I)，Ni(I)，Ni(0)などの低原子価錯体を生成し，それらに対するプロトンの酸化的付加反応によって，Co^{III}-H種，Ni^{III}-H種やNi^{II}-H種などを生成する経路で水素生成が進行するとされている（8章7節1項，2項）。一方，白金(II)二核錯体，白金(II)錯体，ロジウム(II)二核錯体などの場合には，その初期過程はプロトン共役電子移動（PCET; Proton-Coupled Electron Transfer）によって進行し（式(8-15)，式(8-16)），軸位にヒドリドを結合した中間体 {M^{II}M^{III}-

H（M ＝ Pt, Rh），Pt^{III}– H｝が生成すると考えられている[45,48]。

$$M^{II}M^{II} + H^+ + e^- \rightarrow M^{II}M^{III}{-}H \quad (M = Pt, Rh) \quad (8\text{-}15)$$

$$Pt^{II} + H^+ + e^- \rightarrow Pt^{III}{-}H \quad (8\text{-}16)$$

なお，$Pt^{II}Pt^{II}$ と $Rh^{II}Rh^{II}$ は，それぞれ d^8-d^8 および d^7-d^7 系であり電子状態は大きく異なる。Pt^{II} および $Pt^{II}Pt^{II}$ 系の場合には，満たされた d_{z^2} 軌道および σ*(d_{z^2}－d_{z^2}）軌道が解離性の水素原子（H_2O や CH_3COOH の OH 基由来の H 原子）と水素結合的な相互作用（Pt^{II} ••• H－O－）を形成するため，PCET による Pt^{III}－H または $Pt^{II}Pt^{III}$－H 種が生成すると考えられている[49]。このように，白金およびロジウム錯体は，Pt(I)，Rh(I) などの低原子価錯体の生成を経ることなくヒドリド中間体を生成する点で特徴的である。

8-8　単一分子光水素生成システム

8-8-1　連結型光水素生成触媒

　連結型光水素生成触媒の研究は，光増感剤と金属錯体触媒を共有結合で複合化することによって，光誘起電子移動の高効率化や量子収率の改良を目指すものである。図 8-11 に示した **10** は，その第一例目として酒井らが報告した化合物である[50]。この報告をきっかけとして，その後さらに連結型光水素発生システムが報告されている（図 8-11 参照）。$[Ru(bpy)_3]^{2+}$ 類縁体と $Pt(bpy)Cl_2$ 部位を共有結合させて得られる **10** は，EDTA 存在下（pH 5），可視光を照射することにより，水からの水素生成反応を光駆動することができる[50〜52]。しかしながら，その量子収率（Φ(H_2)）は 0.0061 であり，また，光照射 10 時間後の TON は 2.4 である。このように，その活性は，EDTA/$[Ru(bpy)_3]^{2+}$/MV^{2+}/Pt(II) からなる光水素生成系に比べ格段に低いという欠点を持つ。

　他の連結型光水素発生システムは，おもに有機溶媒中で評価されている。例えば，**11** は，錯体 **6** から派生する $Rh(bpy)_2$ を水素生成触媒部に有し，ジメチルアニリン（犠牲還元剤）の存在下，水-アセトニトリル（5:300；pH 2）混合溶媒中で可視光（470 nm レーザー光源）を照射することにより，TON = 30（4 h）の光水素発生を達成している[53]。また，**12** は錯体 **3** を触媒部に有し，アセ

トンを溶媒とし，TEA および [TEA(H)](BF$_4$)（プロトン源）の存在下，380 nm 以上の可視光を 15 時間照射することによって，TON = 210 の光水素発生を達成している[19]。

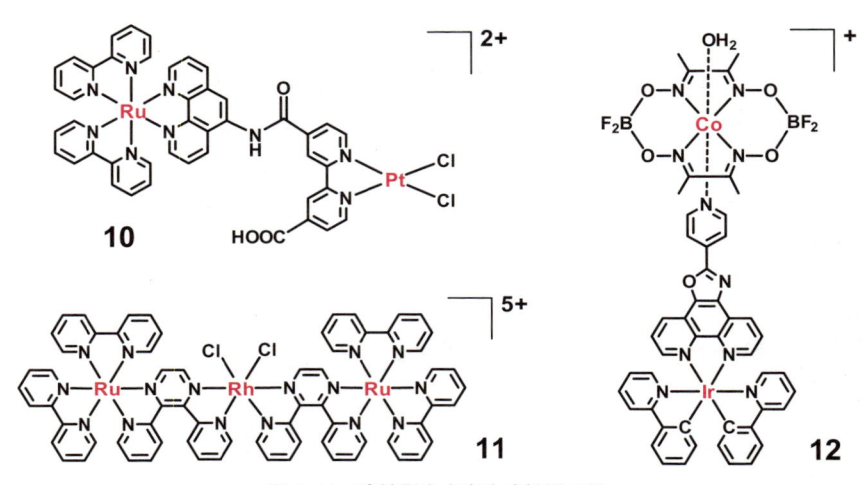

図 8-11　連結型光水素生成触媒の例

8-8-2　多機能複合型光水素生成触媒

最近では，単一分子で光増感作用と水素生成触媒作用を併せ持つ比較的単純な金属錯体が見出されている（図 8-12）。白金単核錯体 **13** は，非常に単純な構造を有するにも関わらず，pH 5 の水溶液に溶かし，EDTA 共存下，可視光を照射することにより，Φ(H$_2$) = 0.01 の光水素発生挙動を示すことが見出された[54]。触媒耐久性は低いが（TON < 3, 7 h），白金錯体のみで水素生成を光駆動できた最初の例である。さらに，錯体 **13** に N-メチルピリジニウムを結合させた錯体 **14**（**PV^{2+}**）は，図 8-13 に示すように，EDTA による二段階の還元的消光を経て二電子還元種を生成した後，水素生成が進行することが報告されている[55,56]。この系は，天然の Z スキーム型光合成を人工的に模倣する最初の例として注目に価する。

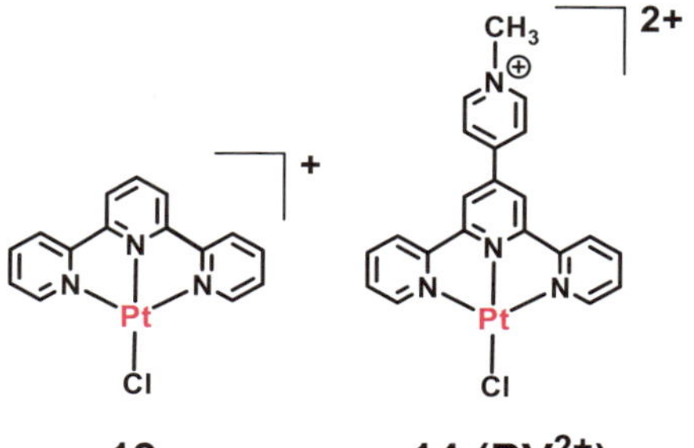

図 8-12 多機能複合型水素生成触媒 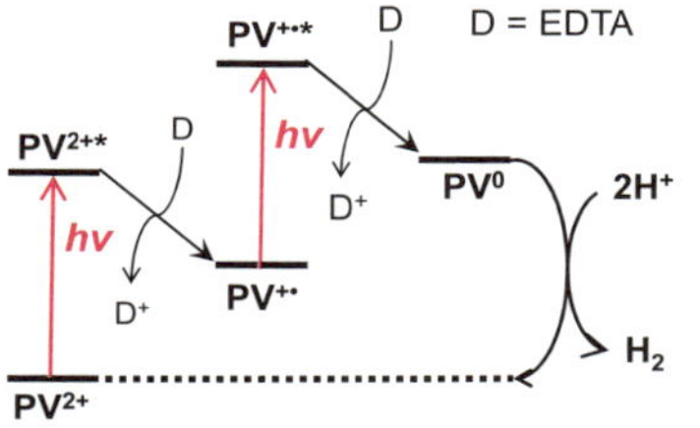　　図 8-13 Z スキーム型光水素生成反応

8-9　まとめ

　本章では，光水素発生反応に関わる基本的な事項を概説すると同時に，過去に様々な研究者によって報告された均一系水素生成触媒について紹介した。特に，本稿では著者が常日頃重要視している反応の熱力学的構図について読者に理解を促すよう努めた。均一系の水素発生触媒反応が低原子価の中間体を経由するかどうかで二種に大別される点を理解することは特に重要である。今後は，実用化を見据え，コスト減を達成する中心金属の利用や耐久性の向上にも着目した研究が益々重要となるであろう。合理的な分子設計と機能評価を重ねることで真に高活性な均一系の水素発生触媒系が創出されることに期待したい。

引用文献

1) A. Juris, V. Balzani, F. Barigelletti, S. Campagna, P. Belser, A. von Zelewsky, *Coord. Chem. Rev.*, **84**, 85, (1988).
2) T. M. Bockman, J. K. Kochi, *J. Org. Chem.*, **55**, 4127, (1990).
3) E. Amouyal, *Sol. Energy Mat. Sol. Cells*, **38**, 249, (1995).
4) P. J. DeLaive, B. P. Sullivan, T. J. Meyer, D. G. Whitten, *J. Am. Chem. Soc.*, **101**, 4007, (1979).

5) H. Borsook, G. Keighley, *Proc. Natl. Acad. Sci. USA*, **19**, 875, (1933).
6) G. M. Brown, B. S. Brunschwig, C. Creutz, J. F. Endicott, N. Sutin, *J. Am. Chem. Soc.*, **101**, 1298, (1979).
7) M. Kirch, J.-M. Lehn, J.-P. Sauvage, *Helv. Chim. Acta*, **62**, 1345, (1979).
8) E. Amouyal, *Sci. Pap. Inst. Phys. Chem. Res.*, **78**, 220, (1984).
9) B. V. Koriakin, T. S. Dzhabiev, A. E. Shilov, *Dokl. Akad. Nauk SSSR*, **233**, 620, (1977).
10) S. Fukuzumi, *Eur. J. Inorg. Chem.*, 1351, (2008).
11) J.-M. Lehn, J.-P. Sauvage, *Nouv. J. Chim.*, **1**, 449, (1977).
12) K. Kalyanasundaram, J. Kiwi, M. Grätzel, *Helv. Chim. Acta*, **61**, 2720, (1978).
13) P. Keller, A. Moradpour, E. Amouyal, B. Zidler, *J. Mol. Catal.*, **12**, 261, (1981).
14) E. Amouyal, P. Koffi, *J. Photochem.*, **29**, 227, (1985).
15) J. P. Maier, F. Thommen, *J. Chem. Soc. Faraday Trans. 2*, **77**, 845, (1981).
16) J. I. Goldsmith, W. R. Hudson, M. S. Lowry, T. H. Anderson, S. Bernhard, *J. Am. Chem. Soc.*, **127**, 7502, (2005).
17) D. R. Whang, K. Sakai, S. Y. Park, *Angew. Chem. Int. Ed.*, **52**, 11612, (2013).
18) P. Du, J. Schneider, P. Jarosz, R. Eisenberg, *J. Am. Chem. Soc.*, **128**, 7726, (2006).
19) A. Fihri, V. Artero, A. Pereira, M. Fontecave, *Dalton Trans.*, 5567, (2008).
20) 渡辺　正，中林誠一郎著，（日本化学会編），『電子移動の化学──電気化学入門』，朝倉書店（1996）
21) V. Fourmond, P.-A. Jacques, M. Fontecave, V. Artero, *Inorg. Chem.*, **49**, 10338, (2010).
22) M. Wang, L. Chen, L. Sun, *Energy Environ. Sci.*, **5**, 6763, (2012).
23) M. Frey, *ChemBioChem*, **3**, 153, (2002).
24) I. Okura, S. Kusunoki, *Inorg. Chim. Acta.*, **54**, 249, (1981).
25) I. Okura, *Coord. Chem. Rev.*, **68**, 53, (1985).
26) C. V. Krishnan, N. Sutin, *J. Am. Chem. Soc.*, **103**, 2141, (1981).
27) C. Creutz, H. A. Schwarz, N. Sutin, *J. Am. Chem. Soc.*, **106**, 3036, (1984).
28) C. V. Krishnan, B. S. Brunschwig, C. Creutz, N. Sutin, *J. Am. Chem. Soc.*, **107**, 2005, (1985).
29) J. Hawecker, J.-M. Lehn, R. Ziessel, *Nouv. J. Chim.*, **7**, 271, (1983).
30) P. Connolly, J. H. Espenson, *Inorg. Chem.*, **25**, 2684, (1986).

31) X. Hu, B. S. Brunschwig, J. C. Peters, *J. Am. Chem. Soc.*, **129**, 8988, (2007).
32) C. Baffert, V. Artero, M. Fontecave, *Inorg. Chem.*, **46**, 1817, (2007).
33) V. Artero, M. Chavarot-Kerlidou, M. Fontecave, *Angew. Chem. Int. Ed.*, **50**, 7238, (2011).
34) J. T. Muckerman, E. Fujita, *Chem. Commun.*, **47**, 12456, (2011).
35) C. C. L. McCrory, C. Uyeda, J. C. Peters, *J. Am. Chem. Soc.*, **134**, 3164, (2012).
36) M. R. DuBois, D. L. DuBois, *Chem. Soc. Rev.*, **38**, 62 (2009).
37) M. L. Helm, M. P. Stewart, R. M. Bullock, M. R. DuBois, D. L. DuBois, *Science*, **333**, 863 (2011).
38) M. O'Hagan, M.-H. Ho, J. Y. Yang, A. M. Appel, M. R. DuBois, S. Raugei, W. J. Shaw, D. L. DuBois, R. M. Bullock, *J. Am. Chem. Soc.*, **134**, 19409 (2012).
39) D. W. Mulder, E. M. Shepard, J. E. Meuser, N. Joshi, P. W. King, M. C. Posewitz, J. B. Broderick, J. W. Peters, *Structure*, **19**, 1038 (2011).
40) M. P. McLaughlin, T. M. McCormick, R. Eisenberg, P. L. Holland, *Chem. Commun.*, **47**, 7989 (2011).
41) S. F. Chan, M. Chou, C. Creutz, T. Matsubara, N. Sutin, *J. Am. Chem. Soc.*, **103**, 369, (1981).
42) K. Sakai, Y. Kizaki, T. Tsubomura, K. Matsumoto, *J. Mol. Catal.*, **79**, 141, (1993).
43) H. Ozawa, Y. Yokoyama, M. Haga, K. Sakai, *Dalton Trans.*, 1197, (2007).
44) K. Sakai, H. Ozawa, *Coord. Chem. Rev.*, **251**, 2753, (2007).
45) S. Tanaka, S. Masaoka, K. Yamauchi, M. Annaka, K. Sakai, *Dalton Trans.*, **39**, 11218, (2010).
46) P. Du, J. Schneider, F. Li, W. Zhao, U. Patel, F. N. Castellano, R. Eisenberg, *J. Am. Chem. Soc.*, **130**, 5056, (2008).
47) K. Yamauchi, S. Masaoka, K. Sakai, *J. Am. Chem. Soc.*, **131**, 8404, (2009).
48) M. Ogawa, G. Ajayakumar, S. Masaoka, H.-B. Kraatz, K. Sakai, *Chem. Eur. J.*, **17**, 1148, (2011).
49) H. Ozawa, M. Kobayashi, B. Balan, S. Masaoka, K. Sakai, *Chem. Asian J.*, **5**, 1860, (2010).
50) H. Ozawa, M. Haga, K. Sakai, *J. Am. Chem. Soc.*, **128**, 4926, (2006).

51) S. Masaoka, Y. Mukawa, K. Sakai, *Dalton Trans.*, **39**, 5868, (2010).
52) H. Ozawa, K. Sakai, *Chem. Commun.*, **47**, 2227, (2011).
53) M. Elvington, J. Brown, S. M. Arachchige, K. J. Brewer, *J. Am. Chem. Soc.*, **129**, 10644, (2007).
54) R. Okazaki, S. Masaoka, K. Sakai, *Dalton Trans.*, 6127, (2009).
55) M. Kobayashi, S. Masaoka, K. Sakai, *Dalton Trans.*, **41**, 4903, (2012).
56) M. Kobayashi, S. Masaoka, K. Sakai, *Angew. Chem. Int. Ed.*, **51**, 7431, (2012).

第9章
金属錯体触媒による光化学的二酸化炭素還元反応

9-1　はじめに

　人類の産業活動により増加した大気中の二酸化炭素が，温室効果ガスとして地球温暖化をもたらしているとする「二酸化炭素地球温暖化説」については懐疑的な見方もあったが，2013年9月にスウェーデン・ストックホルムで開催された気候変動に関する政府間パネル（IPCC）において，「気候システムの温暖化については疑う余地がなく，人間活動が20世紀半ば以降に観測された温暖化の主な要因であった可能性が極めて高い」と，改めて二酸化炭素地球温暖化説を認める報告がなされた[1]。産業革命以降の二酸化炭素濃度の急激な上昇は，石油・石炭・天然ガスなど古代の生物の生命活動により蓄積された化石燃料の使用が原因である。近年では，これらの化石燃料などの枯渇が資源・エネルギー問題として深刻化している。国際エネルギー機関（IEA）は，石油生産量が最大値を迎える「石油ピーク」と呼ばれる時期について，中東などの比較的採掘容易な石油に関してはすでに2006年にピークに達しており，採掘コストがかかる石油に関しても2020年頃にはピークを迎えることを指摘している[2]。このため，近年はシェールガスやメタンハイドレートがエネルギー源として注目されているが，二酸化炭素排出の観点からは望ましいことではない。一方，原子力発電は二酸化炭素を排出しないことから地球温暖化対策上はメリットが

あるが，1986年4月のチェルノブイリ原子力発電所事故に続き，我が国では2011年3月11日の東日本大震災の際に起こった福島第一原子力発電所事故から，その安全コストや放射性廃棄物処理の問題などが指摘されている。

このような背景から近年，光エネルギーを利用した人工光合成に注目が集まっている。特に近い将来，実現が期待される水素社会のために，現在では水の光分解による水素発生が活発に研究されている(第8章参照)。これに対して，天然の光合成系が水と二酸化炭素から酸素と糖類を合成していることから，水を電子源とする二酸化炭素固定反応系の構築が人工光合成の目標の一つとなっている。本章では，金属錯体を触媒とする二酸化炭素還元反応について，代表的な研究例を紹介しながら解説する。

9-2 二酸化炭素還元反応

二酸化炭素固定反応と二酸化炭素還元反応の違いについてはじめに解説する。

「固定反応」は二酸化炭素を有機化合物として固定化する反応を指し，一般的には有機化合物と二酸化炭素との直接反応によるカルボン酸生成から始まり，それを還元などにより有機化合物へと変換する反応全般をいう。天然光合成では，二酸化炭素はカルビン-ベンソン回路により六単糖誘導体へと固定されるが，その最初の過程はリブロース-1,5-ビスリン酸と二酸化炭素の反応により生じたカルボン酸誘導体が，加水分解により2分子の3-ホスホグリセリン酸を生成する反応である（図9-1(a)，第2章参照）。このような二酸化炭素を有機化合物に固定化して有効利用しようとする研究が近年活発に行われており，一部は工業化されている（図9-1(a)）[3]。

これに対して「還元反応」は，二酸化炭素を直接還元する反応であり，還元に関わる電子数により図9-1(b)に示すような反応がある[4]。このような反応も二酸化炭素を利用可能な有機化合物に変換することから，広い意味で二酸化炭素固定反応に分類されている。二酸化炭素は，電気化学的に一電子還元することによりCO_2ラジカルアニオン（$CO_2^- \cdot$）を生成する。この還元には-1.9 V vs.

(a)

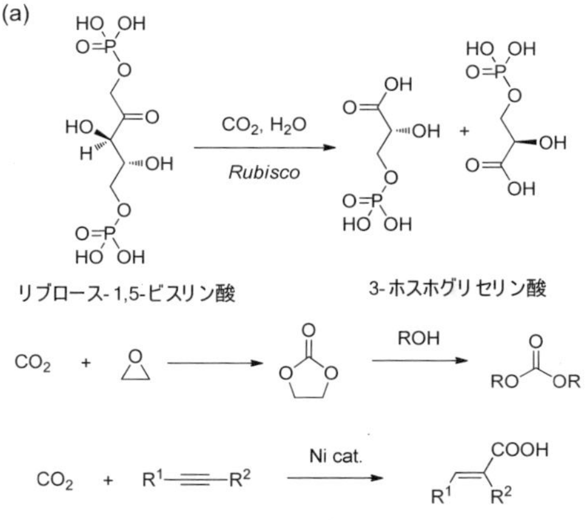

(b)

			$E^{0'}$
$CO_2 + e^-$	⟶	$CO_2^{-\cdot}$	−1.90 V
$CO_2 + 2H^+ + 2e^-$	⟶	HCOOH	−0.61 V
$CO_2 + 2H^+ + 2e^-$	⟶	$CO + H_2O$	−0.53 V
$CO_2 + 4H^+ + 4e^-$	⟶	$HCHO + H_2O$	−0.48 V
$CO_2 + 6H^+ + 6e^-$	⟶	$CH_3OH + H_2O$	−0.38 V
$CO_2 + 8H^+ + 8e^-$	⟶	$CH_4 + 2H_2O$	−0.24 V
$2H^+ + 2e^-$	⟶	H_2	−0.41 V

図 9-1　二酸化炭素固定反応と還元反応

(a) 光合成における二酸化炭素固定反応と有機合成反応例，(b) 二酸化炭素還元反応の平衡電位（$E^{0'}$ vs. NHE（pH 7））.

NHE という非常に高い還元力を必要とする上，生成した $CO_2^-\cdot$ は反応性が高く，後続反応を制御して選択的な生成物を得ることが難しい。そこで電気化学分野では，触媒を利用した二酸化炭素の多電子還元反応が活発に研究されてきた。二酸化炭素の多電子還元にはプロトンが必要であり，二電子還元によりギ酸（HCOOH）あるいは一酸化炭素（CO），四電子還元によりホルムアルデヒド（HCHO），六電子還元によりメタノール（CH_3OH），八電子還元によりメタン（CH_4）が生成する。これらの平衡電位（V vs. NHE（pH 7））は多電子還元になるほど正側にシフトする（図 9-1(b)）。化学反応を進行させるためには活性化

エネルギーに対応するエネルギーを加える必要があり，電気化学反応では平衡電位より高いエネルギーすなわち負の電位が必要となり，これを過電圧という。この過電圧を低く抑え，できるだけ平衡電位に近い電位で二酸化炭素還元を行うことができる優れた還元触媒を開発する必要がある。また4電子以下の二酸化炭素還元反応の平衡電位は，プロトンの還元による水素発生の電位より負側であることから，二酸化炭素還元より水素発生が起こりやすい。そのため，水素発生を抑え，二酸化炭素を選択的に還元する触媒が望まれている。

9-3 二酸化炭素還元を触媒する金属錯体

　本項では，二酸化炭素還元を触媒する主な金属錯体を紹介する。
　実用的には高活性で，反応基質あるいは生成物との分離が容易な固体触媒すなわち不均一系触媒が有用であるが，このような触媒は一般的に反応機構などの解析や分子レベルでの設計が難しい。それに対して，金属錯体に代表される分子触媒すなわち均一系触媒は，一般的に活性は低いが，反応中間体の単離や様々な分光学的測定による素過程の追跡などが比較的容易に行えることから，詳細な反応機構解析が可能である。このようにして得られた反応機構に関する情報は，工業的に利用されている触媒の反応機構を理解する上でも有用である。また金属錯体触媒は，中心金属や配位子を自由に選択することができ，配位子に様々な官能基を導入することにより金属錯体の電子状態を調整するなど分子レベルでの触媒設計ができる点が優れている。さらに，得られた金属錯体触媒を担体などに固定化，あるいは高分子などへの修飾を行うことにより不均一系触媒とすることが可能であり，反応基質や生成物と触媒との分離を容易にすることができる。
　図9-2には，これまでに電気化学的二酸化炭素還元反応に対して触媒活性が報告されている金属元素を周期表上に，また主な金属錯体触媒の構造を示している。二酸化炭素還元反応に対して触媒活性を示す金属元素は，現在では第6族から11族にまでに及び，幅広い元素が触媒となることがわかる。後述するが，第8章で解説された光水素生成反応と同様に，電気化学的二酸化炭素還元触媒

9 金属錯体触媒による光化学的二酸化炭素還元反応

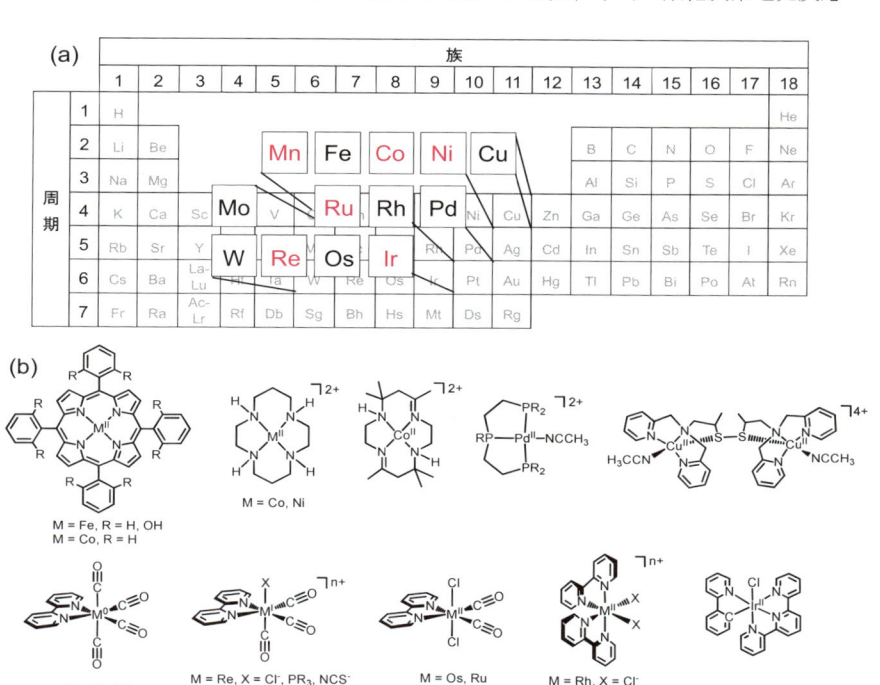

図 9-2　二酸化炭素還元触媒活性が報告されている金属錯体
(a) 二酸化炭素還元触媒活性が報告されている元素：黒字は電気化学的還元反応のみ，赤字は光化学的還元反応もあわせて報告されている．(b) 主な金属錯体触媒の例．

を適切な光増感分子，電子源と組み合わせることによって，二酸化炭素還元反応を光化学的に駆動することが可能である．図 9-2(a) に，光化学的二酸化炭素還元反応について触媒活性が報告されている金属元素を赤色で示している．

図 9-2(b) には，二酸化炭素還元触媒能が報告されている主な金属錯体の構造を示した．なかでもニッケル錯体[5-8]，ルテニウム錯体[9-19]，レニウム錯体[20-30]は高活性であり，光触媒への導入など人工光合成系の還元末端触媒として利用されている[31-36]．近年は，希少金属を使わない「元素戦略」として第一列遷移元素の金属錯体が注目を集めている．ニッケル錯体に加えて，鉄錯体[37-39]，コバルト錯体[40-42]は古くから触媒活性が知られているが，これらの錯体触媒は水（プロトン）の還元による水素発生を伴うことから選択的に二酸化炭素を還元する触媒の開発が望まれている．また最近，マンガン錯体触媒を用いた電気化

学的および光化学的二酸化炭素還元反応が報告され，注目されている[43-46]。第11族元素である銅や銀は，電極材料や光触媒へ担持する助触媒として二酸化炭素還元能があることが知られているが，金属錯体の例は少ない[47]。これ以外の金属錯体として，モリブデン，タングステン錯体[48]，オスミウム錯体[49, 50]，ロジウム錯体[51, 52]，イリジウム錯体[53, 54]，パラジウム錯体[55-57]などの二酸化炭素還元触媒能が報告されている。

　これらの金属錯体は，電気化学的に還元され配位子を解離することで配位不飽和な還元種を生成し，その還元種と二酸化炭素が反応するか，プロトンと反応することにより生成するヒドリド錯体がさらに二酸化炭素と反応することによって還元触媒反応が起こる。したがって，金属錯体の還元電位や，生成した配位不飽和還元種の反応性が重要になる。二酸化炭素還元触媒活性を有する金属錯体には，2,2'-ビピリジンやポルフィリンなどπ系を有する配位子がよく用いられるが，これらの配位子では電子がd軌道と相互作用しているπ^*軌道に入り，電子リザーバーとして作用することが有効であると理解されている。金属元素との組み合わせによっては，イリジウム錯体のように2-フェニルピリジンが有効な場合もある[53, 54]。コバルトやニッケル錯体の場合は，テトラアザマクロサイクリック配位子のようにπ系をもたなくても，d軌道に直接電子が入り，生成した配位不飽和種が二酸化炭素と反応する。この場合はd軌道の分裂により還元電位や生成した還元種の反応性が影響を受けることから配位構造が重要になる。ニッケル(II)錯体の場合，サイクラム(1,4,8,11-テトラアザシクロテトラデカン)が配位子として有効であり，環を形成する炭素数などが変わると活性が低下することが知られている[58]。パラジウム錯体の場合はホスフィン配位子が用いられている[55-57]。一般的にはホスフィン配位子は低原子価錯体を安定化させるため，還元種の活性が下がり二酸化炭素への反応性が低下することから，他の金属元素では二酸化炭素還元触媒の配位子として用いられた例は少ない。

　金属錯体を触媒とする二酸化炭素還元反応では，多くの場合，二電子還元反応による一酸化炭素(CO)あるいはギ酸($HCOO^-$)生成が進行する。二酸化炭素還元生成物として何が求められているかについては様々な考えがあり，ここではそれぞれの還元生成物を与える反応のメリットとデメリットを紹介する。

いずれの場合も，デメリットを抑えてメリットを活かす利用法を開発することが，今後必要となるだろう。メタンは二酸化炭素の最も高エネルギーな還元生成物であり，燃料として利用することはできるが，二酸化炭素を最終的に有機化合物へと変換し有効利用しようとする目的には，その反応性の乏しさから適さないだろう。ホルムアルデヒドやメタノールは有機化合物へと変換可能だが，多電子還元生成物であるため，現在の技術では生成量を増やすことが難しく，溶液中で低濃度のこれらの還元生成物を利用するためには，さらなるエネルギーが必要となる。一酸化炭素やギ酸の場合も生成物の分離は重要な問題である。電気化学的反応の場合は酸化側と還元側を分離でき，また光化学反応の場合でも後述するように電子源となる犠牲試薬を用いる場合は気相から分離できる。一酸化炭素は毒性があるが，フィッシャー–トロプシュ法による水素との反応で炭化水素へと変換でき，炭素源として有効利用することが可能である。しかし，水を電子源とする光触媒反応では一酸化炭素と酸素の可燃性混合ガスとして得られることから，これらの分離が問題となる。ギ酸は炭素源としての有効利用も，燃料電池の燃料としての利用も可能であり，可燃性混合ガスの生成を避けることもできるが，光触媒反応ではさらに酸化されて電子源として作用する可能性がある。

9-4 電気化学的および光化学的二酸化炭素還元触媒反応の方法

　本項では，二酸化炭素還元触媒反応の実験方法について解説する。第15章で光触媒反応全般の実験方法について述べられているので，ここでは電気化学的反応を中心に，二酸化炭素還元反応に特徴的な点について述べる。
　電気化学的反応は，酸化側と還元側を隔壁で分けた電解セルに，作用電極（Working Electrode（WE）），対電極（Counter Electrode（CE）），参照電極（Reference Electrode（RE）））をセットし，ポテンショスタットを用いて参照電極に対して定電位電解を行うことによって，一般的に行われている（図9-3）。二酸化炭素還元反応の場合は，有機溶媒／水混合系を溶媒に用いることが多いため，電解セルの素材には有機溶媒耐性があるものが求められる。酸化槽と還元槽を隔

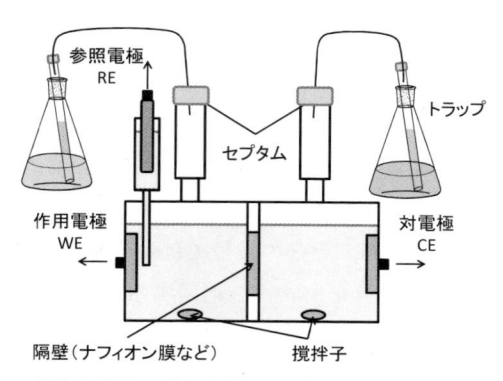

図 9-3 電気化学的二酸化炭素還元触媒反応のための電解セル.

てる隔壁には，ナフィオン膜やガラスフィルターなどが使用される。作用電極は，実験の目的に応じて選択されるが，グラッシーカーボン電極や白金電極が使われることが多い。かつては水素過電圧が高く，二酸化炭素還元に有利な水銀電極が使われることがあったが，現在では環境負荷の関係からほとんど使われなくなった。対電極には白金電極がよく用いられる。参照電極は，用いる溶媒系により異なるが，水溶液系では Ag/AgCl 参照電極あるいは飽和カロメル電極（SCE）が使われ，有機溶媒系では Ag/Ag^+（CH_3CN など）参照電極が使われることが多い。IUPAC (International Union of Pure and Applied Chemistry) では，文献に報告されている実験結果を比較するために，実験で使用している電極・溶媒系でフェロセンを測定し，その酸化電位を報告することを推奨している[59]。金属錯体は，均一系触媒として溶液中に溶解させて用いる場合と，電極に担持して修飾電極として用いる場合がある。電極への修飾は，金属錯体溶液を電極に塗布，乾燥させるだけの物理吸着から，電極表面上で高分子化する化学吸着まで様々な方法がある。電気化学反応の場合，電極表面に吸着している化学種だけが反応に関与することから，いずれの場合でも溶液は撹拌し，触媒あるいは反応基質を電極表面へ効率よく拡散させるようにする。

電解セルは，セプタムに金属管（注射針の一方を切り落としたものでよい）を介して，ガラス管の一方にセプタムを付けて作ったトラップ（水を入れた三角フラスコなどにガラス管を挿したもの）と接続する。反応前にトラップ内（CO_2 で満たしておく）の気体を抜いて水面を上げておけば，反応によって気体が生成す

るとトラップの液面が下がることによって電解セル内が加圧になることを防ぐ。また，反応開始前に液面が下がると，電解セルのどこかに漏れがありことがわかる。気体が漏れて空気が電解セル内に入ると，二酸化炭素還元反応より酸素の還元が優先して起こり，正確な触媒活性評価ができないことから注意が必要である。

　生成物は気相，液相ともセプタムからシリンジで採取する。この際，できるだけ空気が電解セル内に入らないように注意する。気相成分はガスタイトシリンジで採取し，液相成分は注射器でいったん別容器に採取してから分析する。気相成分はガスクロマトグラフで分析，定量する。ギ酸は一般的にはキャピラリー電気泳動やイオンクロマトグラフィーにより分析される。二酸化炭素還元反応では溶媒としてしばしば N,N-ジメチルホルムアミド（DMF）が用いられるが，分析前処理などで塩基性あるいは酸性条件下で水を加えると DMF の加水分解によるギ酸生成が起こり，ギ酸の定量分析が難しくなることが指摘されている[60]。そのため，加水分解してもギ酸ではなく酢酸を生成する N,N-ジメチルアセトアミド（DMA）を，DMF の代替溶媒として用いることが提案されている[10]。生成したギ酸イオンは，硫酸との反応によりギ酸とした後，酢酸エチルで抽出する前処理によってガスクロマトグラフで分析することができ，現在ではすべての二酸化炭素還元生成物がガスクロマトグラフで分析可能である[10]。ギ酸をガスクロマトグラフで分析する際，試料導入部のガラスインサートへの吸着が問題となることがあり，ガラスインサートをリン酸処理するなど，測定にはノウハウがあるので分析メーカーと相談する必要がある。ガスクロマトグラフの検出器には主に水素炎イオン化型検出器（Flame Ionization Detector（FID））または熱伝導度型検出器（Thermal Conductivity Detector（TCD））が使われることが多く，有機化合物は FID で，一酸化炭素，二酸化炭素，副生する水素など無機化合物は TCD で検出される。TCD はキャリヤーガスとの分子量が違う程，感度が高いため，一酸化炭素はヘリウムを，水素は窒素ガスをキャリヤーガスに使用して分析することが多い。しかし近年では，メタナイザーにより一酸化炭素やギ酸をメタンへと変換することにより FID で高感度に分析する方法がよく用いられている。また，大量の溶媒や水が検出器に入ることを防ぐため，分析途中に流路を切り替え，溶媒ピークを検出せずに排気するシステムガスクログラフが開発されている。TCD を装備したガスクロマトグラフでは副

生する水素を分析，定量できる。また，窒素と酸素も定量することで，反応容器内への空気の混入が判定できる。反応中に空気が混入すると，反応の進行に伴い酸素が消費されるため O_2/N_2 比が低くなる。この値から還元により消費された酸素の量を求めることができる。

電気化学的還元反応の場合，流れる電気量 Q [C] を記録し，電気量に対して定量したモル数 x [mol] をプロットすることが多い。1 mol あたりの電気量は 9.65×10^4 C であることから，式9-1を用いて，n 電子還元生成物が使った電気量の割合を示すファラデー効率（η [%]）を求めることができる。

$$\eta \, [\%] = n \times 9.65 \times 10^4 \, \text{C mol}^{-1} \times \frac{x \, [\text{mol}]}{Q \, [\text{C}]} \times 100 \qquad (9\text{-}1)$$

例えば，一酸化炭素の場合は二電子還元生成物なので，$n=2$ で計算する。ファラデー効率は，反応系に加えた電気量のうち何%がその反応生成物に利用されたかを示しており，副生成物（二酸化炭素還元反応の場合，H_2 発生であることが多い）のファラデー効率を含めて100%になることを確認する必要がある。ならない場合は，見落とした還元生成物があるか，空気の混入により酸素還元が起こっていると考えられる。

流れた電気量に対する生成物量のプロットには，反応速度に関する情報が含まれていない。電気化学的反応の反応速度は，電極単位面積あたりの電流値である電流密度（J [A cm^{-2}]）で表される。電流値は一般的に反応の進行に伴い低下するため，流した電気量を時間で除することで平均電流値（I [A] $= Q$ [C]/t [s]）を求めることができる。第8章の水素生成触媒反応の評価法で解説されたように，触媒反応は触媒回転頻度（TOF [s^{-1}]）で評価されることが多い。電気化学的反応においてファラデー効率で評価する場合には，平均電流密度を併せて報告することが望ましく，これによって他の触媒系との活性比較をすることができる。近年では，サイクリックボルタンメトリーから直接，TOFを評価する方法が提唱されている[37]。この方法は，実際に触媒反応を行うことなく活性が評価できることから，利用する研究者が増えつつあるが，電流が二酸化炭素還元によるものであることを確認する実験を，必ず別に行う必要があると指摘する研究者も多い。

反応溶液は，反応前に CO_2 をバブリングし，CO_2 飽和溶液とした後，還元

反応を行う。反応触媒系にもよるが，水溶液または有機溶媒／水混合系では，CO_2 を吹き込むにしたがって溶液の pH が低くなることから，バブリング時間などで反応結果が異なる場合がある。このため，吹き込む時間を十分長くとるだけでなく，CO_2 を吹き込む量なども実験の度に一定になるよう心がける必要がある。第 15 章 光触媒反応に関わる実験法でも指摘されているように，二酸化炭素還元反応では反応生成物の炭素源が二酸化炭素であるかどうかを $^{13}CO_2$ などを用いたトレーサー実験で検証することが重要である。第 15 章では $^{13}CO_2$ の含有量が分かっている $^{12}CO_2$ ボンベを用いて，生成物に導入される ^{13}C の比率を調べる方法が紹介されているが，あらかじめ反応溶液をアルゴンなどで十分に脱気して酸素を除いた状態に，$Ba^{13}CO_3$ を硫酸で処理することで生成した $^{13}CO_2$ を溶液に吹き込んで反応を行う方法もある[10]。

9-5 金属錯体を触媒とする電気化学的二酸化炭素還元反応

　本項では，電気化学的二酸化炭素還元反応について多くの金属錯体触媒に共通する反応機構について述べる（図 9-4）。
　二酸化炭素還元反応では，触媒前駆体が還元されて配位子を脱離することで，配位不飽和な還元種を生成し反応が開始する。生成した配位不飽和還元種は二

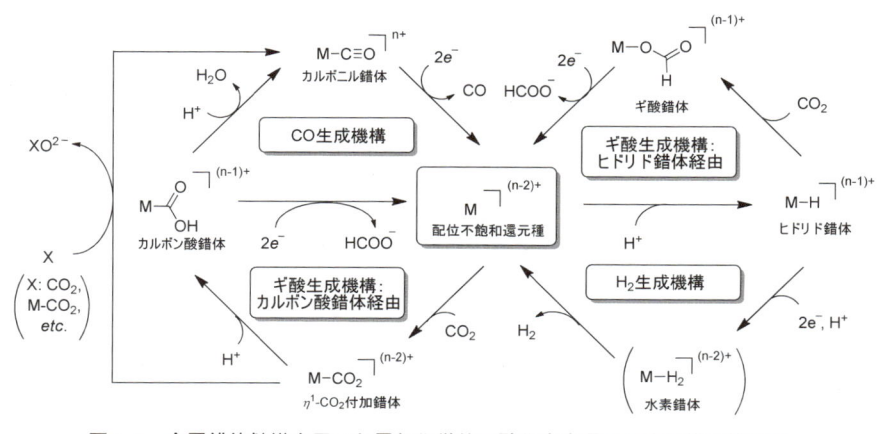

図 9-4　金属錯体触媒を用いた電気化学的二酸化炭素還元反応機構の模式図．

酸化炭素と反応し，金属－炭素結合を有する η^1-CO_2 付加錯体を与える。電子豊富な低原子価金属錯体は二酸化炭素の炭素原子に対して求核剤として作用する。これに対して，二酸化炭素が酸素原子で金属と結合する錯体や，カーボネート錯体の生成が多く知られているが，このような金属錯体は安定で二酸化炭素還元反応の中間体にはほとんどならない。一方，配位不飽和還元種はプロトン(H^+)と反応することによりヒドリド錯体を生成する。このヒドリド錯体のM-H 結合に CO_2 が挿入反応を起こすことにより，ギ酸錯体が得られ，ギ酸が生成する。またヒドリド錯体はプロトンとの反応により水素を生成することから，水素副生の原因ともなる。

電気化学的二酸化炭素還元反応を触媒する金属錯体の多くは一酸化炭素を選択的に生成し，その反応機構は η^1-CO_2 付加錯体を経由する機構が広く受け入れられている。η^1-CO_2 付加錯体はプロトン化によりカルボン酸錯体を与え，さらに酸性条件下では脱水反応を経てカルボニル錯体を生成する。カルボニル錯体は還元により一酸化炭素を脱離し，配位不飽和還元種を再生する。レニウムの η^1-CO_2 付加錯体では，もう一分子の二酸化炭素と反応してカルボニル錯体と炭酸イオン(CO_3^{2-})を生成する不均化反応が起こると考えられている(式9-2)[25]。この場合は二酸化炭素還元による CO 生成はプロトン(H^+)を必要としない(式9-3)。

(9-2)

9　金属錯体触媒による光化学的二酸化炭素還元反応

$$2\,CO_2 \;+\; 2\,e^- \;\longrightarrow\; CO \;+\; CO_3^{2-} \qquad (9\text{-}3)$$

　ギ酸生成の反応機構については主に 2 つの経路が提案されている。金属錯体を触媒とする二酸化炭素還元反応は生成物が CO であることが多く，例えばレニウム錯体やニッケル-サイクラム錯体では選択的に CO が生成するために，ギ酸生成反応機構は問題にはならない。一方，ルテニウム-ビピリジン錯体では，CO とギ酸の両方が生成し，反応条件によりその選択性が変化することから，ギ酸生成機構は論争の中心となっている。ここでは，反応中間体の単離や素過程の研究が進んでいる $[Ru(bpy)_2(CO)X]^{n+}$ （bpy: 2,2'-ビピリジン；X = CO（$n = 2$），H（$n = 1$））の二酸化炭素還元触媒反応機構を例に解説する（図 9-5）[14, 16, 18]。先に述べたように，配位不飽和還元種にプロトンが付加することによりヒドリド錯体が生成する。このヒドリド錯体は水素発生の原因にもなるが，二酸化炭素との反応によりギ酸錯体を生成し，ギ酸を与える。ヒドリド錯体 $[Ru(bpy)_2(CO)H]^+$ は単離可能な安定な錯体であり，二酸化炭素との反応によるギ酸錯体生成反応も活発に研究されている。ヒドリド錯体への CO_2 挿入反応は広く知られており，一般的に式 (9-4) のように進行すると考えられている。

$$M\text{-}H \;+\; O=C=O \;\longrightarrow\; \begin{bmatrix} \overset{\delta+}{M}\text{-}\overset{\delta-}{H} \\ \overset{|}{O}=C=O \\ \underset{\delta-}{}\;\underset{\delta+}{} \end{bmatrix} \;\longrightarrow\; \underset{O}{\overset{M-O}{\diagdown}}\!\!\diagup\!\!{}^{H} \qquad (9\text{-}4)$$

　しかし，$[Ru(bpy)_2(CO)_2]^{2+}$ を触媒とする電気化学的二酸化炭素還元反応については，プロトン濃度が高い低 pH 条件では水素発生を伴いながら CO が選択的に生成するのに対し，プロトン濃度が低い高 pH 条件ではギ酸選択性が高いことが報告されていることから，カルボン酸錯体 $[Ru(bpy)_2(CO)(C(O)OH)]^+$ の還元によりギ酸が生成する機構が提案されている[16, 18]。このことは還元触媒サイクルの逆反応である，$[Ru(bpy)_2(CO)_2]^{2+}$ のカルボニル基への水酸化物イオン（OH^-）の求核攻撃によるカルボン酸錯体の生成が可逆的に進行することと，さらにこの反応が二段階で進行し，中間体として脱プロトン化した η^1-

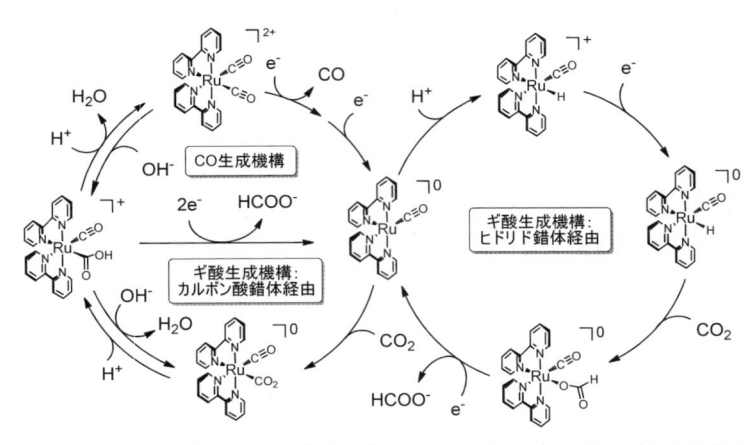

図 9-5 　[Ru(bpy)$_2$(CO)X]$^{n+}$ (bpy: 2,2'-ビピリジン；X = CO (n = 2), H (n = 1)) を触媒とする二酸化炭素還元反応において提案されている機構.

CO_2 付加錯体が生成することが，同錯体の単離，構造解析がなされたことにより強く示唆された。また有機溶媒中，フェノールやアミン類塩酸塩など pK_a が高い弱いプロトン源を用いると，カルボニル錯体が再生しないためにギ酸が選択的に生成することが示されている[61]。

カルボン酸錯体の還元によるギ酸生成機構の有利な点は，反応条件の違いによる生成物選択性をうまく説明できることにある。例えば，溶液の pH 条件によって酸性条件では CO が生成する一方，塩基性条件ではギ酸の生成が多くなることや，高 pK_a 値を有する弱いプロトン源を用いた場合に選択的にギ酸が生成することは，カルボニル錯体，カルボン酸錯体，CO_2 付加錯体の平衡反応によりうまく説明できるが，CO_2 が配位するとカルボン酸錯体を経由して CO が，プロトンが配位するとヒドリド錯体を経由してギ酸が生成するという機構ではこのような生成物選択性は説明できない。また生成したヒドリド錯体は，二酸化炭素と反応することによりギ酸を生成するか，プロトンと反応して水素を発生することにより元に戻り，CO 生成機構には関わらない。このことからギ酸と水素が同時に生成する場合については，ヒドリド錯体経由の反応機構により説明できるが，それ以外の場合は説明が難しい。一方，ヒドリド錯体と二酸化炭素の反応によるギ酸生成は一般的によく知られており，素過程も理解されて

いるが，カルボン酸錯体からギ酸が生成する例は知られていない。カルボン酸錯体からギ酸が生成するためには，M-C結合が切断される必要があるが，分子レベルでの生成機構が理解されていないなど問題が残る。このため，二酸化炭素還元反応におけるギ酸生成機構は，まだ議論の余地が残っている。

　ルテニウムモノ（ビピリジン）錯体もまた，高活性な二酸化炭素還元触媒であることが知られている[9, 15, 16, 32-34, 62-65]。特に trans(Cl)-Ru(bpy)(CO)$_2$Cl$_2$ とその誘導体が活発に研究されている。この錯体は [Ru(bpy)$_2$(CO)$_2$]$^{2+}$ と同様に電気化学的に二酸化炭素還元反応を触媒するが，CO$_2$ が存在しない条件下では Ru(0) ポリマーを形成することが知られている（図9-6）[33, 34, 62-65]。そこで電極上にポリマーを形成させ，修飾電極として用いることが検討された[62-65]。このルテニウムポリマーは修飾電極としても有効であるが，反応進行にしたがって剥離してくることが問題であり，ピロール基などを接続したルテニウム錯体を用いて電極表面上で有機ポリマーを形成させ，安定化する方法などが用いられている[66]。均一系触媒の場合も，実際に反応に関与するのは電極表面に拡散あるいは吸着した触媒だけである。したがって，溶液中に存在する触媒は反応に直接関与していないことから，修飾電極の場合は均一系触媒に比べて飛躍的に高いターンオーバー数がしばしば観測されている（$10^3 \sim 10^4$ 倍程度）。

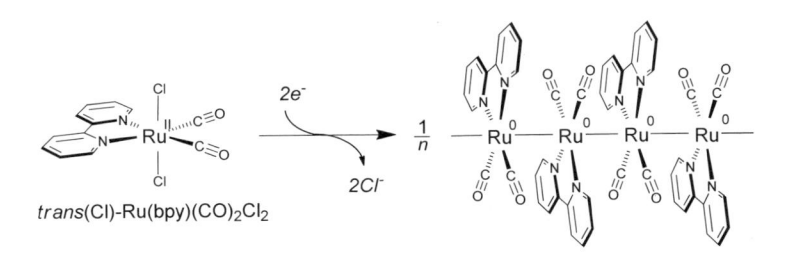

図9-6　trans(Cl)-Ru(bpy)(CO)$_2$Cl$_2$ の還元によるポリマー生成．

9-6 金属錯体を触媒とする光化学的二酸化炭素還元反応

電気化学的二酸化炭素還元触媒は，レドックス光増感剤，電子源を組み合わせることによって光化学的に駆動させることができる。ここでは光増感剤としてルテニウムトリス（ビピリジン）錯体（$[Ru(bpy)_3]^{2+}$）を用いた場合について解説する（図 9-7）。

ルテニウムトリス（ビピリジン）錯体を光増感剤とする光化学的二酸化炭素還元反応には，ニッケル（サイクラム）錯体，ルテニウム–ビピリジン錯体（$[Ru(bpy)_2(CO)_2]^{2+}$, $trans(Cl)$-$Ru(bpy)(CO)_2Cl_2$ など），レニウム錯体などを触媒に用いた系が報告されている[6, 7, 9-12, 15, 17, 24, 27, 67]。これらを触媒とする二酸化炭素還元反応には比較的高い還元力（より高いエネルギー）が必要であり，ルテニウムトリスビピリジン錯体の励起状態エネルギー（$E^{2+*/3+} = -0.8$ V vs. SCE，アセトニトリル中）では不十分であることから，励起状態が電子源から電子を受け取る還元的消光により生じた一電子還元種 $[Ru(bpy)_3]^+$（$E^{2+/+} = -1.3$ V vs. SCE，アセトニトリル中）からの電子供給が必要である[68, 69]。電子源には，トリエタノールアミン（TEOA），1-ベンジル-1,4-ジヒドロニコチンアミド（BNAH），1,3-ジメチル-2-フェニル-2,3-ジヒドロ-1H-ベンゾ-[d]-イミダゾー

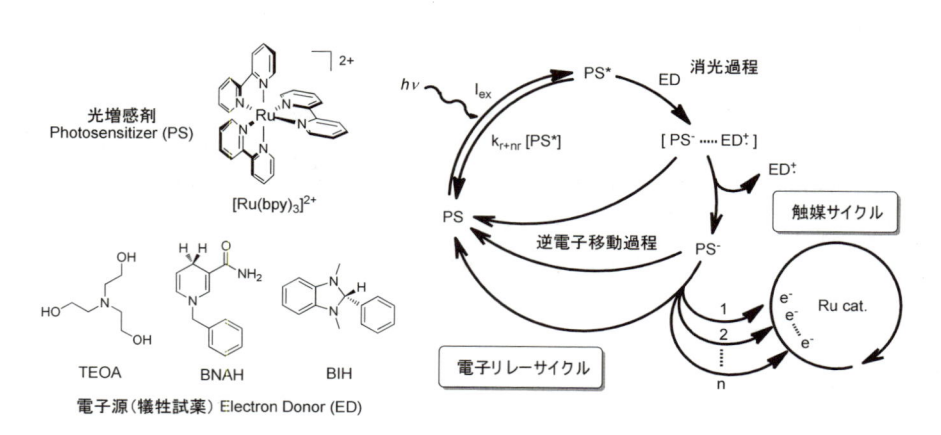

図 9-7 光増感剤，電子源と組み合わせた光化学的二酸化炭素還元反応．

ル（BIH）などが用いられる。トリエタノールアミンは還元力が弱いが，高濃度で使用することで電子源として作用することから，一般的に混合溶媒として20〜25％の比率で用いられている。しかし，水の存在によりプロトン化を受け酸化されにくくなることから，水系溶媒を用いることができない。それに対してBNAHは水存在下でも電子源として作用することから，有機溶媒／水混合溶媒中での光化学的二酸化炭素還元反応が報告されている[9,10,17]。近年，アスコルビン酸塩を電子源とする水中での光化学的二酸化炭素還元反応が報告されたが[70]，用いる触媒が水中での電気化学的二酸化炭素還元反応を効率よく行うことができるにもかかわらず光化学的還元反応の例が少ないのは，電子源がプロトン化により還元能を低下させるだけでなく，溶液中の水の比率が高くなると光増感剤から電子源への逆電子移動の効率が高くなるためと理解されている[10]。一般的に電子源は，一電子を奪われた後，化学反応を起こすことにより逆電子移動が起こりにくくなるものが選ばれる。例えば，BNAHの場合は一電子酸化体（BNAH$^{+}\cdot$）からの脱プロトン化を速くすれば逆電子移動を抑えることができる。そのため，塩基としてトリエタノールアミンを共存させた溶媒系が用いられることもある[12]。

　還元的消光により生成した光増感剤の一電子還元体から触媒へ電子が供給され，二酸化炭素還元反応が進行する。電気化学的二酸化炭素還元反応との違いは，電子が電極から供給されるか，光増感剤から供給されるかの違いである。電子を触媒に渡した光増感剤は元の状態に戻り，光励起により再び電子源から電子を受け取り触媒へと渡す。このサイクルを"電子リレーサイクル"とよぶ。一方，電子を受け取った触媒は二酸化炭素還元反応を触媒する（"触媒サイクル"）。一般的にこのような光増感－触媒系では，触媒濃度を高くするにしたがって触媒反応は速くなるが，ある濃度以上にすると触媒速度は一定になる。このことは，触媒濃度が低いときは触媒反応速度が遅く律速過程であるが，触媒濃度を高くすると，電子リレーサイクルが律速になるため触媒反応速度全体が一定になると理解することができる。

　近年，[Ru(bpy)$_3$]$^{2+}$を光増感剤，BNAHを電子源，*trans*(Cl)-Ru(bpy)(CO)$_2$Cl$_2$を触媒とする光化学二酸化炭素還元反応において，触媒濃度を変化させると，生成物である一酸化炭素（CO）とギ酸の生成比が変化することが報告された

(図 9-8)[9)]。触媒濃度が高くなるにしたがって、CO とギ酸の生成量はともに増加するが、さらに高くすると CO 生成量は減少し、ギ酸のみが増加する。このような生成物選択性に及ぼす触媒濃度依存性は、前項で紹介した 2 つの反応機構（CO_2 付加錯体経由とヒドリド錯体経由）では説明できないことから、触媒濃度が高い条件下では触媒二量体（ダイマー）が形成し、ギ酸を選択的に生成する機構が提案された。このような仮定に基づいて速度論解析を行ったところ、生成物の触媒濃度依存性をうまく説明できることがわかった（図 9-8 中のフィッティングカーブ）。触媒濃度が高い条件下では、光増感剤からの電子供給を効率よく行うことができない。触媒の 1 電子還元体は CO_2 と反応できないためもう 1 電子を受け取るのを待つことになるが、触媒濃度が高い条件下で

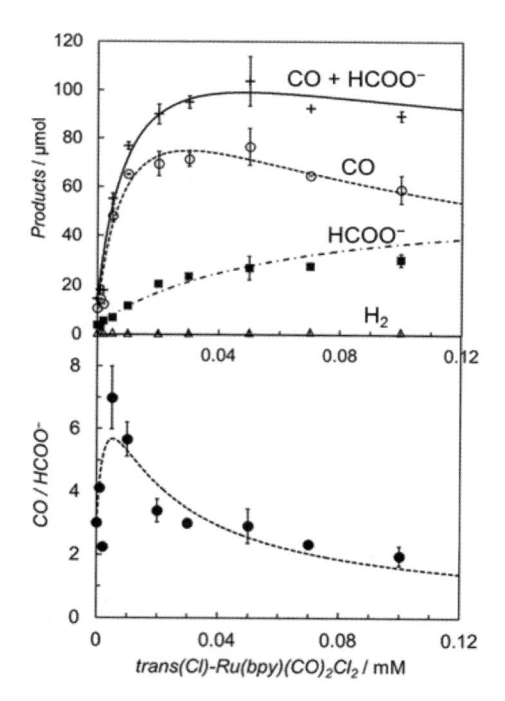

図 9-8　*trans*(Cl)-Ru(bpy)(CO)$_2$Cl$_2$ を触媒とする光化学的二酸化炭素還元反応における還元生成物の触媒濃度依存性

　　[Ru(bpy)$_3$]$^{2+}$ (0.50 mM), BNAH (0.10 M), CO_2 飽和 DMA/水 (9:1), 400 W 高圧水銀ランプ（λ > 400 nm, 30 分光照射）; Ref. 9 - Reproduced by permission of The Royal Society of Chemistry.

は2電子目を受け取りにくくなると同時にダイマー形成も起こりやすくなる。このような傾向は、単位時間当たりの照射光量が低い場合にも起こると考えられ、実際、光量を下げるとギ酸生成が増えることが確認されている[9]。$trans(Cl)$-$Ru(bpy)(CO)_2Cl_2$ が還元条件下でダイマーを形成することは、ポリマー化と関連して詳細に調べられており、ダイマーは単離され結晶構造解析も行われている[71]。またダイマーを経由することにより、カルボン酸錯体の酸素原子が隣接する金属原子と相互作用することによりギ酸錯体へと転位できる可能性があり、単核錯体では説明しにくいカルボン酸錯体からのギ酸生成が説明できることが期待される。しかしながら、このダイマー錯体の吸収が比較的小さく、また $[Ru(bpy)_3]^{2+}$ の吸収と重なるために分光学的に生成を確認することができなかった。そのため、2,2'-ビピリジン配位子の 6,6' 位に嵩高い置換基を導入することで二量化を抑えたルテニウム錯体($trans(Cl)$-$Ru(6Mes$-$bpy)(CO)_2Cl_2$)が合成された(図9-9)。同錯体を触媒とする光化学的二酸化炭素還元反応では、微量のギ酸しか副生せず、ほぼ選択的に一酸化炭素を生成することが明らかとなった。図9-9には、光化学的二酸化炭素還元反応に及ぼす触媒濃度依存性を示している。濃度が高くなるにしたがってCOの生成量は増

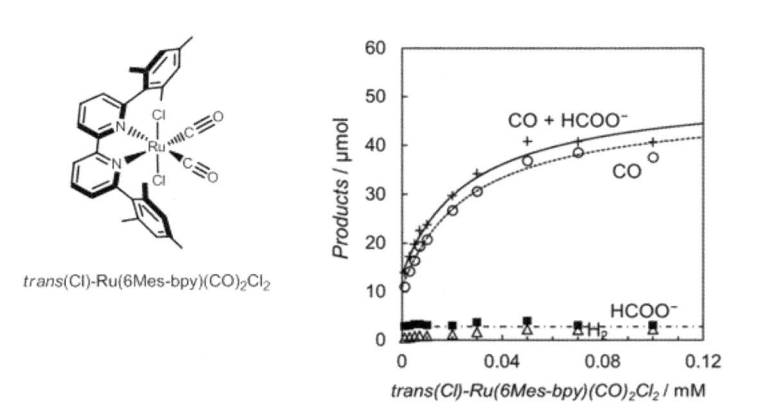

図9-9 ダイマー化(ポリマー化)を抑制するため 2,2'-ビピリジンの 6,6' 位に嵩高い配位子を導入した $trans(Cl)$-$Ru(bpy)(CO)_2Cl_2$ 型錯体

$[Ru(bpy)_3]^{2+}$ (0.50 mM), BNAH (0.10 M), CO_2 飽和 DMA/水 (9:1), 400 W 高圧水銀ランプ($\lambda > 400$ nm, 30分光照射);Ref. 9 - Reproduced by permission of The Royal Society of Chemistry.

加するが，わずかに生成しているギ酸の生成量は触媒濃度に依存せず，触媒非存在下でも生成している。このことはギ酸生成がブランク反応によるものであることを示している。本触媒反応で光増感剤として用いている $[Ru(bpy)_3]^{2+}$ は，一部が光分解により配位子を脱離することでわずかながら二酸化炭素還元反応を起こすことが知られている。[15,19] このことを考慮すると，*trans*(Cl)-Ru(6Mes-bpy)(CO)$_2$Cl$_2$ は選択的に一酸化炭素を生成する触媒であり，6,6'位に嵩高い置換基を導入し，二量化を抑えることにより一酸化炭素選択的な触媒が開発できることを示している。

金属錯体を触媒とする光化学的二酸化炭素還元反応は，これまで述べてきたように光増感剤と電気化学的触媒との組み合わせで駆動する例が多い。光増感剤の励起状態が電子移動に関わる場合は，励起状態の寿命の間に反応が起こらなければならない。また二酸化炭素還元はプロトン還元による水素発生に比べて負側の電位（高エネルギー）が必要なことから，光増感剤の励起状態から光触媒への電子移動ではなく，電子源から光増感剤励起状態への電子移動により生成する光増感剤還元体が触媒に電子を供給することが多い。このことから，効率よく光増感剤の励起状態が消光されるように電子源濃度が高い条件で反応が行われている。金属錯体の光増感剤ならびに触媒を用いる均一系光触媒では，光増感剤の一電子還元体から触媒への電子移動は拡散による衝突を経て起こる。ここで，光増感剤と触媒を接続することによって電子移動過程の効率化を図る試みが行われている[72]。光増感部位と触媒部位が接続した系は"超分子光触媒"（Supramolecular Photocatalysts）とよばれることがあるが，超分子化学はレーンらによって複数の分子が共有結合以外の比較的弱い相互作用（配位結合，水素結合などを含む）により秩序だって集合した分子と定義されているが，これらとは異なる意味で用いられている[73]。

例として，光増感部位としてルテニウム錯体，触媒部位としてレニウム錯体を接続したヘテロ二核錯体を図9-10に示す[27,74]。電子移動の効率化の観点から，π系を有する架橋配位子が多く検討されているが，このような場合，金属錯体の酸化還元電位を変化させ，電子移動が起こらなくなる可能性があることが指摘されている。例えば，bpy-phen-imi という架橋配位子を用いた場合，bpy 側に光増感部位を，phen-imi 側に触媒部位を接続した Ru(bpy)-phen-imi-Re 錯体

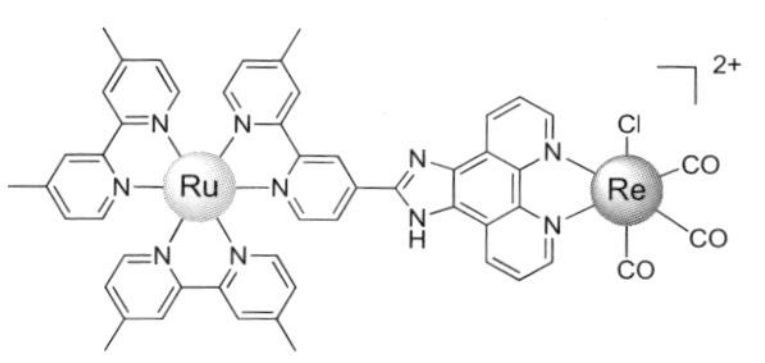

Ru(bpy)-phen-imi-Re

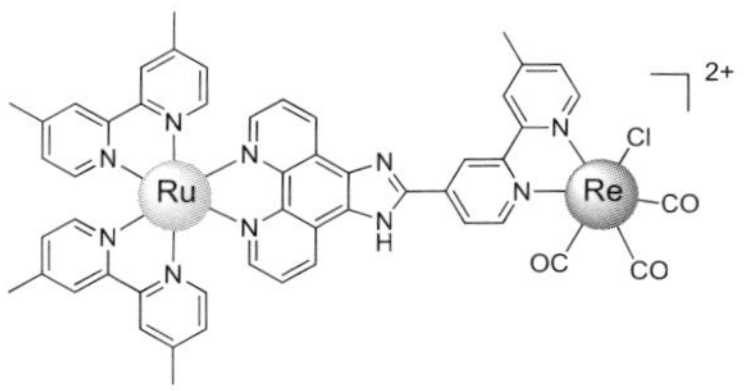

Ru(phen-imi)-bpy-Re

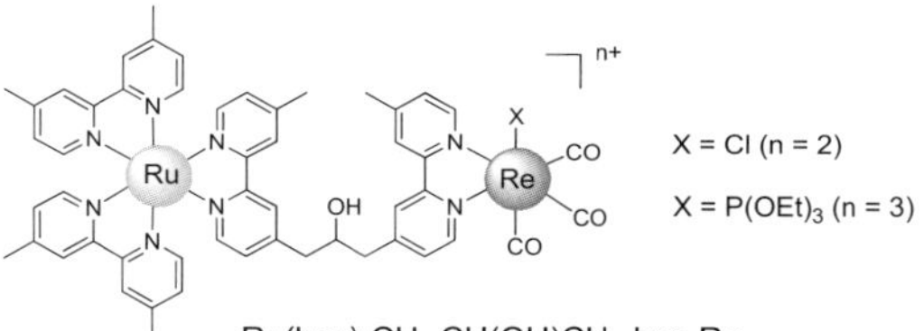

Ru(bpy)-CH 2CH(OH)CH2-bpy-Re

図 9-10　光増感部位（ルテニウム錯体）と触媒部位（レニウム錯体）を連結した超分子光触媒.

に対して，架橋配位子を逆に接続した Ru(phen-imi)-bpy-Re 錯体のターンオーバー数は 2 分の 1 に低下する[27]。このことは，配位子の π 系が広がったことにより光増感部位の還元力が低下するとともに，触媒部位の π 系が小さくなり還元電位が負側にシフトしたことで電子移動が起こりにくくなったためと理解されている。ルテニウム錯体とレニウム錯体を π 系をもたないアルキル鎖で接続した Ru(bpy)-$CH_2CH(OH)CH_2$-bpy-Re 錯体では，錯体の酸化還元電位を変えることなく反応量子収率を向上することが報告されている[74]。光増感部位と触媒部位を連結することにより拡散過程を経ずに電子移動が可能となり，エントロピー的に有利になると考えられている。

光エネルギーを集め，効率よく触媒系の電子を供給するシステムの開発は人工光合成構築のための鍵となる技術であり，第 11 章で述べられる人工アンテナ物質を利用した光触媒反応系や，第 12 章で紹介される光半導体と金属錯体を組みわせた人工光合成の構築に期待が集まっている。

9-7 光化学的二酸化炭素還元反応における今後の課題と現状

光化学的二酸化炭素還元反応を人工光合成系へと利用するためにはいくつかの課題がある。ここでは，2電子以上の光化学的多電子還元反応と，電子源として犠牲試薬を用いないシステムとして水を電子源とする光化学的二酸化炭素還元触媒系の実現について，その現状と課題を解説する。

9-7-1 二酸化炭素多電子還元触媒反応

ここまで紹介してきた二酸化炭素還元反応は，二電子還元による一酸化炭素（CO）あるいはギ酸（HCOOH）生成が中心であった。二酸化炭素は四電子還元によりホルムアルデヒド（HCHO），六電子還元によりメタノール（CH_3OH），八電子還元によりメタン（CH_4）へと変換される。半導体光触媒ではこれらの2電子以上の多電子還元生成物が光化学的触媒反応により得られる場合があるが，金属錯体などの分子触媒では報告例がほとんど知られていない。しかしながら，金属錯体触媒を用いた二酸化炭素の多電子還元反応ができないわけではない。例えば，[Ru(bpy)(terpy)(CO)]$^{2+}$（terpy: 2,2':6',2"-ターピリジン）を触媒とする電気化学的二酸化炭素還元反応では，低温条件下において多電子還元反応生成物が得られることが報告されている（図9-11）[75]。カルボニル錯体はヒ

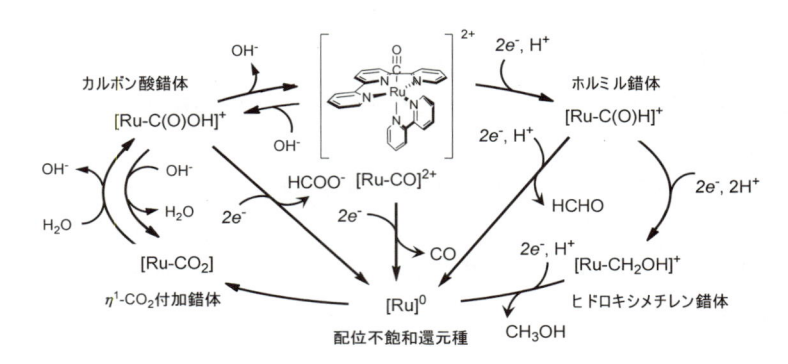

図9-11 [Ru(bpy)(terpy)(CO)]$^{2+}$（bpy: 2,2'-ビピリジン；terpy: 2,2':6',2"-ターピリジン）を触媒とする二酸化炭素多電子還元反応．

ドリドによる還元反応においてホルミル錯体（M-CHO）やヒドロキシメチレン錯体（M-CH$_2$OH）を生成することが知られており，これらの還元によりホルムアルデヒドやメタノールが生成することが提案されている。またヒドロキシメチレン錯体からの脱水反応によりメチル錯体（M-CH$_3$）が生成し，その還元によりメタンが生成すると考えられ，不均一系触媒による光触媒反応におけるメタン生成の反応中間体と考えられている。低温条件下ではこれらの反応中間体が安定化することにより多電子還元反応が進行すると考えられるが，同時に反応速度は極めて遅くなり，また光増感剤を用いた均一触媒系では拡散速度の低下により光増感剤からの電子供給が起こりにくくなることなどから，光化学的二酸化炭素多電子還元反応は現状では不均一系光触媒反応に限られるようである。今後は，常温付近でもこれらの中間体が安定であり，二酸化炭素との高い反応性を維持している金属錯体触媒の開発が必要であるとともに，電子供給が起こりやすい光増感部位との連結系の開発研究が必要であろう。

9-7-2 水を電子源とする光化学的二酸化炭素還元反応

　還元反応には電子を与える電子源が必要である。本章で述べてきた光化学的二酸化炭素還元反応は，電子源として犠牲試薬を用いている。犠牲試薬とは，自ら電子を出すことによって酸化され，分解することによって逆電子移動が起こらないよう犠牲となる試薬のことをいう。二酸化炭素還元反応は水素発生に比べて高エネルギーが必要であり，可視光域の光エネルギーで駆動させるためには電子源にやや"高エネルギー"な犠牲試薬を用いなければならないのが現状である。どんな分子を電子源として用いてもその分子を酸化してしまうわけであるから，基本的には何を使っても犠牲試薬となってしまう。それではどのような分子を電子源として用いることが望ましいだろうか。例えば，生命活動などで比較的容易に得られ，安価で入手しやすいものとしてエタノールなどのアルコール類やカルボン酸類が挙げられる。理想的な電子源は水であり，特にその酸化生成物が分子状酸素（O$_2$）であることが望ましい。水は地球上に大量に存在し，天然の光合成においても電子源として利用されている。二酸化炭素を還元することによって得られる様々な還元生成物は炭素源として有効利用可能だが，最終的には再び二酸化炭素へと酸化される。その際には酸素が酸化剤

として作用することから，水を電子源として酸素を発生する酸化反応との組み合わせは，最終的な物質バランスの不均衡を招かない。

では，どのようにして水を電子源とする光化学的二酸化炭素還元反応を構築することができるだろうか。主に2つの課題があることが指摘されている。

第一の課題は，活性な水の酸化触媒の開発である。第10章で述べられるように，近年ではルテニウム錯体を中心に効率の良い水の酸化触媒が開発されつつある。人工光合成系に用いる水の酸化触媒には，高い安定性や，水の四電子酸化による酸素発生を行えることが求められる。水は二電子酸化により過酸化水素を発生するためである。また，人工光合成というシステムに組み込むためには，水の酸化触媒反応が光電子移動や二酸化炭素還元触媒反応などと連動する必要があり，これらの反応速度が同程度であるか，途中で電子を蓄えられるシステムをもつことなどが必要である。2011年に光化学系IIの詳細なX線結晶構造解析が報告され，光合成系における水の酸化触媒であるMn_4Caクラスターの立体構造が初めて明らかにされた[76]。今後は，天然のMn_4Caクラスター錯体の構造に触発された新しい水の酸化触媒の開発が活発に行われることが期待されている。

第二の課題は，水の酸化には比較的正側の酸化電位が必要であり，可視光では二酸化炭素還元反応と組み合わせるにはエネルギーが不十分だという点である。天然の光合成系では，光化学系IIにおいてMn_4Caクラスター触媒が水から得た電子を光エネルギーにより励起し，さらに光化学系Iで異なる波長の光を用いてさらに電子を励起することによって，高エネルギーが必要な分子の還元を可能にする"Zスキーム"機構が実現している。近年では，2種類の異なる半導体光触媒を組み合わせることにより，可視光領域の光を効率よく用いるZスキーム型光触媒の開発が行われており，光化学的二酸化炭素還元反応においてもこのようなシステムを応用することが望まれている（図9-12）。図には2つの光増感系の間を，電子メディエーター（Med_{ox}/Med_{red}）が電子をやりとりするように描かれているが，光励起状態は寿命が短いため，システム間の電子のやりとりがスムースに進むように設計することが重要である。またいずれかの過程の反応効率が低いと，そこが律速過程となり，電子をどこかに蓄えるシステムが必要になることから，それぞれの反応速度が同程度になることででき

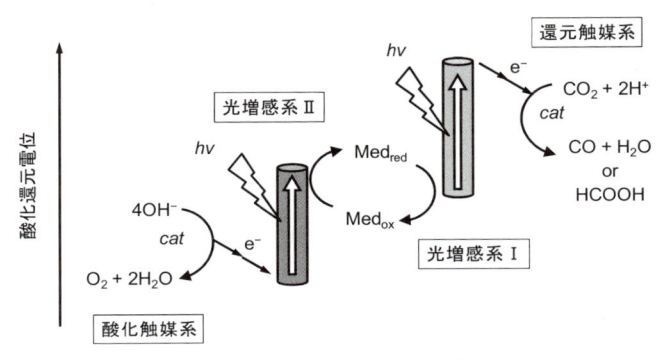

図9-12 水を電子源とする人工光合成系の模式図：水の酸化触媒と共役した二酸化炭素還元反応.

るだけ効率よく反応が進むシステムとなるように設計することも必要である。

9-8 まとめ

　化石燃料などに頼らずに太陽エネルギーを利用する技術として，太陽電池などが実用化され，さらに人工光合成技術の一環として光エネルギーを利用して水素を製造し，水素エネルギーを電子源として利用することがほぼ実現可能なレベルに近づきつつある。水素は電気エネルギーとは異なり，運搬可能であることから，人間がいつでも電気に変換して利用できるような水素社会の実現は，現在，人類が抱える資源エネルギー問題や環境問題への一定の答えになることは間違いないだろう。しかし，光合成が大気中の二酸化炭素を固定化していること，我々が化石燃料として利用している石油・石炭などは太古の光合成産物であることなどを考えると，太陽エネルギーを利用して直接，二酸化炭素を変換し，人類が利用する技術を開発することは，現在の資源エネルギー問題，環境問題を一気に解決することにつながることは容易に理解できるだろう。本章で述べたように現状では残された課題も多いが，残念ながら資源エネルギー問題や環境問題の多くは残された時間は長くはなく，できるだけ早い技術開発が望まれている。光合成系を部分的に利用する技術の開発は第14章に述べられており，最終的にどのような形の人工光合成が実現可能かもまだ明確ではない

が，太陽エネルギーを利用して，人類が容易にエネルギーに変換できる物質や，炭素源として利用可能な物質を作り出す人工光合成は，単に生物が行っている光合成系を人工的に再現するだけではなく，人類が利用し得る技術へと発展させていく必要がある．

引用文献

1) 気候変動に関する政府間パネル（IPCC）第 5 次評価報告書 第 1 作業部会報告書（自然科学的根拠）の公表について（http://www.env.go.jp/press/files/jp/23096.pdf）．
2) 大久保泰邦，『エネルギーとコストのからくり』，平凡社新書（2014）．
3) T. Sakakura, J.-C. Choi, H. Yasuda, *Chem. Rev.*, **107**, 2365（2007）．
4) J. Schneider, H. Jia, J. T. Muckerman, E. Fujita, *Chem. Soc. Rev.*, **41**, 2036（2012）．
5) M. Rudolph, S. Dautz, E.-G. Jäger, *J. Am. Chem. Soc.*, **122**, 10821（2000）．
6) M. A. Méndez, P. Voyame, H. H. Girault, *Angew. Chem. Int. Ed. Eng.*, **50**, 7391（2011）．
7) J. L. Grant, K. Goswami, L. O. Spreer, J. W. Otvos, M. Calvin, *J. Chem. Soc., Dalton Trans.*, 2105（1987）．
8) M. Beley, J. P. Collin, R. Ruppert, J. P. Sauvage, *J. Am. Chem. Soc.*, **108**, 7461（1986）．
9) Y. Kuramochi, J. Itabashi, K. Fukaya, A. Enomoto, M. Yoshida, H. Ishida, *Chem. Sci.*, **6**, 3063（2015）．
10) Y. Kuramochi, M. Kamiya, H. Ishida, *Inorg. Chem.*, **53**, 3326（2014）．
11) P. Voyame, K. E. Toghill, M. A. Méndez, H. H. Girault, *Inorg. Chem.*, **52**, 10949（2013）．
12) Y. Tamaki, T. Morimoto, K. Koike, O. Ishitani, *Proc. Natl. Acad. Sci. U. S. A.*, **109**, 15673（2012）．
13) C. Creutz, M. H. Chou, *J. Am. Chem. Soc.*, **129**, 10108（2007）．
14) J. R. Pugh, M. R. M. Bruce, B. P. Sullivan, T. J. Meyer, *Inorg. Chem.*, **30**, 86（1991）．
15) J. M. Lehn, R. Ziessel, *J. Organomet. Chem.*, **382**, 157（1990）．
16) H. Ishida, K. Fujiki, T. Ohba, K. Ohkubo, K. Tanaka, T. Terada, T. Tanaka, *J. Chem. Soc., Dalton Trans.*, 2155（1990）．
17) H. Ishida, T. Terada, K. Tanaka, T. Tanaka, *Inorg. Chem.*, **29**, 905（1990）．
18) H. Ishida, K. Tanaka, T. Tanaka, *Organometallics*, **6**, 181（1987）．

19) J. Hawecker, J. M. Lehn, R. Ziessel, *J. Chem. Soc., Chem. Commun.*, 56 (1985).
20) Y. Kou, Y. Nabetani, D. Masui, T. Shimada, S. Takagi, H. Tachibana, H. Inoue, *J. Am. Chem. Soc.*, **136**, 6021 (2014).
21) T. Morimoto, T. Nakajima, S. Sawa, R. Nakanishi, D. Imori, O. Ishitani, *J. Am. Chem. Soc.*, **135**, 16825 (2013).
22) T. Morimoto, C. Nishiura, M. Tanaka, J. Rohacova, Y. Nakagawa, Y. Funada, K. Koike, Y. Yamamoto, S. Shishido, T. Kojima, T. Saeki, T. Ozeki, O. Ishitani, *J. Am. Chem. Soc.*, **135**, 13266 (2013).
23) Y. Tamaki, K. Koike, T. Morimoto, Y. Yamazaki, O. Ishitani, *Inorg. Chem.*, **52**, 11902 (2013).
24) Y. Tamaki, K. Koike, T. Morimoto, O. Ishitani, *J. Catal.*, **304**, 22 (2013).
25) J. Agarwal, E. Fujita, H. F. Schaefer, J. T. Muckerman, *J. Am. Chem. Soc.*, **134**, 5180 (2012).
26) H. Takeda, K. Koike, H. Inoue, O. Ishitani, *J. Am. Chem. Soc.*, **130**, 2023 (2008).
27) B. Gholamkhass, H. Mametsuka, K. Koike, T. Tanabe, M. Furue, O. Ishitani, *Inorg. Chem.*, **44**, 2326 (2005).
28) Y. Hayashi, S. Kita, B. S. Brunschwig, E. Fujita, *J. Am. Chem. Soc.*, **125**, 11976 (2003).
29) J. Hawecker, J. M. Lehn, R. Ziessel, *Helv. Chim. Acta*, **69**, 1990 (1986).
30) J. Hawecker, J. M. Lehn, R. Ziessel, *J. Chem. Soc., Chem. Commun.*, 328 (1984).
31) K. Maeda, R. Kuriki, M. Zhang, X. Wang, O. Ishitani, *J. Mat. Chem. A*, **2**, 15146 (2014).
32) K. Maeda, K. Sekizawa, O. Ishitani, *Chem. Commun.*, **49**, 10127 (2013).
33) T. M. Suzuki, H. Tanaka, T. Morikawa, M. Iwaki, S. Sato, S. Saeki, M. Inoue, T. Kajino, T. Motohiro, *Chem. Commun.*, **47**, 8673 (2011).
34) S. Sato, T. Arai, T. Morikawa, K. Uemura, T. M. Suzuki, H. Tanaka, T. Kajino, *J. Am. Chem. Soc.*, **133**, 15240 (2011).
35) T. Arai, S. Sato, K. Uemura, T. Morikawa, T. Kajino, T. Motohiro, *Chem. Commun.*, **46**, 6944 (2010).
36) S. Sato, T. Morikawa, S. Saeki, T. Kajino, T. Motohiro, *Angew. Chem., Int. Ed. Eng.*, **49**, 5101 (2010).
37) C. Costentin, S. Drouet, M. Robert, J.-M. Savéant, *Science*, **338**, 90 (2012).

38) J. Grodkowski, D. Behar, P. Neta, P. Hambright, *J. Phys. Chem. A*, **101**, 248 (1997).
39) M. Hammouche, D. Lexa, M. Momenteau, J. M. Saveant, *J. Am. Chem. Soc.*, **113**, 8455 (1991).
40) R. Ziessel, J. Hawecker, J.-M. Lehn, *Helv. Chim. Acta*, **69**, 1065 (1986).
41) S. Matsuoka, K. Yamamoto, T. Ogata, M. Kusaba, N. Nakashima, E. Fujita, S. Yanagida, *J. Am. Chem. Soc.*, **115**, 601 (1993).
42) A. H. A. Tinnemans, T. P. M. Koster, D. H. M. W. Thewissen, A. Mackor, *Recl. Trav. Chim. Pays-Bas*, **103**, 288 (1984).
43) C. Riplinger, M. D. Sampson, A. M. Ritzmann, C. P. Kubiak, E. A. Carter, *J. Am. Chem. Soc.*, **136**, 16285 (2014).
44) M. D. Sampson, A. D. Nguyen, K. A. Grice, C. E. Moore, A. L. Rheingold, C. P. Kubiak, *J. Am. Chem. Soc.*, **136**, 5460 (2014).
45) H. Takeda, H. Koizumi, K. Okamoto, O. Ishitani, *Chem. Commun.*, **50**, 1491 (2014).
46) M. Bourrez, F. Molton, S. Chardon-Noblat, A. Deronzier, *Angew. Chem. Int. Ed.*, **50**, 9903 (2011).
47) R. Angamuthu, P. Byers, M. Lutz, A. L. Spek, E. Bouwman, *Science*, **327**, 313 (2010).
48) M. L. Clark, K. A. Grice, C. E. Moore, A. L. Rheingold, C. P. Kubiak, *Chem. Sci.*, **5**, 1894 (2014).
49) J. Chauvin, F. Lafolet, S. Chardon-Noblat, A. Deronzier, M. Jakonen, M. Haukka, *Chem. Eur. J.*, **17**, 4313 (2011).
50) M. R. M. Bruce, E. Megehee, B. P. Sullivan, H. H. Thorp, T. R. O'Toole, A. Downard, J. R. Pugh, T. J. Meyer, *Inorg. Chem.*, **31**, 4864 (1992).
51) S. C. Rasmussen, M. M. Richter, E. Yi, H. Place, K. J. Brewer, *Inorg. Chem.*, **29**, 3926 (1990).
52) C. M. Bolinger, N. Story, B. P. Sullivan, T. J. Meyer, *Inorg. Chem.*, **27**, 4582 (1988).
53) S. Sato, T. Morikawa, T. Kajino, O. Ishitani, *Angew. Chem. Int. Ed. Eng.*, **52**, 988 (2013).
54) P. Kang, C. Cheng, Z. Chen, C. K. Schauer, T. J. Meyer, M. Brookhart, *J. Am. Chem. Soc.*, **134**, 5500 (2012).
55) P. R. Bernatis, A. Miedaner, R. C. Haltiwanger, D. L. DuBois, *Organometallics*, **13**, 4835 (1994).

56) A. M. Brun, A. Harriman, *J. Am. Chem. Soc.*, **113**, 8153 (1991).
57) D. L. DuBois, A. Miedaner, *J. Am. Chem. Soc.*, **109**, 113 (1987).
58) M. Beley, J.-P. Collin, R. Ruppert, J.-P. Sauvage, *J. Chem. Soc., Chem. Commun.*, 1315 (1984).
59) G. Gritzner, J. Kuta, *Pure Appl. Chem.*, **56**, 461 (1984).
60) A. Paul, D. Connolly, M. Schulz, M. T. Pryce, J. G. Vos, *Inorg. Chem.*, **51**, 1977 (2012).
61) H. Ishida, H. Tanaka, K. Tanaka, T. Tanaka, *J. Chem. Soc., Chem. Commun.*, 131 (1987).
62) M. N. Collomb-Dunand-Sauthier, A. Deronzier, R. Ziessel, *J. Chem. Soc., Chem. Commun.*, 189 (1994).
63) M.-N. Collomb-Dunand-Sauthier, A. Deronzier, R. Ziessel, *Inorg. Chem.*, **33**, 2961 (1994).
64) S. Chardon-Noblat, A. Deronzier, R. Ziessel, D. Zsoldos, *Inorg. Chem.*, **36**, 5384 (1997).
65) S. Chardon-Noblat, A. Deronzier, R. Ziessel, D. Zsoldos, *J. Electroanal. Chem.*, **444**, 253 (1998).
66) S. Chardon-Noblat, A. Deronzier, R. Ziessel, D. Zsoldos, *J. Electroanal. Chem.*, **444**, 253 (1998).
67) E. Kato, H. Takeda, K. Koike, K. Ohkubo, O. Ishitani, *Chem. Sci.*, **6**, 3003 (2015).
68) A. Juris, V. Balzani, F. Barigelletti, S. Campagna, P. Belser, A. von Zelewsky, *Coord. Chem. Rev.*, **84**, 85 (1988).
69) C. M. Elliott, R. A. Freitag, D. D. Blaney, *J. Am. Chem. Soc.*, **107**, 4647 (1985).
70) A. Nakada, K. Koike, T. Nakashima, T. Morimoto, O. Ishitani, *Inorg. Chem.*, **54**, 1800 (2015).
71) M. Haukka, J. Kiviaho, M. Ahlgren, T. A. Pakkanen, *Organometallics*, **14**, 825 (1995).
72) T. Yui, Y. Tamaki, K. Sekizawa, O. Ishitani, *Top. Curr. Chem.*, **303**, 151 (2011).
73) V. Balzani, P. Ceroni, A. Juris, *Photochemistry and Photophysics: Concepts, Research, Applications*, Wiley-VCH, New York (2014).
74) S. Sato, K. Koike, H. Inoue, O. Ishitani, *Photochem. Photobiol. Sci.*, **6**, 454 (2007).
75) H. Nagao, T. Mizukawa, K. Tanaka, *Inorg. Chem.*, **33**, 3415 (1994).
76) Y. Umena, K. Kawakami, J.-R. Shen, N. Kamiya, *Nature*, **473**, 55 (2011).

第 10 章
水の酸化反応を触媒する金属錯体

10-1 はじめに

　近年，次世代エネルギー供給システムとして人工光合成デバイスの構築に大きな関心が寄せられている。人工光合成では，太陽光エネルギーを利用して水素，ギ酸，メタノールのような高エネルギー有用化合物を生成することにより，光エネルギーを化学エネルギーへ変換している。ここで重要なことは，高エネルギー有用化合物の生成に必要な電子をどのように獲得するかである。植物の光合成では，水が電子源となり炭水化物が産生されている。四核マンガンオキソクラスターから成る酸素発生錯体（OEC）の酵素反応により水が酸化され（式(10-1)），電子が光合成系に供給される[1]。OECの詳細な構造およびその推定触媒機構については，第4章を参照されたい。

$$2H_2O \longrightarrow O_2 + 4H^+ + 4e^- \qquad (10\text{-}1)$$

　水は安価で地球上に豊富に存在するだけでなく，酸化生成物はクリーンな酸素分子であるため，電子源として最適な化合物の1つである。人工光合成を将来のエネルギー基盤として位置づけるためには，水を電子源として使用することが不可欠であり，高活性かつ安定な水の酸化触媒の開発は，人工光合成デバイスの構築に向け最も重要な研究課題の1つである[2〜9]。式(10-1)で示される水の酸化反応は一見簡単な反応に見受けられるが，この反応を効果的に進行

10 水の酸化反応を触媒する金属錯体

させるためには，水 2 分子から 4 電子を引き抜くと同時に O-O 結合を形成する必要があるだけでなく，電子移動と共役した水分子からのプロトン解離の重要も指摘されている[1,10,11]。人工系で水の酸化触媒を開発するためには，O-O 結合形成およびプロトン移動を伴う電子移動反応を進行させる巧妙な触媒活性サイトの設計が要求されるであろう。金属錯体は，多種中心金属と多様な配位子により触媒活性サイトの幾何構造や電子状態を制御できるため，巧妙さが要求される水の酸化触媒の開発に有望な材料である。本章では，水の酸化触媒反応の基礎を解説し，最近の錯体触媒の実例を交えて水の酸化触媒機構および触媒反応におよぼす重要因子について解説する。

10-2 水の酸化反応の多電子過程と熱力学

水または水酸化物イオンを電子源とする反応は多彩である。表 10-1 に水溶液中における水，または水酸化物イオンの酸化反応の標準酸化還元電位 ($E°$) をまとめる。水の一電子酸化過程では，非常に不安定なヒドロキシラジカル (HO•) を生成するため，この反応では水溶液中で 2.38 V という大きな $E°$ が必要とされる。一電子過程で水から酸素分子を生成するためには，HO• から二電子酸化体であるペルオキシド種 (H_2O_2 または HO_2^-) を生成し，さらに三電子酸化体であるスーパーオキシドラジカル種 ($HO_2•$ または $O_2•^-$) の生成を含む四段階を要する。二段階目以降の反応の $E°$ は，一段階目の HO• 生成の $E°$ よりはるかに小さく，一電子四段階過程で水から酸素を発生するためには，HO• 生成反応が最も高いエネルギー障壁を与える。水の二電子酸化過程では，ペルオキシド種が生成される。この反応には 1.763 V の $E°$ を要するが，一電子酸化過程で水から HO• を生成するより熱力学的に容易である。後続のペルオキシド種の二電子酸化は大きくとも 0.695 V であり，二電子二段階機構では，水からの H_2O_2 生成反応が最大のエネルギー障壁となる。水の三電子酸化過程によるスーパーオキシドラジカル種の生成も考えられるであろう。この場合の $E°$ は 1.65 V で，二電子酸化過程で H_2O_2 を生成するよりも容易になる。生成するスーパーオキシドラジカル種は，一電子四段階機構で示されるように，容易に酸素分子

に酸化される。水の四電子酸化過程では，一段階で酸素分子が生成する。この場合の $E°$（1.229 V）は，他の機構による水の酸化過程の $E°$ よりも小さく，水からの酸素発生に要する最大のエネルギー障壁が小さいことを意味する。ここで誤解してはならないのは，いずれの機構においても，水 1 mol から酸素 1/2 mol を生成するに必要な全エネルギーは等しいということである。例えば，四電子一段階機構では，その全エネルギーは $\Delta G° = -nFE°$ より 237 kJ mol^{-1} となる（1.229 V × 4 × 96,500 C mol^{-1} × 1/2 = 237 kJ mol^{-1}：電子数 $n = 4$ で，このとき水 2 mol から酸素 1 mol が生成する）。一電子四段階機構では，下に示した四段階の反応を経由して，水 1 mol から酸素 1/2 mol を生成する。そのときの全エネルギーは，$\{2.38 \text{ V} + 1.14 \text{ V} + 1.44 \text{ V} + (-0.046 \text{ V})\} \times 1 \times 96{,}500 \times \text{C mol}^{-1} \times 1/2 = 237 \text{ kJ mol}^{-1}$ で計算され，四電子一段階機構の全エネルギーと等しくなる。

$$H_2O \rightleftarrows HO\cdot + H^+ + e^- \qquad E° = 2.38 \text{ V}$$
$$HO\cdot + H_2O \rightleftarrows H_2O_2 + H^+ + e^- \qquad E° = 1.14 \text{ V}$$
$$H_2O_2 + \rightleftarrows HO_2\cdot + H^+ + e^- \qquad E° = 1.44 \text{ V}$$
$$HO_2\cdot + \rightleftarrows O_2 + H^+ + e^- \qquad E° = -0.046 \text{ V}$$

いずれの機構においても，水を電子源とするよりも水酸化物イオンを電子源にした場合の方が $E°$ は小さい。これは，水の方が水酸化物イオンに比べ熱力学的に安定であるためである（水および水酸化物イオンの標準生成 Gibbs エネルギーは，それぞれ－237.1 および－157.2 kJ mol^{-1} である）。これは，水からの酸素発生電位が $E_{O_2} = 1.23 - 0.059 \text{ pH}$（V, 1 atm, 25 ℃）で表されるように，pH が大きくなると E_{O_2} が低下し，酸素発生が容易になることからも理解できよう。

表 10-1 水からの酸素発生機構と水溶液中における各反応の標準酸化還元電位（$E°$）

水の酸化機構	$E°$ (vs SHE, pH = 0)

一電子四段階機構：

$H_2O \rightleftarrows HO\cdot + H^+ + e^-$ 　　　$E° = 2.38$ V

$HO\cdot + H_2O \rightleftarrows H_2O_2 + H^+ + e^-$ 　　　$E° = 1.14$ V
$HO\cdot + 2OH^- \rightleftarrows HO_2^- + H_2O + e^-$ 　　　$E° = 0.184$ V

$H_2O_2 \rightleftarrows HO_2\cdot + H^+ + e^-$ 　　　$E° = 1.44$ V
$HO_2^- + OH^- \rightleftarrows O_2\cdot^- + H_2O + e^-$ 　　　$E° = 0.20$ V
$HO_2^- \rightleftarrows HO_2\cdot + e^-$ 　　　$E° = -0.744$ V

$HO_2\cdot \rightleftarrows O_2 + H^+ + e^-$ 　　　$E° = -0.046$ V
$O_2\cdot^- \rightleftarrows O_2 + e^-$ 　　　$E° = -0.284$ V

二電子二段階機構：

$2H_2O \rightleftarrows H_2O_2 + 2H^+ + 2e^-$ 　　　$E° = 1.763$ V
$3OH^- \rightleftarrows HO_2^- + H_2O + 2e^-$ 　　　$E° = 0.867$ V

$H_2O_2 \rightleftarrows O_2 + 2H^+ + 2e^-$ 　　　$E° = 0.695$ V
$H_2O_2 + 2OH^- \rightleftarrows O_2 + 2H_2O + 2e^-$ 　　　$E° = 0.076$ V
$HO_2^- + OH^- \rightleftarrows O_2 + H_2O + 2e^-$ 　　　$E° = -0.0649$ V

三電子一電子二段階機構[†1]：

$2H_2O \rightleftarrows HO_2\cdot + 3H^+ + 3e^-$ 　　　$E° = 1.65$ V
$4OH^- \rightleftarrows O_2\cdot^- + 2H_2O + 3e^-$ 　　　$E° = 0.645$ V

四電子一段階機構：

$2H_2O \rightleftarrows O_2 + 4H^+ + 4e^-$ 　　　$E° = 1.229$ V
$4OH^- \rightleftarrows O_2 + 2H_2O + 4e^-$ 　　　$E° = 0.401$ V

†1) 一電子過程は，一電子四段階機構の $O_2\cdot^-$ および $HO_2\cdot$ の反応を参照

10-3　水の酸化触媒の役割

　水の酸化過程において，反応に関与する電子数が増加するにつれて最低限必要とする $E°$ が小さくなるのは（表10-1 参照），反応段階を少なくすることにより，不安定なヒドロキソラジカル，ペルオキシド種やスーパーオキシドラジカル種の反応中間体を遊離する必要がなくなるためである。不安定な中間体生成物を生成した後の後続反応の $E°$ は比較的小さいため，自由エネルギーの直線関係が成り立つとすれば，後続反応の速度は比較的速いと考えられる。図10-1 に示すように，不安定な中間体生成物が固体表面や触媒により安定化されれば（反応のギブズ自由エネルギー $\Delta G°$ が小さくなれば），中間体生成物を生じるための活性化ギブズ自由エネルギー（$\Delta G^‡$）は低下し，その反応速度は大きくなると考えられる。はじめの中間体生成物の生成と後続の反応が区別できなくなれば，低い電位であたかも多電子反応により水が酸化されたように見える。この不安定な中間体生成物の安定化が水の酸化触媒の効果の本質であり，触媒開発の鍵となるであろう。白金電極を用いて水を電気分解するとき，＋1.23 V に少し過電圧を加えた＋1.5 V 程度の電圧を白金電極間に印加すると，

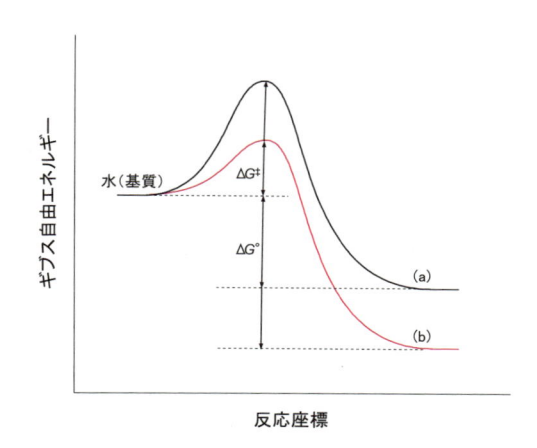

図10-1　水から中間生成物が生成する際のポテンシャル曲線
(a) 中間生成物が遊離する場合
(b) 中間生成物が触媒により安定化される場合

正極で水の酸化反応が進行し，酸素が発生する。これは水が四電子酸化される過程で生じるすべての中間体生成物が白金電極上で安定化されるため，四電子一段階機構で反応が進行すると考えられる。光合成のOECでも四電子一段階機構で水の酸化が進行している。OECは，少なくとも5つの酸化状態（S_0〜S_4）をとり，これらの遷移を経由して酸素が発生することが知られている（Kokサイクル，第4章参照）。S_0からS_4の遷移に伴い，マンガンイオンの酸化状態を高めると同時に，マンガンクラスターの構造を巧みに変化させてクラスター内のオキソ種を安定化しているため，四電子一段階機構で水の酸化反応が進行すると考えられる。

10-4 水の酸化触媒反応の実験

10-4-1 触媒化学的手法

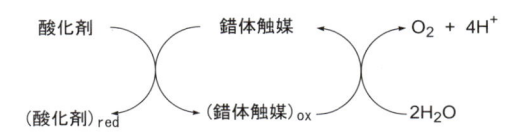

スキーム 10-1 水の触媒化学的酸化の反応スキーム

水の触媒化学的酸化反応では，スキーム10-1に示されるように，酸化剤と錯体触媒を含む水溶液中で，酸化剤により錯体触媒が酸化され，生成した錯体触媒の酸化体（(錯体触媒)$_{ox}$）が水を酸化して酸素が発生する。この反応は，均一水溶液のみならず，錯体を層状化合物や高分子膜などに担持した不均一系でも可能である[12,13]。ガスクロマトグラフ，ガルバノ式酸素電極，または光学式酸素センサーなどを用いて発生酸素を分析して，錯体触媒の活性および安定性を評価する。酸素発生量の経時変化から算出される酸素発生速度（mol s^{-1}），またはそれを溶液中に含まれる錯体量（mol）で除した錯体のターンオーバー速度（TOF (s^{-1})）で触媒活性を評価するのが一般的である。触媒の安定性は，主として酸素発生が終結したときの時間と総酸素発生量（mol）を測定し，総

酸素発生量を錯体量で除した錯体のターンオーバー数（TN）で評価する。使用した酸化剤量に対する酸素分子の生成収率も触媒の安定を評価するうえで重要である。酸素発生速度と溶液中の錯体濃度の関係から水の酸化に関与する錯体触媒の反応次数を算出して，水の酸化触媒機構を推定することも可能である[14〜16]。

酸化剤としては，次亜塩素酸ナトリウム（NaClO），Oxone®（ペルオキシ一硫酸カリウム，$KHSO_5$）過ヨウ素酸カリウム（KIO_4），tert-ブチルヒドロペルオキシド（$(CH_3)_3COOH$）などの酸素原子供与剤に加え，一電子酸化剤である硝酸セリウム（IV）アンモニウム（$(NH_4)_2[Ce(NO_3)_6]$）が一般的に用いられる。ただし，酸素原子供与剤は不均化反応により酸素分子を生成し，さらにその不均化反応はルイス酸に触媒されることが知られているので注意が必要である[17]。水から酸素分子が生成しているか否かは本質的な問題であり，酸素原子供与剤を用いる場合には，発生酸素分子の酸素原子源を明らかにする必要がある。酸素原子源を同定する場合，^{18}O で標識した水（$H_2^{18}O$）を用いて水の酸化実験を行う方法が有効である。$H_2^{18}O$ 媒体中で酸素原子供与剤を用いて水の触媒化学的酸化を行い，$(^{18}O)_2$ が生成すれば発生酸素分子の酸素原子源が水である可能性が高いが，式(10-2)に示すような，$H_2^{18}O$ と酸素原子供与剤 $X^{16}O$ との酸素原子交換が迅速に進行している場合には，$(^{18}O)_2$ を検出しても発生酸素分子の酸素原子源が酸素原子供与剤である可能性を完全には除外できない。

$$H_2^{18}O + X^{16}O \rightleftharpoons H_2^{16}O + X^{18}O \qquad (10\text{-}2)$$

Brudvig らは NaClO と $KHSO_5$ のラマンスペクトルを $H_2^{16}O$ および $H_2^{18}O$ 媒体中で測定した。(図10-2)[18] $H_2^{16}O$ 媒体中における NaClO のラマンスペクトルでは，$^{16}OCl^-$ に帰属されるピークが 708 cm^{-1} に観察されたが，$H_2^{18}O$ 媒体中では溶液調製 30 秒後には，685 cm^{-1} に $^{18}OCl^-$ に帰属されるピークが観察された。このことから，NaClO と溶媒である水との間の酸素原子交換が 30 秒以内で進行することが示された(図10-2(a))。したがって，NaClO を用いた ^{18}O 標識実験では，NaClO と溶媒との酸素原子交換が迅速に進行するため酸素原子源を同定することは困難である。これに対し，$KHSO_5$ のラマンスペクトルでは，$H_2^{18}O$ 媒体中でも少なくとも 20 分間スペクトル変化は観察されず，その測定時間内で

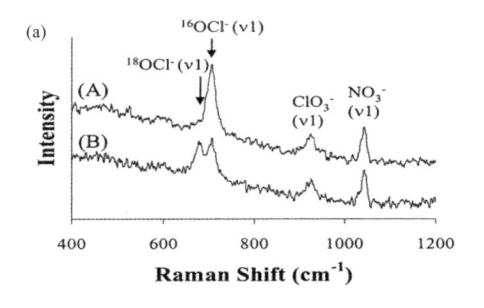

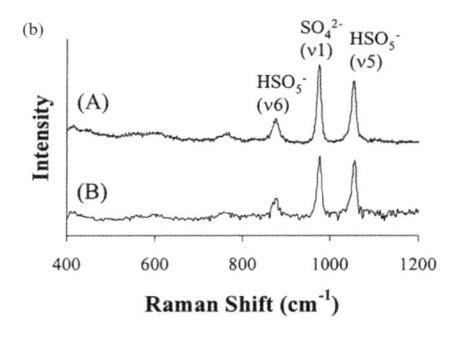

10 水の酸化反応を触媒する金属錯体

図 10-2 OCl$^-$（0.5 M, pH = 8.6, 溶液調製 30 秒後）(a), および HSO$_5^-$（0.5 M, pH = 4.5, 溶液調製 20 分後）(b) のラマンスペクトル
(A) H$_2^{16}$O 媒体中, (B) H$_2^{18}$O 媒体中. ^{18}OCl$^-$ に帰属されるピークは ^{16}OCl$^-$ に帰属されるピークから低エネルギー側へシフトしている
文献 18) より引用.（Copyright 2001 American Chemical Society.）

KHSO$_5$ と水との酸素原子交換は進行しないことが示された（図10-2(b)）。この結果は，少なくとも 20 分の反応時間内では，KHSO$_5$ と溶媒との酸素原子交換は無視できることを示唆している。しかし，金属錯体による水の酸化触媒反応サイクルでは，様々なオキソ中間体の形成が考えられ（例えば，M-OH$_2$，M-OH, M=O 等，M は金属錯体の中心金属），その中間体と溶媒または酸素原子供与剤間の酸素原子交換反応の可能性が考えられる。例えば，マンガンポルフィリンから誘導される高酸化状態 Mn^V=O と溶媒水分子との酸素原子交換は 1 ms 以下で進行することが知られている[19]。もし Mn^V=O と酸素原子供与剤との酸素原子交換が迅速であれば，Mn^V=O を経由して酸素原子供与剤の酸素原子と水の酸素原子が交換可能になるので，このような場合は，完全に酸素

201

原子源を同定することは至難の業である。このように，酸素原子供与剤を用いた水の触媒化学的酸化では，酸素原子源に特に注意を払う必要がある。

硝酸セリウム（IV）アンモニウムは$Ce^{III/IV}$に基づく一電子酸化剤である。水溶液中におけるその標準酸化還元電位は1.71 V vs NHE[20]で，強い酸化力を有する。しかし，実測される酸化還元電位は電解質溶液に大きく依存し，例えば，1 M H_2SO_4 中では$Ce^{III/IV}$に基づく酸化還元は，1.44 V vs NHE と 270 mV 小さくなる。pH 3.5 以上で不溶な水酸化セリウム（IV）が生成するため，硝酸セリウム（IV）アンモニウムの使用は酸性条件に制限される。最近，酒井らにより，pH 0 付近で$Ce^{IV}(OH)$のヒドロキソ酸素のラジカル性が酸素発生のためのO-O結合形成を促進している可能性が示唆されている[21]。

10-4-2　電気触媒化学的手法

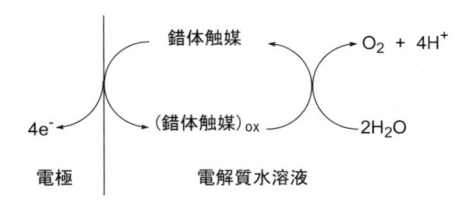

スキーム 10-2　水の電気触媒化学的酸化の反応スキーム

水の酸化実験において電気触媒化学的手法も有用である。スキーム 10-2 に示すように，電解質溶液中で電気化学的に錯体触媒を酸化して生成した（錯体触媒）$_{ox}$ が水を酸化して酸素を発生する。電気触媒化学反応では，電極反応速度を電流値として簡便に観察できる利点がある。例えば，錯体溶液のサイクリックボルタモグラムにおける水の酸化に伴う触媒電流から，TOF を式（10-3）に基づいて容易に見積もることができる[22]。

$$i_{cat} = nFAc_{cat}(TOF \times D)^{1/2} \qquad (10\text{-}3)$$

ここで，i_{cat}, n, F, A, c_{cat}, D は，それぞれ，触媒電流（A），反応に関与する電子数，ファラデー定数（96,500 C mol^{-1}），電極面積（cm^2），触媒濃度（mol cm^{-3}），触媒の拡散係数（cm^2 s^{-1}）をそれぞれ表す。しかし，観測される電流値には酸

化的な副反応に基づく電流値が含まれる場合がしばしばあるので，触媒化学的手法と同様に発生酸素を分析し，電気触媒反応に要した電荷量に対する実際の酸素発生量，すなわち，ファラデー効率をしっかり算出することが肝要である。均一系の電気触媒化学反応では，電極表面でのみ触媒反応が進行するため，触媒として働いた錯体量を正確に見積もることができないため，錯体触媒のTNを算出することは困難である。しかし，電解質溶液中に含まれるすべての錯体量以上の酸素量が発生するまで電気触媒反応を行って，少なくとも錯体がターンオーバーすることを実証することが重要である。電気触媒化学反応の場合，触媒電流の時間変化により触媒の安定性を評価するのが一般的である。錯体を電極に修飾した不均一電気触媒化学系では，電極上に担持された錯体量が分かれば，酸素発生量から錯体のTNが算出できる。電気触媒化学的手法の最大の特徴は，触媒反応を駆動する酸化力を電極に印加する電圧により容易に制御できる点である。これにより，水の酸化のための過電圧（理論的な水の酸化電位（1.23 V vs NHE，pH 0 の場合）と実際に水の酸化が進行する電位との差）を厳密に測定できる。触媒を光増感剤やn型半導体電極と組み合わせた水の光酸化系に応用する際に，水の酸化過電圧により使用できる光増感剤やn型半導体電極が制限されるため，水の酸化過電圧は重要な触媒評価因子である。

10-4-3　光触媒化学的手法

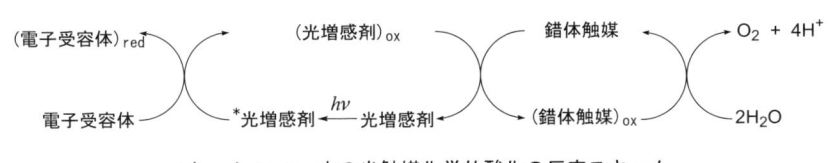

スキーム 10-3　水の光触媒化学的酸化の反応スキーム

スキーム 10-3 に示すように，光触媒化学的手法を用いた水の酸化では，$[Ru(bpy)_3]^{2+}$（bpy = 2,2'-bipyridine）錯体など光増感剤の光反応を利用するのが一般的である。ペルオキソ二硫酸ナトリウム（$Na_2S_2O_8$）またはペンタアンミンクロロコバルト（III）硝酸塩（$[CoCl(NH_3)_5](NO_3)_2$）などの電子受容体が存在するとき，光増感剤の光吸収により生成した励起状態（*光増感剤）から

電子受容体への電子移動反応により，光増感剤の酸化体（(光増感剤)$_{ox}$）が生成する。これは高い酸化力を有するため，錯体触媒を酸化して，元の基底状態にもどる。生成した(錯体触媒)$_{ox}$がさらに水を酸化して酸素が発生する。このような反応系で，(光増感剤)$_{ox}$から光増感剤の再生を観察しただけで，水の酸化反応が進行したと断定する研究を目にすることもあるが，発生酸素を定量することは必須である。光触媒化学系では，錯体触媒のTOFやTNだけでなく，光増感剤のTNも測定して光増感剤の安定性を評価することも必要である。使用した電子受容体に対する発生酸素の生成収率に加え，光増感剤が吸収した光子量に対する発生酸素の量子収率も光触媒反応系では重要である。電子受容体としてNaS_2O_8を用いた場合には，NaClOやOxone®を用いた触媒化学的手法の場合と同様に，酸素原子を含むため発生酸素の酸素原子源に注意は払う必要があるだけでなく，$S_2O_8^{2-}$の一電子還元で生成する硫酸ラジカル（$SO_4^{•-}$）の酸化力が非常に高い（酸化還元電位 E（$SO_4^{•-}/SO_4^{2-}$）= 2.68 V）[23)]ため，$SO_4^{•-}$による化学的な水の酸化反応の可能性にも配慮する必要がある（式(10-4)および式(10-5)）。$Na_2S_2O_8$を用いる場合には，他の電子受容体を用いて酸素発生を確認することが重要であろう。

$$S_2O_8^{2-} + e^- \rightarrow SO_4^{•-} + SO_4^{2-} \quad 1.24 \text{ V vs SHE (pH 7)} \quad (10\text{-}4)$$

$$SO_4^{•-} + e^- \rightarrow SO_4^{2-} \quad 2.68 \text{ V vs SHE (pH 7)} \quad (10\text{-}5)$$

10-5 金属錯体触媒による酸素発生機構

1973年石油輸出国機構が発表した石油価格の引き上げに端を発した，いわゆる第一次オイルショックを契機に，1980年代には水の酸化触媒能を有する金属錯体が精力的に研究された。その中でも，Meyerらにより報告された"blue dimer"と呼ばれる [*cis,cis*-{Ru(bpy)$_2$(OH$_2$)}$_2$O]$^{4+}$錯体は大きな関心を集めた[24〜26)]。それ以降，水の酸化触媒の研究は一旦落ち着きを見せたが，1997年12月に開催された地球温暖化防止京都会議で採択された京都議定書をはじめ環境問題の深刻化と共に，水の酸化触媒の研究に再び大きな関心が寄せられるようになっ

た[6,7)]。近年，マンガン錯体[13,18,27~39)]およびルテニウム錯体[40~44)]をはじめ，イリジウム錯体[45~48)]，銅錯体[49~51)]，鉄錯体[52,53)]，コバルト錯体[54~57)]，ポリオキソメタレート[58~61)]など興味深い水の酸化触媒が報告されている。ここでは，特に酸素発生のためのO-O結合形成に関する有力な機構について解説する。

10-5-1　M＝O（M:高酸化状態金属）への水分子の求核攻撃によるO-O結合形成

Brudvigらは [$(H_2O)(tpy)Mn^{III}(\mu-O)_2Mn^{IV}(tpy)(H_2O)$]$^{3+}$ (tpy=2,2':6',2"-terpyridine)（以下，Mn-dimerと略す。）錯体と $NaClO_4$ やOxone® のような酸素原子供与剤との反応で酸素が発生することを報告した[18,28)]。Mn-dimerのTNは，6時間で4回であった。$H_2^{18}O$ 媒体中で行われた ^{18}O 標識酸素発生実験で，全酸素発生量うち12％が $(^{18}O)_2$ であった[28)]。図10-3に提案された酸素発生機構を示す。まず酸素原子供与剤がMn-dimerの水配位子と交換した後，酸素原子供与剤により $Mn^{III}(\mu-O)_2Mn^{IV}$ が酸化され，$(OH_2)Mn^{IV}(\mu-O)_2Mn^V=O$ が生成する。この $(OH_2)Mn^{IV}(\mu-O)_2Mn^V=O$ の生成が律速段階と考えられた。$Mn^V=O$ への水（または水酸化物イオン）の求核攻撃によるO-O結合形成と酸素原子供与剤の攻撃によるO-O結合形成が競争して酸素が発生する機構が推定された。しかし，酸素原子供与剤の代わりに，一電子酸化剤である Ce^{IV} イオンを用いた実験では，酸素発生は確認されたが，Mn-dimerのTNは0.54回（250 μM Mn-dimer，30

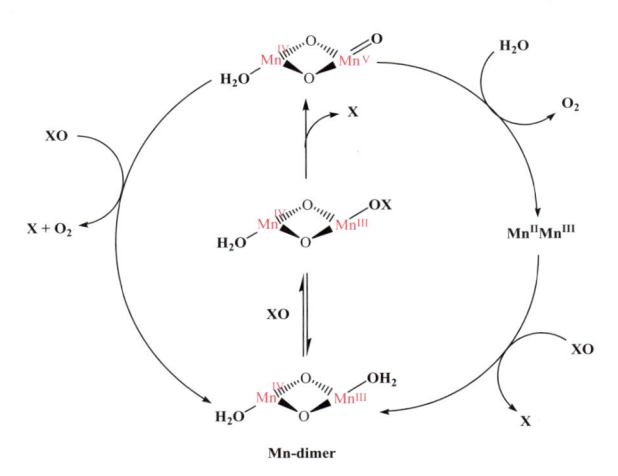

図10-3　酸素原子供与剤（XO）とMn-dimerと反応による酸素発生機構

mM Ce^{IV})であり，Mn-dimer は触媒として働かなかった[31]。Ce^{IV} 酸化剤を用いた同様の実験が他のいくつかの研究グループで実施されたが，酸素発生は報告されていない[13,62]。これは，酸素発生実験の条件，あるいは酸素分析の限界レベルの相違と考えられるが，Ce^{IV} 酸化剤を用いたとき Mn-dimer が触媒として機能していない点については関連研究すべてで一致している。これらの結果は，Ce^{IV} のような電子酸化剤は Mn-dimer による水の酸化に有効ではないことを示すが，これは Mn-dimer による触媒サイクルの初期過程で酸素原子供与剤から Mn-dimer への酸素原子移動を伴うためと考えられる。このように，$Mn^V=O$ への水分子の求核攻撃による O-O 結合形成は有力な酸素発生機構であるが，まだ完全には実証されておらず，議論の余地が残されている。

最近，単核ルテニウムアコ錯体の酸素発生において $Ru^V=O$ への水分子の求核攻撃による O-O 結合形成の機構が Meyer らにより報告された[63~66]。$[Ru(tpy)(bpm)(OH_2)]^{2+}$ (bpm = 2,2'-bipyrimidine)[64] および $[Ru(Mebimpy)(bpy)(OH_2)]^{2+}$ (Mebimpy = 2,6-bis(1-methylbenzimidazol-2-yl)pyridine)[65]は，水の酸化触媒として働く。提案された酸素発生機構を図 10-4 に示す。$Ru^{II}-OH_2$ (tpy, bpm および Mebimpy 配位子は省略)は，二電子二プロトン過程で $Ru^{IV}=O$ を生成する。さらに，もう一電子酸化により生成した $Ru^V=O$ に水分子が求核的に攻撃して，過酸化物中間体 $Ru^{III}-OOH$ を生成する。この O-O 結合形成が酸素発生反応の律速と考えられた。さらに，一電子酸化された $Ru^{IV}-OO$ を経て酸素

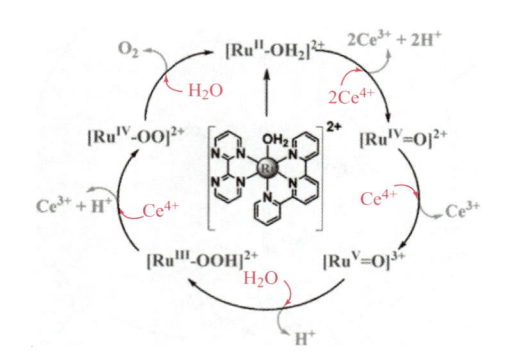

図 10-4 $[Ru(tpy)(bpm)(OH_2)]^{2+}$ 単核ルテニウム錯体による水の酸化機構
文献 64) より引用．(Copyright 2008 American Chemical Society.)

が発生し，同時に水が取り込まれてRu^{II}-OH_2が再生する[64]。Ru^V=Oと水分子との間のO-O結合形成の際に，水分子のプロトンを他の水分子に受け渡すことにより，O-O結合形成のエネルギー障壁を低下させることが量子化学計算から示唆され（式(10-6)），電解質水溶液中にリン酸や酢酸などのプロトン受容体を存在させた時，[Ru(Mebimpy)(bpy)(OH$_2$)]$^{2+}$錯体による水の電気触媒化学的酸化が著しく促進されることが見出された[10]。プロトン受容体の存在により，Ru^V=Oと水分子とのO-O結合形成と協奏する水分子からプロトン受容体へのプロトン移動が効果的に促進されたため，水の酸化が著しく促進したと結論付けられた。

$$Ru^V=O^{3+} + 2H_2O \longrightarrow Ru^V=O^{3+}\cdots O\begin{smallmatrix}H\\H\end{smallmatrix}\cdots OH_2 \longrightarrow Ru^{III}\text{-}OOH^{2+} + H_3O^+ \quad (10\text{-}6)$$

distal-および*proximal*-[Ru(tpy)(pynp)OH$_2$]$^{2+}$（pynp＝2-(2'-pyridyl)-1,8-naphthyridine）異性体（図10-5参照）の水の酸化触媒活性が研究され[67〜69]，*proximal*-体（TOF＝4.8×10^{-4} s^{-1}）に比べて*distal*-体（TOF＝3.8×10^{-3} s^{-1}）の方が約一桁高いTOFを与えることが明らかにされた[67]。水分子のRu^V=Oへの求核攻撃による過酸化物中間体（Ru^{III}-OOH）の生成過程が律速段階と仮定して，Ru^{III}-OOHの生成過程の活性化エネルギーを計算した。*proximal*-体（$\Delta G^{\neq}$＝104.6 kJ mol^{-1}）に比べ，*distal*-体の（87.9 kJ mol^{-1}）の方が$\Delta G^{\neq}$が小さく，*distal*-体の高いTOFが支持された[68]。図10-6に示すように，*proximal*-体のLUMOはpynp配位子まで非局在化するのに対し，*distal*-体ではRu^V=O部位に局在するため，Ru^V=Oへの水分子の求核攻撃が促進されたと考えられる。一方，可視光

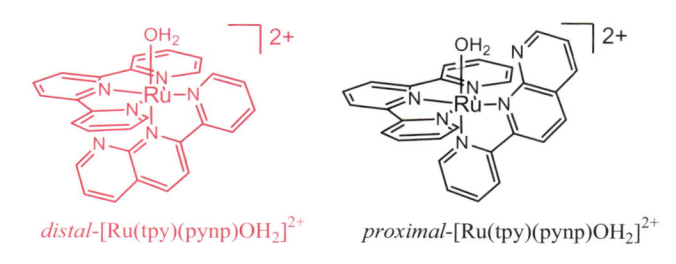

図10-5 *distal*- / *proximal*-[Ru(tpy)(pynp)OH$_2$]$^{2+}$異性体の構造

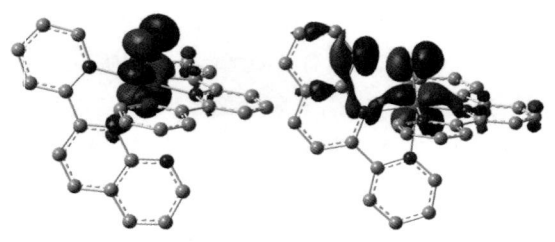

LUMO 1 (127 α)
distal-[Ru^V(tpy)(pynp)(O)]$^{3+}$

LUMO 1 (127 α)
proximal-[Ru^V(tpy)(pynp)(O)]$^{3+}$

図 10-6　*distal*- / *proximal*-[Ru^V(tpy)(pynp)(O)]$^{3+}$異性体の LUMO の分子軌道
Ru, N, C, H 原子は省略

照射により *distal*- 体から *proximal*- 体への光異性化反応が進行することが見出された[67]。*distal*- 体を光触媒化学系に応用する場合，TOF の低い *proximal*- 体へ光異性化するため，観察される触媒活性が低下する。このように，錯体触媒自身の光化学反応にも注意を払う必要がある。

tpy 配位子の 4' 位に置換基 R を導入した [Ru(R-tpy)(bpy)OH$_2$]$^{2+}$ 誘導体の水の酸化触媒活性が研究された[70]。Ce^{IV} 酸化剤と [Ru(R-tpy)(bpy)OH$_2$]$^{2+}$ 誘導体を均一水溶液系で混合させて水の触媒化学的酸化を行った。初期の酸素発生速度 (v_{O_2}) は Ce^{IV} 濃度に対して増加したが，1.0 M 以上の高濃度で飽和し，Ce^{IV} 大過剰の条件では，酸素発生反応に前平衡が存在することが示唆された。[Ru(R-tpy)(bpy)OH$_2$]$^{2+}$ 誘導体の Ru^{IV}=O /Ru^V=O の酸化還元電位が Ce$^{III/IV}$ の標準酸化還元電位（1.71 V vs NHE）[20] に近いため，式(10-7) で示されるように Ce^{IV} による Ru^V=O 生成が前平衡となり，Ce^{IV} 濃度に対して v_{O_2} が飽和したと考えられる[70]。

$$Ru^{IV}=O + Ce^{IV} \rightleftarrows Ru^V=O + Ce^{III} \quad (10\text{-}7)$$

$$Ru^V=O + H_2O \rightleftarrows Ru^{III}\text{-}OOH + H^+ \quad (10\text{-}8)$$

Ce^{IV} 酸化剤大過剰（0.1 M）の条件で測定された一連の [Ru(R-tpy)(bpy)OH$_2$]$^{2+}$ 誘導体の TOF を表 10-2 に示す。置換基の効果を表すハメット定数（σ_p）の低下（置換基の電子供与性の増加）に伴い，[Ru(R-tpy)(bpy)OH$_2$]$^{2+}$ 誘導体の TOF は

10 水の酸化反応を触媒する金属錯体

表 10-2 [Ru(R-tpy)(bpy)OH$_2$]$^{2+}$ 誘導体のターンオーバー速度（TOF）[†1]

R	σ_p	TOF / 10^{-3} s^{-1}
Chloro (Cl)	0.23	4.3
H	0	3.4
Methyl (Me)	−0.17	6.1
Ethoxy (EtO)	−0.24	44
Methoxy (MeO)	−0.27	24

[†1] Ce^{IV}, 0.5 mmol (0.1 M); [Ru(R-tpy)(bpy)OH$_2$]$^{2+}$, 0.1 μmol (20 μM); pH = 1.0.

著しく増大し，エトキシ(EtO)基($\sigma_p = -0.24$)を有する [Ru(EtO-tpy)(bpy)OH$_2$]$^{2+}$ で TOF(4.4×10^{-2} s^{-1}) は最大となった。[Ru(tpy)(bpy)OH$_2$]$^{2+}$ および [Ru(Cl-tpy)(bpy)OH$_2$]$^{2+}$ の Ru^{IV}=O/Ru^V=O の酸化還元電位は 1.83 および 1.84 V で，Ce$^{III/IV}$ の標準酸化還元電位（1.71 V vs NHE）より有意に大きかった。σ_p 値が大きい [Ru(tpy)(bpy)OH$_2$]$^{2+}$ および [Ru(Cl-tpy)(bpy)OH$_2$]$^{2+}$ の場合には，Ce^{IV} 大過剰の条件でも，Ru^V=O の生成反応（式(10-7)）が，O-O 結合形成反応（式(10-8)）よりも支配的になると考えられる。したがって，σ_p 値が大きい場合には，Ru^V=O の生成が困難になるため，TOF は小さな値を示したと考えられる。これに対して，電子供与性（$\sigma_p = -0.24$）の EtO 基を導入した [Ru(EtO-tpy)(bpy)OH$_2$]$^{2+}$ の場合には，Ru^{IV}=O/Ru^V=O の酸化還元電位（1.69 V vs NHE）は，[Ru(tpy)(bpy)OH$_2$]$^{2+}$ より 140 mV 小さくなり，[Ru(tpy)(bpy)OH$_2$]$^{2+}$ 錯体に比べ Ru^V=O の生成が容易になると考えられる。しかし，σ_p 値が減少するにつれて，Ru^V=O の生成（式(10-7)）が容易になる一方，Ru^V=O の求電子性が低下するため O-O 結合形成（式(10-8)）は不利になることが DFT 計算より支持されている[71]。σ_p 値が小さい場合，O-O 結合形成が支配的となり，これが遅くなるため TOF は減少したと考えられる。このように，単核ルテニウムアコ錯体による水の酸化では，Ru^V=O の生成を熱力学的に有利にする条件と Ru^V=O の求電子性を高めて O-O 結合形成を促進する条件が，相反する可能性が示唆された。これは，水分子の Ru^V=O への求核攻撃による O-O 結合形成に立脚した触媒創製の本質的な課題であろう。

10-5-2　M=O 間のカップリングによる O-O 結合形成

最近，Sun らは負電荷配位子を有する単核ルテニウムアコ錯体，[Ru(bpydc)(pic)$_2$]（bpydc = 2,2'-bipyridine-6,6'-dicarboxylate, pic = 4-picoline）が水の酸化触媒として働くことを報告した[43,44]。Ce^{IV} 酸化剤を用いた水の酸化で，v_{O_2} は [Ru(bpydc)(pic)$_2$] 濃度の二次に依存し，酸素発生の二次速度定数 7.83×10^5 M^{-1}s^{-1} を与えた。これより，錯体二分子が協同的に働くことが示唆された。触媒反応中間体と考えられる Ru^{IV} 種が単離され，X 線構造解析により水配位子を加えた七配位構造をとることが明らかにされた（図 10-7）[43]。これより，この水配位子に由来する Ru^V=O が触媒活性点となり，分子間で O-O 結合が形成される機構が提案された。さらに，アキシャル配位子を 4-picoline から isoquinoline に変えたところ，ターンオーバー速度は約 2 桁増大し，300 s^{-1} 以上に達することが報告された[44]。これは，アキシャル配位子の isoquinoline 間の π-π 相互作用により分子間の協同触媒作用が容易になったためと考えられた。このように，Ru^V=O 間のカップリングによる O-O 結合形成の有用性が示唆された。

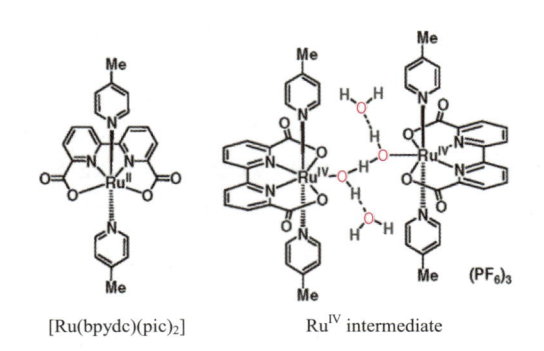

図 10-7　[Ru(bpydc)(pic)$_2$] and Ru^{IV} intermediate の構造
文献 43）より引用．(Copyright 2009 American Chemical Society.)

10-6 まとめ

　本章では，まず水の多電子酸化反応過程とその熱力学を解説した。光合成のOECは水の酸化を四電子一段階機構で達成することにより必要とする電位を最小限にとどめている。OECは一電子過程で逐次酸化され，4価の酸化力を蓄えて水を酸素に変換している。OECの高酸化状態への遷移に伴いマンガンクラスターの構造を巧みに変化させてクラスター内のオキソ種を安定化していると考えられるが，OECによる水の酸化機構はいまだ明らかにされていない。OECによる水の酸化機構を解明すると共に，その巧妙な触媒機能を合成化学的に実現できれば，非常に意義深い研究成果となるであろう。一方，光合成とは異なる水の酸化触媒機構の探求も重要であろう。ここでは，錯体触媒による水の酸化に関する最近の研究を交えて，代表的な水の酸化触媒機構を紹介した。単核ルテニウムアコ錯体で述べたように，水分子の$Ru^V=O$への求核攻撃によるO-O結合生成に基づく水の酸化触媒機構では，$Ru^V=O$の生成を有利にする条件と$Ru^V=O$の反応性を高める条件が相反する可能性が示唆され，これはこの機構に立脚した触媒開発の本質的な課題であろう。今後，$Ru^V=O$間のカップリングよるO-O結合形成に大きな関心が寄せられると予想される。$Ru^V=O$間のカップリングよるO-O結合形成の機構を明らかにすると共に，その結合形成に影響を及ぼす因子を詳細に検討することが重要な課題であり，得られた因子に基づいた革新的な錯体触媒分子の設計・創製が期待される。

引用文献

1) J.P.McEvoy, G.W.Brudvig, *Chem. Rev.*, **106**, 4455 (2006).
2) N.S.Lewis, D.G.Nocera, *Proc. Natl. Acad. Sci. U. S. A.*, **103**, 15729 (2006).
3) T.J.Meyer, *Acc. Chem. Res.*, **22**, 163 (1989).
4) J.H.Alstrum-Acevedo, M.K.Brennaman, T.J.Meyer, *Inorg. Chem.*, **44**, 6802 (2005).
5) R.Manchanda, G.W.Brudvig, R.H.Crabtree, *Coord. Chem. Rev.*, **144**, 1 (1995).
6) W.Ruettinger, G.C.Dismukes, *Chem. Rev.*, **97**, 1 (1997).

7) M.Yagi, M.Kaneko, *Chem. Rev.*, **101**, 21 (2001).

8) M.Yagi, A.Syouji, S.Yamada, M.Komi, H.Yamazaki, S.Tajima, *Photochem. Photobiol. Sci.*, **8**, 139 (2009).

9) H.Yamazaki, A.Shouji, M.Kajita, M.Yagi, *Coord. Chem. Rev.*, **254**, 2483 (2010).

10) Z.F.Chen, J.J.Concepcion, X.Q.Hu, W.T.Yang, P.G.Hoertz, T.J.Meyer, *Proc. Natl. Acad. Sci. U. S. A.*, **107**, 7225 (2010).

11) M.H.V.Huynh, T.J.Meyer, *Chem. Rev.*, **107**, 5004 (2007).

12) M.Yagi, S.Tokita, K.Nagoshi, I.Ogino, M.Kaneko, *J. Chem. Soc. Faraday Trans.*, **92**, 2457 (1996).

13) M.Yagi, K.Narita, *J. Am. Chem. Soc.*, **126**, 8084 (2004).

14) M.Yagi, K.Nagoshi, M.Kaneko, *J. Phys. Chem. B*, **101**, 5143 (1997).

15) M.Yagi, N.Sukegawa, M.Kasamastu, M.Kaneko, *J. Phys. Chem. B*, **103**, 2151 (1999).

16) M.Yagi, N.Sukegawa, M.Kaneko, *J. Phys. Chem. B*, **104**, 4111 (2000).

17) M.W.Lister, R.C.Petterson, *Can. J. Chem.*, **40**, 729 (1962).

18) J.Limburg, J.S.Vrettos, H.Y.Chen, J.C.de Paula, R.H.Crabtree, G.W.Brudvig, *J. Am. Chem. Soc.*, **123**, 423 (2001).

19) J.T.Groves, J.Lee, S.S.Marla, *J. Am. Chem. Soc.*, **119**, 6269 (1997).

20) *Encyclopedia of Electrochemistry of the Elements*; Bard, A. J., Ed.; Marcel Dekker, (1973).

21) A.Kimoto, K.Yamauchi, M.Yoshida, S.Masaoka, K.Sakai, *Chem. Commun.*, **48**, 239 (2012).

22) A.J.Bard, L.R.Faulkner, *Electrochemical Methods Fundermentals and Applications*; 2nd ed.; John Wiley & Sons, Inc.: New York, (2001).

23) H.S.White, A.J.Bard, *J. Am. Chem. Soc.*, **104**, 6891 (1982).

24) S.W.Gersten, G.J.Samuels, T.J.Meyer, *J. Am. Chem. Soc.*, **104**, 4029 (1982).

25) F.Liu, J.J.Concepcion, J.W.Jurss, T.Cardolaccia, J.L.Templeton, T.J.Meyer, *Inorg. Chem.*, **47**, 1727 (2008).

26) J.K.Hurst, J.L.Cape, A.E.Clark, S.Das, C.Qin, *Inorg. Chem.*, **47**, 1753 (2008).

27) M.Hirahara, A.Shoji, M.Yagi, *Eur. J. Inorg. Chem.*, **63**, 595 (2014).

28) J.Limburg, J.S.Vrettos, L.M.Liable-Sands, A.L.Rheingold, R.H.Crabtree, G.W.Brudvig,

Science, **283**, 1524 (1999).
29) K.Narita, T.Kuwabara, K.Sone, K.Shimizu, M.Yagi, *J. Phys. Chem. B*, **110**, 23107 (2006).
30) M.Yagi, K.Narita, S.Maruyama, K.Sone, T.Kuwabara, K.-i.Shimizu, *Biochim. Biophys. Acta Bioenerg.*, **1767**, 660 (2007).
31) R.Tagore, H.Chen, H.Zhang, R.H.Crabtree, G.W.Brudvig, *Inorg. Chim. Acta*, **360**, 2983 (2007).
32) P.Kurz, G.Berggren, M.F.Anderlund, S.Styring, *Dalton Trans.*, 4258 (2007).
33) H.Chen, R.Tagore, S.Das, C.Incarvito, J.W.Faller, R.H.Crabtree, G.W.Brudvig, *Inorg. Chem.*, **44**, 7661 (2005).
34) H.Yamazaki, S.Igarashi, T.Nagata, M.Yagi, *Inorg. Chem.*, **51**, 1530 (2012).
35) H.Yamazaki, T.Nagata, M.Yagi, *Photochem. Photobiol. Sci.*, **8**, 204 (2009).
36) R.K.Seidler-Egdal, A.Nielsen, A.D.Bond, M.J.Bjerrum, C.J.McKenzie, *Dalton Trans.*, **40**, 3849 (2011).
37) E.A.Karlsson, B.-L.Lee, T.Åkermark, E.V.Johnston, M.D.Kärkäs, J.Sun, Ö.Hansson, J.-E.Bäckvall, B. Åkermark, *Angew. Chem. Int. Ed.*, **50**, 11715 (2011).
38) Y.Naruta, M.Sasayama, T.Sasaki, *Angew. Chem. Int. Ed. Engl.*, **33**, 1839 (1994).
39) Y.Shimazaki, T.Nagano, H.Takesue, B.-H.Ye, F.Tani, Y.Naruta, *Angew. Chem. Int. Ed.*, **43**, 98 (2004).
40) J.J.Concepcion, J.W.Jurss, M.K.Brennaman, P.G.Hoertz, A.O.v.T.Patrocinio, N.Y.Murakami Iha, J.L Templeton, T.J.Meyer, *Acc. Chem. Res.*, **42**, 1954 (2009).
41) C.Sens, I.Romero, M.Rodriguez, A.Llobet, T.Parella, J.Benet-Buchholz, *J. Am. Chem. Soc.*, **126**, 7798 (2004).
42) R.Zong, R.P.Thummel, *J. Am. Chem. Soc.*, **127**, 12802 (2005).
43) L.Duan, A.Fischer, Y.Xu, L.Sun, *J. Am. Chem. Soc.*, **131**, 10397 (2009).
44) L.Duan, F.Bozoglian, S.Mandal, B.Stewart, T.Privalov, A.Llobet, L.Sun, *Nat. Chem.*, **4**, 418 (2012).
45) N.D.McDaniel, F.J.Coughlin, L.L.Tinker, S.Bernhard, *J. Am. Chem. Soc.*, **130**, 210 (2008).
46) J.D.Blakemore, N.D.Schley, D.Balcells, J.F.Hull, G.W.Olack, C.D.Incarvito,

O.Eisenstein, G.W.Brudvig, R.H.Crabtree, *J. Am. Chem. Soc.*, **132**, 16017 (2010).
47) J.F.Hull, D.Balcells, J.D.Blakemore, C.D.Incarvito, O.Eisenstein, G.W.Brudvig, R.H.Crabtree, *J. Am. Chem. Soc.*, **131**, 8730 (2009).
48) R.Lalrempuia, N.D.McDaniel, H.Mueller-Bunz, S.Bernhard, M.Albrecht, *Angew. Chem. Int. Ed.*, **49**, 9765 (2010).
49) S.M.Barnett, K.I.Goldberg, J.M.Mayer, *Nat Chem*, **4**, 498 (2012).
50) Z.Chen, T.J.Meyer, *Angew. Chem. Int. Ed.*, **52**, 700 (2013).
51) M.-T.Zhang, Z.Chen, P.Kang, T.J.Meyer, *J. Am. Chem. Soc.*, **135**, 2048 (2013).
52) W.C.Ellis, N.D.McDaniel, S.Bernhard, T.J.Collins, *J. Am. Chem. Soc.*, **132**, 10990 (2010).
53) J.L.Fillol, Z.Codolà, I.Garcia-Bosch, L.Gómez, J.J.Pla, M.Costas, *Nat Chem*, **3**, 807 (2011).
54) D.K.Dogutan, R.McGuire, D.G.Nocera, *J. Am. Chem. Soc.*, **133**, 9178 (2011).
55) D.J.Wasylenko, C.Ganesamoorthy, J.Borau-Garcia, C.P.Berlinguette, *Chem. Commun.*, **47**, 4249 (2011).
56) D.Wang, J.T.Groves, *Proc. Natl. Acad. Sci. U. S. A.*, **110**, 15579 (2013).
57) T.Nakazono, A.R.Parent, K.Sakai, *Chem. Commun.*, **49**, 6325 (2013).
58) A.Sartorel, M.Carraro, G.Scorrano, R.De Zorzi, S.Geremia, N.D.McDaniel, S.Bernhard, M.Bonchio, *J. Am. Chem. Soc.*, **130**, 5006 (2008).
59) Y.V.Geletii, B.Botar, P.Koegerler, D.A.Hillesheim, D.G.Musaev, C.L.Hill, *Angew. Chem. Int. Ed.*, **47**, 3896 (2008).
60) Y.V.Geletii, Z.Huang, Y.Hou, D.G.Musaev, T.Lian, C.L.Hill, *J. Am. Chem. Soc.*, **131**, 7522 (2009).
61) Q.Yin, J.M.Tan, C.Besson, Y.V.Geletii, D.G.Musaev, A.E.Kuznetsov, Z.Luo, K.I.Hardcastle, C.L.Hill, *Science*, **342**, 342 (2010).
62) P.Kurz, G.Berggren, M.F.Anderlund, S.Styring, *Dalton Trans.*, 4258 (2007).
63) J.J.Concepcion, J.W.Jurss, P.G.Hoertz, T.J.Meyer, Angew. *Chem. Int. Ed.*, **48**, 9473 (2009).
64) J.J.Concepcion, J.W.Jurss, J.L.Templeton, T.J.Meyer, *J. Am. Chem. Soc.*, **130**, 16462 (2008).

65) J.J.Concepcion, J.W.Jurss, M.R.Norris, Z.F.Chen, J.L.Templeton, T.J.Meyer, *Inorg. Chem.*, **49**, 1277 (2010).
66) J.J.Concepcion, M.-K.Tsai, J.T.Muckerman, T.J.Meyer, *J. Am. Chem. Soc.*, **132**, 1545 (2010).
67) H.Yamazaki, T.Hakamata, M.Komi, M.Yagi, *J. Am. Chem. Soc.*, **133**, 8846 (2011).
68) M.Hirahara, M.Z.Ertem, M.Komi, H.Yamazaki, C.J.Cramer, M.Yagi, *Inorg. Chem.*, **52**, 6354 (2013).
69) J.L.Boyer, D.E.Polyansky, D.J.Szalda, R.Zong, R.P.Thummel, E.Fujita, *Angew. Chem. Int. Ed.*, **50**, 12600 (2011).
70) M.Yagi, S.Tajima, M.Komi, H.Yamazaki, *Dalton Trans.*, **40**, 3802 (2011).
71) M.Hirahara, M.Z.Ertem, M.Komi, H.Yamazaki, C.J.Cramer, M.Yagi, to be submitted.

第11章
人工アンテナ物質を利用した光反応系の構築

11-1　人工アンテナ物質

　人工アンテナ物質は，超分子系と固体系に分類することができる。超分子系としては，デンドリマー[1]，ポルフィリン集合体[2]，有機ゲル[3]，色素含有ポリマー[4]，クロロフィル集合体[5]などが知られている（図11-1）。これら超分子系では，色素分子（金属錯体や有機分子）により吸収された光エネルギーが分子間を次々

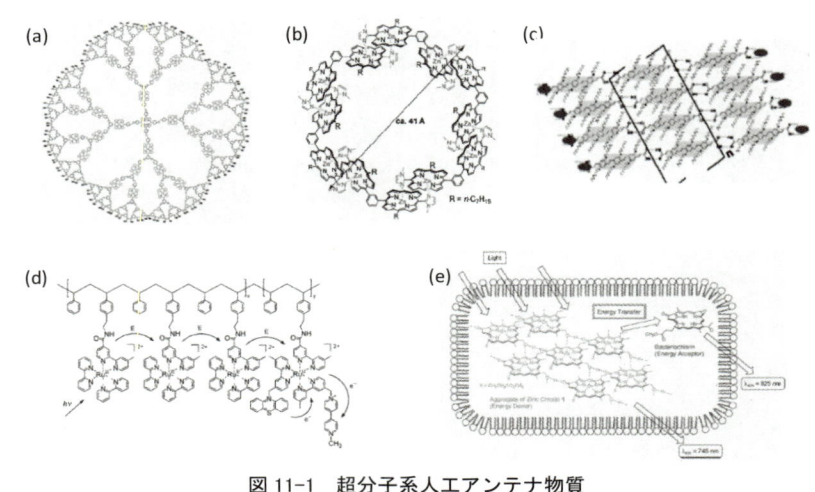

図 11-1　超分子系人工アンテナ物質
(a) デンドリマー，(b) ポルフィリン集合体，(c) 有機ゲル，(d) 色素含有ポリマー，(e) クロロフィル集合体

に移動するエネルギーマイグレーションや，多数の色素分子に吸収された光エネルギーが別の少数の色素分子に集約されるアンテナ効果等が報告されている。

一方，固体系としては，ゼオライト[6]，粘土鉱物[7]，PMO（Periodic Mesoporous Organosilica）[8]，MOF（Metal Organic Framework）[9]やCOF（Covalent Organic Framework）[10]などが知られており，構造中にナノ空間を有することが特徴である（図11-2）。ゼオライトや粘土鉱物では，無機物でできた骨格の隙間に形成された一次元もしくは二次元の細孔中に色素分子を配列させ，色素分子間のエネルギー移動の制御や，結晶内部から外部への光エネルギーの取り出し等が行われている。一方，PMOやMOF/COFは，骨格内に有機基（色素）が組み込まれているため，有機基が吸収した光エネルギーが細孔内の色素分子に集約される特異なアンテナ機能を示す。よって，細孔内に光触媒を導入すれば，アンテナとリンクした光捕集型反応場を比較的容易に構築することができる。特に，PMOは細孔が大きく（1.5〜30 nm），光触媒を固定しても細孔が閉塞せず，スムーズな物質拡散が確保されるため，効率的な反応場を構築するのに適している。

次に，光反応場を構築する土台として大きな可能性を有するPMOについて，その構造，光捕集アンテナ機能，光捕集型反応場の構築について紹介する。

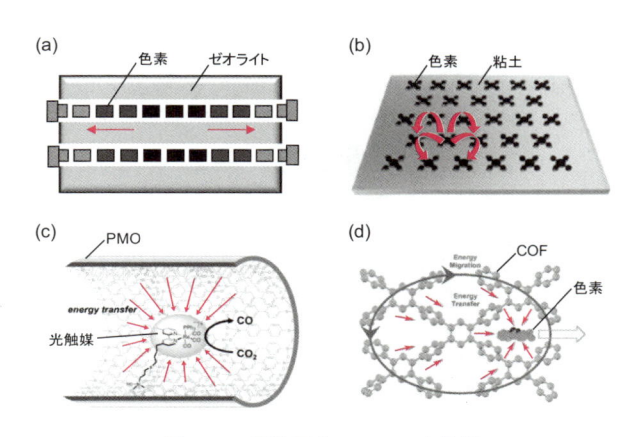

図11-2　固体系人工アンテナ物質
(a) 色素/ゼオライト複合体，(b) 色素/粘土複合体，(c) PMO，(d) COF

11-2 PMOの構造と光物性

11-2-1 合成と構造

PMOは，界面活性剤の存在下，架橋有機シラン [(R'O)$_3$Si-R-Si(OR')$_3$, R: 有機基, R':CH$_3$, C$_2$H$_5$ 等] の重縮合反応により合成される（図11-3）[11]。有機シリカ/界面活性剤複合体の形成後，界面活性剤を取り除くことで，均一なメソ細孔が形成される。細孔直径は使用する界面活性剤の種類など合成条件により1.5～30 nmの範囲で制御できる。界面活性剤のミセル（分子集合体）を鋳型に利用するため，MOFなどよりも大きな細孔が形成される。細孔壁厚は通常1～2 nm程度と非常に薄く，そのため壁中の多くの有機基が細孔表面に露出している。よって，露出した有機基の化学修飾や，細孔内に導入した他の物質との電子やエネルギーのやり取りを効率的に行うことができる。PMOは共有結合の安定な骨格構造を有するため，ほとんどの有機溶媒中で安定である。さらに，発煙硫酸などの強酸で処理しても構造が崩壊することなく，高い化学安定性を有する[12]。この点も，PMOの大きな特徴の1つである。

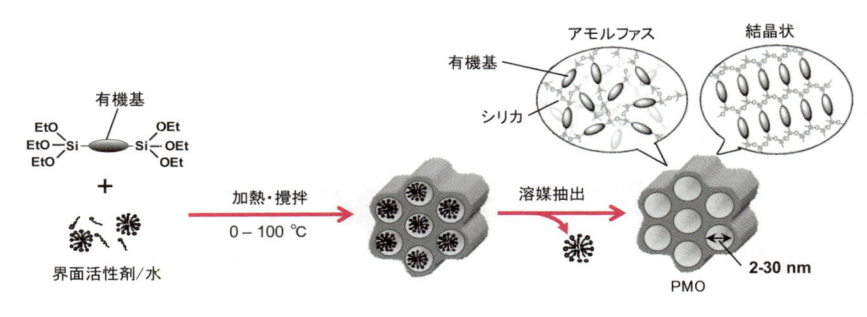

図11-3 PMOの合成スキーム

図11-4に，ビフェニル架橋有機シランをカチオン系界面活性剤[C$_{18}$H$_{37}$N(CH$_3$)$_3$Cl]の水溶液中で重縮合して得た，ビフェニル(Bp)-PMOのSEM像（図11-4(a)）およびTEM像（図11-4(b)）を示す[13]。これらよりBp-PMOの一次粒子径は約500 nmであることと，粒子内部にトンネル状の細孔（直径：3.5 nm）が形

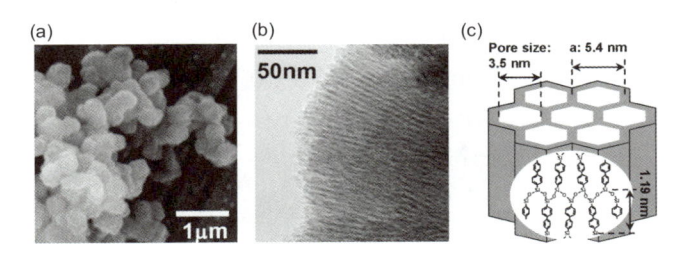

図 11-4 ビフェニル-PMO の SEM 像 (a), TEM 像 (b), 構造モデル (c)

成されていることが確認できる。さらに，X 線回折と高分解能 TEM 像から，ビフェニル基は，細孔壁内で規則的に配列していることが確認された。(図 10-4(c))。この結晶状の細孔壁構造は，比較的単純な芳香族有機基（ベンゼン[12]，ビフェニル[13]，ナフタレン[14] 等）の有機シラン前駆体から，塩基性条件で合成された粒子状 PMO においてのみ観察される。それ以外の条件で得られた PMO の細孔壁はすべてアモルファスであり，有機基は細孔壁中にランダムに分布している。

11-2-2 多様な PMO の光物性

PMO は骨格内の有機基に基づく光の吸収・発光特性を示す。代表的な例として Bp-PMO 粒子は，$\lambda_{max} \approx 270$ nm の紫外光を吸収し，$\lambda_{max} = 385$ nm の蛍光を示す（図 11-5）[14]。吸収波長は，前駆体モノマーの希薄溶液とほぼ同じなのに対し，蛍光は大幅にブロード化および長波長シフト（75 nm）していること

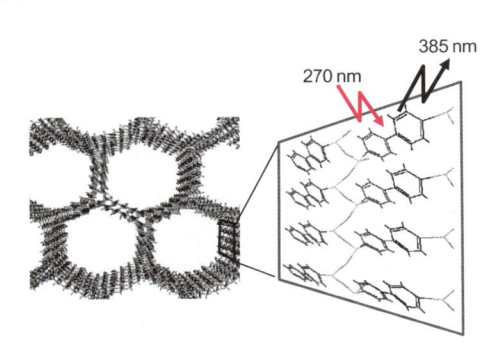

図 11-5 ビフェニル-PMO の吸収・発光

から，ビフェニル基が細孔壁中でエキシマーを形成していると考えられる．時間分解分光による詳細な解析の結果，骨格中のビフェニル基は，

① 基底状態では会合体を形成していない
② 溶液中と同じねじれ構造をとっている
③ ピコ秒でエキシマーを形成する

などが明らかにされた[15]．

図 11-6 に，酸性条件で合成した幾つかの PMO 薄膜の吸収・蛍光スペクトルを示す[16]．PMO 薄膜の細孔壁はすべてアモルファスである．いずれの PMO 薄膜も，Bp-PMO 粒子と同じようにエキシマー的な蛍光特性を示す．蛍光量子収率は，多くの場合，前駆体モノマーよりも PMO の方が低いが，ビフェニルに限っては PMO の方が高い（$\Phi_F = 0.45$）（図 11-6）．

Bp-PMO は，結晶状とアモルファス状の両方で，ほぼ同じ波長域にエキシマー蛍光を示すが，ベンゼンとナフタレン-PMO では細孔壁の構造に依存して蛍光特性に大きな違いが見られている[14,16]．細孔壁が結晶状の場合，PMO の蛍光スペクトルは前駆体モノマーの蛍光スペクトルに近く，有機基が孤立した状態に近いことを示唆している．ベンゼンとナフタレン-PMO の細孔壁構造は，Bp-

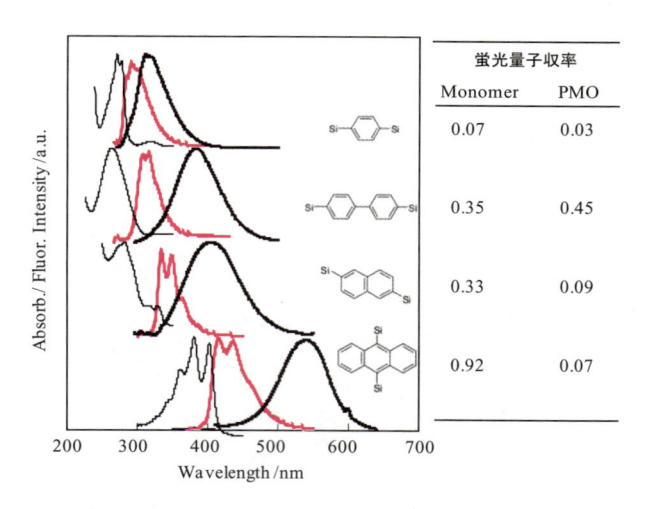

	蛍光量子収率	
	Monomer	PMO
ベンゼン	0.07	0.03
ビフェニル	0.35	0.45
ナフタレン	0.33	0.09
アントラセン	0.92	0.07

図 11-6　芳香族 PMO 薄膜の吸収・蛍光スペクトル及び蛍光量子収率：PMO の吸収（——）と蛍光（——）スペクトル，前駆体モノマー希薄溶液の蛍光（——）スペクトル

PMO とほぼ同じであり，有機基の両端はシロキサンにより固定されている（図 11-5）。この構造モデルから隣接する有機基間の距離を計算すると，0.44 nm となる。この距離は，通常の芳香族分子の π スタッキング距離（0.35 nm）よりも長く，有機基間の相互作用が弱いことを支持している[12]。

可視光を吸収する PMO 粒子の合成は，光触媒など太陽光を利用する技術を構築する上で必要とされる。一般に，大きな有機基を含む架橋有機シラン 100% からの PMO 粒子の合成は，有機シランと界面活性剤との相互作用が弱くなるため（シラン部の分子中に占める比率が下がるため）難しい。しかし，450 nm 以下の可視光を吸収するアクリドンを骨格とする PMO 粒子の合成が報告されている（図 11-7）[17]。アクリドンは，分子が比較的コンパクトで，かつ分子中に界面活性剤と相互作用可能なアニオンを持つ（塩基条件）ため，PMO の合成が可能となったと思われる。この PMO は，エキシマー蛍光（λ_{max} = 525 nm）を示すが，その量子収率は低い（Φ_F = 0.013）。

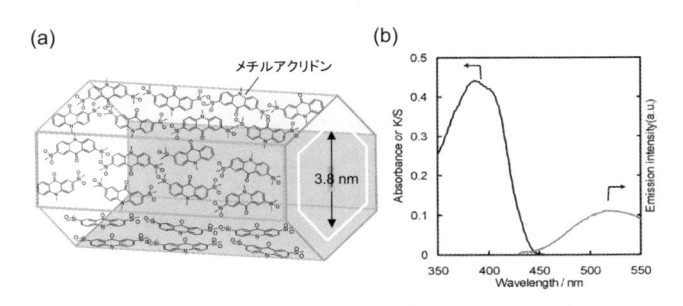

図 11-7　メチルアクリドン-PMO の (a) 構造，(b) 吸収・蛍光スペクトル

PMO 薄膜は，規則的な有機基の配列構造は見られないが，メソポーラス構造の形成は PMO 粒子の合成と比較すると容易である。架橋有機シラン 100% や TEOS との共縮合により，多様な可視光吸収型 PMO 薄膜が合成されている。オリゴフェニレンビニレン[18]，トテラフェニルピレン[19]，スピロビフルオレン[20]を骨格導入した PMO 薄膜は，450 nm 以下の可視光を吸収し，青色の非常に強い蛍光を示す。蛍光量子収率は Φ_F = 0.59〜0.79 に達する。また，前者 2 つの PMO の細孔内に黄色の蛍光色素をドープすると，骨格からの青色と細孔内色素からの黄色の発光が同時に起こり，全体として白色の発光（Φ_F = 0.43〜0.67）

を示す[19,21]。さらに，ペリレンビスイミドを導入したPMO薄膜は，700〜800 nmまでの可視光を吸収することができる[22]。ペリレンビスイミドは，PMO骨格中で強いπ-スタッキング構造を形成し，薄膜でありながら0.35 nmの周期構造がX線回折やTEMより確認されている。これは，骨格内にπ-スタッキング構造を有する初めてのPMOであり，骨格中での電子の非局在化を示唆する結果も得られている。

骨格内にホール輸送機能を有するPMO薄膜も合成されている。3本鎖のオリゴフェニレンビニレンから成る有機シラン100％より，ゾルゲル法を利用してPMO透明薄膜が合成されている（図11-8）[23]。Time-of-flight法でホール輸送性能が評価され，3.2×10^{-5} cm^2/Vsのホール移動度が得られている。この値は，有機物だけのオリゴフェニレンポリマーのホール移動度（$\sim 10^{-5}$ cm^2/Vs）と同等であり，絶縁体であるシリカが含まれていても，高い移動度が実現できる可能性を示している。このホール輸送性PMO薄膜は，有機太陽電池への応用が期待される。

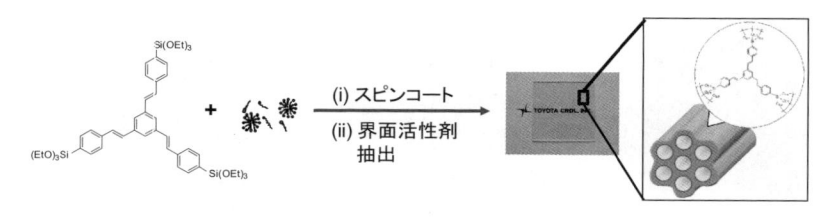

図11-8　ホール輸送性PMOの合成

また，金属錯体を導入したPMOの合成も報告されている。最初にシリル基を導入した金属錯体とTEOSとの共縮合による合成が報告されたが[24]，この方法では，金属錯体の混合比率を低くしないと，規則的なPMOを合成できなかった。そこで，有機配位子だけを導入したPMOを合成し，後処理により細孔表面に金属錯体を形成する新しい方法が提案された（図11-9）[25]。まず，フェニルピリジン架橋有機シランから結晶状の細孔壁構造を有するPMOを合成し（図11-9(a)），次に，細孔表面に規則的に配列したフェニルピリジンを配位子の1つとして，金属錯体（ルテニウムやイリジウム錯体）を細孔表面に形成する。

11 人工アンテナ物質を利用した光反応系の構築

この方法により，比較的高密度に金属錯体を細孔表面に固定することが可能となった．細孔表面に金属錯体を直接固定したPMOは，従来の金属錯体をグラフトしたメソポーラスシリカとは異なり，

① 細孔内の物質拡散を阻害しにくい
② 錯体を完全に孤立化することができる
③ 錯体の安定性が向上する

などのメリットがある（図11-9(b)）．有機配位子を骨格に導入したPMOは，金属錯体の固定担体として大きな可能性を有する．また，ルテニウム錯体PMOは，800 nmまでの幅広い光を吸収できるため（図11-9(c)），可視光応答型光触媒としての利用も期待される．

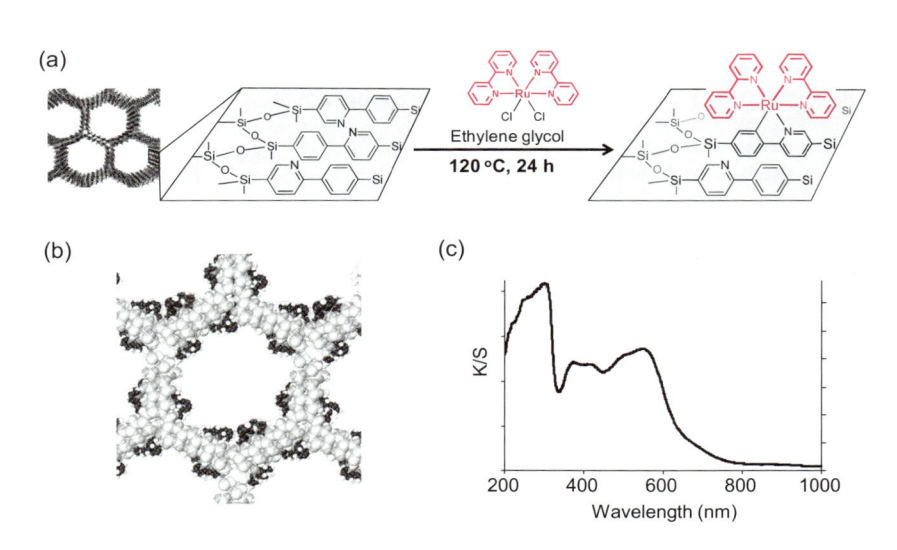

図11-9 フェニルピリジン-PMOと細孔表面でのルテニウム錯体の形成
(a) PMO表面での錯体形成スキーム，(b) ルテニム錯体を固定したPMOの細孔断面のCGイメージ，(c) 拡散反射スペクトル

11-3　PMO の光捕集アンテナ機能

　光合成の光捕集アンテナでは，反応中心の周りに張り巡らされた多数のクロロフィル分子（通常は反応中心1個当たり約200個）が太陽光を吸収し，そのエネルギーはクロロフィル分子の電子励起状態として蓄えられる。そして，クロロフィル分子の励起エネルギーは，アンテナ中のクロロフィル分子間を移動して，最終的に反応中心に送り込まれる[26]。ここで，クロロフィルが吸収した光エネルギーは，ほぼ100％の量子効率で反応中心に送られる。この様に，多数のクロロフィル分子の励起エネルギーが1個の反応中心に効率的に集約されることにより，反応中心の光励起の頻度が高められ（アンテナ効果），難しいとされる光合成の多電子反応が促進される仕組みが構築されている。このアンテナ効果は，反応中心に連動したクロロフィル分子の数によって決まる。

　ここでは，人工アンテナ物質である PMO の光捕集アンテナ機能について説明する。

11-3-1　エネルギー移動の機構[27]

　図11-10に，クマリン色素をドープした Bp-PMO のエネルギー移動特性を示す。本系では，クロロフィルに相当するものが，骨格ビフェニル基であり，反応中心に相当するものが，細孔内に導入したクマリン色素である。クマリン色素が用いられた理由は，クマリン色素の吸収スペクトルが Bp-PMO の発光スペクトルとよく重なっているためであり，これは効率的な蛍光共鳴エネルギー移動の条件の1つである（式 (11-1)，後述）。図11-10(b) に，クマリンを細孔内にドープした Bp-PMO の蛍光スペクトルを示す。クマリン濃度の増加に伴い，Bp-PMO の発光強度（λ_{max} = 380 nm）が低下し，同時にクマリンからの蛍光（λ_{max} = 450 nm）の強度が増加している。励起光（280 nm）は，ほとんどビフェニル基に吸収されているため，クマリンの発光は，ビフェニル基からのエネルギー移動によって生じたと考えられる。

　このエネルギー移動の機構については，ビフェニル基のエキシマーからクマリンへの蛍光共鳴エネルギー移動（FRET）であることが，次の2つの実験よ

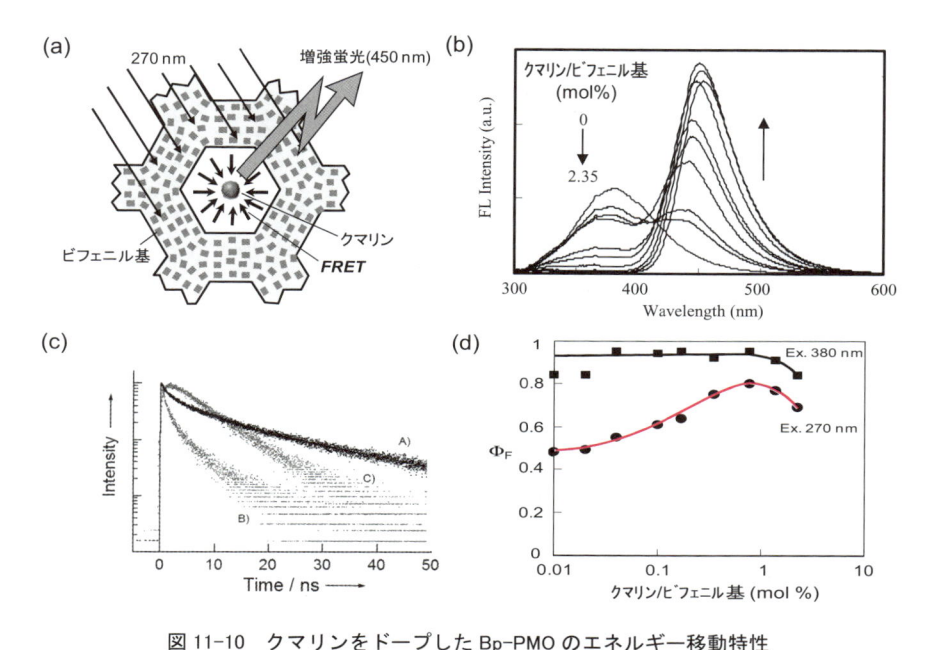

11 人工アンテナ物質を利用した光反応系の構築

図 11-10 クマリンをドープした Bp-PMO のエネルギー移動特性
(a) 骨格ビフェニル基から細孔内クマリンへのエネルギー移動の模式図，(b) クマリンドープ量を変化させた時の蛍光スペクトル変化，(c) 蛍光寿命 A) Bp-PMO (370 nm), B) クマリン/Bp-PMO (370 nm), C) クマリン/Bp-PMO (500 nm), 励起波長はすべて 266 nm. (d) 蛍光量子収率 (Φ_F) とクマリン/ビフェニル比の関係

り確認された。1 つは，Bp-PMO の蛍光寿命がクマリンドープにより大幅に短くなったことと，ビフェニル基の発光減衰とクマリンの発光の立ち上がりが，ほとんど同じ時定数で起こったことである（図 11-10(c)）。もし，発光・再吸収過程が主体とすると，Bp-PMO の蛍光寿命の変化はない。もう 1 つは，発光量子収率が，クマリンドープにより向上したことである。Bp-PMO の発光量子収率は，比較的高い $\Phi_F = 0.42$ であるが，クマリンドープによりさらに $\Phi_F = 0.8$ まで向上した（図 11-10(d)）。発光・再吸収過程が主体のエネルギー移動の場合，発光量子収率は，Bp-PMO の収率（$\Phi_F = 0.42$）を超えることはできない。

11-3-2　アンテナ効果[27]

エネルギー移動効率 (η_{ET}) は，アクセプターをドープする前後のドナー発光の強度比 (F/F_0) あるいは寿命の比 (τ/τ_0) から求めることができる。図 11-11(a) は，図 11-11(b) のビフェニル基の発光強度の比から求めたエネルギー移動効率を，クマリン濃度 (Bp-PMO 中のビフェニル基に対するクマリン分子の比率) に対しプロットしたものである。クマリン濃度の増加に伴いエネルギー移動効率が増加し，0.8 mol% でほぼ 100% に達している。このクマリン濃度では，ビフェニル基が 125 個に対しクマリンが 1 分子存在する。つまり，125 個のビフェニル基が吸収した光エネルギーが 1 個のクマリン分子にほぼ 100% の量子効率で集約されたことを示す。これは，光合成に匹敵するアンテナ効果であり，これまで報告された人工アンテナ物質の中でも最も高い。

図 11-11(b) は，クマリンをドープ (0.66 mol%) した Bp-PMO を，380 nm と 270 nm の同じ強度の光で励起した時のクマリンからの発光強度を比較したものであるが，270 nm 励起の方が圧倒的に強い蛍光が観察されている。これは，270 nm と 380 nm の光の吸収率の差によるものである。270 nm の光は，Bp-PMO アンテナにより効率的に捕集され，エネルギー移動によりクマリンを強く発光させたのに対し，380 nm の光は，クマリンが低濃度 (ビフェニル基の 0.66 mol%) のため吸収率が低く，弱い発光となった。この発光強度の差が，Bp-PMO によるアンテナ効果に対応する。

Bp-PMO 系において，極めて効率的なエネルギー移動が起こった理由を考察

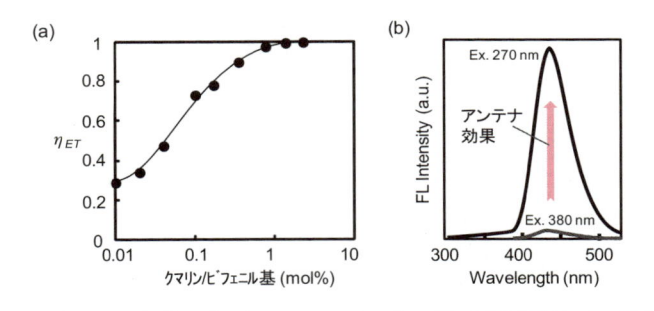

図 11-11　クマリンをドープした Bp-PMO のエネルギー移動効率とアンテナ効果
(a) エネルギー移動効率 (η_{ET})，(b) クマリン/Bp-PMO (クマリン 0.66 mol%) の 270 nm と 380 nm 励起時の蛍光強度の比較 (アンテナ効果)

するため，骨格ビフェニル基とクマリンの間のフェルスター半径（R_0）を計算した．フェルスター半径とは，ドナーとアクセプター間で 50% の効率でエネルギー移動が起こる臨界距離であり，式（11-1）により求まる[28]．

$$R_0^6 = \frac{9000(\ln 10)\kappa^2 \Phi_D I}{128\pi^5 N_A n^4} \quad (11\text{-}1)$$

ここで，Φ_D と n は，ドナー（Bp-PMO）の発光量子収率（0.45）と屈折率（1.59），N_A はアボガドロ数，κ^2 は配向因子（ここでは，ランダム配向の 2/3 を採用），I はドナー（Bp-PMO）の発光スペクトルとアクセプター（クマリン）の吸収スペクトルの重なり関数 $J(\lambda)$ の積分値である．$J(\lambda)$ は式（11-2）で与えられる．

$$J(\lambda) \cong \lambda^4 \times PL_{\text{corr}}(\lambda) \times \varepsilon(\lambda) [\text{cm}^2/\text{M}] \quad (11\text{-}2)$$

ここで，$PL_{\text{corr}}(\lambda)$ は，ドナー（Bp-PMO）の蛍光スペクトルを $\int PL(\lambda) \, d\lambda = 1$ となるように規格化したもの，$\varepsilon(\lambda)$ はアクセプター（クマリン）の希釈溶液の吸収スペクトルをモル吸光係数で表したものである．$I = 2.6 \times 10^{-14}$ cm^{3}M^{-1} の値から計算した R_0 は，3.2 nm であった．Bp-PMO の細孔直径と壁厚は，それぞれ 3.5 nm と 1.9 nm と見積もられているので，細孔内のクマリン分子と壁内のビフェニル基の距離は，常にフェルスター半径に収まっている．さらに，ビフェニル基とクマリンの空間分布のモデルに基づいたモンテカルロシミュレーションとピコ秒時間分解蛍光測定から，エキシマー蛍光の減衰が，両者間の蛍光共鳴エネルギーによりほぼ説明されることも確認されている[29]．

PMO のアンテナ効果を利用することで，クマリン単独では不可能な強い発光を得ることができる．PMO 細孔内のクマリンは，濃度が 1 mol% までは高い発光量子収率（Φ_F）を維持するが，それ以上では自己消光により低下する（図 11-10(d)）．つまり，それ以上クマリン濃度を上げてもクマリン単独で発光強度を高くすることは困難である．しかし，アンテナ効果を利用することで，少量のクマリンをより強く発光させることができる．このアンテナを利用するメリットは，光触媒にエネルギー集約する場合により顕著となる．金属錯体など分子触媒は，やはり高濃度では触媒機能が低下する場合が多い．また固体系では，触媒の周りに反応物や生成物がスムーズに拡散できる空間を確保する必要がある．一方で，光触媒を低濃度にすると，光の吸収率が低下するという問題

が出てくるが，この問題はアンテナを利用することで解決できる．

11-3-3　大孔径PMOを利用したエネルギー移動[30]

次に，フェルスター半径よりも大きな細孔径を有するPMOを利用した場合の骨格有機基から細孔内色素へのエネルギー移動特性について述べる．この場合は，細孔内の色素分子の位置（壁付近か中心付近）が，エネルギー移動特性に大きく影響する．ここでは，骨格内にテトラフェニルピレン（TPP）を導入したPMOを利用して，色素としてはペリレンビスイミド（PBI）を用いた例について紹介する．TPP-PMOの格子定数（$a = \sim 10$ nm）は，上記のBp-PMO（$a = 5.4$ nm）の2倍近く大きい．PBIの置換基の極性を変えることで，細孔の壁あるいは中心付近に色素を選択的に配置させることができる（界面活性剤ミセル中の極性の違いを利用）．

図11-12(a)に，置換基の異なる4種類のPBIをドープしたTPP-PMOの蛍光スペクトルを示す．また，図11-12(b)には，蛍光スペクトル変化から予測したBPIの細孔内での配置と凝集状態を示す．置換基として長鎖アルキル基[$R^1 = -(CH_2)_{11}CH_3$]とアルコキシ基[($R^2 = -Si(OMe)_3$)]を結合したBPIをドープした場合（図11-12(a) A），TPP-PMOの蛍光はドープ量が1mol%で約1割，

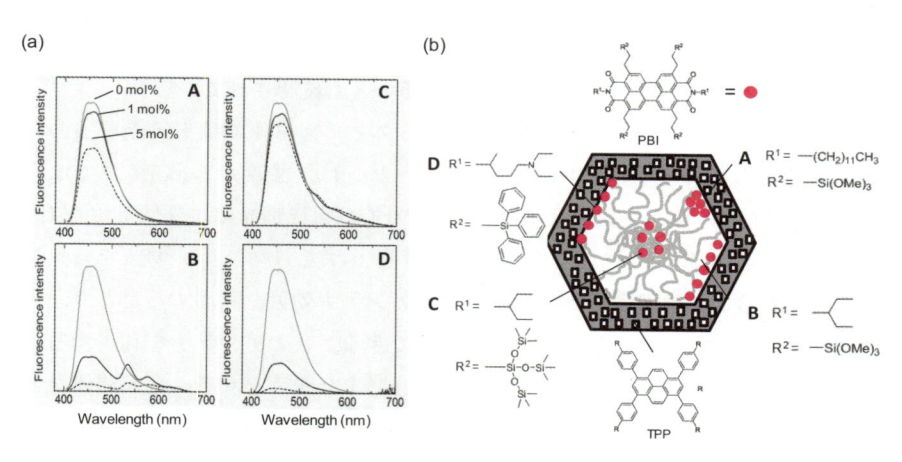

図11-12　(a) PBIをドープしたTPP-PMOの蛍光スペクトル，(b) TPP-PMO細孔内でのPBI分子の位置と凝集状態

5 mol%で約4割の消光にとどまっていることから，PBIは凝集した状態で壁付近に存在すると考えられる（図11-12(b)）。R^1を嵩高い分岐アルキル基 [R^1 = $-CH(C_2H_5)_2$] で置換すると（図11-12(b)B），TPP-PMOの蛍光は大きく消光される（図11-12(a)）。これは，BPIの凝集が抑制されBPIが細孔壁付近で分散されたためと考えられる（図11-12(b)B）。一方，アルコキシ基を疎水性のトリメチルシリル基（$R^2 = -Si[OSi(CH_3)_3]_3$）に置換した場合（図11-12(b)C），TPP-PMOの蛍光消光は僅かとなり（図11-12(b)C），PBIは極性の低い細孔中心に配置されたと考えられる（図11-12(b)C）。なぜなら，細孔中心のPBIと骨格内のTPPの距離は，両者のフェルスター半径（4.5 nm）を超えるためである。実際，TPP-PMOの格子定数を小さくしたところ（$a = 10 \rightarrow 6.5$ nm），PBIが細孔の中心にあっても消光が効率的な起こることが確認されている。R^1に極性の高いアミン基 [$R^1 = -CH(CH_3)(C_3H_6)N(C_2H_5)_2$] を，$R^2$に嵩高い基 [$R^2 = -Si(C_6H_5)_3$] を導入した場合は（図11-12(b)D），TPP-PMOの効率的な消光が見られている（図11-12(b)D）。しかし，BPIの発光がほとんど見られないことから，BPIとTPP間の電子移動消光が示唆されている。このことは，過渡吸収測定において，イオン生成（$TPP^{+\cdot}$, $BPI^{-\cdot}$）が観測されたことにより確認されている。

このように，PMOにおけるエネルギー移動効率については，骨格有機基と細孔内色素分子の光物性に加え，PMOの細孔径や細孔内のゲスト分子の位置の制御が重要なファクターになることがわかる。

11-4 PMOを利用した光触媒系の構築

PMOの細孔表面には，有機基やシラノール基（Si-OH）が露出しているため，化学修飾により，金属錯体，電子受容体，触媒等の固定が容易にできる。また，細孔径が大きいため，表面修飾を行っても細孔の閉塞は起こらず，触媒反応に必要な物質拡散を確保できるメリットがある。ここでは，PMOの細孔空間に分子系光触媒を導入し，骨格有機基と機能連動させた固体分子光触媒系の構築例を2つ紹介する。1つは，骨格有機基の光捕集機能を利用したアンテナ型光

触媒であり,もう1つは,骨格有機基の電子ドナー機能を利用したドナー/アクセプター型光触媒である。

11-4-1 アンテナ型光触媒[31]

光捕集アンテナ機能を有する Bp-PMO の細孔内に,CO_2 還元光触媒能($CO_2 \rightarrow CO$)を有するレニウム(Re)錯体 [Re(CO)$_3$(bpy)PPh$_3$] を固定した光捕集型 CO_2 還元光触媒について説明する(図 11-13)。Bp-PMO の発光スペクトルと Re 錯体の吸収スペクトルは重なりが比較的大きいため,効率的な蛍光共鳴エネルギー移動が期待される。Re 錯体を細孔内に固定した Bp-PMO は次のように合成された。まず,ビピリジン配位子だけを固定した Bp-PMO を,ビフェニル架橋シランとビピリジンアルキルモノシランとの共縮合により合成し,次に,細孔内のビピリジン配位子と前駆体 [Re(CO)$_5$(PPh$_3$)]$^+$ を作用させて,Re 錯体を形成させた(Re/Bp-PMO)。この手法は,Re 錯体を Bp-PMO の細孔表面に直接固定する方法に比べ,Re 錯体を細孔内に均一に固定できるメリットがある。Re 錯体の導入量は,PMO 骨格のビピリジン基の約 10 mol% である。Re 錯体の導入後に,Bp-PMO の蛍光がほぼ完全に消光し,代わりに Re 錯体の発光が現れたことから,Bp 基から Re 錯体へのエネルギー移動が効率よく起きたことが確認されている。

次に,Re/Bp-PMO の CO_2 還元光触媒活性を評価した結果を図 11-13(b) に示す。Re/Bp-PMO 粉末をアセトニトリル中に分散させ,犠牲試薬としてトリエ

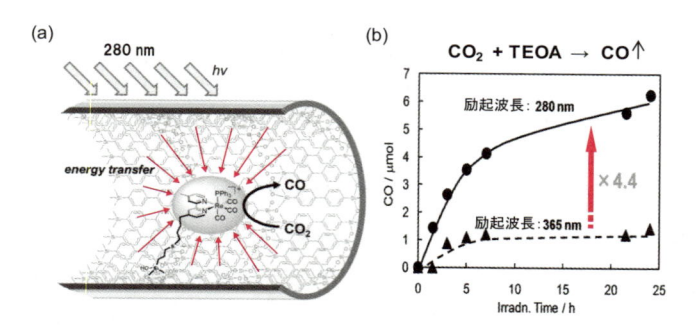

図 11-13 (a) 光捕集型 PMO 光触媒の模式図,(b) CO_2 還元光触媒特性

11 人工アンテナ物質を利用した光反応系の構築

タノールアミン（TEOA）を添加し，CO_2 ガスを循環しながら光照射した場合，励起光波長が 280 nm と 365 nm の時の CO の生成量を比較すると，280 nm の方が 4 倍以上高い。これは，365 nm 励起の場合，励起光が Re 錯体に直接吸収されるため，アンテナ機能が利用されなかったのに対し，280 nm 励起では，アンテナである Bp-PMO に効率的に吸収され，その励起エネルギーが Re 錯体に集約されたためである。つまり，Re 錯体の触媒活性が，Bp-PMO のアンテナ効果により，増強されたことを示す。これは，人工アンテナ物質と光触媒を有機的にリンクさせて，CO_2 の還元活性の増強を確認した初めての例である。さらに，Re 錯体は溶液中では紫外線により分解し易いが，Bp-PMO の細孔内ではビフェニル骨格が紫外線を吸収するため，Re 錯体の分解が抑制される傾向も確認されている。

11-4-2　ドナー/アクセプター型光触媒[32]

PMO の骨格有機基は，エネルギードナーとしてだけでなく，電子ドナーとしても機能する。Bp-PMO の細孔壁に電子アクセプターを固定し，PMO 骨格からアクセプターへの電子移動を利用した H_2 生成光触媒系が構築された例を紹介する[32]（図 11-14）。Bp-PMO の細孔表面にビオロゲン（Vio）を化学的に結合したところ，400 nm 付近に，ビフェニルとビオロゲンの電子移動（CT）遷移による新しい吸収バンドが現れる。この CT バンドを励起すると，ビフェ

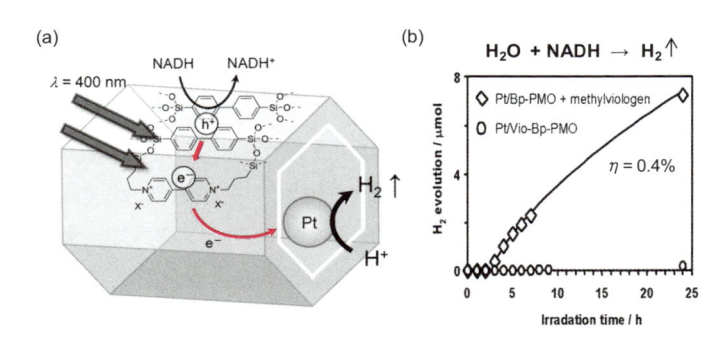

図 11-14　(a) ドナー/アクセプター型 PMO 光触媒の模式図，(b) 水の光分解触媒特性（照射光：400 nm 単色光）

ニルからビオロゲンへの電子移動を示すラジカルカチオンの生成が過渡吸収スペクトルに確認された．しかも，そのラジカルカチオンは長寿命（半減期が約 $10\,\mu s$）であり，安定な電荷分離状態が形成されたことが見い出されている．次に，この Vio/Bp-PMO に白金塩を含浸し，光還元処理により白金を担持して合成した触媒粉末を，犠牲試薬である NADH を含む水溶液に分散させて 400 nm の単色光を照射したところ，水素の生成が確認された（図 11-14(b)）．一方，Bp-PMO の代わりにビフェニル分子を用いて，ビオロゲン，NADH，そしてコロイダル白金の溶液中で同じ様に光を照射した系では水素が生成しない．このことは，均一系には見られない特異な機能を PMO が発現する可能性を示唆している．現状では，反応量子収率は 1% 以下と低いが，白金の分散性の向上など触媒系を最適化することにより，効率向上が可能と考える．

このように，PMO の利用により，分子系光触媒を容易に固体系へと展開できるとともに，骨格有機基の特異な機能（アンテナ効果など）を活用することで，均一系では不可能な高度な反応場の構築が可能になると考える．よって，PMO を利用した光反応場の構築は，人工光合成構築に向けたアプローチの 1 つとして注目される．

11–5 まとめ

人工アンテナ物質として注目される PMO の構造と光捕集機能，そして PMO を利用して構築した分子系光触媒について紹介した．ここで紹介したアンテナ型光触媒は，人工のアンテナ物質を光触媒に連動させた初めての例となる．アンテナ機能とナノ細孔の両方を有する PMO の登場により，両者の連動が容易となった．今後の課題は，犠牲試薬なしで機能する分子系光触媒の構築である．そのためには，水の酸化触媒と還元触媒を連動する必要がある．水の酸化触媒を連動する上でも PMO の細孔構造が有効に活用できると考える．分子系光触媒の研究はこれまで均一系を中心に発展してきたが，今後は複数の機能の連動や，高度な反応場が設計し易い固体系へと発展すると思われる．

引用文献

1) M.-S. Choi, T. Yamazaki, I. Yamazaki, T. Aida, Angew. *Chem. Int. Ed.*, **43**, 150 (2004).
2) R. Takahashi, T. Kobuke, *J. Am. Chem. Soc.*, **125**, 2372 (2003).
3) A. Ajayaghosh, V. K. Praveen, *Acc. Chem. Res.*, **40**, 644 (2007).
4) M. H. V. Huynh, D. M. Dattelbaum, T. J. Meyer, *Coord. Chem. Rev.*, **249**, 457 (2005).
5) T. Miyatake, H. Tamiaki, *Coord. Chem. Rev.*, **254**, 2593 (2010).
6) G. Calzaferri, S. Huber, H. Maas, C. Minkowski, *Angew. Chem. Int. Ed.*, **42**, 3732 (2003).
7) Y. Ishida, T. Shimada, D. Masui, H. Tachibana, H. Inoue, S. Takagi, *J. Am. Chem. Soc.*, **133**, 14286 (2011).
8) S. Inagaki, O. Ohtani, Y. Goto, K. Okamoto, M. Ikai, K. Yamanaka, T. Tani, T. Okada, *Angew. Chem. Int. Ed.*, **48**, 4042 (2009).
9) L. Chen, Y. Honsho, S. Seki, D. Jiang, *J. Am. Chem. Soc.*, **132**, 6742 (2010).
10) X. Zhang, M. A. Ballem, Z.-J. Hu, P. Berman, K. Uvdal, *Angew. Chem. Int. Ed.*, **50**, 56729 (2011).
11) S. Inagaki, S. Guan, Y. Fukushima, T. Ohsuna, O. Terasaki, *J. Am. Chem. Soc.*, **121**, 9611 (1999).
12) S. Inagaki, S. Guan, T. Ohsuna, O. Terasaki, *Nature*, **416**, 304 (2002).
13) M. P. Kapoor, Q. Yang, S. Inagaki, *J. Am. Chem. Soc.*, **124**, 15176 (2002).
14) N. Mizoshita, Y. Goto, M. P. Kapoor, T. Shimada, T. Tani, S. Inagaki, *Chem. Eur. J.*, **15**, 219 (2009).
15) K. Yamanaka, T. Okada, Y. Goto, T. Tani, S. Inagaki, *Phys. Chem. Chem. Phys.*, **12**, 11688 (2010).
16) Y. Goto, N. Mizoshita, O. Ohtani, T. Okada, T. Shimada, T. Tani, S. Inagaki, *Chem. Mater.*, **20**, 4495 (2008).
17) H. Takeda, Y. Goto Y. Maegawa, T. Ohsuna, T. Tani, K. Matsumoto, T. Shimada, S. Inagaki, *Chem. Commun.*, 6032 (2009).
18) N. Mizoshita, Y. Goto, T. Tani, S. Inagaki, *Adv. Funct. Mater.*, **18**, 3699 (2008).
19) N. Mizoshita, Y. Goto, Y. Maegawa, T. Tani, S. Inagaki, *Chem. Mater.*, **22**, 2548 (2010).

20) N. Tanaka, N. Mizoshita, Y. Maegawa, T. Tani, S. Inagaki, Y. R. Jorapurac, T. Shimada, *Chem. Commun.*, **47**, 5025 (2011).
21) N. Mizoshita, Y. Goto, T. Tani, S. Inagaki, *Adv. Mater.*, **21**, 4798 (2009).
22) N. Mizoshita, T. Tani, H. Shinokubo, S. Inagaki, *Angew. Chem. Int. Ed.*, **51**, 1156 (2012).
23) N. Mizoshita, M. Ikai, T. Tani, S. Inagaki, *J. Am. Chem. Soc.* **131**, 14225 (2009).
24) P. N. Minoofar, R. Hernandez, S. Chia, B. Dunn, J. I. Zink, A.-C. Franville, *J. Am. Chem. Soc.*, **124**, 14388 (2002).
25) M. Waki, N. Mizoshita, T. Tani, S. Inagaki, *Angrew. Chem. Int. Ed.*, **50**, 11667 (2011).
26) G. D. Scholes, G. R. Fleming, A. Olaya-Castro, R. v. Grondelle, *Nature Chem.*, **3**, 763 (2011).
27) S. Inagaki, O. Ohtani, Y. Goto, K. Okamoto, M. Ikai, K. Yamanaka, T. Tani, T. Okada, *Angew. Chem. Int. Ed.*, **48**, 4042 (2009).
28) J. R. Lakowicz, *Principles of Fluorescence Spectroscopy*, 2nd ed., Kluwer Academic/Plenum Publishers, New York, 1999.
29) K. Yamanaka, T. Okada, Y. Goto, M. Ikai, T. Tani, S. Inagaki, *J. Phys. Chem. C*, **117**, 14865 (2013).
30) N. Mizoshita, K. YamanakaT. Tani, H. Shinokubo, S. Inagaki, *Langmuir*, **28**, 3987 (2012).
31) H. Takeda, M. Ohashi, T. Tani, O. Ishitani, S. Inagaki, *Inorg. Chem.*, **49**, 4554 (2010).
32) M. Ohashi, M. Aoki, K. Yamanaka, K. Nakajima, T. Ohsuna, T. Tani, S. Inagaki, *Chem. Eur. J.*, **15**, 13041 (2009).

第 12 章
人工光合成を目指した半導体光触媒の開発

12-1 はじめに

　本章では，半導体光触媒を用いた人工光合成関連の化学反応について，エネルギー変換型の系（$\Delta G°$ が正になる反応系）に焦点を絞って紹介する。これまでに行われてきたエネルギー変換を指向した半導体光触媒の研究の中心は水の分解反応であるので，本章でもこれらを中心に紹介する。冒頭では，半導体光触媒の動作原理や一般的な特徴などの基本事項を説明し，代表的な光触媒として幾つかの金属酸化物を紹介する。これに続く節では，人工光合成系構築に必須となる可視光応答型光触媒の設計指針を幾つかの実例と共に解説する。章の後半では，半導体光触媒の性能向上に際して重要となる半導体の高品質化と助触媒の担持を説明すると共に，二種類の異なる半導体を組み合わせて駆動するZスキーム型水分解系，および CO_2 の還元固定化を指向した半導体光触媒についても紹介する。

12-2 半導体上での光触媒反応の原理

　半導体上で起こる光化学反応の原理を，水の分解反応を例にして図 12-1 に

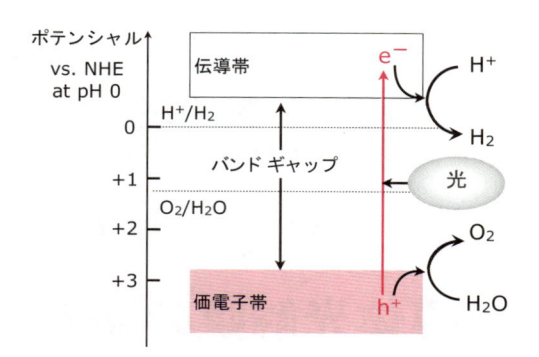

図 12-1　半導体光触媒上での水の分解反応の原理

示す。半導体[†1]である固体光触媒は，電子が詰まった価電子帯と電子の存在しない伝導帯とが適当な幅の禁制帯（バンドギャップ）で隔てられたバンド構造を有している。光触媒がバンドギャップ以上のエネルギーを持った光を吸収すると，価電子帯の電子が伝導帯に励起され，価電子帯には電子の抜け殻である正孔（ホール）が生成する。この時，伝導帯の下端がプロトンの還元電位よりもマイナス側に，価電子帯の上端が水の酸化電位よりもプラス側にあれば，伝導帯の電子はプロトンを還元して水素を生成し，価電子帯の正孔は水を酸化して酸素を生成することができ，水の分解が進行することになる。簡単に表現すると，半導体の価電子帯の上端と伝導帯の下端が水の酸化還元電位を挟み込む位置にあれば，その半導体は水の分解を行うポテンシャルを有しているといえる。

　しかしながら，これは水の分解を進行させるための熱力学的な必要条件であって十分条件ではない。光触媒による水の分解反応は，光吸収により生成した電子と正孔が電荷分離してバルクを移動し，表面に到達して水の酸化還元反応を行うことで初めて達成される。事実として，水を分解できるバンドレベルを備えながら，実際には水の分解ができない半導体は無数に存在する。図 12-2 は，半導体微粒子の光励起によって生じた電子と正孔が，それぞれ水（プロトン）の還元と酸化を行う様子を模式的に表したものである。この図からわかる

[†1] 半導体と絶縁体の違いはバンドギャップの大きさと電気伝導率であり，絶縁体でも動作原理は同じである。便宜上，ここでは絶縁体も含めて半導体と記している。

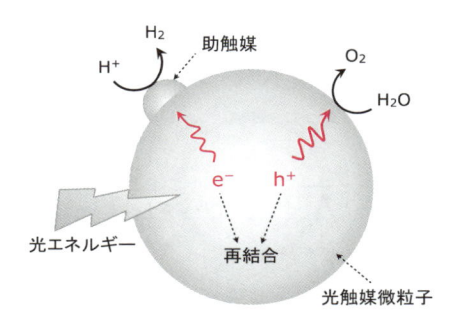

図 12-2 半導体微粒子光触媒上での水の分解反応の模式図

ように，水の分解を達成するためには，励起電子と正孔による再結合を防ぎ，表面における反応速度を向上させることが重要であり，半導体の本質的な性質はもちろん，その調製法や修飾法にも大きく依存する。多くの光触媒系に共通する活性向上の指針としては，

① 微粒子としての結晶性を高めることで，電子と正孔の再結合サイトとなる格子欠陥を低減すること
② バルク内で生じた電子と正孔の移動距離を短くする（反応場となる微粒子表面を大面積化する）こと

が挙げられる。また，水の分解反応は ΔG° が正（237.13 kJ mol^{-1}）のアップヒル反応であることから，生成した水素と酸素が反応して水を生成する逆反応を抑制する工夫も必要となる。さらに，光触媒は反応条件下で十分に安定でなくてはならない。

12-3 犠牲試薬を含む水溶液からの水素または酸素生成

上記のような理由により，半導体光触媒による水の分解は一般に達成が困難である。そこで，ある半導体が光触媒的に水を還元，または，酸化できる能力を備えているか否かを評価する簡便な方法として，アルコールなどの還元剤を含む水溶液からの水素生成反応や，銀イオンなどの酸化剤を含む水溶液からの酸素生成反応がしばしば用いられる。その原理を図 12-3 に示す。水溶液中に

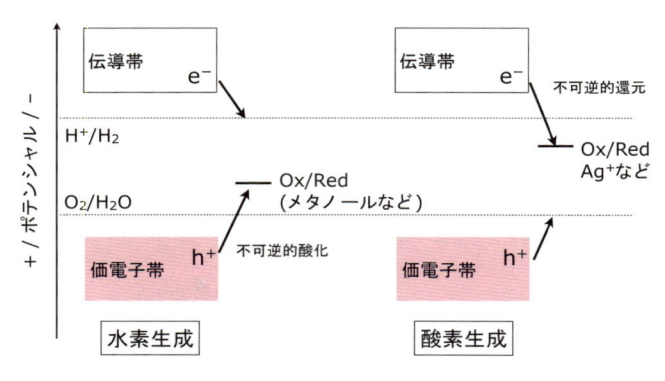

図12-3 犠牲試薬を含む水溶液からの水素または酸素生成反応

水よりも酸化されやすいメタノールなどの還元剤が存在すると，光励起によって生成した価電子帯の正孔は不可逆的に還元剤を酸化する。その結果として，励起電子によるプロトンの還元反応が進行しやすくなり，水素が生成する。ただし，この時，伝導帯の下端がプロトンの還元電位よりもマイナス側になければ，水素生成は進行しない。一方，銀イオンなどの酸化剤が水溶液中に存在すると，伝導帯の励起電子は不可逆的に酸化剤を還元する。その結果として，正孔による水の酸化反応が進行しやすくなり，酸素の生成を効率的に行うことができる。当然，価電子帯の上端が水の酸化電位よりもプラス側になければ酸素生成は進行しない。

このような反応で使用される酸化剤，還元剤は，しばしば犠牲剤，あるいは犠牲試薬と呼ばれる[†1]。犠牲試薬からの水素，または酸素の生成反応は，確かに光触媒反応ではあるが，水の分解反応ではない。あくまでこれらの反応は，ある光触媒が水を分解するための必要条件の一部を満たしているかを判断するためのテストリアクションに過ぎないことに注意する必要がある。本章ではこれらの反応を扱った系の詳細は割愛するが，同様の反応は水の分解だけでなく例えば CO_2 還元でもしばしば用いられる。

[†1] ある還元剤，あるいは酸化剤を用いた水素生成，酸素生成反応が"犠牲"的か否かは，その反応の $\Delta G°$ の正負による。当然，$\Delta G° < 0$ であれば犠牲的である。

12-4 金属酸化物を光触媒とした紫外光水分解

半導体光触媒による水の分解に関する研究のルーツは，TiO_2 を作用極とした光電気化学セルによる水の分解に遡る[1]。この系の動作原理に関する詳細はここでは省略するが，そのエッセンスは前項で取り上げた半導体の光励起と水の電気分解を組み合わせたものである。すなわち，"通常の"水の電気分解を熱力学的に進行させるのに必要な電位は 1.23 V であるのに対して，光電気化学セルでは光のエネルギーを電気分解に投入できるため，1.23 V 未満の電圧でも水を分解できる。この発見によって，太陽光エネルギーの化学エネルギーへの変換方法として，半導体光電極を用いて水を直接分解できることが示され，この原理を半導体光触媒に応用する試みが広く行われるようになった。光電気化学セルでは，表面積の小さい電極が用いられているが，これを粉末化して高表面積化すれば，より高効率に水を分解することが期待できる。また，粉末であれば大規模に展開することも容易であり，強度の弱い太陽光を効率よく利用するという意味でも有利である。

半導体光触媒による水の分解の最初の例は，1980 年に報告された。これらは TiO_2，$SrTiO_3$ に Pt や Ni などのナノ粒子を促進剤[†1]として担持したもので，いずれの系も水蒸気を分解して水素と酸素を得たものである[2~4]。そしてその後の研究では，反応速度のより速い液相での水分解反応が主に検討されるようになり，$K_4Nb_6O_{17}$ などの層状化合物[5,6]，そして Ta 系酸化物[7]が，紫外光照射下で水を効率よく水素と酸素に分解できる安定な光触媒であることが次々と見出された。これらはすべて，d 軌道に電子を持たない，いわゆる d^0 電子状態の遷移金属からなる酸化物光触媒であるが，2000 年以降，In^{3+} や Ge^{4+} などの完全に満たされた d 軌道を持った，いわゆる d^{10} 電子状態の典型金属元素からなる酸化物群も，紫外光照射下で水を分解できる安定な光触媒となることが報告された[8]。d^0 電子状態の遷移金属カチオンから構成される酸化物の価電子帯は酸素の 2p 軌道からなり，伝導帯は遷移金属の空の d 軌道から構成されている。

[†1] このように，光触媒の表面に担持されることで酸化還元反応を促進するものを助触媒と呼ぶ。詳細は 12 章 12 節で詳しく述べる。

一方，d^{10} 電子状態の典型金属酸化物では，価電子帯は d^0 型と同じ酸素の 2p 軌道から構成されているが，伝導帯は典型金属の空の s,p 混成軌道から構成されている。この s,p 混成軌道は幅広く分散しており，伝導帯の励起電子は大きな移動度を持ち，高い光触媒活性に寄与すると考えられている。その中でも，Zn を添加した Ga_2O_3 に助触媒として Rh-Cr 複合酸化物ナノ粒子を担持したものは，量子収率[†1]が最大で約 70%（at 250 nm）に達する。このような特異的な高活性を示す理由は，まだ完全に明らかにされていないが，この系は現時点で水分解光触媒としては最も高い量子収率を与えるものである。

ここで，半導体光触媒を構成する金属イオンの種類に関して，ある特徴が見られることに気付く。すなわち，水の分解に活性となる半導体は，d^0 あるいは d^{10} いずれか（あるいはその両方）を含んでいるという事実である。その一方で，d 軌道が不完全に満たされた状態の金属イオンを含むもの，すなわち d^n 電子状態（$0 < n < 10$）の酸化物では，水の分解を達成できた例がない。これに対する理由は未だ明らかでないが，光励起によって生じた電子 - 正孔対が，d 電子と強く相互作用することで水の分解に利用できなくなっていることが推察される。それでも，紫外光照射下で働く光触媒としては金属酸化物を中心に報告例は多数あり，その数は 100 を超える。しかし，太陽光利用による水の分解（人工光合成）を考えた場合，太陽光の約 5 割を占める可視光に応答して水を分解できる安定な光触媒材料の開発が求められる。

12-5 可視光応答型光触媒の設計方針

スカイフェ（Scaife）は，金属酸化物半導体のバンドギャップとフラットバンド電位[†2]の関係について報告している[9)]。金属酸化物半導体の価電子帯は主

[†1] 懸濁粒子による入射光散乱の影響を定量的に評価できないため，半導体粉末光触媒を用いた水の分解反応において，その絶対的な量子収率を測定することは極めて難しい。そのため，半導体光触媒の量子収率は反応系に照射した光子数を分母にとり，"みかけの"量子収率として扱われる。本章では，簡単のため "量子収率" として表してある。

[†2] 半導体電極が電解質溶液に接触して空間電荷層ができている時，電極電位を変えるとバンドの曲がりのない状態を作ることができる。この電位をフラットバンド電位という。n 型半導体の場合，フラットバンド電位は伝導帯の下端の電位にほぼ相当する。

に酸素の 2p 軌道から構成され，この酸素 2p 軌道は水の酸化電位よりもはるかにプラス側（約 3 V vs. NHE at pH 0）にあるため，水を酸化して酸素を生成するのに十分なポテンシャルを持っている。これに対して，バンドギャップの小さな半導体はフラットバンド電位が正であることから，プロトンを還元して水素を生成することはできない。伝導帯の下端の位置がプロトンの還元電位よりもマイナス側にあるならば，必然的にバンドギャップは大きくなり，紫外光しか利用できなくなってしまう。このことが，可視光で水を分解する金属酸化物光触媒の開発が容易でないことの最大の理由である。1 つの例として，WO_3 はバンドギャップ 2.8 eV で，可視光を吸収して適当な酸化剤存在下で酸素を生成することができるが，伝導帯の下端がプロトンの還元電位よりも正な位置にあるため，水素の生成を行うことができない[10]。

CdS や CdSe などのカルコゲナイドは可視光領域に吸収を持つことから，古くから光触媒としての利用が検討されてきた。例えば，Pt を担持した CdS は，硫黄系の還元剤存在下で効率良く水素を生成することができるが，水の分解反応の条件では，光励起によって生じた正孔が水の酸化に使われるのではなく，S^{2-} の酸化に使われてしまい，Cd^{2+} の溶出と S の析出（光溶解）を引き起こす。そのため，水の分解を行うことはできない[11,12]。水を分解するための光触媒には，バンド位置や光吸収特性だけでなく，光触媒反応条件下での十分な安定性も必要不可欠となる。このような状況を模式的に示したものを図 12-4 に示す。

これらのことを踏まえた上で，水の紫外光分解に活性なワイドギャップ金属

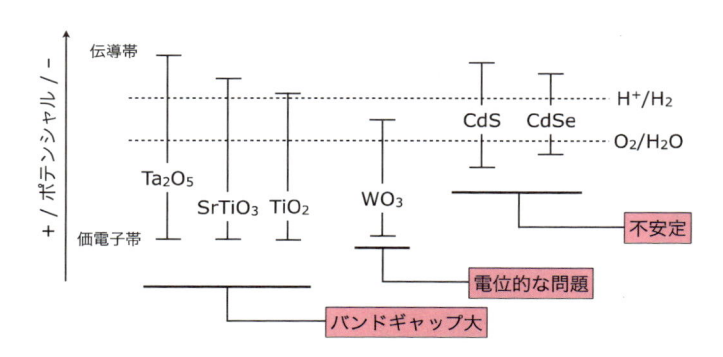

図 12-4　いくつかの半導体のバンド端と水の酸化還元電位との関係

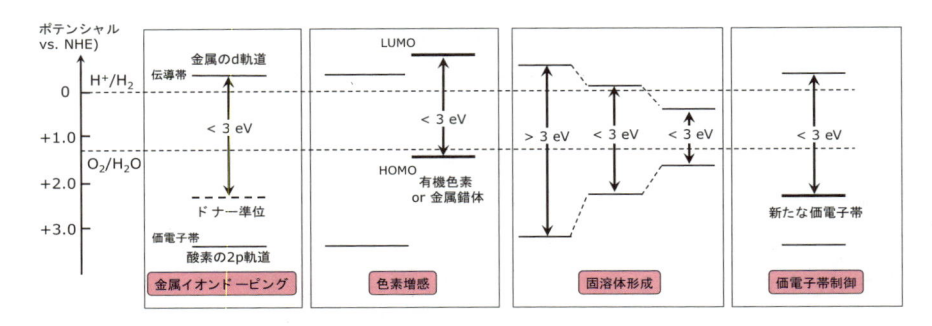

図 12-5　ワイドギャップ酸化物を基礎とした可視光応答型水分解光触媒の設計指針

酸化物を可視光応答化する方法として，次の4つが提案されている．
① バンドギャップエネルギーの大きな光触媒に異種元素をドーピングしてバンドギャップ内に不純物準位を形成し，可視光を吸収させる
② バンドギャップエネルギーの大きな光触媒を増感色素で修飾する
③ バンドギャップエネルギーの大きな半導体と小さな半導体との間で固溶体を形成する
④ 酸素の2p軌道に代わる価電子帯を持つ材料を探索する

図 12-5 に，これらの方針を模式的に表したものを示す．以下の項目では，これらの方針に立脚した半導体光触媒の設計・修飾方法を紹介する．

12-6　遷移金属ドーピング半導体光触媒

　異元素，特に遷移金属ドーピングによるワイドギャップ半導体の可視光応答化は1980年代から行われているが，一般にドーピング型の半導体では不純物準位でのキャリアの移動度が乏しいため，結果として満足な光触媒活性を得ることは困難である．これは，ドーピングした元素が可視光吸収中心となるだけでなく，励起電子と正孔の再結合中心としても働くためである．これに対して，工藤らは TiO_2 や $SrTiO_3$ に Cr^{3+} と Sb^{5+}，あるいは Cr^{3+} と Ta^{5+} を共ドーピングすることで電荷補償を行い，単独ドーピングの時よりも高い光触媒活性を得ることに成功している[13]．この種のドーピング型光触媒は2000年以降に様々な種

類が報告されているが，その中で最も高効率なものは Rh をドーピングした SrTiO$_3$ である[14]。この材料は，可視光照射下でメタノールなどの還元剤を含む水溶液から水素を生成する光触媒で，12章13節で取り上げる二段階励起型水分解系に適用することもできる。

12-7 色素増感型光触媒

　色素増感型光触媒は，1970年代にゲリシャー（Gerischer）がその概念を導入して以後，盛んに研究されるようになった[15]。可視光吸収の中心となる有機色素や金属錯体を酸化チタンなどのワイドギャップ酸化物の表面に吸着させて可視光を照射すると，励起状態の有機色素あるいは金属錯体から酸化物の伝導帯へ電子注入が起こる。この時，酸化物上に Pt などの水素生成活性点が存在すれば，適当な還元剤を含む水溶液から量子収率数10%で比較的容易に水素を製造することができる[16,17]。これらの系の問題点は，電子注入を行った後の酸化状態にある色素を再生させる過程にある。適当な還元剤が存在する場合，還元剤からの迅速な電子供与により色素の酸化体を還元・再生させることができるが，水を還元剤とした場合，色素再生の過程が遅くなると共に，OH ラジカル等の中間生成物による色素の不可逆的な酸化が起こり，結果として酸素の生成が困難となる。

　色素増感型水分解系の妥当性は，2009年にマルーク（Mallouk）らによって始めて実証された。彼らは多孔質酸化チタン薄膜上に IrO$_2$ ナノ粒子を結合させた Ru(II) 錯体を吸着させたものを光電気化学セルのアノードとして用い，外部バイアスの存在下で可視光水分解を達成している[18]。ここで，IrO$_2$ ナノ粒子は水を酸化して酸素を生成する触媒活性点として働いている。また最近では，クマリン系色素で修飾した層状ニオブ酸を水素生成系光触媒として用い，WO$_3$ 系光触媒との組み合わせで二段階励起による水の完全分解が可視光照射下で達成されている[19]。

12-8 固溶体光触媒

　バンドギャップの異なる二種類の半導体間で固溶体[†1]を形成する方法は，半導体工学の分野でしばしば行われているが，可視光応答型光触媒の設計指針としても有効である。特に硫化物系光触媒には多くの研究例があり，CdSをベースとした系が古くから知られている[20]。最近では，有害なCdを含まず，かつ長波長の可視光を有効利用できる半導体金属硫化物の開発が進み，例えば，600 nm以上の長波長領域の可視光を吸収できるZnS-$AgInS_2$-$CuInS_2$系の固溶体[21]などが代表例として挙げられる。この方法では，固溶体の組成を任意に変化させることでバンド構造やバンドギャップ値を精密に制御でき，高活性光触媒の開発が可能となる。この種の硫化物系半導体では，先に述べたように酸素生成が困難なため水の完全分解反応に適用することは困難だが，長波長の可視光を使って，比較的高い量子収率で水素を生成できる。

12-9 価電子帯制御型光触媒

　価電子帯制御型光触媒の設計指針は，酸素の2p軌道によりもマイナス側で価電子帯形成が可能な元素を光触媒に組み込むことで，バンドギャップを縮めて可視光を吸収するという考えに基づく。Pb^{2+}，Bi^{3+}，Ag^+，Sn^{2+}を構成元素として含む酸化物の価電子帯は，酸素の2p軌道とこれらの金属元素由来のs軌道との混成軌道から構成され，実際に可視光照射下で光触媒として機能することがわかっている。例えば，monoclinic-sheelite型構造の$BiVO_4$は，量子収率10％程度で硝酸銀水溶液から酸素を生成することができる[22]。この材料の伝導帯下端（空のV4d軌道）は，プロトンの還元電位よりもプラス側にあるため水素生成には不活性であるが，12章13節で解説する二段階励起型水分解の酸素生成光触媒として有用である。

[†1] 互いに類似した結晶構造を取る二種以上の化合物が，原子レベルで混ざり合ったものを固溶体という。一種の合金としても見なせる。

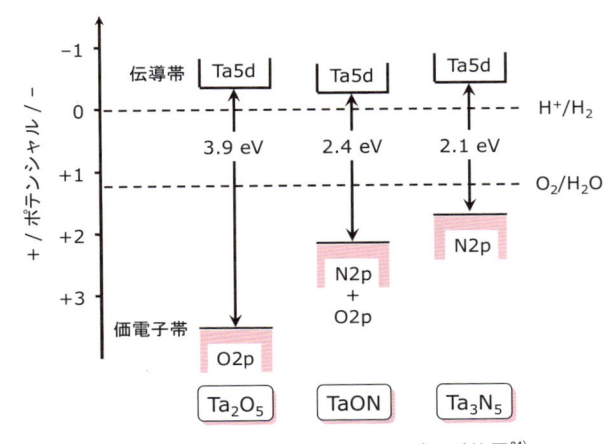

12 人工光合成を目指した半導体光触媒の開発

図 12-6　Ta_2O_5，TaON，Ta_3N_5 のバンド位置[24]

　TaON，Ta_3N_5 などの（酸）窒化物や $Sm_2Ti_2S_2O_5$ などの酸硫化物も価電子帯制御型光触媒に分類され，これらのほとんどは可視光で水を酸化，還元できる安定な材料群として知られている[23]。タンタルからなる（酸）窒化物を例に取ると，これらの材料の価電子帯は化合物中の窒素濃度の高くなる Ta_2O_5，TaON，Ta_3N_5 の順にマイナス側にシフトするが，Ta5d 軌道からなる伝導帯の位置はほとんど変化しない（図 12-6）[24]。これによって，水の分解が可能なバンド構造を維持したまま，バンドギャップの縮小を実現している。さらに，バンドギャップの大きさやバンド端位置は，（酸）窒化物を構成する金属カチオンや窒素濃度によって制御することができる。これらの（酸）窒化物は，特に酸素生成反応に高い活性を示し，硝酸銀を犠牲酸化剤として用いれば，量子収率数 10% のオーダーで水を酸化して安定に酸素を生成することができる。その一方で，水を還元して水素を生成する能力は酸素生成に比べて一桁以上低い。この理由は，これらの材料が電子と正孔の再結合中心となる欠陥をまだ多く含んでいるためと考えられており，粒子サイズの微細化や異種元素による表面修飾など，様々な改良法が検討されている[25,26]。

12-10 水の可視光分解に活性な半導体光触媒

単一の半導体光触媒を用いて水の可視光分解が達成されたのは2005年のことで、1980年に最初の水分解光触媒系が報告されてから、実に25年が経過していた。ここに辿り着く重要な鍵となったのは、次の2つの先行研究である。1つはd^{10}電子状態の典型金属酸化物光触媒であり、もう1つは可視光応答型の非酸化物系光触媒である。それまでに開発されていた酸窒化物光触媒はすべてd^0電子状態のものであったが、d^{10}酸化物の先行研究を受けて、d^{10}型の(酸)窒化物、酸硫化物に興味が持たれることとなった。

非酸化物系光触媒として始めて水を水素と酸素に分解したGe_3N_4は、このような経緯で開発された[27]。しかし、Ge_3N_4のバンドギャップは紫外光領域にあり可視光で水を分解するには至らなかったため、可視光に応答して水を分解するd^{10}型の(酸)窒化物の開発が引き続き進められた。その結果、GaNとZnOからなる固溶体が可視光で水を分解する光触媒となることが見出された[28]。GaNもZnOもバンドギャップが大きいために紫外光しか吸収できない。しかし、この両者が固溶体(ここでは$(Ga_{1-x}Zn_x)(N_{1-x}O_x)$と表記する)を形成すると、500 nm程度までの可視光を吸収できるようになる。図12-7(a)に、$(Ga_{1-x}Zn_x)(N_{1-x}O_x)$

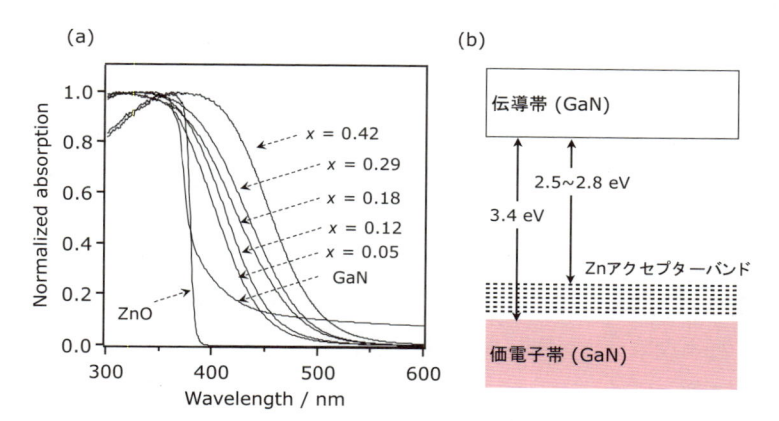

図 12-7 (a) GaN, ZnO および $(Ga_{1-x}Zn_x)(N_{1-x}O_x)$ の紫外可視拡散反射スペクトル
(b) $(Ga_{1-x}Zn_x)(N_{1-x}O_x)$ の模式的なバンド構造

の紫外可視拡散反射スペクトルを示す。$(Ga_{1-x}Zn_x)(N_{1-x}O_x)$ のスペクトルの吸収端位置は，すべて GaN や ZnO よりも長波長側にあり，Zn と O の濃度 (x) の上昇に伴って長波長側にシフトしていることがわかる。このように，ZnO を取り込むことで GaN のバンドギャップが小さくなる理由は，GaN のバンドギャップ内に Zn 由来のアクセプターバンドが形成されることで，アクセプターバンドから伝導帯への可視光励起が可能になるためであると考えられている（図 12-7(b)）[29]。

このようにして得られた $(Ga_{1-x}Zn_x)(N_{1-x}O_x)$ を RuO_2 助触媒で修飾し，純水中に懸濁させて 400 nm 以上の可視光を照射すると，水の完全分解が進行する。これは，バンドギャップが 3 eV 以下の半導体を用いて純粋に可視光だけで水を水素と酸素に分解した世界初の例である。その後の調製法の改良などにより，この材料のみかけの量子収率は 410 nm で最大 5% 程度まで向上し，目立った失活を伴うことなく，100 日間以上可視光に応答して水素と酸素を安定に生成し続けることがわかっている[30]。

$(Ga_{1-x}Zn_x)(N_{1-x}O_x)$ と類似した材料である ZnO と $ZnGeN_2$ の固溶体も，同様に可視光水分解に活性な光触媒となる[31]。このように，光触媒による水の分解が達成されて以後，夢の反応といわれた可視光での水分解も再現良く達成できるようになった。

12-11 半導体光触媒の高品質化と構造制御

多くの場合，半導体光触媒は粉末状の無機化合物であり，これらを得るには無機合成の技術が欠かせない。金属酸化物を例に取ると，最も汎用的な合成方法は目的とする化合物を構成する金属酸化物，あるいは炭酸塩などを粉砕混合して高温で焼結させる方法，いわゆる固相法である。この方法では，異なる 2 つ以上の物質の界面においてイオンの相互拡散が起こることで目的とする結晶相が生成するため，合成操作が簡便である反面，目的とする化合物の生成が完了するには高温や長時間などの過酷な条件が必要となり，その結果として得られる粒子内での組成ムラの生成や粒子の粗大化などが問題となる。これらのこ

とは，光触媒活性に少なからず負の影響をもたらす。

　このような固相法の欠点を克服する無機固体合成法は複数提案されているが，本節では数多くの複合金属酸化物半導体光触媒の合成に有効性が認められている錯体重合法を紹介する[32]。この方法の概要は次の通りである。第一段階として，目的とする金属酸化物を構成する金属イオンをポリエステルのモノマーとなる試薬（例えばエチレングリコールやクエン酸）と共に適当な溶媒に溶解させた後，加熱することでポリエステル化する。この樹脂の中で金属イオンは原子レベルで取り込まれており，続く加熱処理でポリマーの樹脂が熱分解され，さらに高温で加熱をしていくと，金属イオンは原子レベルで混ざり合った状態を維持したまま，目的とする複合金属酸化物の結晶粉末となる[†1]。錯体重合法はいわゆるゾル-ゲル法の一種であるが，沈殿を作らないことに特徴があり，沈殿法でしばしば問題となる溶解度積の違いによる単一金属成分の偏析を回避することができる。また，原子レベルで混合した状態から結晶化を進行させるため，一般に固相法で合成する場合に比べて低い温度で目的の結晶相を得ることができる。その結果として，得られる結晶粒子も固相法と比べて微結晶体となる。図12-8には，その概念図を示す。詳細は割愛するが，錯体重合

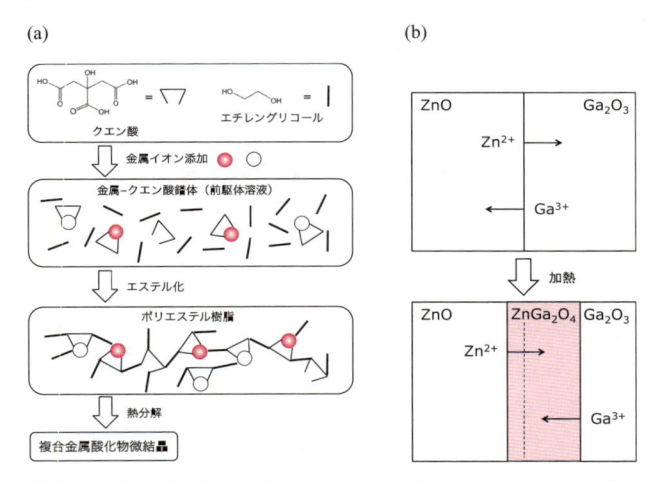

図12-8　錯体重合法(a)と固相法(b)（ZnOとGa$_2$O$_3$からのZnGa$_2$O$_4$の生成）の概念図

[†1] 結晶化に必要な温度は，目的とする化合物によって異なる。

法で合成された複合金属酸化物の多くは，固相法由来のものに比べて高い水分解活性を示すことがわかっている。

錯体重合法は，化合物としての組成ムラの低減や微結晶化という点で半導体を高品質化することができる。これに対して，半導体微粒子の構造そのものを大きく変化させることで，高活性化に成功した例もある。半導体光触媒の優れた特徴の1つは，その形状を制御することで，電荷分離・酸化還元反応に有利な構造や反応場を構築できることである。例えば，メソポーラス構造[†1]を持つTa系酸化物が対応するバルク結晶よりも高い活性を示す[33,34]。特筆すべきは，メソポーラス Ta_2O_5 の壁（厚み約 1.8 nm）は一般に光触媒として望ましくない（再結合が起こりやすい）非晶質であるにもかかわらず，結晶化したバルク型の Ta_2O_5 に比べて高い水分解活性を示すことである。この理由については，Ta_2O_5 の伝導帯位置がプロトンの還元電位に比べてかなりマイナス側にあるため，伝導帯の励起電子が高い還元力を持っていて，Ta-O結合9層分に相当する非晶質の壁を通過できるのではないかと考えられているが，現時点ではっきりとしたことはわかっていない。

残念ながら，現時点ではあらゆるすべての半導体に対して，このような合成技術あるいは構造制御技術が適用できるわけではなく，化合物ごとの特徴により様々な困難に直面する。それでも，上記のように幾つかの金属酸化物では確かな成功例があり，無機合成技術の発展に伴って，その適用例は様々な化合物に対して着実に広がりつつある。

12-12 半導体表面での酸化還元反応の促進－助触媒の開発－

半導体粉末を用いて水の分解反応を効率良く進行させるには，酸化還元反応の触媒活性点となる金属や金属酸化物の担持が不可欠である。このような金属，あるいは金属酸化物は通常数ナノメートルから数十ナノメートル程度のナノ粒子として半導体上に担持され，光吸収には関与せずあくまで表面における酸化

[†1] 細孔径が 2〜50 nm の多孔質材料は，メソポーラス材料と呼ばれる。

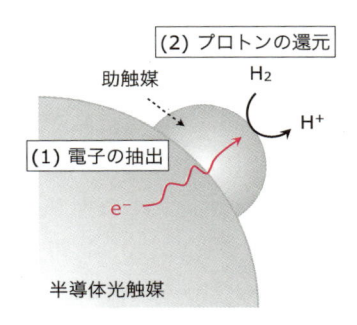

図 12-9　水の分解反応における助触媒の役割（水素生成反応を例に）

還元反応を促進することから，しばしば助触媒と呼ばれる。半導体光触媒は厳密な意味で"触媒"ではなく，むしろエネルギー変換媒体と見なすべきであるが，その過程において触媒の役割を果たすものが助触媒であると考えればわかりやすい[†1]。図 12-9 に示すように助触媒の役割は，

① 半導体光触媒内部から表面への電荷移動を促進する
② 光触媒表面における酸化還元反応を促進する

ことに集約される。過程 ① は，異なる固体間（しかも粒子サイズが 1～2 桁異なるもの同士）の電子移動に関するものであり，どのような条件で促進されるかについての統一的な理解には未だ至っていない。一方の過程 ② は，助触媒を電気化学反応の触媒（すなわち電極触媒）として見なすことで，どのような助触媒がより高い効率を示すかを予測する指標とすることができる。例えば，Pt は水素生成に対する過電圧が他の金属に比べて小さいため，プロトンを還元して水素を生成する反応の助触媒として良好な特性を示すと予測できる。実際に幾つかの光触媒系では，水素の生成速度と助触媒金属の過電圧との間に正の相関が見られ，このような場合，過程 ① は金属の種類によらず十分早く，過程 ② がある種の律速段階になっていると推定できる。それでも多くの場合，過程 ① の寄与が大きいため，ある半導体光触媒にとっての最適な助触媒を予測することは困難となるが，助触媒の種類や担持方法の違いだけで水の分解反

[†1] 銀イオンなどを犠牲酸化剤とした場合，多くの半導体は助触媒がなくても酸素生成を行うことができる。その一方で，犠牲還元剤の存在下であっても助触媒無しで水素を生成できる半導体は稀である。

応達成の成否が決まることもまた多いため，その研究は重要である．特に，助触媒は半導体による光吸収を妨害しない程度の十分量が半導体表面に高分散に導入された時に最大の性能を発揮する．以下に紹介するように，これまで数多くの助触媒が見出されてきているが，このことはいずれの系にも共通する特徴である．

助触媒は正反応を促進するために用いられるものであるが，実際の反応条件下でどのように振る舞うかには注意しなければならない．例えば，Ptなどの金属は前述の通り水素生成に対する良好な電極触媒特性を示すものの，水素と酸素から水を作る反応にも活性となるため，通常では水の分解反応に用いることはできない．また，RuO_2は多くの半導体光触媒による水分解に用いられる代表的な金属酸化物助触媒であるが，プロトン還元だけでなく酸素を還元する反応にも活性となり，反応条件によっては水分解の反応速度を低下させることに繋がる．

このような助触媒上で起こる逆反応を防ぐ手法の1つとして提案されているのが，金属（あるいは金属酸化物）をコア，酸化クロム（Cr_2O_3）をシェルとしたコア/シェル型の構造の助触媒である[35,36]．電気化学測定，赤外分光，およびラマン分光による解析の結果からは，このコア/シェル型助触媒においてCr_2O_3シェルは水中で水酸化物様の水和構造を取ることで構造が柔軟になり，水素とプロトンを透過できること，そして水素生成はコアの表面で起こっていることが明らかとなっている[37]．一方，酸素の透過性は認められなかったことから，Cr_2O_3シェルは一種の選択的透過膜として機能しているといえる（図12-10）．

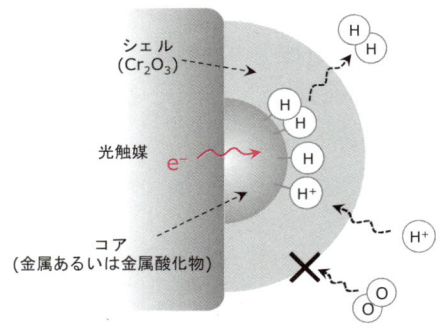

図12-10　貴金属/Cr_2O_3（コア/シェル型）助触媒上での水素生成メカニズム[37]

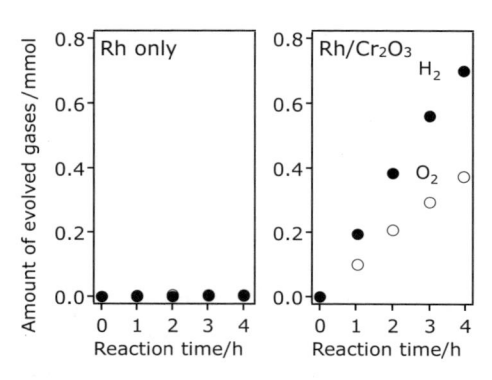

図 12-11 コア/シェル型 Rh/Cr$_2$O$_3$ 助触媒を担持した GaN:ZnO 上での水の可視光完全分解[35]

したがって，コアの表面で起こる酸素が関与する逆反応は抑制され，水素の生成のみが選択的に起こる。その結果として，通常の水分解では使うことができないような，例えば，貴金属をコアに用いた場合でも水の完全分解を進行させることができ，逆反応により活性が低下してしまう系では，水素および酸素生成速度の向上が観測される。図 12-11 に，例として Rh をコアとした $(Ga_{1-x}Zn_x)(N_{1-x}O_x)$ 光触媒による水の完全分解の経時変化を示す[35,36]。

Cr を含む遷移金属酸化物ナノ粒子も，このような逆反応に不活性な水素生成助触媒である[38,39]。この系の特筆すべき特徴は，それぞれ単独ではまったく助触媒としての機能性を持たない Cr$_2$O$_3$ と遷移金属酸化物（例えば，Fe や Co の酸化物）を組み合わせることで，助触媒としての機能性が発現することである。また，一般に光触媒反応に用いられる助触媒金属種は希少で高価なことから，Cr 含有遷移金属酸化物は貴金属代替の観点からも注目されている。このような金属酸化物からなる複合成分の助触媒は，2006 年以降に開発されたもので，その研究の歴史は比較的浅いことから，活性向上のメカニズム解明を含めた今後の研究の進展が期待される[†1]。

[†1] 近年では MoS$_2$ などの金属硫化物，WC$_2$ などの金属炭化物も水素生成用の助触媒として働くことが報告されている。例えば，*J. Am. Chem. Soc.*, **130**, 7176 (2008). や *Appl. Catal. A*, **346**, 149 (2008). など。

12-13 緑色植物の光合成を模倣した二段階励起水分解

　ここまでで紹介した光触媒系は，いずれも単一の光触媒粉末上で酸化還元反応を起こし，水の分解反応を進行させている。水の分解に限れば，エネルギーの大きな紫外光を使って水を分解できる光触媒は数多く見つかっているが，400 nm 以上の可視光照射下で駆動するものはわずか数例である。この理由は，ひと言で説明できるほど簡単なものではないが，少なくとも大きな問題点の 1 つとして，12 章 5 節で述べた可視光に応答できる小さなバンドギャップを持ちつつ，水の分解に適したバンド位置を備えた安定な材料が少ないことが挙げられる。ここで，もしも水素生成と酸素生成がそれぞれ熱力学的に可能な光触媒を同時に使って，これら両者の間で電子移動を可逆なレドックス対を用いて行えば，水の分解が達成できると考えられる。図 12-12 に，このような考えの下で描かれる水の分解反応のメカニズムをバンドダイアグラムと共に示す。このシステムは，水素・酸素生成系の二種類の半導体と可逆なレドックス対から構成される。水素生成系半導体の電子はプロトンを還元して水素を生成し，酸素生成系の正孔は水の酸化による酸素生成に消費される。一方，水素生成系の正孔はレドックス対の還元体を酸化して酸化体へと変換し，酸素生成系の電子は酸化体を還元して還元体を再生する。このようにして，レドックス対を電子

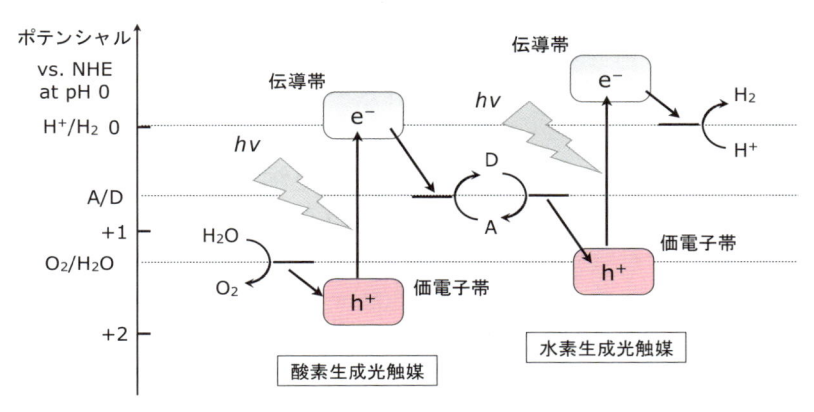

図 12-12　二種の異なる半導体光触媒を用いた Z スキーム型水分解の反応メカニズム

伝達剤とすることで二種類の半導体間の電子移動を行い，水の分解反応が進行する。この時の電子移動の経路は緑色植物の光合成におけるそれと似ているため，しばしばZスキーム型水分解とも呼ばれる。

この系では，水素生成系を構成する半導体は水の酸化還元電位を挟むバンド構造を持たずとも，プロトンの還元電位とレドックス対の酸化電位さえ挟んでいればよい。同様に，酸素生成系も水の酸化電位とレドックス対の還元電位を挟むようにバンド端が位置していればよい。したがって，一段階励起による水の分解を想定する場合と比べて半導体に求められる制約は少なくなり，結果として多くの半導体を二段階励起水分解系に適用することができる。しかし実際は，各半導体上でレドックス対が関与する逆反応が進行するため[†1]，実際に適用可能な半導体の種類はそれほど多くはない。また，水を水素と酸素に分解するには，一段階系と比べて2倍の光子が必要となる。そのため，量子収率が同じでも，実際に生成する水素と酸素の量は一段階系の時の半分になることを注意する必要がある。

このような，二種類の異なる半導体を使って二段階励起で水を分解するという考えは1980年以前にすでに提案されていたが，実際に実験的に可能であることが確かめられたのは1990年代後半である。この時期に報告された系は，半導体光触媒の光励起と反応溶液中の金属イオンの光励起を組み合わせたものや，水素生成系と酸素生成系を別室セルに分けたもので，いずれも紫外光が必要だった[40]。しかし近年では，単一のレドックス対を含む水溶液中で，二種類の粉末光触媒がそれぞれの光励起に基づいて駆動する系が報告され，可視光で水を水素と酸素に完全分解できる系も報告されている。現在最も高い量子収率を示す系は，Ptを助触媒として担持した$ZrO_2/TaON$半導体を水素生成系，PtO_x助触媒を担持したWO_3を酸素生成系として両者の電子移動をIO_3^-/I^-ペアで行ったものである[41]。この系の量子収率は最大で6.3%（420 nm）であり，一段階，二段階を問わず，可視光で水を分解する半導体光触媒系の中では最も高い。

Zスキーム型の水分解光触媒系の構築においては，半導体だけでなく可逆なレドックス対の開発も重要である。これまでに有効性が判明しているレドック

[†1] 例えば，酸素生成系半導体ではレドックス対の酸化体を還元して水の酸化を進行させる必要があるが，この反応で生成するレドックス対の還元体は，水よりも熱力学的に酸化されやすい。

ス対としては，IO_3^-/I^-，Fe^{3+}/Fe^{2+}，および Co^{3+}/Co^{2+} がある[40]。特に，ごく最近報告された Co(II) のトリスビピリジル錯体やトリスフェナントロリン錯体を用いた系では，錯体を構成する配位子の分子設計を精密に行うことで，電子授受に関与するエネルギー準位を精密制御できる可能性がある。

12-14　CO_2 還元に活性を示す半導体光触媒

　第9章で詳しく取り上げられているように，金属錯体を光触媒とした CO_2 還元反応は盛んに研究されている。一方，近年になって半導体光触媒を用いた研究でも注目すべき結果が得られ始めている。水の分解反応にもいえることであるが，半導体微粒子光触媒を用いた CO_2 還元反応に関して報告されているデータを見る上での重要なポイントは，以上の3つである。

① CO_2 還元生成物の起源
② 化学量論（還元生成物と酸化生成物を与えるための電子と正孔のバランス）
③ 電子源となる物質とその酸化生成物

半導体光触媒を用いた CO_2 還元反応では，しばしば表面に微量存在する汚染物質が炭素源となってメタン等を与えることがあるため[42]，特に犠牲試薬を用いない人工光合成型の反応系では，上記3点が明示されているか注意する必要がある。残念ながら，現時点でそのような信頼性の高い系はほとんど知られていないが，本節では水を電子源として CO_2 還元を駆動する金属酸化物光触媒 $ALa_4Ti_4O_{15}$（A ＝ Ca, Sr, Ba）を紹介する。

　これらの金属酸化物はバンドギャップが 3.8〜3.9 eV の紫外光応答型光触媒であり，元々は水分解を目的として開発されたものである。Ru や Au を助触媒とした場合には，CO_2 雰囲気下でも水の完全分解が進行するが，Ag ナノ粒子を助触媒として担持すると，水を電子源とした CO_2 還元反応に活性となる[43]。還元生成物としては，水素，一酸化炭素に加えてギ酸も得られ，これらの総生成量は，酸化生成物（酸素）の生成量と一致した。Ag は水素生成反応に対する過電圧が高い一方で，CO_2 還元の電気化学的な触媒として働くことが知られ

ている[44]。このような助触媒金属に備わっている還元反応の選択性を利用することで，単一の半導体上でCO_2還元を達成できたことは興味深い。

炭酸塩鉱物の一種であるハイドロタルサイトも，水を電子源としてCO_2を還元できることが報告されている[45]。例えば，MgとInからなるハイドロタルサイト（バンドギャップ 5 eV）は，紫外光照射下で水を酸化して酸素を生成すると共に，CO_2を還元して一酸化炭素を与える。しかし，その生成量は酸素生成量から予想されるよりもずっと少なく，反応の化学量論に関する知見はまだ十分に得られていない。この他，最近では半導体光触媒とCO_2還元に高活性な金属錯体光触媒を組み合わせた系も幾つか報告されている。

これらの詳細は，第13章の内容を参照いただきたい。

12-15 まとめ

以上のように，過去15〜20年の研究で光触媒材料のバリエーションは大きく広がり，高い量子収率で水を分解できる系，エネルギーの小さな可視光でも駆動する系が見出された。本章で取り上げた半導体光触媒はいずれも金属カチオンを含む無機化合物であるが，最近では有機高分子半導体であるグラファイト状窒化炭素（C_3N_4）も，多くの無機半導体光触媒と同様に可視光で水を酸化還元できることがわかってきた[46]。現在までのところ，C_3N_4ベースの半導体で犠牲試薬に頼らない人工光合成型反応を進行させた例はないが，その研究開発の歴史は5年程度と浅いため，今後の研究の進展に期待が持たれている。

しかしながら太陽光エネルギー変換を考えた場合，満足な材料は未だ開発されておらず，まだ幾つものブレークスルーを達成する必要がある。可視光応答型光触媒に関していえば，光触媒内部および表面の欠陥を低減する（すなわち再結合抑制に資する）光触媒調製法の開発，高効率な助触媒の開発が必須である。このような材料開発だけに止まらず，光触媒反応のメカニズムを解明することも重要な課題であり，最近では幾つかの興味深い手法が提案されつつある。このような研究の蓄積により，光触媒による高効率太陽エネルギー変換，人工光合成が達成されるものと期待される。

引用文献

1) A. Fujishima, K. Honda, *Nature (London)*, **238**, 37 (1972).
2) S. Sato, J. M. White, *Chem. Phys. Lett.*, **72**, 83 (1980).
3) J. Lehn, J. Sauvage, R. Ziessel, *Nouv. J. Chim.*, **4**, 623 (1980).
4) K. Domen, S. Naito, M. Soma, T. Onishi, K. Tamaru, *J. Chem. Soc., Chem. Commun.*, 543 (1980).
5) A. Kudo, K. Sayama, A. Tanaka, K. Asakura, K. Domen, K. Maruya, T. Onishi, *J. Catal.*, **120**, 337, (1989).
6) S. Ikeda, M. Hara, J. N. Kondo, K. Domen, H. Takahashi, T. Okubo, M. Kakihana, *J. Mater. Res.*, **13**, 852 (1998).
7) H. Kato, A. Kudo, *Chem. Phys. Lett.*, **295**, 487 (1998).
8) J. Sato, N. Saito, H. Nishiyama, Y. Inoue, *J. Phys. Chem. B*, **105**, 6061 (2001).
9) D. E. Scaife, *Solar Energy*, **25**, 41 (1980).
10) W. Erbs, J. Desilvestro, E. Borgarello, M. Grätzel, *J. Phys. Chem.*, **88**, 4001 (1984).
11) R. Williams, *J. Chem. Phys.*, **32**, 1505 (1960).
12) A. B. Ellis, S. W. Kaiser, J. M. Bolts, M. S. Wrighton, *J. Am. Chem. Soc.*, **99**, 2839 (1977).
13) H. Kato, A. Kudo, *J. Phys. Chem. B*, **106**, 5029 (2002).
14) R. Konta, T. Ishii, H. Kato, A. Kudo, *J. Phys. Chem. B*, **108**, 8992 (2004).
15) H. Gerischer, *Photochem. Photobiol.*, **16**, 243 (1972).
16) R. Abe, K. Hara, K. Sayama, K. Domen, H. Arakawa, *J. Photochem. Photobiol. A: Chem.*, **137**, 63 (2000).
17) K. Maeda, M. Eguchi, S.-H. A. Lee, W. J. Youngblood, H. Hata, T. E. Mallouk, *J. Phys. Chem. C*, **113**, 7962 (2009).
18) W. J. Youngblood, S.-H. A. Lee, Y. Kobayashi, E. A. Hernandez-Pagan, P. G. Hoertz, T. A. Moore, A. L. Moore, D. Gust, T. E. Mallouk, *J. Am. Chem. Soc.*, **131**, 926 (2009).
19) R. Abe, K. Shinmei, K. Hara, B. Ohtani, *Chem. Commun.*, 3577 (2009).
20) J.-F. Reber, M. Rusek, *J. Phys. Chem.*, **90**, 824 (1986).

21) I. Tsuji, H. Kato, A. Kudo, *Angew. Chem., Int. Ed.*, **44**, 3565 (2005).
22) A. Kudo, K. Omori, H. Kato, *J. Am. Chem. Soc.*, **121**, 11459 (1999).
23) K. Maeda, K. Domen, *J. Phys. Chem. C*, **111**, 7851 (2007).
24) W.-A. Chun, A. Ishikawa, H. Fujisawa, T. Takata, J.N. Kondo, M. Hara, M. Kawai, Y. Matsumoto, K. Domen, *J. Phys. Chem. B*, **107**, 1798 (2003).
25) K. Maeda, N. Nishimura, K. Domen, *Appl. Catal. A*, **370**, 88 (2009).
26) K. Maeda, H. Terashima, K. Kase, M. Higashi, M. Tabata, K. Domen, *Bull. Chem. Soc. Jpn.*, **81**, 927 (2008).
27) J. Sato, N. Saito, Y. Yamada, K. Maeda, T. Takata, J.N. Kondo, M. Hara, H. Kobayashi, K. Domen, Y. Inoue, *J. Am. Chem. Soc.*, **127**, 4150 (2005).
28) K. Maeda, T. Takata, M. Hara, N. Saito, Y. Inoue, H. Kobayashi, K. Domen, *J. Am. Chem. Soc.*, **127**, 8286 (2005).
29) T. Hirai, K. Maeda, M. Yoshida, J. Kubota, S. Ikeda, M. Matsumura, K. Domen, *J. Phys. Chem. C*, **111**, 18853 (2007).
30) T. Ohno, L. Bai, T. Hisatomi, K. Maeda, K. Domen, *J. Am. Chem. Soc.*, **134**, 8254 (2012).
31) Y. Lee, H. Terashima, Y. Shimodaira, K. Teramura, M. Hara, H. Kobayashi, K. Domen, M. Yashima, *J. Phys. Chem. C*, **111**, 1042 (2007).
32) M. Kakihana, *J. Sol-Gel Sci. Technol.*, **6**, 7 (1996).
33) Y. Takahara, J.N. Kondo, T. Takata, D. Lu, K. Domen, *Chem. Mater.*, **13**, 1194 (2001).
34) J.N. Kondo, M. Uchida, K. Nakajima, D. Lu, M. Hara, K. Domen, *Chem. Mater.*, **16**, 4304 (2004).
35) K. Maeda, K. Teramura, D. Lu, N. Saito, Y. Inoue, K. Domen, *Angew. Chem., Int. Ed.*, **45**, 7806 (2006).
36) K. Maeda, N. Sakamoto, T. Ikeda, H. Ohtsuka, A. Xiong, D. Lu, M. Kanehara, T. Teranishi, K. Domen, *Chem. Eur. J.*, **16**, 7750 (2010).
37) M. Yoshida, K. Takanabe, K. Maeda, A. Ishikawa, J. Kubota, Y. Sakata, Y. Ikezawa, K. Domen, *J. Phys. Chem. C*, **113**, 10151 (2009).
38) K. Maeda, K. Teramura, D. Lu, T. Takata, N. Saito, Y. Inoue, K. Domen, *Nature*, **440**, 295 (2006).

39) K. Maeda, K. Teramura, N. Saito, Y. Inoue, K. Domen, *J. Catal.*, **243**, 303 (2006)
40) K. Maeda, *ACS Catal.*, **3**, 1486 (2013).
41) K. Maeda, M. Higashi, D. Lu, R. Abe, K. Domen, *J. Am. Chem. Soc.*, **132**, 5858 (2010).
42) T. Yui, A. Kan, C. Saitoh, K. Koike, T. Ibusuki, O. Ishitani, *ACS Appl. Mater. Interfaces*, **3**, 2594 (2011).
43) K. Iizuka, T. Wato, Y. Miseki, K. Saito, A. Kudo, *J. Am. Chem. Soc.*, **133**, 20863 (2011).
44) Y. Hori, H. Wakabe, T. Tsukamoto, O. Koga, *Electrochem. Acta*, **39**, 1833 (1994).
45) K. Teramura, S. Iguchi, Y. Mizuno, T. Shishido, T. Tanaka, *Angew. Chem. Int. Ed.*, **51**, 8008 (2012).
46) X. Wang, K. Maeda, A. Thomas, K. Takanabe, X. Gang, J. M. Carlsson, K. Domen, M. Antonietti, *Nat. Mater.*, **8**, 76 (2009).

第13章
半導体と金属錯体の機能を融合した人工光合成の構築

13-1 はじめに

本章では，植物の光合成と同様に，CO_2 と H_2O と太陽光エネルギーにより有機物を直接光合成する反応の実現を目指した「人工光合成」について述べる。この人工光合成技術は，植物よりも遙かに簡素化した構成によって必要な有機物のみを合成する，化石資源に依存しない創エネルギー技術となる可能性を持つ。本章では，H_2O の酸化反応で得られた電子とプロトンを用いて CO_2 を光還元するために，半導体が持つ高い光酸化力と金属錯体が持つ高い CO_2 還元力のそれぞれの優れた機能を融合した，複合型の CO_2 還元光触媒系の設計指針と機能について述べる。

13-2 半導体光触媒と金属錯体触媒の特徴

水を電子かつプロトン源とする人工光合成型の CO_2 の還元反応においては，式(13-1) に示すように水を酸化して酸素分子などを生成させると共に電子とプロトンを取り出し，それらを式(13-2) で示すように CO_2 分子と還元反応させることによって有機物を合成する必要がある。ここでは，最も単純な有機物であるギ酸の合成を例に挙げる。

13 半導体と金属錯体の機能を融合した人工光合成の構築

$$H_2O \rightarrow 1/2O_2 + 2H^+ + 2e^- \quad (13\text{-}1)$$
$$CO_2 + 2H^+ + 2e^- \rightarrow HCOOH \quad (13\text{-}2)$$

これらの反応を達成するための要素技術として,光照射下において水を酸化する光触媒反応場とCO_2を還元する光触媒反応場が不可欠である。水を酸化する光触媒では,TiO_2[1]や$BiVO_4$[2]などの半導体光触媒が有名である。また,光触媒ではないが,電極への通電により水の酸化反応を可能とする電気化学触媒には,$IrOx$[3]やCo_3O_4[4]などが,また,金属錯体触媒では酸化剤との共存下や電極への通電条件下において水を酸化するRu錯体[5]などが報告されている。一方,CO_2を還元する光触媒については,CO_2が安定な化合物であるために還元反応することが難しいため,その反応収率あるいは反応生成物選択性がきわめて低いものばかりである。$[Re(bpy)(CO)_3Cl]^+$[6]や$[Ir(tpy)(ppy)Cl]^+$[7]などの単核金属錯体触媒は,高い生成物選択性を持ってCO_2をCOに光還元する数少ない錯体光触媒である。しかし,この錯体は水を光酸化できないため,現段階においてはCO_2還元反応を連続的に進行させるために有機系の電子供与剤が必要である。また,前述の半導体光触媒は水を光酸化する能力の高いものが多いがその一方,CO_2還元反応の選択性は低く,水中反応における反応生成物の大半はプロトンの還元反応に伴い生じる水素である。

そこで近年,水を光酸化して電子源として用いることが可能なCO_2還元光触媒の開発を目指して,金属錯体触媒と半導体触媒がそれぞれ有する利点である,高いCO_2還元選択性と高い水の光酸化分解力を融合させることを目的とした,半導体-金属錯体複合型光触媒の研究が始められている。

ここで簡単に補足すると,半導体-金属錯体複合型の光触媒においては,金属錯体を光増感剤とした光触媒の報告例が多い。この系の動作機構は,金属錯体の光励起電子を半導体に移動させ,半導体上でCO_2を還元させるというものである。ここでは,光励起により錯体で水を酸化できず,また,前述した半導体の低いCO_2還元反応選択性を克服できていない,水の光酸化反応を意識した人工光合成への指針が示されていない,などの課題が多い。本章では,この光増感金属錯体から半導体へ励起電子を移動させるタイプのCO_2還元反応系の解説は省略する。

13-3 半導体と金属錯体を複合した CO_2 還元光触媒の概念

　光触媒反応では，光触媒が光を吸収し内部に生じたキャリヤすなわち励起電子と正孔（半導体においては励起に伴う価電子帯の電子の不足により生じた相対的に電子がない状態）が，それぞれ還元反応と酸化反応を起こす。これらの光触媒反応を成立させるためには，光吸収とそれに伴うキャリヤ励起，光励起電子と正孔の移動，そして，化学反応のいずれもが生じ，かつこれが連続的に進行することが不可欠である。発生した励起電子と正孔が再結合しないように，光励起電子と正孔を分離し蓄積する機構が必要になる場合もある。

　ここで，この光触媒反応の第一ステップである光吸収において，太陽光スペクトルの光吸収効率を向上させるための設計指針を，半導体光触媒を例に挙げて少し詳しく述べる。図13-1に示すように，水の酸化反応を成立させるには，少なくとも光励起時により正孔が生じる価電子帯の最上部は電気化学的な水の酸化電位（+1.23 V vs NHE）よりも貴な電位に位置する必要があり，一方 CO_2 還元反応を成立させるには，光励起された電子が生じる伝導帯の最下部は CO_2 還元電位（−0.61 V vs NHE，ギ酸合成の場合）よりも卑な電位に位置する必

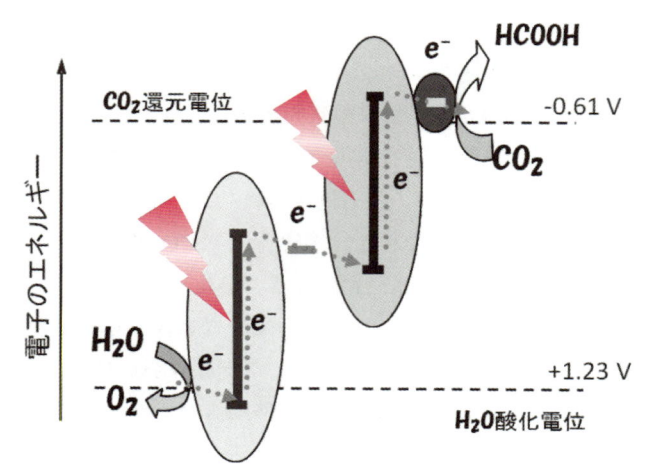

図13-1　Zスキーム（二段階光励起機構）による CO_2 還元反応と水の酸化反応の連結

要がある。この両者のエネルギー差は 1.84 eV であり，反応に必要な過電圧を考慮すれば，それよりもさらに大きなエネルギーが必要である。この場合に利用できる太陽光の波長域は単純計算で 1240/1.84 ＝ 670 nm 以下の紫外線と可視光線に限定される。これを単一の半導体でまかなう場合には，これより長い波長域の光は使えない。そこで，2 つの半導体を用いて各々に還元と酸化の片方ずつの化学反応を行わせ，両半導体の間で電子の授受を行わせる二段階光励起（Z スキーム機構）が，紫外線から赤外線域までに亘る幅広い太陽光エネルギーを効果的に使うためには大変有利である。ただしこの場合には，半導体間の電子移動効率という新たな損失要素が生じることになり，これが光触媒反応効率を大きく左右する。

　また，前述した触媒反応場に目を向けると，半導体光触媒の場合には，水中ではプロトンの還元反応による水素の生成が支配的になるため，反応生成物全体における CO_2 還元生成物の比率（CO_2 還元選択率）は低い。しかし，半導体光触媒の中でも特に酸化物半導体は，式(13-1) の反応によって水を酸化して電子とプロトンを取り出す能力に優れたものが多い。一方金属錯体光触媒では，有機溶媒中において高い量子収率で CO_2 を還元する系が開発されている。しかし，これらの錯体触媒は水中における CO_2 還元反応は不得意であり，また現時点では，同時に水を酸化し電子源に用いて CO_2 を還元できるものは存在しない。

　金属電極を用いた電気化学的な CO_2 還元反応も 1980 年代から行われている[8]。しかし，水の酸化分解と CO_2 の還元を両立させるには，前述の通り少なくとも 1.84 V 以上の外部電圧の印加が必要であること，また，生成物には多量の水素や多種の有機物が混在しており反応物選択性が低いことに課題があった。

　このような背景のもと，半導体と金属錯体触媒それぞれの優れた特徴を生かした複合型 CO_2 還元光触媒の構築は，太陽光と水と CO_2 のみで，外部からの電気エネルギーや化学エネルギーの補助なしに，植物と同様に自立的に，しかも必要な有機物を高い選択性で，直接合成する人工光合成系を実現する 1 つの重要な技術と位置づけられる。

13-4 半導体と金属錯体を複合したCO_2還元光触媒

13-4-1 光増感半導体と金属錯体触媒を連結したCO_2還元

前述の通りCO_2を還元できる単核金属錯体触媒の多くは電気化学触媒であり，一部のRe錯体とIr錯体を例外に，大半のものは光触媒反応を発現しない。しかし，これらの光応答性の低い金属錯体触媒に対しても，半導体を電子供給源として用いることができれば，その優れた特徴であるCO_2還元反応物選択性を光反応系に展開できる。これを実現するためには，図13-2の通り半導体の光励起により生じた伝導帯電子を錯体触媒へ効率よく移動させ，錯体触媒の配位場におけるCO_2還元反応を実現する必要がある。そのためには，幾つかの必要条件が考えられるが，最も重要な要素が，電子移動の駆動力を得るためのバンドアライメントである。金属錯体の光励起の有無に関わらず半導体と錯体触媒の間の電子移動を考えると，電子移動の駆動力を得るには，半導体の伝導帯の下端電位（E_{CBM}）と，金属錯体触媒のCO_2還元電位（E_{red}）の差（ΔG）が負である必要がある。

$$\Delta G = E_{CBM} - E_{red} \tag{13-3}$$

$\Delta G < 0$ となるように半導体と錯体触媒とを組合せることにより，光励起された半導体の伝導帯電子の錯体触媒への移動速度が向上するため，光照射に伴う金属錯体の反応活性点における光触媒反応の発現が期待される。

CO_2を還元できる錯体触媒は固有のCO_2還元電位を有しており，[Ru(bpy)$_2$(CO)$_2$]$^{2+}$(Cl$^-$)$_2$ ([Ru-bpy], bpy: 2,2'-bipyridine)[9] の場合，E_{red}はおよそ-1.0 V vs NHE（標準水素電極）である。この錯体触媒では，E_{red}は錯体のLUMO (Lowest Unoccupied Molecular Orbital) とほぼ同電位にあることがわかっている。したがって，半導体からの電子移動を実現するには，E_{CBM}は-1.0 Vよりも卑な電位に存在する必要がある。金属錯体と半導体を組合せた機能素子として有名な色素増感型太陽電池においては，よく使われる半導体電極TiO_2のE_{CBM}が-0.2 V vs NHE程度であることから，Ru錯体などの光増感用金属錯体からTiO_2への光励起電子移動が比較的容易に起きる。これに対し，この半導体増感型の複合型光触媒の場合には，その逆向きの電子移動を実現する必要

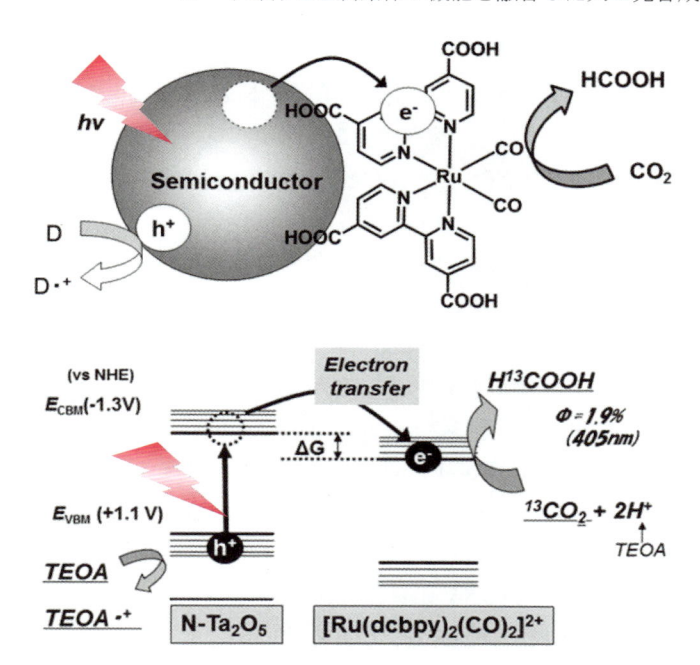

13 半導体と金属錯体の機能を融合した人工光合成の構築

図13-2 半導体／金属錯体複合型光触媒によるCO₂還元反応のエネルギーダイヤグラム

があるために，半導体材料に必要とされる要件や材料はまったく異なる。

この条件を満たす E_{CBM} を有する可視光応答型の半導体材料として，平衡状態でその E_{CBM} が比較的卑な電位（真空準位に近い電位）にあり，かつ電極構成を意識した場合には，その表面においてバンドが下方に曲げられるため表面側に光励起電子が移動しやすい[10] p型半導体が有利であると考えられる。これらの条件に合致するNドープ Ta_2O_5（以下 N-Ta_2O_5）[11] を用いた複合系において，可視光照射下における半導体増感型 CO_2 還元反応が実現されている。N-Ta_2O_5 は，n型半導体である斜方晶 Ta_2O_5 の内部に原子数比にして9％前後の窒素（N）を添加した材料である。母体となる Ta_2O_5 のバンドギャップは4.0 eVであり，その光吸収端は320 nm（紫外域）であるのに対し，N-Ta_2O_5 の光吸収端は2.4 eV相当の可視光500 nmまでシフトする。この N-Ta_2O_5 は，Nドープにより Ta_2O_5 への可視光応答性とp型伝導の2つの機能を同時に発現させている。Ta_2O_5 の伝導帯下部は Ta 5d 軌道から，また価電子帯上部は O 2p 軌道から形成

される。したがって，N-Ta$_2$O$_5$ではバンドギャップ内の O 2p 軌道よりも上部に，N 2p 軌道から形成されるサブバンドが存在し，N 2p → Ta 5d 遷移により可視光応答を示すと考えられる[11]。溶液中の電気化学測定と大気中光電子分光の結果から価電子帯の位置を求め，その値から光吸収スペクトルから求めたバンドギャップ (2.4 eV) を差し引くことにより，N-Ta$_2$O$_5$ の E_{CBM} は－1.3 eV vs NHE と見積もられた。したがって，N-Ta$_2$O$_5$ は金属錯体触媒への光励起電子移動を実現する半導体光増感材として適している。

N-Ta$_2$O$_5$ 粉末に [Ru(bpy)$_2$(CO)$_2$]$^{2+}$(Cl$^-$)$_2$ の2つのビピリジン部位に金属酸化物との結合性を有するカルボキシル基を導入した錯体触媒 [Ru(dcbpy)$_2$(CO)$_2$]$^{2+}$(Cl$^-$)$_2$ (以下 [Ru-dcbpy]：図 13-2, dcbpy；4,4′-dicarboxy-2,2′-bipyridine) を連結させた複合光触媒 N-Ta$_2$O$_5$/[Ru-dcbpy] による原理確認が行われている[12]。前述の通り N-Ta$_2$O$_5$ の E_{CBM} は－1.3 V vs NHE であり，また，[Ru-dcbpy] の E_{red} は前出の [Ru-bpy] よりもさらに貴電位にシフトした－0.8 V vs NHE であることから，電子移動の駆動力 $\Delta G = -0.5$ V が算出される。

N-Ta$_2$O$_5$/[Ru-dcbpy] 複合触媒を，CO$_2$ を飽和させた acetonitrile (MeCN)/triethanolamine (TEOA) (5:1 v/v) 溶液中にいれ，可視光 (410 nm < λ < 750 nm) 照射下における CO$_2$ 還元反応を行うと，[Ru-dcbpy] (▲) あるいは N-Ta$_2$O$_5$ 単独 (◆) では CO$_2$ 還元反応物が検出されないのに対し，これらを連結した複合光触媒 (●) では，ギ酸が 75% 以上の選択率で生成する (図 13-3)。

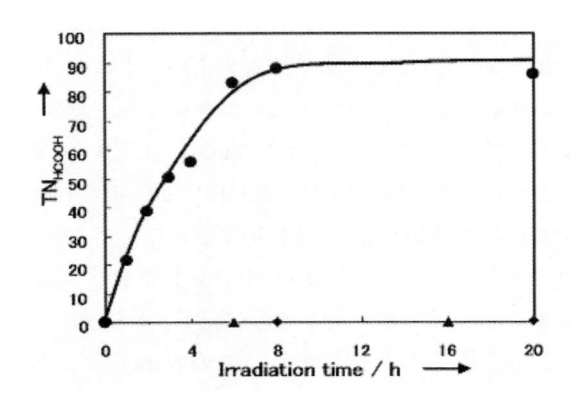

図 13-3 可視光照射下におけるギ酸生成ターンオーバー数の照射時間依存性
[Ru-bpy] のみ (▲), N-Ta$_2$O$_5$ のみ (◆), N-Ta$_2$O$_5$/[Ru-dcbpy] 複合触媒 (●)

13 半導体と金属錯体の機能を融合した人工光合成の構築

この高い CO_2 還元選択性は錯体触媒の電気化学的な CO_2 還元の性質を引き継いでいる。副生成物は CO および H_2 である。ギ酸生成のターンオーバー数 (TON) は 89, 単色可視光 405 nm 照射時の外部量子収率は 1.9 % である。また, 量子収率の照射光波長依存性は N-Ta_2O_5 の光吸収スペクトルによく一致していることから, N-Ta_2O_5 の光励起電子が CO_2 還元反応に関わっている可能性が強く示唆されている。また, $^{13}CO_2$, CD_3CN, D_2O の同位体標識化合物を用いた詳細な実験により, ギ酸は CO_2 由来であり, また, TEOA がギ酸生成のためのプロトン源, かつ光励起された N-Ta_2O_5 の正孔を補償する電子源となり光触媒反応が成立していることが明らかにされている[12]。

N-Ta_2O_5 から錯体触媒 [Ru-dcbpy] への電子移動の初期過程を明らかにするために, レーザー高速分光法を用いた解析も行われている[13]。波長 400 nm の可視光によって Ta 5d ← N 2p 励起した N-Ta_2O_5 の消光過程解析の結果, 励起後に伝導帯から浅い欠陥準位にトラップされた光励起電子が錯体触媒 [Ru-dcbpy] に移動することが明らかにされている。その量子収率は 0.50, 電子移動速度定数は 4.2×10^{10} s^{-1} である。また, [Ru-dcbpy] の励起による N-Ta_2O_5 への電子移動は観察されない。N-Ta_2O_5 は多量に N ドープされた非平衡材料でありチャージバランスが両論比からずれているため, 酸素欠陥準位がバンドギャップ内の深い位置まで広く存在する材料である。しかし, N-Ta_2O_5 の伝導帯最下部からバンドギャップ内に分布する浅い準位の酸素欠陥準位にトラップされた電子も [Ru-dcbpy] へ移動しており, かつ 20 〜 30 ピコ秒オーダーの高速電子移動が起きる。これが, N-Ta_2O_5/[Ru-dcbpy] で可視光 CO_2 還元反応が実現する初期過程の特徴である[13]。

また, Ru 錯体のビピリジン部位に配置されるアンカーを −COOH から −PO_3H_2 に変更した系では, 片方のビピリジン部位に −PO_3H_2 が結合されているだけでも CO_2 還元反応速度が向上しており, ギ酸生成の TON は 118 (この時 CO 生成の TON は 67) に達している[14]。

これらの結果から, 半導体-錯体触媒の複合系においては両者の接続様式の変更によっても, 電子移動速度の向上やそれに伴う反応速度の向上が可能であることが示唆される。さらには, この複合系では, 半導体に水を酸化分解する能力があれば, TEOA の代わりに水を電子源・プロトン源とする人工光合成型

の CO_2 還元系も実現可能である.

13-4-2　半導体-複核金属錯体光触媒の複合系

前節では，光 CO_2 還元能を有する金属錯体の種類はまだ少ないことを述べた.その一方で，電気化学的に CO_2 還元反応を呈する錯体触媒は多く，光増感作用を有する $[Ru(bpy)_3]^{2+}$ 等の金属錯体と溶液中で混合することで光による CO_2 還元反応を発現させた例は多い.さらには，光触媒能力の低い金属錯体触媒に光増感錯体を連結した複核錯体を形成することにより，光増感錯体の光励起電子が金属錯体触媒に移動する機構で動作する可視光応答性の複核錯体光触媒も実現されている[15～17].複核錯体光触媒については他の章に譲りここでは詳しく述べないが，これら複核錯体光触媒では，単核錯体触媒よりも高い CO_2 還元反応の TON を示す事例が多いのも特徴的である.

この節では，複核錯体光触媒を，高い光酸化力を有する半導体と連結させることにより実現した光 CO_2 還元反応について述べる[18].

この光触媒系では金属錯体触媒が光応答性を有するために，13 章 4 節 1 項の系とはバンドアライメント設計の思想がやや異なる.ここでは，半導体と光増感錯体での Z スキームを成立させる必要がある.複核錯体の光増感錯体部の光励起電子は触媒錯体部に速やかに移動して CO_2 還元反応を起こすが，その光増感錯体の正孔を光励起された半導体の伝導帯電子で補償することが重要である.したがって，半導体の伝導帯位置 E_{CBM} との関係で重要なものは，13 章 4 節 1 項においては電気化学錯体触媒の LUMO であったのに対し，この系ではそれは光増感錯体の HOMO となる.

反応スキームを図 13-4 に示す.光増感部 $[Ru(dmb)_2(BL)]^{2+}$ を触媒部 $[Ru(BL)(CO)_2Cl_2]$ と連結させることによって，可視光照射下で CO_2 還元反応を呈する Ru-Ru 複核錯体を，2,2′-bipyridine 配位子の 4,4′- 部位で，Ag を担持させた可視光応答性の半導体 TaON 粉末の表面に連結させている.この系では，光増感錯体の LUMO は半導体の伝導帯よりも卑な電位にあることから，半導体の伝導帯電子を光励起された光増感錯体の HOMO に移動させる必要がある.

この触媒を，メタノールを含むアセトニトリル中に入れ CO_2 ガスを飽和させた後，波長 400 nm 以上の可視光を照射したところ，ギ酸が連続的に生成した.

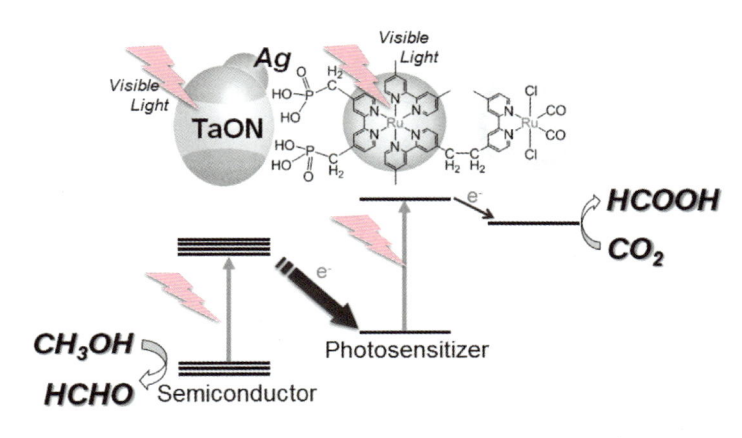

13 半導体と金属錯体の機能を融合した人工光合成の構築

図 13-4 半導体と複核金属錯体を連結させた人工光合成系

　同位体標識化合物を用いた実験の結果，ギ酸のC源はCO_2分子由来であることが，また，メタノールがホルムアルデヒドに酸化されることにより，ギ酸生成の電子源かつプロトン源として触媒反応が進行することが証明されている。すなわち，この系の反応機構は，光励起された $[Ru(dmb)_2(BL)]^{2+}$ の電子が $[Ru(BL)(CO)_2Cl_2]$ へ高速移動して CO_2 を還元することによりギ酸が生成し，$[Ru(BL)(CO)_2Cl_2]$ の HOMO へ TaON の伝導帯の光励起電子が移動し電荷補償を行い，さらには，TaON の価電子帯ホールの強い酸化力によってメタノールから電子を奪うことによって光触媒反応が進行している。

　これは，半導体と金属錯体の両者を光励起させる二段階励起機構，Zスキームによるエネルギー貯蔵型の CO_2 還元反応である。この系においても，水を電子源とした光 CO_2 還元反応系は実現可能である。

13-5 太陽光照射下における水を電子源，プロトン源とするCO_2の還元反応

13-5-1　水を電子源とする光電気化学 CO_2 還元反応

　13章4節1項で述べた半導体の E_{CBM} から錯体の LUMO への電子移動によって成立する半導体-金属錯体複合系は，水中で光電気化学的な CO_2 還元反応を

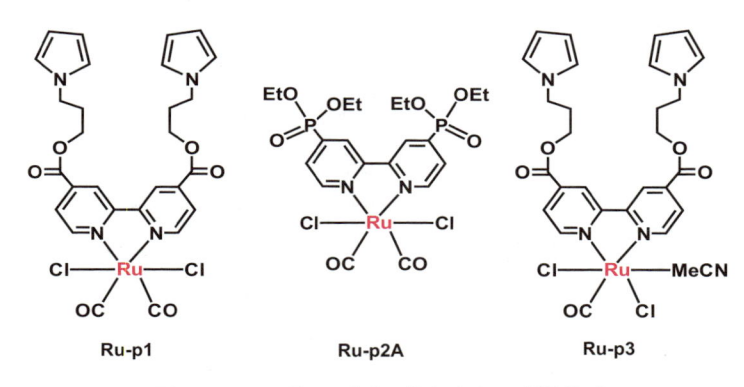

図 13-5　CO_2 還元反応を可能とする Ru 錯体触媒

行う光カソードにも展開されている。図 13-5 に示した [Ru{4,4'-di(1-H-1-pyrrolyl-3-propyl carbonate)-2,2'-bipyridine}$(CO)_2Cl_2$]（以下，Ru-p1）は，水を含む溶液中でも電気化学的な CO_2 還元反応が可能である[19]。これをバンドギャップが 1.35 eV の p 型半導体である Zn ドープ InP 単結晶ウェハの（100）面（以下 InP）の表面に，光還元電流で重合形成することで光カソード（以下 [InP/Ru-p1]）が形成される[20]。InP の E_{CBM} が -1.35 V（vs Ag/AgCl），[Ru-p1] の E_{red} が -0.8 V であることから電子移動の駆動力 $\Delta G = -0.55$ V であり，13 章 4 節 1 項の粉末系の場合と同様に光励起された InP の伝導帯電子は [Ru-p1] へ高速に移動できると予測される。

図 13-6 に InP/[Ru-p1] の光 CO_2 還元反応の動作模式図を示す。光励起された InP の伝導帯電子が Ru-p1 に移動して水中での CO_2 還元を行うが，この時に生じる InP の正孔は，ポテンショスタットにより設定された電位から供給される電子で補償される。

図 13-7 に，電流-電圧特性を示す。暗条件での電流値を CO_2 雰囲気下と Ar 雰囲気下で比較したところ，外部印加電位が -0.8 V vs Ag/AgCl よりも卑な電位領域でカソード電流に明確な差が観測された。この電位（-0.8 V）は，■で示される [Ru-p1] の CO_2 還元電位と一致しており，両者の差は InP/[Ru-p1] での電気化学的な CO_2 還元反応に由来すると推察される。一方，可視光照射下では，●で示される電位（0.0 V）から光カソード電流が観測されている。通常，p 型半導体の光カソード電流の立ち上がり電位はその価電子帯の上端

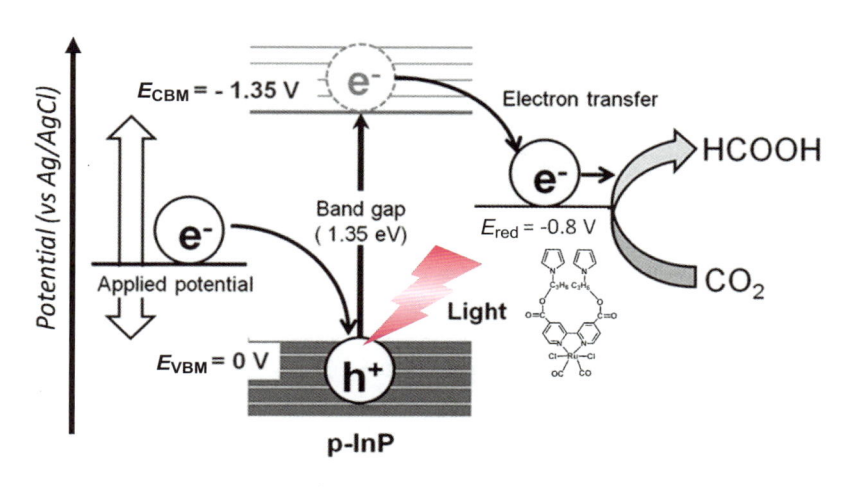

13 半導体と金属錯体の機能を融合した人工光合成の構築

図 13-6 InP/[Ru-p1] 電極上での光電気化学 CO_2 還元反応の動作模式図

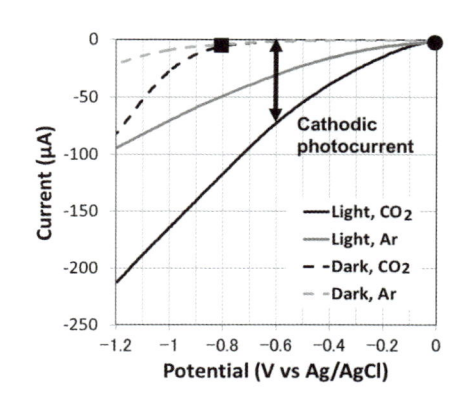

図 13-7 [InP/Ru-p1] 電極触媒による水中での光電流-電圧特性（可視光照射下）

(E_{VBM}) の位置にほぼ対応する。したがって，InP/[Ru-p1] 複合系では，錯体 [Ru-p1] を単独で電気化学 CO_2 還元反応に用いる場合に必要な外部印加電位を，半導体の価電子帯の電位まで低減できるという利点がある。この系ではその電位利得は 0.8 V である。

表 13-1 に，純水中に気体の CO_2 を吹き込み飽和させた条件下で，参照極に Ag/AgCl, 対極にグラッシーカーボンを用いた3電極系で光電気化学反応を行っ

表13-1 水中におけるInP/[Ru-p1]錯体ポリマー複合系の光電気化学CO_2還元性能（可視光照射下）

Photocathode	Visible Light	Gas	Time (hour)	Charge (C)	$HCOO^-$ (mM)	EFF[†1] (%)
Unmodified InP	ON	CO_2	3	0.14	0.00	0.0
InP/[Ru-p1]	ON	CO_2	3	0.41	0.14	34.3
InP/[Ru-p1]	OFF	CO_2	3	0.00	0.00	0.0
InP/[Ru-p1]	ON	Ar	20	0.36	0.00	0.2
InP/[Ru-p1], EP (A+C)	ON	CO_2	3	0.26	0.17	62.3

†1：EFF: Efficiency for Faradaic Formate generation

た結果を示す。外部印加電位を，[Ru-p1] 上での CO_2 還元電位（−0.8 V）よりも貴電位にあり暗条件では電流がほとんど生じない−0.6 V に固定して，可視光（> 400 nm）を 3 時間照射した後の，LC-TOFMS によるギ酸（$HCOO^-$：m/z = 45）の検出結果である。暗条件や未修飾 InP では，光触媒電流は小さくギ酸は検出されない。CO_2 なしの光照射条件では光電流は流れるもののギ酸は検出されず，水素が生成している。これらに対し InP/[Ru-p1] 電極では，計 0.41 C の電荷が流れ，0.14 mM のギ酸が生成する。しかし，ギ酸合成のファラデー効率は 34.3% と低く，CO_2 →ギ酸の反応の他に，CO と水素の副生成物も生成する。これに対し，[Ru-p1] の光還元重合後にさらに光酸化電流での電解重合を施すことにより（InP/[Ru-p1], EP(A+C)），ファラデー効率は 62.3% にまで向上している。ギ酸生成の TON は 12 以上であり，また，$^{13}CO_2$ ならびに D_2O を用いた実験により，$HCOO^-$ の C 源は CO_2($^{13}CO_2$)，H 源は H_2O(D_2O) であることが確認されており，これら InP/[Ru-p1] が光触媒として機能していることが証明されている[20]。

さらには，InP 表面と Ru 錯体触媒の結合を高めて光励起電子の電子移動効率を向上させるために，リン酸エステル基を有するアンカー用錯体（[Ru(4,4'-diphosphate ethyl-2,2'-bipyridine)(CO)$_2Cl_2$], Ru-p2A）（図 13-5 参照）を，これと相性がよく [Ru-p1] と類似構造の（[Ru{4,4'-di(1H-pyrrolyl-3-propyl carbonate)-2,2'-bipyridine}(CO)(MeCN)Cl_2]，[Ru-p3]）と混合して，化学重合法により InP 表面にポリマー膜を形成した InP/[[Ru-p2A+Ru-p3]] では，InP/ [Ru-p1] に比べてギ酸生成速度は約 6 倍に向上し，そのファラデー効率も 78% に達している[21]。

13-5-2 水を電子供与剤とする太陽光 CO_2 還元

水と CO_2 を原料に太陽光で有機物を合成する人工光合成反応を実証するため，この CO_2 光還元触媒電極と，水を酸化できる光アノード電極を組み合わせたタンデム型の光反応セルが構築されている（図 13-8）[21]。光カソードには，13 章 5 節 1 項において最も高い光電気化学 CO_2 還元速度を示した InP/[Ru-p2A+Ru-p3] が用いられている。水を電子源かつプロトン源としてギ酸を光合成するためには，光アノードにおいて水の酸化反応で抽出した電子を連続的に光カソードに移動させる必要がある。そこで光アノードには，InP の価電子帯最上部 E_{VBM}（0.0 V vs NHE）よりも伝導帯最下部 E_{CBM} が卑な電位（-0.2 V）にある TiO_2 の表面に Pt 担持した光触媒が用いられている。図 13-8(a) に示すように，これらの電極を Cu 線で直結し，また，光カソード InP/[Ru-p2A+Ru-p3] で生成したギ酸が TiO_2 により再酸化されることを防ぐために，両電極間をプロトン交換膜で隔てた 2 室セルに各々の電極を浸漬させている。電解質として 10 mM $NaHCO_3$ 水溶液を用い，溶液中に CO_2 ガスを供給しながら，外部からの電気バイアスは加えない条件で光照射実験を行っている。擬似太陽光（100 mW/cm^2, AM 1.5）を TiO_2 電極側から照射することにより，紫外線を TiO_2 が吸収し，TiO_2 を透過した可視光線と赤外線の一部は InP が吸収する方式であり，これは図 13-8(b) の Z スキーム型（二段階光励起型）の光触媒反応である。図 13-9 に示すように，光照射に伴い InP/[Ru-p2A+Ru-p3] 側にはギ酸が生成し，少なくとも 24 時間までギ酸量は直線的に増加している。反応開始から 24 時間後においてギ酸生成の TON は 17 を超え，TiO_2 から InP/[Ru-p2A+Ru-p3] に流れた電流量に対するギ酸生成のファラデー効率は 70% に達している[21]。また，TiO_2 側の室では H_2，CO，$HCOO^-$ は検出されず，TiO_2 光アノードで水の酸化反応で抽出された電子は光励起された InP の正孔を連続的に補償し，InP/[Ru-p2A+Ru-p3] での CO_2 還元反応を実現している。

$^{13}CO_2$ と D_2O を用いた実験から，$^{13}CO_2$ がギ酸の炭素源であり，かつ D_2O がプロトン源であることが証明され，また，$H_2^{18}O$ を用いた場合には $^{18}O_2$ が検出されている。さらには，TiO_2 が光励起されない > 410 nm 照射ではギ酸は生じない。これらの結果から，水が TiO_2 光アノードで光酸化され，その電子とプロトンにより光カソードで CO_2 が光還元される図 13-8(b) の Z スキーム型の

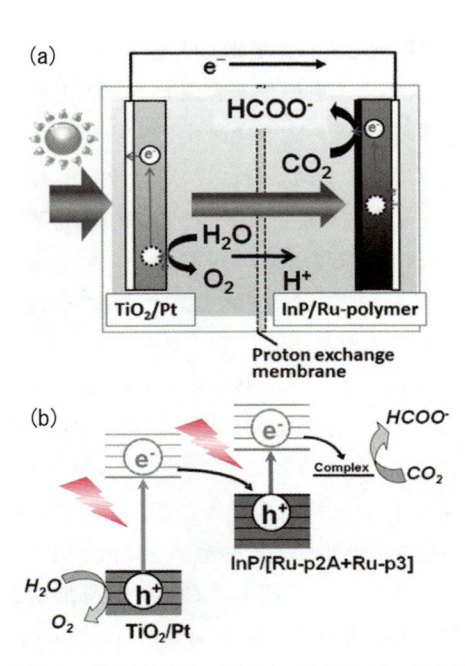

図 13-8 (a) TiO$_2$/Pt 光アノードと InP/[Ru-p2A+Ru-p3] 光カソードを連結した水を電子源とする CO$_2$ 還元反応セルの断面図　(b) セル中における Z スキーム型反応のエネルギーダイアグラム

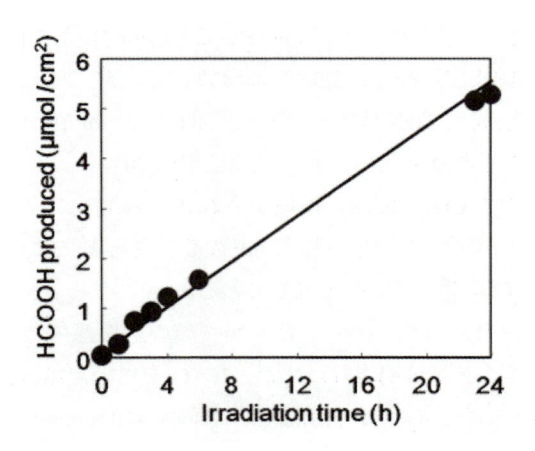

図 13-9　InP/Ru 錯体-TiO$_2$/Pt 連結触媒系による疑似太陽光照射下における水溶液中での CO$_2$ のギ酸生成

13　半導体と金属錯体の機能を融合した人工光合成の構築

反応が起きたことが証明されている[21]。

　この常温・常圧条件における水と CO_2 のみを原料としたギ酸の直接光合成反応系では，式(13-3)で示される太陽光変換効率は約 0.04% である。この効率はバイオマス原料の 1 つであるスイッチグラス（0.2%），半導体光触媒による水素生成（0.2～0.5%）の数分の 1 レベルに迫っている。

$$太陽光変換効率 = \frac{生成したギ酸の燃焼で得られるエネルギー}{照射太陽光エネルギー} \quad (13\text{-}3)$$

　この半導体と金属錯体を複合した光触媒系による，人工光合成型 CO_2 還元反応の特徴は以下の通りである。
① 犠牲試薬を導入することなく，水を電子・プロトン源として CO_2 還元反応を行う
② 地上に到達する太陽光の放射成分のみで CO_2 還元反応を行う
③ 外部からの電気バイアス（電極間の電位差）のアシストを必要としない
④ 外部からの化学バイアス（電極間の pH 差）のアシストを必要としない

　また，その後の研究により，TiO_2 を $E_{CBM} = -0.4\ \text{V}$ (vs NHE) の $SrTiO_{3-x}$ に置き換えて光アノードから光カソードへの電子移動効率を向上させることにより，ギ酸生成の太陽光エネルギー変換効率は約 0.14% にまで向上している。また，ファラデー効率は 71% である[22]。この複合系では，半導体と金属錯体のバンドアライメントや接続形態を変更することによってさらなる変換効率の向上が可能である。

13-6　まとめ

　本章では，半導体と金属錯体触媒を組み合わせた複合型光触媒について述べた。これまでに，光触媒を二段階光励起し金属錯体の優れた CO_2 還元反応選択性を生かした Z スキーム型の CO_2 還元反応が実現されている。また，半導体-半導体/錯体系では太陽光と水と CO_2 のみによる有機物の人工光合成反応

が実証されている。複合型光触媒の特徴は，CO_2 を還元する錯体触媒が光触媒でなくても，半導体あるいは金属錯体の光増感剤と適切に連結すれば，錯体触媒の反応場を有効に利用した光 CO_2 還元系が実現可能なことである。このコンセプトは，ここに紹介していない半導体や錯体触媒の組合せへの適用も実証されはじめており，今後はさらなる光変換効率の向上が期待される。またこの複合光触媒では，CO_2 から合成される有機物の種類は錯体触媒の反応特性に大きく依存することから，今後の技術進展次第では，ギ酸よりもさらに利用価値の高いアルコールなどの有機物の合成も可能になるものと期待される。

引用文献

1) A. Fujishima, K. Honda, *Nature*, **238**, 37 (1972).
2) A. Kudo, K. Ueda, H. Kato, I. Mikami, *Catal. Lett.*, **53**, 229 (1998).
3) G. S. Nahor, P. Hapit, P. Neta, A. Harriman, *J. Phys. Chem.*, **95**, 616 (1991).
4) F. Jiao, H. Frei, *Angew. Chem. Int. Ed.*, **48**, 1841 (2009).
5) J. J. Concepcion, J. W. Jurss, M. K. Brennaman, P. G. Hoertz, A. O. T. Patrocinio, N. Y. Murakami Iha, J. L. Templeton, T. J. Meyer, *Acc. Chem. Res.*, **42**, 1954 (2009).
6) J. M. Lehn, R. Ziessel, *Proceedings of the National Academy of Sciences USA*, **2**, 701 (1982).
7) S. Sato, T. Morikawa, T. Kajino, O. Ishitani, Angew. *Chem. Int. Ed.*, **51**, 1 (2012).
8) Y. Hori, K. Kikuchi, S. Suzuki, *Chem. Lett.*, **11**, 1695 (1985).
9) H. Ishida, K. Tanaka, T. Tanaka., *Organometallics*, **6**, 181 (1987).
10) M. G. Walter, E. L. Warren, J. R. McKone, S. W. Boettcher, Q. M. Elizabeth A. Santori, N. S. Lewis, *Chem. Rev.* **110**, 6449 (2010).
11) T. Morikawa, S. Saeki, T. M. Suzuki, T. Kajino, T. Motohiro, *Appl. Phys. Lett.*, **96**, 142111 (2010).
12) S. Sato, T. Morikawa, S. Saeki, T. Kajino, T. Motohiro, *Angew. Chem. Int. Ed.*, **49**, 5101 (2010).
13) K.Yamanaka, S. Sato, M. Iwaki, T. Kajino, T. Morikawa, *J. Phys. Chem. C*, **115**, 18348 (2011).

14) T. M. Suzuki, H. Tanaka, T. Morikawa, M. Iwaki, S. Sato, S. Saeki, M. Inoue, T. Kajino, T. Motohiro, *Chem. Commun.*, **47**, 8673 (2011).
15) B. Gholamkhass, H. Mametsuka, K. Koike, T. Tanabe, M. Furue, O. Ishitani, *Inorg. Chem.*, **44**, 2326 (2005).
16) S. Sato, K. Koike, H. Inoue, O. Ishitani, *Photochem. Photobiol. Sci.*, **6**, 454 (2007).
17) Y. Tamaki, T. Morimoto, K. Koike, O. Ishitani, *Proceedings of the National Academy of Sciences USA*, **109**, 15673 (2012).
18) K. Sekizawa, K. Maeda, K. Domen, K. Koike, O. Ishitani, *J. Am. Chem. Soc.*, **135**, 4596 (2013).
19) S. Chardon-Noblat, A. Deronzier, R. Ziessel, D. Zsoldos. *J. Electroanal. Chem.*, **444**, 253 (1998).
20) T. Arai, S. Sato, K. Uemura, T. Morikawa, T. Kajino, T. Motohiro, *Chem. Commun.*, **46**, 6944 (2010).
21) S. Sato, T. Arai, T. Morikawa, K. Uemura, T. M. Suzuki, H. Tanaka, T. Kajino, *J. Am. Chem. Soc.*, **133**, 15240 (2011).
22) T. Arai, S. Sato, T. Kajino, T. Morikawa, *Energy Environ. Sci.*, **6**, 1274 (2013).

第14章
天然光合成を利用したハイブリッド型人工光合成系

14-1 はじめに

　太陽光エネルギーの中でも特に分布強度が大きい可視領域の光エネルギーを有効に利用し水を分解して水素エネルギーを獲得，あるいは，直接電気エネルギーに変換，さらには，二酸化炭素の分子変換可能な技術が確立できれば，低炭素社会構築に一役買えるエネルギーシステムが確立できるであろう。太陽光を有効に利用し光合成反応によって生命活動を維持している高等植物・藍藻類・光合成細菌等は光エネルギー変換システムの手本になる。光合成反応は，太陽光エネルギーの中でも特に可視領域の光を利用して進行し，駆動する数十段階のエネルギー移動や電子移動過程が，すべてほぼ収率100％という驚異的な光エネルギー変換システムである。これまでに，光合成機能を直接利用あるいは模倣した光エネルギー変換技術の開発に大きな注目と期待が寄せられている。しかしながら，高等植物そのものに触媒を作用させる，あるいは，光合成反応全体を模倣することは非常に困難である。これに対して，高等植物の光合成反応の中核となる葉緑体やその最小単位である光合成器官を取り出し，酵素や触媒と複合化させることは容易である。

　そこで本章では，葉緑体や光合成器官を直接利用し，酵素や触媒と複合した

14 天然光合成を利用したハイブリッド型人工光合成系

ハイブリッド型人工光合成系について，おもに可視光駆動型水素生産系と光電変換系について紹介する[1〜4]。

14-2 葉緑体の構造と役割

　ハイブリッド型人工光合成系を構築するためには葉緑体の構造や役割を知る必要がある。光合成生物における光合成機構は多様であるが，最もよく知られている高等植物や藍藻類の光合成反応は，水を電子源とした酸素発生型であり太陽光エネルギーを利用し，水を酸化し酸素，水素イオンおよび電子を得るものである。高等植物で進行する光合成反応は葉緑体中で進行し，太陽エネルギーと水とを生体構築・生命活動の源として利用している。

　葉緑体の構造とその中で進行する光合成反応について説明する。図 14-1 に葉緑体の概略図を示す。高等植物の場合，葉に含まれる 1 細胞あたり約 40 個の葉緑体があり，大きさは直径 5〜10 μm，厚さ 2〜3 μm で，乾燥重量の 50% がタンパク質，40% が脂質，残りが水溶性低分子である。葉緑体に含まれる脂溶性分子のうち主要成分はクロロフィル 23%，カロテノイド 5%，プラストキノン 5%，リン脂質 11% である。リン脂質成分が多く含まれるのは，光合成反応を司る基本単位のチラコイド膜が脂質二分子膜で構成されているからである。葉緑体は脂質二重層に包まれ，内部にはラメラ構造が存在し，光合成色素クロロフィルはこの部位に含まれている。植物の葉肉細胞の葉緑体では，ラメラは皿状のグラナ（構成単位はチラコイド膜）を重ねた層状構造をとり，グ

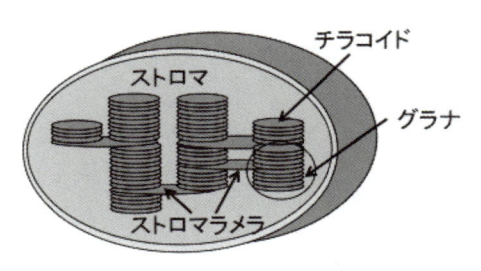

図 14-1　高等植物の葉緑体構造の概略図

ラナ同士がストロマラメラによって連なって存在している。つまり，葉緑体中における光合成機能の最小単位は，チラコイド膜が積層されたグラナということになる。グラナの中に光合成反応に関与する様々なパーツが，機能を最大限発揮するために最適に配置されている。光合成機能である光エネルギー変換の1つの魅力あるものとして，最も安定な小分子である水分子を可視光エネルギーによって活性化した上で酸化し，酸素に変換できる点である。

酸素発生型光合成は，図14-2に示すように還元型ニコチンアミドアデニンジヌクレオチドリン酸（NADPH）を生成する光化学系I（PSI）と，水を電子供与体として用い光エネルギーで酸化して，酸素を発生する光化学系II（PSII）の2つ反応系が連結した光で駆動する酸化還元反応である。原理的には，PSIで生成したNADPHを例えば酵素ヒドロゲナーゼのような水素発生用触媒と接触させることで水素イオンを還元し，水素を獲得すれば，電気分解のように，電気エネルギーの代わりに太陽光エネルギーを利用し，水を酸素と水素とに光分解することができる。しかしながら，緑色植物から単離したPSIやPSIIタンパク質の長期的な光安定性が悪いなどの問題から，水の光分解反応系の構築は完全に達成できていない。PSIやPSIIを単離すると不安定になることから，これらが機能しやすいような環境を保って分離することで，水の光分解反応系への利用が可能になってくる。つまり，葉緑体はPSIとPSIIを含んでおり，これらのタンパク質が機能しやすい環境にあるといえ，光エネルギー変換のため

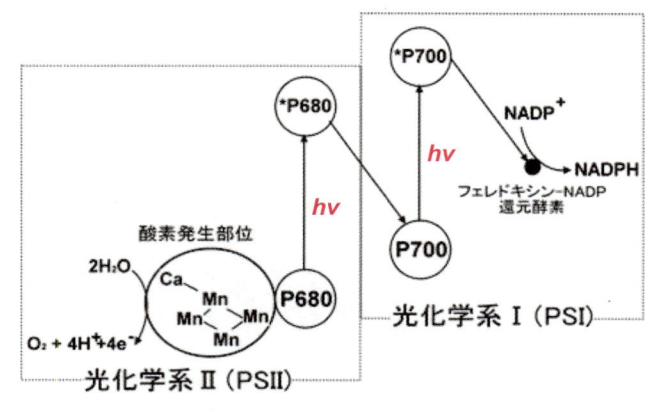

図14-2 酸素発生型光合成の光が関わる反応機構の概略

の人工光合成系を作り上げるための優れた材料として期待できる。

14-3 葉緑体と白金微粒子触媒を利用した光水素生産プロセス

均一水溶液系における光水素生産反応は図 14-3 に示すような電子供与分子（ED），光増感分子（PS），電子伝達分子（EC）および水素発生用触媒で構成される 4 成分系が広く研究されている[5〜10]。これまでの研究から，電子供与分子として生体内での酸化還元に関与する NADPH やトリエタノールアミン等の還元剤としての機能を持つ分子，光増感分子としてルテニウムポリピリジル錯体分子，水溶性亜鉛ポルフィリン，光合成色素クロロフィル分子，電子伝達分子としてメチルビオローゲン，触媒として硫酸還元菌由来の酵素ヒドロゲナーゼや，白金微粒子を用いることにより光水素発生反応が進行することがわかっている。筆者らは，光合成色素分子の優れた光増感作用に着目し，光合成色素クロロフィル-a を光増感分子，白金微粒子を触媒として利用することによって，NADPH 等の電子供与分子存在下において，可視光照射により水を分解し水素が生産することを見出している。しかしながら，電子供与分子は別名犠牲試薬とも呼ばれている。つまり，犠牲試薬の消費と共に反応は停止することになる。水を光エネルギーによって酸素と水素に完全に分解するためには，犠牲試薬として水を用いる必要があり，さらに，酸素発生用触媒も必要となり反応系とし

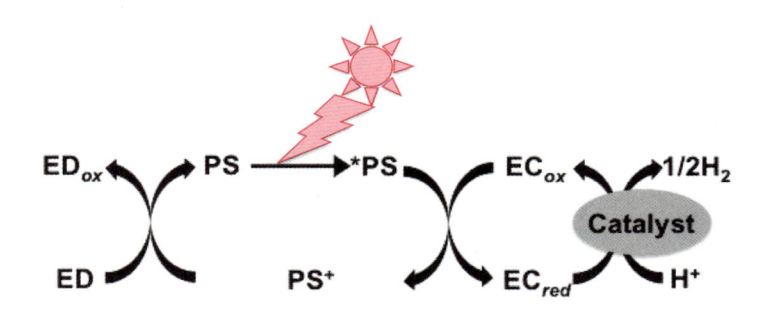

図 14-3　電子供与分子（ED），光増感分子（PS），電子伝達分子（EC）および触媒で構成される光水素生産反応

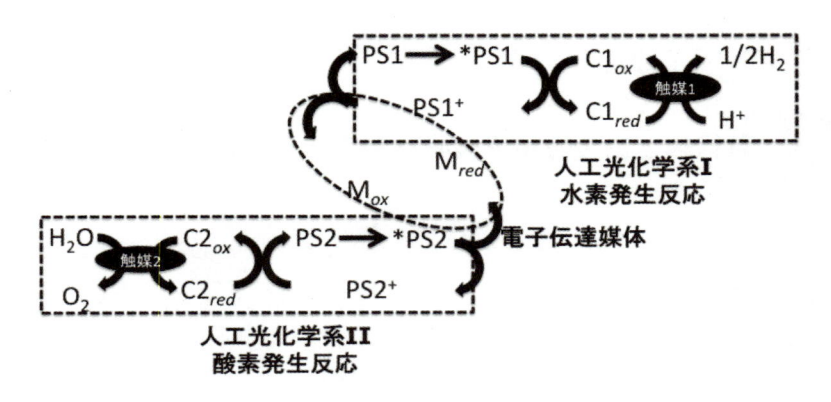

図 14-4　人工光化学系 I・II を連結した Z スキーム型水の光分解システム

ては非常に複雑になる(図 14-4)。これに対して，PSII には可視光照射によって，水を酸化し酸素を発生する触媒が備わっている。PSI や PSII を含む葉緑体と適当な水素発生用触媒を利用することによって，水の光分解系の確立が可能となる。ここでは，図 14-5 に示すような NADH(還元型ニコチンアミドアデニンジヌクレオチド，電子供与分子)- 葉緑体(光増感材料)- メチルビオローゲン(電子伝達分子)- 白金微粒子系による光水素生産反応について述べる[11〜13]。

効率の良い光水素生産反応を構築するためには，重要な反応過程の 1 つである葉緑体によるメチルビオローゲンの光還元反応の効率化が必要である。具体的な反応条件として，体積 11.5 mL の反応容器に NADH（1.0 mM），グラナ（1.0 mL クロロフィル量 29.6 nmol），およびメチルビオローゲンを pH7.0 のリン酸

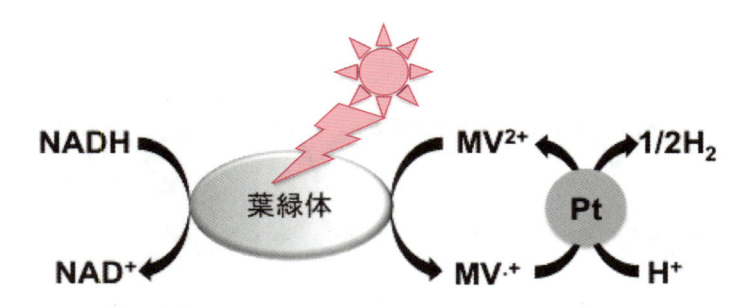

図 14-5　葉緑体を光増感材料として用いた光水素生産反応

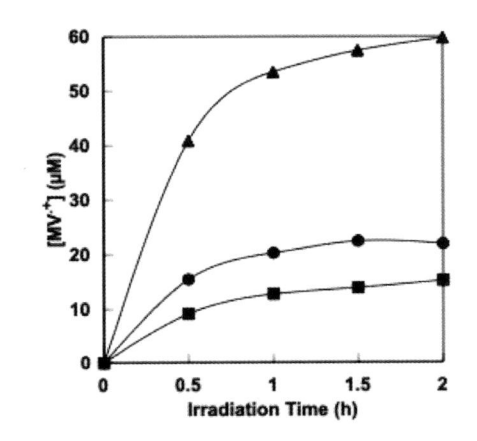

図14-6 葉緑体を光増感材料として用いたメチルビオローゲンの光還元反応の経時変化
[メチルビオローゲン MV^{2+}]: ■ 0.12, ● 0.16, ▲ 3.0 mM.

塩緩衝液 3.0 mL に溶解し，タングステンランプにより可視光照射することで反応を開始させることができる。一例として，メチルビオローゲンの濃度を変化させることによる，メチルビオローゲンの光還元反応の効率化について述べる。いずれのメチルビオローゲン濃度の場合においても，光照射時間に対して還元型メチルビオローゲンの濃度が増加する（図14-6）。図14-6に示すように，メチルビオローゲンの濃度を 3.0 mM とした時が最も光還元速度が速くなり，かつ生成する還元型メチルビオローゲンの濃度も高くなっている。

次に，光水素生産反応の結果について述べる。上述のメチルビオローゲンの光還元反応系に対して白金微粒子（4.9 units；1 unit = 1 分間に 1 μmol の水素を発生させるために必要な触媒量）を添加し，タングステンランプにより光を照射することで反応を開始すると，図14-7に示すように光照射時間に対して定常的に水素が発生していることがわかる。光照射4時間後の水素生産量は 0.14 μmol である[10]。

以上のように，葉緑体と白金微粒子を組み合わせることによって，光水素生産反応系が構築できる。

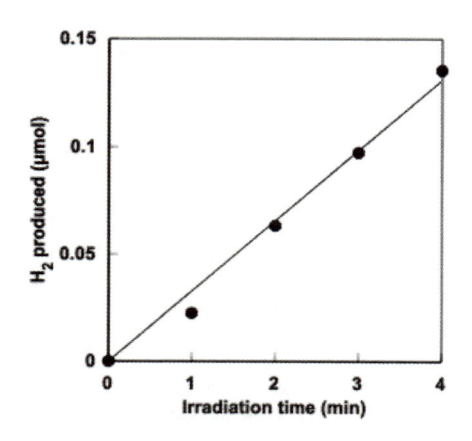

図 14-7　葉緑体を光増感材料として用いた光水素生産反応の経時変化

14-4　光収穫系タンパク質–色素複合体と白金微粒子触媒を利用した光水素生産プロセス

　次に，ソーラー水素製造系にホウレン草から精製した光合成タンパク質を光増感材料として用いた例について述べる。上述のように光合成を司るタンパク質には，太陽光を捕集する光収穫系タンパク質-色素複合体（LHC）と光反応中心タンパク質（RC）が存在する。RCタンパク質を利用した光水素発生反応系がいくつか報告されている[12, 13]。高等植物や藍藻由来の光化学系Ⅰは分離も容易であり，ヒドロゲナーゼなどと複合化することで，光水素生産反応系が構築できる。

　一方，LHCはおもにクロロフィルとカロテノイド分子で構成される色素タンパク質で，反応中心タンパク質に存在するクロロフィル分子が吸収できない波長領域の光を捕集し，その光エネルギーを反応中心へ伝達する役割を果たしている。つまり，クロロフィルや反応中心タンパク質よりも広範囲の光を吸収することができるため，より優れた光増感材料となりうるものと期待できる。高等植物において，図14-8に示すようにチラコイド膜内で反応中心タンパク質，光化学系Ⅰおよび光化学系Ⅱに，それぞれ，LHCIおよびLHCIIが光収穫

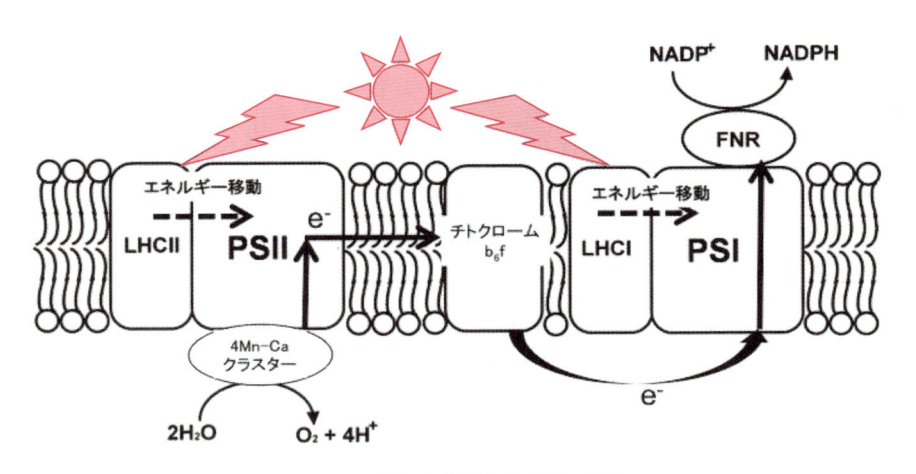

図14-8 酸素発生型光合成膜の構造
赤点線：エネルギー移動　　黒実線：電子移動

系タンパク質-色素複合体として備わっている。ここでは，図14-9に示すような緑色植物から単離した太陽光の捕集機能を持ち，光化学系IIへエネルギーを伝達する役割を持つ光収穫系タンパク質-色素複合体（LHCII）を光増感材料とし，NADH（電子供与体），メチルビオローゲン（電子伝達体）および白金微粒子からなる光水素生産反応系について述べる[14]。

LHCIIはホウレン草から単離した光合成膜から，超遠心分離等の分子生物工学的手法により得られ，最終的には界面活性剤オクチルグルコシドを用いて水溶液に分散させる。LHCIIを用いたメチルビオローゲンの光還元反応は，

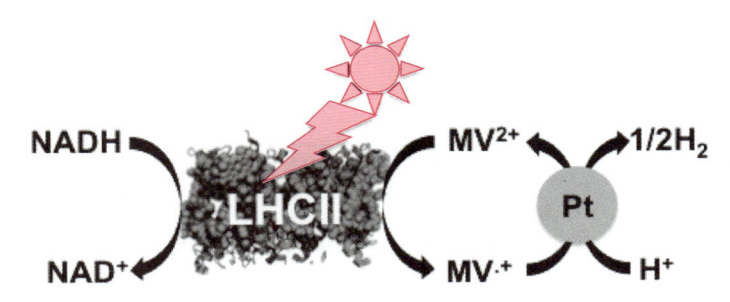

図14-9 光収穫系タンパク質-色素複合体（LHCII）を光増感材料として用いた光水素生産反応

LHCII(クロロフィル-a および b 濃度 5 μM),NADH(2 mM)およびメチルビオローゲン(2 mM)を含む反応溶液を十分に脱気した後,波長 600 nm 以上の光を透過する赤色光透過フィルター,あるいは,波長 450〜500 nm の光を透過する緑色フィルターを介し,200 W ハロゲンランプを用いて光照射することによって開始させることができる。また,LHCII 内に含まれているのと同量のクロロフィル-a, および -b(以後クロロフィル a/b と略記)用いたメチルビオローゲンの光還元反応を対照実験としている。

最初に LHCII を用いたメチルビオローゲンの光還元反応について調べると,LHCII 内に存在するクロロフィルに基づく波長 600 nm 以上の光を照射した場合,20 分の光照射でメチルビオローゲン初期濃度の約 9% が還元されている(図 14-10:●)。一方,対照実験として LHCII 内に存在するクロロフィル a/b と同量を光増感剤として,メチルビオローゲンの光還元反応を試みると,20 分の光照射でメチルビオローゲン初期濃度の約 7% が還元されている(図 14-10:■)。

さらに,クロロフィル a/b の吸収帯が小さい波長 450〜500 nm の光を照射した際でも,LHCII を用いると(図 14-10:○),クロロフィルを単独で用いた

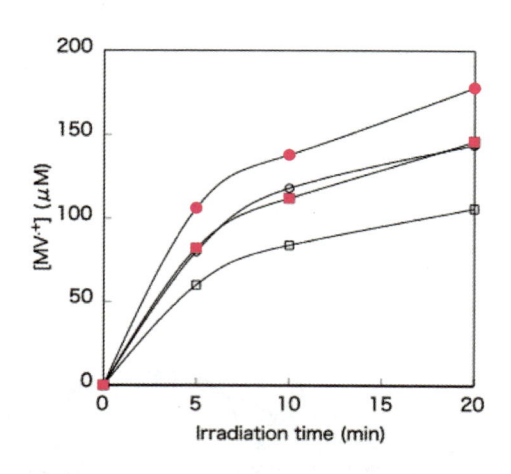

図 14-10　LHCII を光増感材料として用いたメチルビオローゲンの光還元反応の経時変化
　　　　　丸印:LHCII, 四角印:クロロフィルを増感剤として用いた場合
　　　　　赤:波長 600 nm 以上の光を照射した場合
　　　　　白:450〜500 nm の光を照射した場合

場合（図 14-10：□）よりも，効率よくメチルビオローゲンの還元が進行することがわかる．これは，LHCII 内にルテインを主要とする補助色素カロテノイド分子が存在し，クロロフィルが捕集できない波長領域の光を吸収しクロロフィルへのエネルギー移動，あるいは，光増感しているためであると考えられる．また，クロロフィルに基づく波長 600 nm 以上の光を照射した場合でも，色素分子量が同量にもかかわらず，LHCII を用いた方が効率よくメチルビオローゲンの還元が進行したことは，LHCII 内での色素分子の配置が光捕集等に適したものになっているためであると考えられる．

最後に上述のメチルビオローゲンの光還元反応に，白金微粒子（4.9 units）を添加した LHCII を用いた光水素生産反応について調べると，メチルビオローゲンの光還元の時と同様，LHCII 内に存在するクロロフィルに基づく波長 600 nm 以上の光を照射した場合（図 14-11：●）では，光照射 3 時間で 0.4 μmol の水素が発生することが明らかになっている．一方，LHCII 内に存在するクロロフィル a/b と同量を光増感剤とした場合（図 14-11：■）では，同条件下で 0.29 μmol の水素が発生している．さらに，クロロフィル a/b の吸収帯が小さい波長 450～500 nm の光を照射した際でも，LHCII を用いると（図 14-11：○），

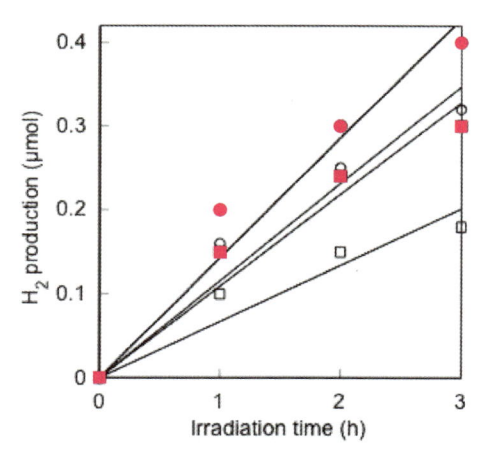

図 14-11　LHCII を光増感材料として用いた光水素生産反応の経時変
　　　　　丸印：LHCII，四角印：クロロフィルを増感剤として用いた場合
　　　　　赤：波長 600 nm 以上の光を照射した場合
　　　　　白：450～500 nm の光を照射した場合

クロロフィルを単独で用いた場合（図 14-11：□）よりも，効率よく光水素生産が進行することが明らかになっている。

以上のことから光収穫系タンパク質-色素複合体（LHCII）を光増感材料として用いることによって，効率の高い水素生産反応系が構築できる。

14-5 葉緑体固定酸化チタン薄膜電極を用いた水を電子媒体としたバイオ燃料電池

上述のように葉緑体は，水を光酸化する機能を有した光合成器官である。一方，一般的な燃料電池は図 14-12 に示すように水の電気分解の逆反応で発電しているものであり，対極は白金電極が用いられ，電極上で酸素を電気化学的に還元して水を得ている。つまり，作用極に葉緑体を固定し，可視光を照射することによって水を分解して得られた酸素を対極の白金電極上で水に還元することができれば，光エネルギーと水のみで発電するバイオ燃料電池が構築できることになる。ここでは，緑色植物由来の葉緑体を抽出し，酸化チタン薄膜担持電極上に担持した葉緑体固定酸化チタン薄膜電極を調製し，これを用いて図

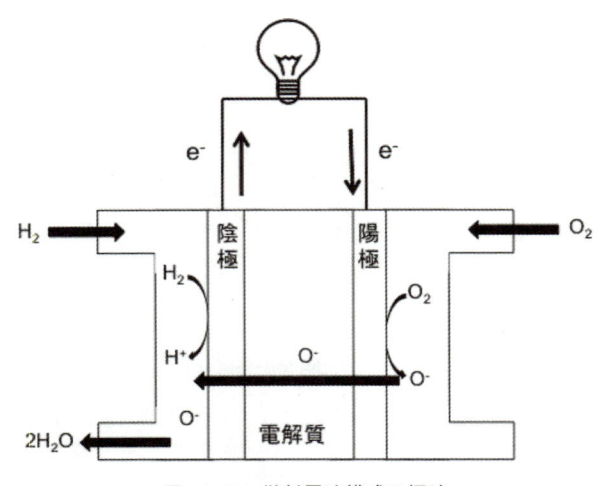

図 14-12　燃料電池構成の概略

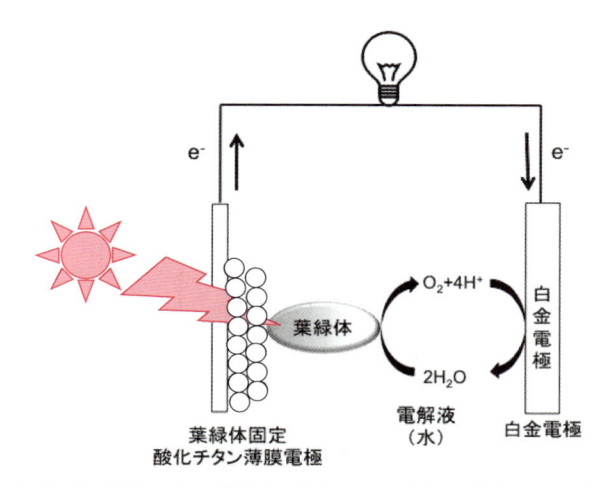

14 天然光合成を利用したハイブリッド型人工光合成系

図14-13 葉緑体固定酸化チタン薄膜電極を用いた水を電子媒体としたバイオ燃料電池

14-13に示すような光電変換系について紹介する[15〜18]。

葉緑体固定酸化チタン薄膜電極は，抽出した葉緑体をアミノアルキルカルボン酸を介して酸化チタン薄膜電極に固定化したものを用いることができる。調製方法は以下の通りである。最初に導電性ガラスの導電面に酸化チタンペーストを1 cm^{2}に塗布し，80 ℃で30分加熱した後450 ℃で30分間加熱焼成することによって酸化チタン薄膜電極を調製する。次に，調製した酸化チタン薄膜電極をアミノアルキルカルボン酸で修飾した後，葉緑体を分散した調製溶液に浸漬することで，電極上に固定化することができる。

葉緑体固定酸化チタン薄膜電極を用いた光電変換系は以下の通りである。調製した葉緑体固定酸化チタン薄膜を作用極，対極に白金電極，および両極間の電解溶液に重量比10％程度の水を含むテトラブチルアンモニウムヘキサフルオロホスファート-アセトニトリル溶液を用い，光電変換系を構築することができる。

葉緑体固定酸化チタン薄膜電極を用いた光電変換系の特性は，光電流作用スペクトル，白色光およびPSIIの極大波長に基づく680 nmの単色光照射時の光電流応答性によって評価することができる。

葉緑体固定酸化チタン薄膜電極の光電流作用スペクトルを測定すると660〜

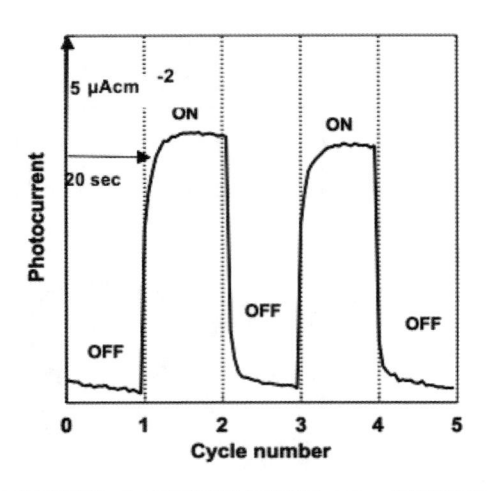

図 14-14　白色光照射下における葉緑体固定酸化チタン薄膜電極の光電流応答性

700 nm に光電流値の極大がみられることがわかる．このことから，葉緑体中の光合成タンパク質の光増感作用による光電変換系が成り立っていることが示唆される．

　葉緑体固定酸化チタン薄膜電極の光電流応答性について，最初に白色光を照射した時の光電流応答を調べると，電解溶液に重量比 10% の水を含むテトラブチルアンモニウムヘキサフルオロホスファート-アセトニトリル溶液を用いた場合では，光照射によって約 10 μAcm^{-2} の電流が流れている（図 14-14）．一方，電解質溶液に水を含まないテトラブチルアンモニウムヘキサフルオロホスファート-アセトニトリル溶液を用いた場合では，光電流応答は見られない．このことから，葉緑体固定酸化チタン薄膜電極を用いた光電変換系では，電解質溶液中に水が必要であることが示唆されている．

　さらに，葉緑体中に含まれる PSII の吸収極大である 680 nm の単色光を照射した場合でも同様に水を含む電解溶液を用いた場合では，図 14-15 に示すように光電流応答が見られるが（約 0.2 μAcm^{-2}），水を含まない場合では，光電流応答は見られない．これは，光照射に伴い，葉緑体が水を分解し，酸素を発生し，その酸素が対極の白金電極上で還元され水に戻るサイクルによる光エネルギーと水で作動するバイオ燃料電池が達成できたことを示唆している．

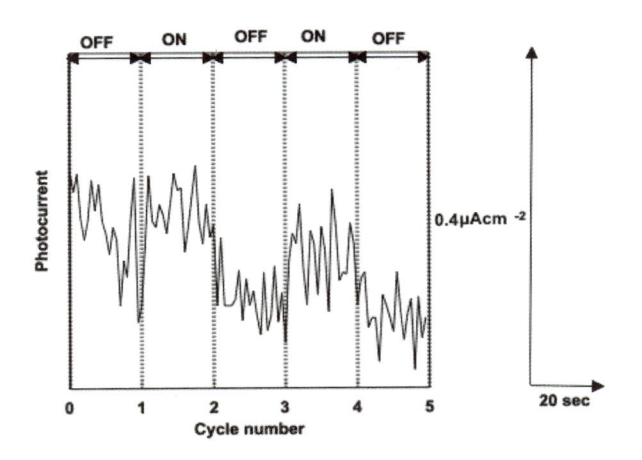

図 14-15　単色光 680 nm 照射下における葉緑体固定酸化チタン薄膜電極の光電流応答性

14-6　まとめ

　本章では葉緑体や光合成器官を直接利用し，酵素や触媒と複合したハイブリッド型人工光合成系としてソーラー水素生成および光電変換デバイスに関する研究について概説した。本章で紹介した反応系は，低炭素燃料である水素・メタノールあるいは電力・光エネルギーを駆動力として獲得でき，副生成物として二酸化炭素のような温室ガスは発生しないゼロエミッション系である。今後は，化石燃料を用いたエネルギー獲得方法から，水素やアルコールを利用した，あるいは太陽光を直接電気へ変換するようなエネルギー供給システムへのエネルギーシフトは必ず達成すべき課題であり，本章で紹介した人工光合成系が革新的なエネルギー生産システムへ発展していくことを期待したい。

引用文献

1) 天尾 豊 "低炭素燃料生成システムを目指した人工光合成" 人工光合成と有機系太陽電池, 46-51（2010）.
2) 天尾 豊 光化学, **39**, 169（2008）.
3) Y. Amao, *ChemCatChem*, **3**, 458（2011）.
4) 天尾 豊 化学工業, **59**, 751（2008）
5) I. Okura, T. Kita, S. Aono, N. Kaji, *J. Mol. Catal.*, **32**, 361（1985）.
6) I. Okura, T. Kita, S. Aono, N. Kaji, *J. Mol. Catal.*, **33**, 34（1985）.
7) I. Okura, *Biochimie*, **68**, 189（1986）.
8) Y. Tomonou, Y. Amao, *Biometals*, **15**, 391（2002）.
9) Y. Tomonou, Y. Amao, *Int. J. Hydrogen Energy*, **29**, 159（2004）.
10) Y. Tomonou, Y. Amao, *Biometals*, **16**, 419（2003）.
11) Y. Amao, N. Nakamura, *Int. J. Hydrogen Energy*, **31**, 39（2006）.
12) 天尾 豊 "第11章 藻類由来光合成機能を利用したバイオ燃料変換系への展開", 『微細藻類によるエネルギー生産と事業展望』, シーエムシー出版, 88（2012）.
13) 天尾 豊 "光合成色素タンパク質を用いたデバイス開発", *BIO INDUSTRY* **29**, 34（2012）.
14) S. Ishigure, A. Okuda, K. Fujii, Y. Maki, M. Nango, Y. Amao, *Bull. Chem. Soc. Jpn.*, **82**, 93（2009）.
15) 天尾 豊, 高分子, **56**, 211（2007）.
16) Y. Amao, A. Kuroki, *Electrochem.*, **77**, 862（2009）.
17) 天尾 豊, 化学工業, **60**, 45（2009）.
18) 天尾 豊, 高分子, **60**, 745（2011）.

第 15 章
光触媒反応に関わる実験法

15-1　均一系光触媒反応の解析方法

15-1-1　はじめに

本節では，均一溶媒系における光触媒反応を評価する際に重要な実験方法について概説する。均一溶液中での光化学反応を研究する上で，まず注意しなければならない重要な3つの法則がある。

① 光化学第一法則：反応溶液に照射された光子のうち，吸収されたものだけが光反応を駆動することができる

したがって，光触媒がどの波長の光を吸収するか，また他の共存する物質（溶媒やセルも含む）は照射光を吸収しないかを最初に検討しなければならない。

② Lambert-Beerの法則：基質（例えば，光触媒）により吸収される光子数を見積もるために必要な吸光度（A）は，式（15-1）で与えられる

$$A = \log_{10} \frac{I_0}{I} = \varepsilon c l \qquad (15\text{-}1)$$

ここで，l，c，ε は，セルの厚さ（光路長）[cm]，および光を吸収する基質濃度 [M（= mol dm^{-3}）]，モル吸光係数 [M^{-1}cm^{-1}] である。例えば，照射波長において A（光触媒）= 1 であり，共存する物質がこの波長の光を吸わなければ，光触媒は 90% の光を吸収するが，10% は溶液を通過して反応に関与することはできないことを意味する。これは，光触媒反応の効率を示す量子収率（Φ）

を求めるときに重要な情報である。

③ 光化学第二法則：通常の光照射条件（レーザーなどの高強度光源を用いる場合を除く）では，分子は1度に1光子しか吸収しない

この法則によって，光反応の効率を示す指標である量子収率 Φ は式（15-2）のように定義することができる。

$$\Phi = \frac{\text{生成分子の物質量 [mol]}}{\text{吸収される光子の物質量 [einstein]}} \qquad (15\text{-}2)$$

光化学第一法則から必然的に導かれるように，光化学反応を研究するためには，まず扱う物質（反応容器や溶媒を含む）の紫外光-可視光領域における吸収を調べる必要がある。この情報を基に，照射する光の波長を決定しなければならない。また，光触媒反応は，光励起された光触媒と基質との二分子反応により開始されることが多い。したがって，光触媒反応が効率よく進行するためには，光触媒の励起状態が効率よく基質により消光されなければならない。後述するように，反応溶液における基質の濃度は，消光速度の速さと励起寿命の長さを考慮して決定しなければならない。もし光触媒が発光性の分子である場合，その発光スペクトルを詳細に調べることにより，様々な物性（励起寿命を含む）に関する情報や，基質との反応速度（消光速度）を求めることができる。

15-1-2　光反応の条件を設定する
1）紫外可視吸収スペクトルの測定

紫外可視（UV/Vis）吸収スペクトルは，物質の電子状態間における電子遷移に由来するので，電子スペクトルとも呼ばれる。このスペクトルは，各波長（もしくは波数）における光吸収量を示したもので，光触媒反応に関する場合，横軸には光の波長を，縦軸には吸光度（A）を用いるのが一般的である（図15-1）。測定に際しては，測定すべき波長領域において透明で，光路長（内側の長さ：l）が正確に規定されたセルを用いなければならない。石英製セルの場合 190～2,500 nm，パイレックス製セルでは 320～2,500 nm の領域で測定が可能である（図15-2(a)）。また，溶媒の吸収にも注意を払う必要がある。図15-3 に，代表的な溶媒について，光路長 1 cm のセルを用いて測定した透過率を示す。例えば，アセトンを溶媒として用いた場合，320 nm より短波長領域

15 光触媒反応に関わる実験法

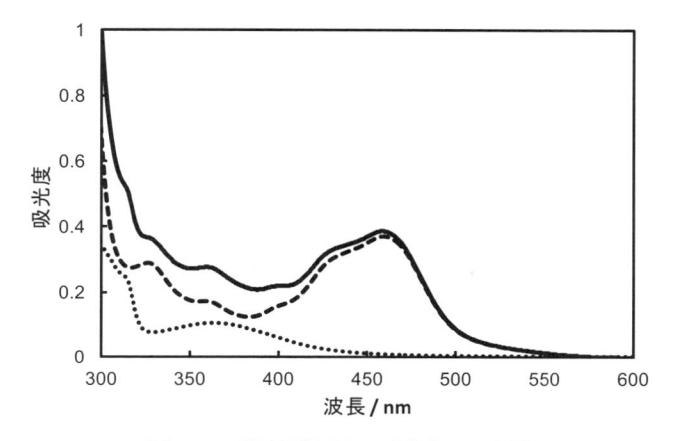

図 15-1 紫外可視吸収スペクトルの実例
アセトニトリル中における $[Ru^{II}(dmb)_3](PF_6)_2$ (Ru, 0.03 mM, dmb = 4,4'-dimethyl-2,2'-bipyridine), fac-$[Re^{I}(dmb)(CO)_3Cl]$ (Re, 0.03 mM), およびそれらの混合物

(a) 光学セルの光透過

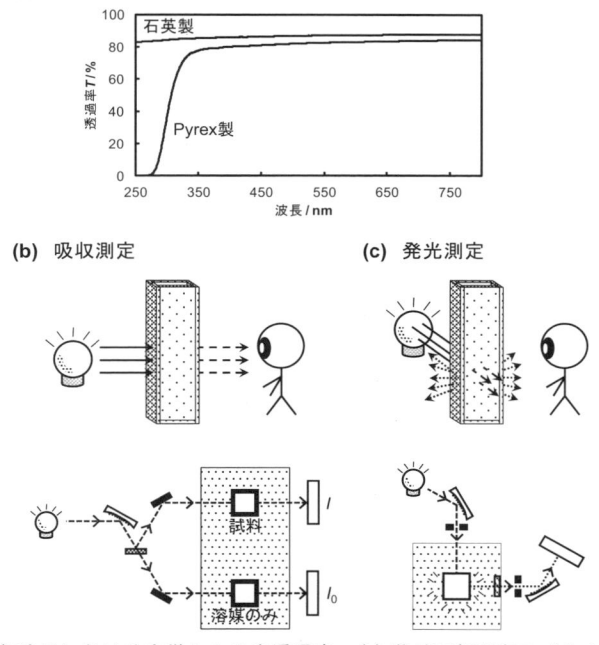

(b) 吸収測定   **(c)** 発光測定

図 15-2 (a) 各波長における光学セルの光透過率, (b) 紫外可視吸収スペクトル測定時の光学系, および (c) 発光スペクトル測定時の光学系

295

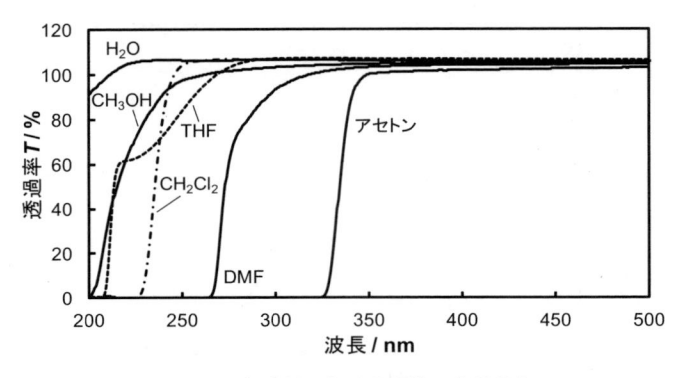

図15-3 各波長における溶媒の光透過率

を測定しても意味を持たないことがわかる。

図15-2(b)に，代表的な紫外可視吸収スペクトル測定装置の概略図を示す。光源から出た光は分光器により単一波長に切り出され，それがビームスプリッターにより同光量の2つの検出光に分岐される。一方の検出光は，サンプルの入ったセルを透過し，もう一方は溶媒だけを入れたセルを通る。透過後の各検出光を光電子増倍管で定量することにより，それぞれIとI_0を求め，式(15-1)にしたがって吸光度Aが求められる。この操作を，波長ごとに自動で繰り返すことでスペクトルを得る。最近では，光電子増倍管の代わりに，フォトダイオードアレイ検出器を用いる装置もよく使われるようになった。この場合，幅広い波長領域での透過光を同時に測定できるため，短時間に吸収スペクトルを測定することができる。これは，後ほど述べるように，反応溶液のスペクトル変化をその場観測するのに適している。このような測定を行う上で注意すべきことは，測定用の試料濃度である。例えば，ある波長における吸光度が4の場合，サンプル溶液によって検出光の99.99%が吸収され，検出器に届く光量は0.01%にまで減少してしまうため，正確な吸収量を求めることができない。測定機器の精度にも依存するが，$A < 1$の条件で測定することが望ましい。

2) 発光スペクトルの測定

物質を光照射した際に観測される発光は，励起状態の情報を多く含んでおり，その活用は光触媒反応を研究する上で欠かせないものである。このことにより，光触媒反応の初期過程を定量的に評価することができる。

15　光触媒反応に関わる実験法

　発光スペクトルは，対象物質が光を吸収し励起された際の，物質からの発光強度を，波長分布として示したものである。照射光には，連続する波長分布を持った光源と分光器を組み合わせて得られた単色光を用いる。サンプルより発せられた発光は，もう一台の分光器により波長分解した後，光電子増倍管等の検出器により，その強度を測定する。検出対象となるのはサンプルから発せられる光であるので，サンプルを透過した照射光を検出しないよう，検出器の位置は，照射光から 90°の位置に設置される（図 15-2(c)）。したがって，発光測定に使用するセルは，四面すべてが透明な角形四面セルである必要がある。発光スペクトルを測定する際にも，サンプルの吸光度に注意しなければならない。蛍光のようにストークスシフト（吸収スペクトルと発光スペクトルの極大波長の差）が小さい発光を測定する場合，溶液中における基質濃度が高く吸光度が高いと，発光の短波長側の一部が基質自身の光吸収によって再吸収されてしまう場合がある。こうした現象は発光再吸収と呼ばれるが，発光スペクトルと吸収スペクトルが重なった部分が欠落した形状となるため，正確な発光スペクトルを得られないことになる。また，高濃度サンプルでは，発光種の励起分子が，同種の基底状態分子と衝突することにより励起状態が失活（自己消光）する場合がある。この現象が生じると，本来の発光強度を反映しないスペクトルとなる。正確な発光スペクトルを得るためには，励起波長における吸光度が 0.1 もしくはそれ以下になるよう調整するとよい。このことにより，検出するための発光が発生するセル内の領域をほぼ均一に励起する効果も期待できる。もちろん，検出するために必要な発光強度が得られないほど溶液が薄すぎてはいけないので，最適濃度を検討してから測定を行うべきである。また，通常の発光スペクトル測定装置には，励起光側と検出光側の両方にスリットが設置されており，それぞれがサンプルに照射される光量と検出器に導かれる光量を調整することができる。例えば，発光を測定すべき基質の光反応性が高く，発光スペクトルの測定中に光反応が進行してしまう場合は，励起光側のスリットを絞る必要がある。また，微弱の発光しか示さない場合，検出光側のスリットを広くすると良い。ただしこの場合，波長分解能が低下することに注意が必要である。

　特に遷移金属錯体のように，寿命の長い励起三重項状態からの発光を観測する場合，溶液から空気を除く脱気操作が必須となる。励起三重項は，酸素分子

により高速に消光されてしまうためである。簡易な方法としては，アルゴンや窒素ガスなどの不活性ガスを溶液に20分程度通気することにより，溶液中の酸素の大部分を除くことができる。より正確に求めるためには，高真空度の真空ラインを用いた凍結脱気法を用いる。

また，発光スペクトル測定装置の経時変化にも注意しなければならない。励起光源は，各波長において異なる強度分布を持ち，長時間使用すると光強度はゆっくりと低下する。また，検出器の応答も波長により異なり，これも経時変化がゆっくりと進行する。したがって，長期間装置を使用する場合，真のスペクトル形状を得るためには，これらの補正を適宜行う必要がある。この操作を初めて行う場合，装置を販売しているメーカーにまず相談することを勧める。頻繁に補正を行いたい場合は，副標準光源を購入して自分で行うことが可能である。また，必要な波長領域に発光を示す基質の正確な発光スペクトルを装置の補正後すぐに測定しておき，その発光スペクトルを用いて装置の補正を行うことも可能である。

3）発光寿命の測定

均一溶液中で二分子反応により光化学反応が進行するためには，励起状態の分子と反応基質が接近し衝突しなければならない。この現象は，励起分子が基底状態に失活するまで，すなわち励起寿命内に進行しなければならないので，励起寿命の長い場合の方が光反応を起こすためには有利であることになる。このため，励起状態寿命を知ることは重要である。

発光強度の経時変化を追跡することで励起寿命を測定する装置が，各社から販売されている。比較的弱い励起光を用いる時間相関単一光子計算法や，励起光としてレーザー等の高強度光を用いる方法がある。測定方法に関しては，引用文献1）を参考にしてほしい。これらの方法により得られる結果の一例を図15-4に示す。励起状態分子が反応しない条件下では，励起状態（話を簡単にするため，以下最低励起状態のみを扱う）の失活過程は，発光（放射失活：速度定数 k_r）と，周辺分子（溶媒等）にエネルギーを奪われることによる失活（無放射失活：k_{nr}）に限られる。これらは単分子過程であるので，励起状態濃度 $[M^*]$ に対し一次の速度論解析により解析されることになる（式(15-3)，式(15-4)）。（発光）寿命 τ は，以下の式で得られる速度定数 k（$= k_r + k_{nr}$）の逆数として定

15 光触媒反応に関わる実験法

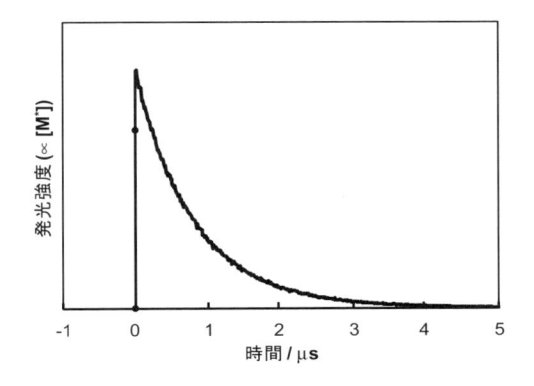

図15-4 時間相関単一光子計算法により測定した発光寿命測定の実例
$[Ru^{II}(dmb)_3](PF_6)_2$ を含むジクロロメタン溶液を凍結脱気した後，444 nm 励起による発光強度 (630 nm) 時間変化を測定

義される（式 (15-5)）。式 (15-4) に, $t = \tau$ を代入すると, 励起状態濃度 $[M^*]$ は, 当初生成した量 $[M^*]_0$ の $1/e$ まで減少することがわかる。

$$\frac{d[M^*]}{dt} = -k[M^*] \tag{15-3}$$

$$[M^*] = [M^*]_0 e^{-kt} \quad (t \to \infty, [M^*] \to 0) \tag{15-4}$$

$$\tau = \frac{1}{k} = \frac{1}{k_r + k_{nr}} \tag{15-5}$$

発光をしない分子の励起寿命は，種々の過渡吸収測定により求める。この方法にも紫外可視吸収，赤外，ラマン等を検出する種々の方法があるので引用文献2) を参考にしてほしい。

4) 発光量子収率の測定

対象とする分子が吸収した光子数で，その時に観測された発光の光子数を割った値が発光量子収率と定義される（式 (15-6)）。

$$\Phi_r = \frac{発光した光子の物質量\ [einstein]}{吸収される光子の物質量\ [einstein]} \tag{15-6}$$

発光量子収率を速度定数を用いて記述すると, 励起状態の全ての失活過程のうち，発光に関与する過程の割合として表される（式 (15-7)）。したがって，上述した励起分子の寿命の式 (15-5) と合わせることで，励起分子の放射およ

び無放射失活速度定数（k_r, k_{nr}）をそれぞれ求めることができる。

$$\Phi = \frac{k_r}{k} = \frac{k_r}{k_r + k_{nr}} \qquad (15\text{-}7)$$

発光の量子収率を求める方法としては，絶対法と相対法がある。絶対法は，積分球を用いる方法で，各社から専用機器や発光スペクトル測定装置に積分球を組み込む付属品が販売されている。相対法は，発光量子収率既知のサンプルを基準とし，求める基質の発光スペクトルの相対強度の比から発光量子収率を決定する方法である。具体的な注意事項は，引用文献 3) に詳しく述べられている。この相対法を用いる場合，注意すべき情報が最近報告されているので，簡単に述べておく。これまで基準として用いられていたいくつかの基質の発光量子収率の値が間違っていることが 2009 年に報告された。現在，IUPAC において，正確な基準値の決定が行われているが，古い文献のデータをそのまま用いてはならない。引用文献 4) を参考にされたい。

15-1-3　光触媒反応の初期過程を追跡する

光触媒反応の多くは，光励起された光触媒と基質（例えば還元剤や酸化剤）の反応によって開始される。したがって，光触媒が発光性の物質である場合，基質共存下と非共存下での発光の挙動の違いを観測解析することで，光触媒反応の初期過程である光化学反応に関する情報（反応速度および光反応の起こる割合）を得ることができる。

1）光触媒の光励起状態と基質の反応速度を測定する：発光消光

励起状態にある光触媒分子（M^*）が，共存する他の分子（Q）と反応すると光触媒の発光寿命は短くなり，発光量子収率は低くなる。これは，この光反応が，上述した励起分子が単独で起こす失活（発光および無放射失活）過程（一次速度定数 k）と競合的に進行するためである。光反応が，励起分子と消光剤の拡散衝突だけで進行する（動的消光と呼ばれる）場合，基質共存下での励起状態分子の失活速度は式 (15-8) で示される。ここで k_q は，励起分子と基質との反応の二次速度定数であり消光速度定数と呼ばれる。また，励起分子と反応する基質（ここでは Q）を消光剤と呼ぶ。

15 光触媒反応に関わる実験法

$$\frac{d[M^*]}{dt} = -k[M^*] - k_q[M^*][Q] = -(k + k_q[Q])[M^*] \qquad (15\text{-}8)$$

式(15-8)より，消光剤を含む溶液中の励起寿命 $\tau(=1/(k+k_q))$ が得られる。これと，消光剤を含まない溶液中の励起寿命 $\tau_0(=1/k)$ との比をとることによって式 (15-9) の関係式が得られる。この式は，横軸に消光剤濃度 [Q] をとり，縦軸に消光剤を含まない溶液で得られた発光量子収率もしくは励起寿命 (Φ_0, τ_0) と，異なる濃度の消光剤を含む溶液で測定したそれらの値 (Φ, τ) の比をプロット (Stern-Volmer プロット) することで $k_q\tau_0$ が得られることを示している[†1]。

$$\frac{\Phi_0}{\Phi} = \frac{\tau_0}{\tau} = 1 + k_q\tau_0[Q] \qquad (15\text{-}9)$$

動的消光のみを経て進行する光反応の場合の Stern-Volmer プロットは，切片1を持つ直線となり，その傾きが $k_q\tau_0$ (Stern-Volmer 定数と呼ばれる) となる (図15-5)。例えば，レドックス光増感反応を研究する場合，光増感剤の励起状態が，還元剤もしくは酸化剤どちらと反応するかを明らかにすることは，光触媒反応の機構を解明する上で重要なことである。このことは，上述した方法で Stern-Volmer 定数を求め比較することで，比較的簡単に決定することができる。ま

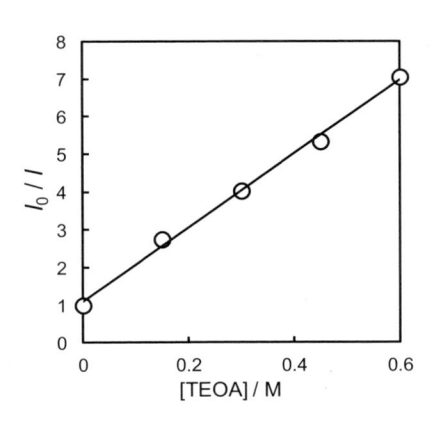

図 15-5 Stern-Volmer プロットの実例

fac-[Re^I(bpy)(CO)$_3$(NCS)] (bpy = 2,2'-bipyridine) を含む DMF 溶液にトリエタノールアミン (TEOA) を還元剤として添加し，その発光強度をプロット

[†1] 式 (15-9) は，基底状態で消光剤とすでに相互作用している分子を励起したときに進行する (静的消光と呼ばれる) 光反応には適用できない。この場合，Stern-Volmer プロットは直線にならない。

た Stern-Volmer 定数を τ_0 で割れば，光触媒の光励起状態と基質の光反応速度定数 k_q が求まる．

また，光を吸収して励起された光触媒のうち，光反応により何％が消光されたかを示す消光割合（η_q: 式（15-10））も，光触媒反応系を評価する上で重要な指標となる．

$$\eta_q = \frac{\Phi_0 - \Phi}{\Phi_0} = \frac{k_q \tau_0 [Q]}{1 + k_q \tau_0 [Q]} \tag{15-10}$$

15-1-4　均一溶液において光触媒反応を行う

上述の予備的な実験（光触媒と基質の紫外可視吸収スペクトルの測定，Stern-Volmer 定数もしくは消光割合の決定）を行うことで，実際の光触媒反応の条件を適切に設定することができる．

1）光照射装置

光触媒および反応基質，溶媒の紫外可視吸収を検討し，光化学第一法則を考慮して照射すべき波長（単一波長もしくは，ある波長領域）を決定する．適切な光源と，透過する波長を制限するために用いるフィルターを組み合わせることで目的の波長の光を得る．

照射光源としては，高圧水銀灯およびキセノン灯，ハロゲン灯がよく用いられる．それぞれのランプの放射光強度スペクトルを図 15-6 に示す．高圧水銀灯を用いると種々の波長の輝線光（主な波長：313, 365, 405, 436, 546, 578 nm）が得られる．各輝線の光強度は強く，フィルターを用いて比較的容易に単一波長の光を得やすいため，後述する光反応量子収率を測定する際には便利である．これらの波長以外の光を使用する必要があるときは，紫外可視領域に連続的な強度分布を持った光が得られるキセノン灯を用いると良い．ハロゲン灯も連続光であるが，紫外領域の光は弱く，主に可視光を照射したい時に用いる．最近では，発光効率が良く，発熱量が他のランプと比べて低い LED ランプを使った研究報告も増えつつある．

これらのランプを用いて反応溶液へ照射する装置は様々なものが工夫されているが，代表的なものとしてはメリーゴーランド型光照射装置（図 15-7(a)），およびランプハウス型光照射装置がある（図 15-7(b)）．メリーゴーランド型

15 光触媒反応に関わる実験法

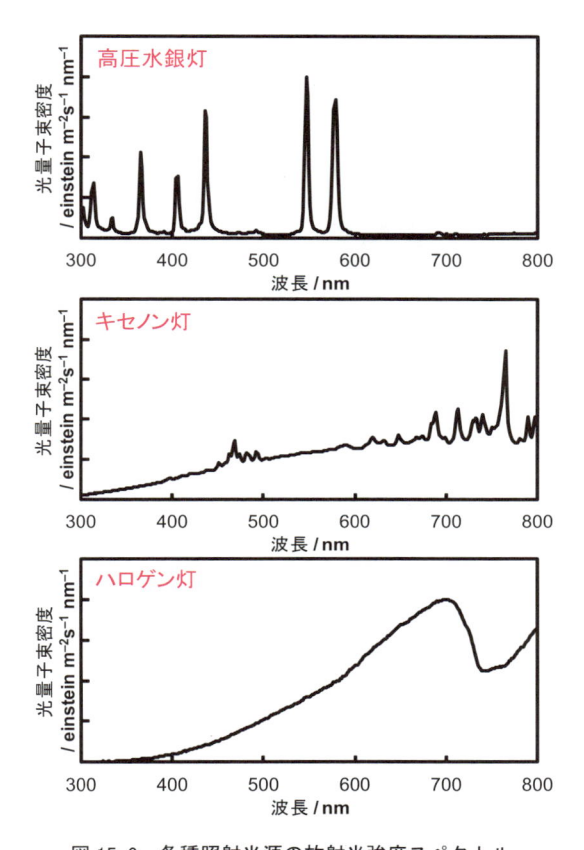

図15-6 各種照射光源の放射光強度スペクトル

　光照射装置を用いる場合，棒形のランプの周囲に試験管型の反応容器を配置することで，ランプの発光部より放射状に放たれる光が反応溶液に照射される。反応容器は，ランプを中心に回転することで，一定時間照射した時に，設置されたすべての容器に同じ光量の光が当たるように設計されている。また反応容器自身も自転することで，溶液全体がなるべく均質に光照射される工夫も施されている。この装置の利点は，多くの反応溶液に対し，同時にほぼ同じ条件で光照射を行うことができることである。光触媒反応の経時変化を追跡する場合や，反応溶液の組成を変えた効果を調べる時には便利である。このタイプの光照射装置では，溶液フィルターを用いて照射光の波長をコントロールする。紫

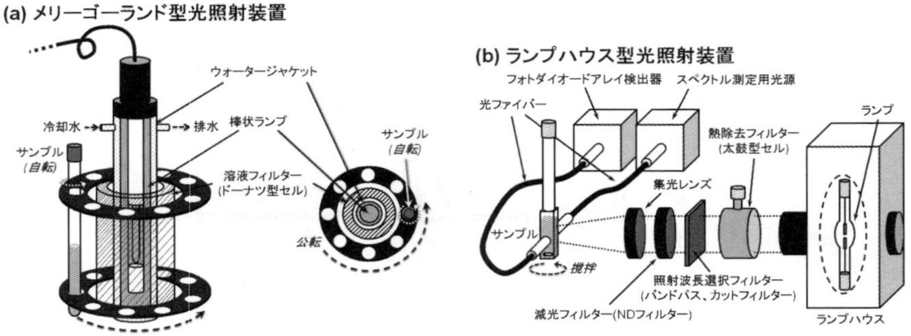

図 15-7　各種光照射装置とその光学系
(a) メリーゴーランド型光照射装置，および (b) ランプハウス型光照射装置

外可視部に光吸収を示す無機塩や光耐久性の高い有機色素を水に溶解させ（表15-1），その溶液を，棒状ランプの周囲を一周覆うことが可能なドーナツ型セルに導入し，セルの中心にある空洞に棒状ランプを設置して光照射を行うことで，溶液フィルターを透過した光だけが反応溶液に照射される。溶液フィルターの作成法に関しては引用文献 6) を参考にされたい。棒形のランプにより光照射をする間は，棒状ランプに合わせて設置されるウォータージャケットに冷却水を流し続けなければならない。光照射用ランプの多くは多量の熱を発生し（LED は比較的発熱量が少ない），冷却が不十分であると高温になるので危険である。十分に冷却水を流して冷却しなければならない。多くのメリーゴーランド光照射装置は，本体を水槽に投入することで冷却水に浸すことができる。このようにすることで，ランプのみならず反応容器や溶液フィルターも冷却し，また反応温度をコントロールすることができる。

　一方，ランプハウス型光照射装置では，ランプより発せられる光を光学ミラーやレンズにより一方向へと収束した平行光（ランプと光照射面の距離が変わっても照射される面積が大きく変化しない）を得ることができる。この光は集光レンズを追加することで絞り込むことも可能で，設置された反応容器に比較的高強度の光を照射することができる。この装置の利点は，反応容器に照射された光量を決定しやすいことにある。この利点のため，光反応の量子収率決定（具体的方法は後述）には欠かせない装置である。ランプハウス型光照射装置（図

15-7(b)）を用いる場合には，光路が一方向であるため，波長の選択や光量の調整に市販のガラス製フィルターを用いることができる．決められた波長幅を持つ光のみを透過するバンドパスフィルター（図 15-8(a)），ある波長以下の光を透過しないカットフィルターや広い波長に渡って照射光を一定割合減光できる ND フィルターなど（図 15-8(b)）を必要に応じ選択する．

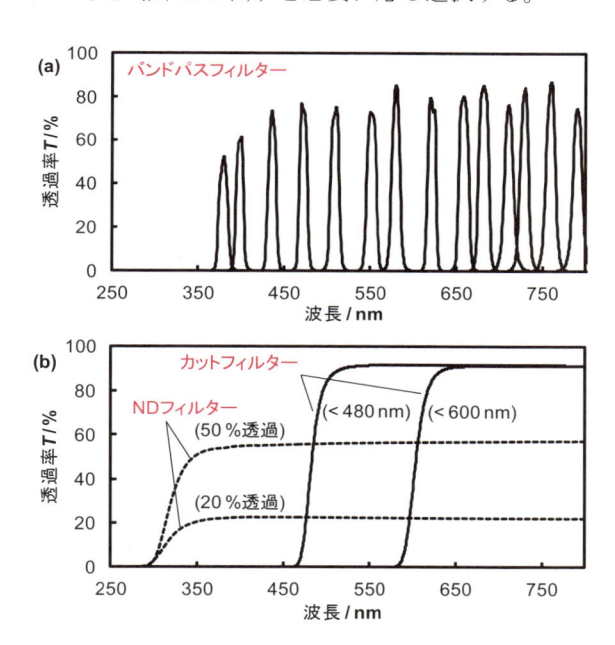

図 15-8　各種ガラス製フィルターの光透過率スペクトル
(a) 各種バンドパスフィルター[5]，および (b) 短波長カットフィルターと ND フィルター．
［朝日分光（株）の Web サイト（http://www.asahi-spectra.co.jp/filter/filterindex.htm）のデータより］

表 15-1　各種溶液フィルター（短波長カット）の組成とそのカットオフ波長[6]

溶　　質	濃　　度	カットオフ波長 /nm ($T = 50\%$)
$CuSO_4 \cdot 5H_2O$	1.5% W/V	300
KNO_3	0.4 M	335
$NaNO_2$	1% W/V	395
K_2CrO_4	0.1% W/V	465
$K_2Cr_2O_7$	0.5% W/V	530
ローダミン B	0.2% W/V	640

これらのガラスフィルターは比較的熱に弱いものもあるので，その対策をとる必要がある．ランプより発せられる赤外光を除去するため，ランプとフィルターの間に，熱除去フィルターを設置することが有効である．例えば，赤外光を吸収する水で満たした太鼓型セル（光路が 10 cm 程度）をガラス製フィルターとランプの間に設置する．もしくは，ミラーモジュールと呼ばれる，紫外可視光のみを反射するミラーに照射光を多重反射させる間に赤外光を除去するユニットを光路に導入する．一部のランプハウス型光照射装置では，ミラーモジュールが内蔵されている．

　我々の研究室では，光照射中に，反応溶液の紫外可視吸収スペクトルを *in situ* で測定できる装置を考案した（図 15-7(b)）．発光スペクトル測定で用いられるような四面セルを反応容器として用い，照射光と直角方向で紫外可視吸収スペクトルを測定する．この方法により，反応中間体の同定や，その経時変化の追跡が可能である．また，溶液の吸光度の経時変化を記録できるので，後述の量子収率測定において，その補正も可能となる．フォトダイオードアレイ検出器を用いれば，反応溶液のスペクトル変化を連続的に追跡することも可能である．光照射中，反応溶液はスターラーバーで撹拌することで溶液全体がなるべく均等に光励起され，また冷媒の循環が可能なセルホルダーを用いることで反応温度を一定に保つ．最近では，この原理を取り入れた光照射装置も市販されている．

2) 光触媒反応の評価

　光触媒反応を評価する指標としては，光子の有効利用率の指標である量子収率（Φ）および光触媒の耐久性の指標であるターンオーバー数（TON），速度を示すターンオーバー頻度（TOF）が良く用いられる．反応が触媒的に進行するのであれば，生成物の量は，反応溶液に加えた光触媒の量を上回るはずである．TON は式（15-11）で与えられ，光触媒 1 分子が，平均何分子の生成物を生成したかを表す．

$$\text{TON} = \frac{\text{生成物量 [mol]}}{\text{触媒量 [mol]}} \qquad (15\text{-}11)$$

光触媒とは，光励起されることで目的の反応を駆動し，自身は，その反応の前後で変化しないものと定義される．しかし実際には，反応サイクルを繰り返す

ことにより光触媒は徐々に失活する場合がほとんどである。光触媒の失活によって，反応がそれ以上進行しなくなった時点でのTONが，その光触媒の耐久性を示すことになる。

TOFは，反応時間当たりのTON数であり（式(15-12)），単位時間当たり光触媒が生成物を何分子与えるかを示す。光触媒反応自体が高速で進行し，光触媒が光励起される速度が律速となるケースでは，フォトンフラックス（単位時間当り反応溶液に照射された光量）にTOFは依存することに注意すべきである。

$$\text{TOF} = \frac{d\text{TON}}{dt} \tag{15-12}$$

光触媒反応の量子収率（Φ）は，得られた生成物の物質量を，光触媒が吸収した光子数で割った値であり（式(15-13)），光触媒反応における光子の利用効率を示す。

$$\Phi = \frac{\text{生成分子の物質量 [mol]}}{\text{吸収される光子の物質量 [einstein]}} \tag{15-13}$$

この値を得るためには，吸収光量を求めなければならない。そのために，まず単位時間当り反応溶液に照射される光子数を求める。この値は，ランプやセルの位置等，装置に依存するので，それらを実際の光反応と同じ条件にして測定する。化学光量計を用いる方法と，光パワーメーターにより計測する方法がある。

化学光量計法とは，量子収率が確定されている光反応を用いて照射光量を決定する方法である。様々な照射波長に適応できる化学光量計（表15-2）が報告されており，具体的な操作方法も含め，引用文献7）に詳しく記載されているので参照されたい。ここでは，可視部の幅広い波長領域を測定できる鉄(III)オキサラト化学光量計について概説する。トリスオキサラト鉄(III)酸イオンは，溶液中で光励起されると鉄(II)イオンに効率よく還元される（式(15-14)〜式(15-17)）[8]。この光反応の量子収率はすでに求められているので，実際に求める光照射装置と反応容器を用いこの光反応を行い，生成した鉄(II)イオン生成量を定量すれば照射光量を求めることができる。鉄(II)イオンの定量は，光照射後反応溶液に1,10-phenanthroline (phen) を加えることにより，可視部に

表 15-2 各種化学光量計とその適応波長[9]

化学光量計	波長範囲 /nm
鉄(III)オキサラト	254 ～ 577
ウラニールオキサラト	254 ～ 436
ベンゾフェノン-ベンジドロール	< 390
2-ヘキサノン	313
ケトン-ペンタジエン	313.366
アゾベンゼン	268 ～ 365
アゾキシベンゼン	250 ～ 350
1.1'-アゾキシナフタレン	300 ～ 400
1.3-シクロペンタジエン	< 254
3.4-ジメトキシニトロベンゼン	254 ～ 365
1.3-ジメチルウラシル	< 254
エタノール	< 185
ヘルマトポルフィリン/2.2.6.6-テトラメチル-4-ピペリドン-N-オキシル	366 ～ 546
ヘテロセルジアントロン	400 ～ 580
ヘテロセルジアントロン エンドペルオキシド	248 ～ 334
(E)-α-(2.5-ジメチル-3-フリルエチリデン)(イソプロピリデン)コハク酸無水物	313 ～ 366
cis-シクロオクテン	< 185
meso-ジフェニルジフェニルヘリアントレン	475 ～ 610
o-クマル酸ジアニオン	253 ～ 366
フェニルグリオキシル酸	250 ～ 400
ライネッケ塩	316 ～ 750
2.2'.4.4'-テトライソプロピルアゾベンゼン	350 ～ 390
テトラフェニルシクロブタン	< 265

強い光吸収を持つ $[Fe^{II}(phen)_3]^{2+}$ を生成させ(式(15-17)),その吸光度を用いて行う。具体的な操作方法は,引用文献7)に詳しい。この光反応の量子収率は,波長により異なることに注意されたい(表15-3)。一般に化学光量計は,適用可能な照射光波長範囲が異なり,照射波長により量子収率が異なることもあるので,照射光として単色光を用いる必要がある。実際の化学光量計を用いた光量の測定では,異なる光照射時間で数回測定し,照射時間に比例して生成物の量が増加していることを確認した後,そのプロットの傾きから時間当たりの照射光量を求める。

$$[Fe^{III}(C_2O_4)_3]^{3-} + h\nu \rightarrow [Fe^{II}(C_2O_4)_2]^{2-} + C_2O_4^{\cdot -} \qquad (15\text{-}14)$$

$$C_2O_4^{\cdot -} + [Fe^{III}(C_2O_4)_3]^{3-} \rightarrow C_2O_4^{2-} + [Fe^{III}(C_2O_4)_3]^{\cdot 2-} \qquad (15\text{-}15)$$

$$[Fe^{III}(C_2O_4)_3]^{\cdot 2-} \rightarrow [Fe^{II}(C_2O_4)_2]^{2-} + 2\,CO_2 \qquad (15\text{-}16)$$

$$[Fe^{II}(C_2O_4)_2]^{2-} + 3\,phen \rightarrow [Fe^{II}(phen)_3]^{2+} + 2\,C_2O_4 \qquad (15\text{-}17)$$

表15-3 鉄(Ⅲ)オキサラト化学光量計の量子収率照射波長依存性（22℃）[7]

波長 /nm	濃度 /mol dm^{-3}	量子収率
254	0.006	1.25
313	0.006	1.24
365/6	0.006	1.22
365/6	0.15	1.18
405	0.006	1.14
436	0.006	1.11
436	0.15	1.01
480	0.15	0.93
546	0.15	0.15

　光量は，光電変換素子が組み込まれた光パワーメーターを用いても求めることができる．光パワーメーターでは，光量値を仕事率単位 [W] で示す場合が多い．光量（P）を仕事率単位 [W] で表したとき，単位時間当たりに放射される光子の物質量は式（15-18）で表される．

$$（光子の物質量） = \frac{P}{h\nu N_A} = \frac{\lambda P}{hc N_A} = 8.35 \times 10^{-9} \lambda P \text{ einstein s}^{-1} \quad (15\text{-}18)$$

ここで，λ は照射光の波長 [nm]，h はプランク定数（6.63×10^{-34} Js），c は光速度（3.0×10^8 m s^{-1}），N_A はアボガドロ定数（6.02×10^{23} mol^{-1}）である．光パワーメーターによっては，光量の値が単位面積当たりの仕事率 [W m^{-2}] で表されることもあるので，こうした場合には光照射面の面積を考慮するなど工夫が必要となる．

　反応溶液の吸光度が低い場合，照射光の一部が溶液を透過してしまう．量子収率を求めるためには，透過光量を照射光量から差し引いた数値を式（15-13）の分母に用いなければならない．反応溶液に含まれる光触媒の濃度を高くすることで，照射光が全て光触媒により吸収される条件にし，この煩雑な操作を避けることができる．すなわち，反応溶液の照射波長における吸光度を十分高く設定できる場合，照射した光子はほぼ吸収されるので（光路長 1 cm，$A=2$ で照射光の 99% が吸収される：上述 Lambert-Beer の法則参照），生成物量を光照射時間に対してプロットし，これが直線になったときの傾きから生成速度を求め，それを単位時間当たりの照射光量で割ることによって Φ を算出する事ができる．

　このような条件を満たすことができない場合，すなわち反応溶液の吸光度が

低い状況で量子収率を求めるには，光照射中における反応溶液の吸光度変化をモニターしておき（図 15-9 に測定例を示す），これと照射光量を用いて吸収光量を求める。これらの煩雑な，光反応の量子収率を簡便に測定できる装置が市販されている（図 15-10）。これは図 15-7(b) に示した装置の機能，すなわち，ランプハウス型光照射装置による反応溶液への光照射と，フォトダイオードアレイ検出器による反応溶液の紫外可視吸収スペクトル変化の追跡に加え，光パワーメーターにより反応溶液を透過した光の光量を直接計測する等の機能が付与され

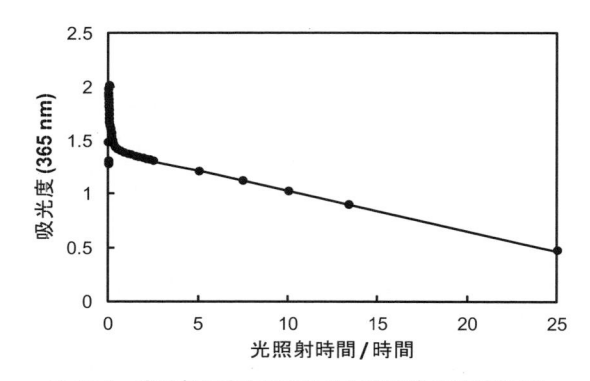

図 15-9 光照射反応中における反応溶液の吸光度変化
fac-[Re^I(bpy)(CO)$_3$(NCS)] を用いた 365 nm 単色光照射での CO_2 還元光触媒反応（DMF / TEOA 混合溶媒中）

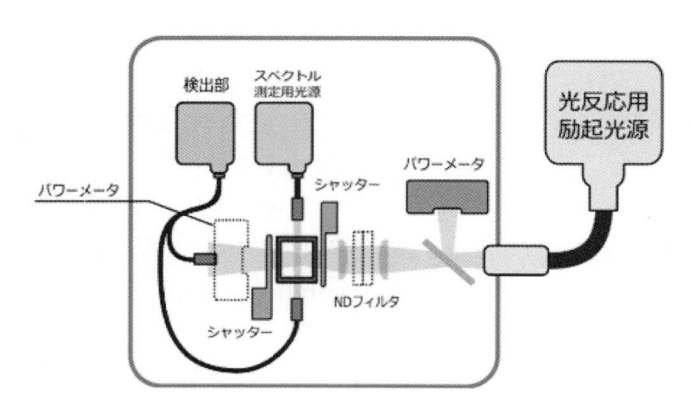

図 15-10 全自動型光反応量子収率測定装置の光学系 [10]
［(株) 島津製作所の Web サイト（http://www.an.shimadzu.co.jp/apl/energy/20130802.htm）より］

ており，反応溶液による吸収光量が自動的に測定・算出されるようになっている。

3) 安定同位体を用いたトレーサー実験

光触媒反応では，反応基質が消費され生成物へと変換されていることを証明することが大変重要である。これは，本節で取り扱っている均一系の光触媒反応に限らず，次節で取り上げる不均一系光触媒反応でも同様である。近年活発に研究されている二酸化炭素の光触媒還元反応を例にとって説明しよう。光触媒反応により得られる還元生成物としては，ギ酸や一酸化炭素が多い。これら化合物は，系中に存在する，もしくは混入した有機化合物の分解によっても生成することがある。例えば，二酸化炭素還元の光触媒反応において溶媒として N,N-dimethylformamide（DMF）が良く用いられてきたが，DMFは比較的容易に加水分解され，ギ酸を生成することが報告されている。この反応は，塩基性条件下で加速される。この分解反応が，CO_2還元光触媒反応と競争する場合には，CO_2還元生成物としてのギ酸生成量に対し，無視できない量のギ酸がDMFを起源として生成してしまう[11],[†1]。COを配位子として有する金属錯体を光触媒として用いた場合，錯体の配位子置換反応により一酸化炭素を生成する場合もある[13]。酸化力の強い半導体光触媒を用いて二酸化炭素を還元する場合は，半導体の表面や溶液中に混入した有機化合物が生成物の炭素源となってしまう危険性が高いことが指摘されている[14]。

そこで，生成物が二酸化炭素の還元により生成したことを証明する必要があり，そのために，$^{13}CO_2$を用いたトレーサー実験が行われる。通常の二酸化炭素に含まれる^{13}Cは，^{12}Cと比べわずかである（1.1%）ので，通常の二酸化炭素の代わりに$^{13}CO_2$を過剰に含む二酸化炭素（各社から購入できる）を用いて光触媒反応を行い，得られた生成物中に含まれる^{13}Cの含有量を調べれば，生成物に含まれる炭素の起源を明確にできる。生成物が一酸化炭素の場合は，検出器として質量分析器を組み込んだガスクロマトグラフィー（GC-MS）を用い生成ガスの分析を行うと良い。一方，ギ酸が生成する場合は，^{1}H-NMRもしくは^{13}C-NMRによる測定が有効である。特に^{1}H-NMRを用いた場合，^{13}Cのカッ

[†1] 二酸化炭素をバブリングすると溶液が酸性になるので，DMFの分解反応はかなり抑えられる。さらに実験の確実性を増すために，DMFの脱水を徹底するべきである。最近，DMFと溶媒としての性質が似ており，分解してもギ酸が発生しない N,N-dimethylacetoamide（DMA）を用いる報告もある[12]。

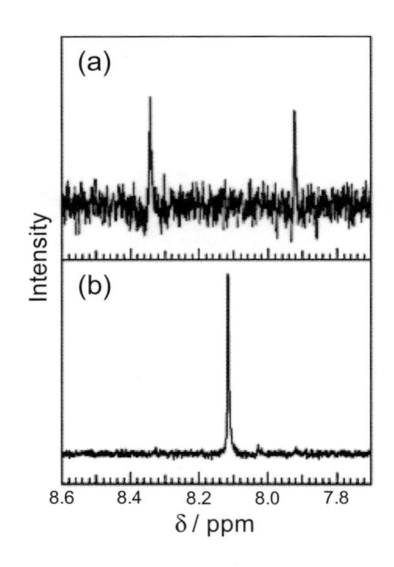

図 15-11 ¹³CO₂ を用いたトレーサー実験による生成ギ酸の ¹H-NMR スペクトル解析[15]
(a) $^{13}CO_2$ 使用時，および (b) $^{12}CO_2$ 使用におけるギ酸メチンプロトンのピーク
[K. Sekizawa, K. Maeda, K. Domen, K. Koike, O. Ishitani, *J. Am. Chem. Soc.*, **135**, 4596-4599（2013）より（Figure 1）.]

プリングによりダブレットとして観測されるメチンプロトンを観測し（図15-11(a)），H^{12}COOH の場合シングレットとして観測される対応するピーク（図15-11(b)）との積分比から，生成物における ¹³C の含有率を求めることもできる。

15-1-5 まとめ

本節では，均一溶液系における光触媒反応の実験を行うための方法を解説した。光触媒反応を正確に評価するために注意すべき事柄を記したつもりである。本節において概説した光化学の基本に適応した反応条件を設定し，より正確で有用なデータを得ていただければと思う。

15-2 不均一系光触媒を用いた水分解の実験方法と留意点

15-2-1 はじめに

水を水素と酸素に分解する反応は，人工光合成の基礎反応といえる。この反応は，光エネルギーを蓄積可能な化学エネルギーへ変換する反応であり，得られる水素は，クリーンエネルギーのみならず化学工業において不可欠な物質である。不均一系半導体光触媒（粉末光触媒）を用いた水分解反応の原理および研究開発については，12章で詳細に述べられている。不均一系光触媒反応における光化学的な基礎は，前節で述べた均一系光触媒反応のそれと同じであるが，固体物質に由来する注意点が多々ある。粉末光触媒を用いた水分解反応の歴史は長く，多くの論文や特許が発表されているが，その中には懐疑的な内容を含む結果も多々ある。本節では，粉末光触媒を用いた水分解反応における実験方法・データの見方や留意点を解説する。さらに，光電気化学的水分解についても簡単に触れる。

15-2-2 粉末光触媒の実験の流れ

光触媒に限らず機能性材料の研究は，合成，キャラクタリゼーション，機能評価という流れで行われる。それぞれの項目について以下に示す。

1）粉末光触媒の合成

粉末光触媒材料としてよく用いられるものは，金属酸化物，金属（酸）硫化物，金属（酸）窒化物のようなセラミックスである。また，C_3N_4 のような有機化合物も開発されている。ここでは金属酸化物光触媒の合成法について取り上げる。

金属酸化物としては，TiO_2 のような一種類の金属元素から構成されている物質の他に，$SrTiO_3$ や $BaLa_4Ti_4O_{15}$ などの複数の金属元素から成り立っている複合酸化物がある。これらの金属酸化物の合成法には，通常のセラミックスと同様に固相法やフラックス法の他に，ソフト溶液プロセスである水熱法，沈殿法，ゾル-ゲル法，錯体重合法などがある。

固相法では，まず構成元素からなる酸化物や炭酸塩等の出発原料を混合する。

一般には組成に合わせた量論比で混合するが，アルカリ金属等高温で揮発しやすい物質は数％過剰に仕込む必要がある。数％過剰に加えるか否かで，光触媒活性が1桁ぐらい変化することがある。固相反応では粒子同士が接触した部分からイオン拡散が起こり合成反応が進行するため，出発原料を良く混合する必要がある。特に数％程度の置換元素やドーパントを含む光触媒の合成では，それが不可欠である。そうでないとムラのあるものができてしまう。次に，出発原料の混合物を適当な温度で焼成する。この時にアルミナや白金るつぼを使用するが，焼成する物質により使い分ける。一般に釉薬の塗ってある磁性るつぼは，高温の焼成には向かない。釉薬が混入する恐れがあるからである。また，酸化物は通常空気中で焼成することにより合成されるが，低酸化数の金属イオンから構成される酸化物焼成では，酸素分圧を制御する必要がある。このような合成は，ArやN_2ガスで希釈した酸素，または無酸素雰囲気下で行われる。真空脱気した石英アンプル中で焼成する方法もある。これは，酸素を嫌う金属硫化物光触媒を合成する場合も同じである。固相法では，通常多結晶体粉末が得られる。一般に，焼成温度を高くすると粒界の少ない結晶性の良い粒子が得られるが，粒径が大きくなり表面積は低下する。目的としている単一相が得られにくい場合には，焼成 – 粉砕を繰り返すと良い。

　水熱法では，オートクレーブ中，水に構成元素の塩や酸化物等を入れてヒーターや電気炉を用いて加熱する。この場合，加熱温度と水蒸気圧の関係や気体発生の有無をしっかり把握しておくことが，オートクレーブの破裂等の事故を防ぐ上で不可欠である。水熱法では，結晶構造を反映した見かけ上単結晶のような綺麗な形の微結晶がしばしば得られる。しかし，結晶中に多くの欠陥が存在している可能性もある。水熱法は，水を溶媒に用いるソルボサーマル合成法と呼ぶことができる。水以外の非水溶媒を用いるソルボサーマル合成法もある。

　沈殿法（共沈法），ゾル-ゲル法，錯体重合法は溶液プロセスであるため，出発段階で構成元素が原子レベルで混ざっている。そのため，固相法に比べると均一性の高いものがより低温で合成できる。たとえば，錯体重合法（図 12-8 参照）では，水熱法と同様に結晶構造を反映した結晶性の高い微粒子を得ることができる。結晶性や粒径は光触媒活性を大きく支配する要因であるため，固相法で合成した光触媒よりもしばしば高い活性を示す。

これらの方法で合成された光触媒粉末の表面に，反応場として機能する助触媒を担持することがしばしば行われる。その方法として，光電着，含浸法，液相還元法などがある。最近では，原子層堆積法（ALD法）やスパッタリング法により，粉末の表面に物質を制御しながら担持することもできる。光電着法では，助触媒原料を溶かした溶液に光触媒粉末を加えて光照射することにより，その助触媒原料が光触媒中に光生成した電子や正孔によって還元または酸化される。この過程で助触媒が光触媒表面上に担持される。このようなシンプルな操作においても，細かい留意点が多々ある。光触媒を懸濁させた溶液に，後から固体状の助触媒原料を溶かすことは避けるべきである。光電着は *in situ* で行われる場合が多いが，あらかじめ光電着しておく場合には，その雰囲気（空気中か不活性ガス中か）や光強度に留意すべきである。含浸法では，助触媒原料を溶かした水溶液に光触媒粉末を加え，その水分を蒸発乾固し，必要に応じて焼成，水素還元を行う。この操作で特に重要なのは，蒸発乾固である。この過程を疎かに行うと助触媒担持にムラができてしまう。

2) キャラクタリゼーション

どのような状態の光触媒が合成できているかを調べるために，種々のキャラクタリゼーションを行う必要がある。

粉末X線回折（XRD）により，目的としている結晶相が得られているかをチェックすることができる。不純物の有無を確認するために，ベースラインのノイズが見える程度に縦軸を拡大したパターンを精査する必要がある。この測定で注意すべき点として，X線回折用の試料ホルダーへの試料の充填がある。X線が照射される面の高さが決まっているので，試料面の高さが本来の位置からずれていたり，測定面が凸凹していると，回折パターンがシフトしたり，さらにはブロードニングを起こす。X線回折中のすべてのピークが同じ角度シフトしていたら，その不適切な試料の充填による実験エラーである。また，データのサンプリング角度の間隔や分解能に注意する必要がある。サンプリング間隔程度のピークシフトを議論することは危険である。また，サンプリング間隔はピークの分解能に影響するため，必要に応じて適切なパラメーターを用いなければならない。XRD測定に限らずコンピューターで取得されたデータは，

アナログでなくデジタルデータであることを認識すべきである。どのような測定パラメーターでデータを取得しているのか，しっかり把握しておく必要がある。一方，X線の単色化（$K_{\alpha1}$）が不十分な場合には，$K_{\alpha2}$やK_βによる回折ピークが観測される。たとえば，60〜70°付近の高角度側でピークが分裂していたら$K_{\alpha2}$によるものであることを疑う必要がある。また，K_βによるピークがどこに現れるかは計算で知ることができる。大きなピークに対しては，注意する必要がある。これらの装置特性や不適切な測定によって観測されるピークやそのシフトを本質的なものと思い込み議論することは，いうまでもなくナンセンスなことである。一方，ピークの半値幅から結晶子径（粒子径ではない）を計算するシェラー法を用いる場合には，装置固有の自然幅を補正する必要がある。

　元素置換や固溶体形成の有無についてはXRDで調べることができる。イオン半径が異なる元素置換により，ブラッグ式の関係にしたがってXRDのピークがシフトする。このとき，1本のピークシフトだけでなく，ベガード則にしたがっているか否かを判断するために，格子定数の変化を調べることが重要である。

　X線回折法は，ある程度の長周期構造を持つ場合に有効である。しかし，アモルファス状態の物質，結晶の欠陥やドーパントのような異物やその状態を検出することは難しい。格子欠陥や表面でターミネートされた酸化物イオンの情報を調べるのに，ラマン分光法が有効である。たとえば，ABO_3の組成式で表されるペロブスカイト構造のBサイトが他の元素で置換されると，新たなラマンバンドが現れることが知られている。また，二重結合性を持った表面酸化物イオンも一重結合性のそれと区別することができる。微量な不純物や異なった酸化数を持つイオン，吸着種の検出には，電子スピン共鳴（ESR）も高感度で有効な測定法である。また，放射光を用いたX線吸収端微細構造（XANES），広域X線吸収微細構造（EXAFS）により，特定の元素の酸化数や配位数を知ることができる。

　粉末光触媒では反応が表面で起こるため，BET表面積を測定することも重要である。この場合，測定限界値や精度を把握しておく必要がある。コンピューターが出力した小数点以下数多くの桁数をそのままデータとして掲載している論文がしばしば見受けられる。また，適切な吸着等温線に基づいて表面積が算

出されているか確認する必要がある。

　走査型電子顕微鏡（SEM）や透過型電子顕微鏡（TEM）による粒子の形状観察も重要である。粒子のモルフォロジーも光触媒活性を支配する要因の1つである。SEMを用いて高倍率で表面微細構造を観察する場合，その熟達度により結果が異なることが起こる。このような状態で，表面微細構造を議論することはナンセンスである。また，SEMやTEMがエネルギー分散型X線分析装置（EDS）を備えていれば，元素マッピングなどの分析を行うことにより多くの情報を得ることができる。たとえば，複合酸化物光触媒の場合に，ムラなく元素が分布しているか，不純物相の粒子がないか，表面に助触媒が担持されているか等の知見を得ることができる。ただし，これらの測定においてはEDSの空間分解能を把握しておくことが重要である。1つ1つの粒子でなく，合成したもの全体の元素分析を行いたい場合には，蛍光X線分析法（XRF）を用いることができる。

　触媒反応では，活性点がある表面付近に存在する元素やその化学状態を知ることが重要である。X線光電子分光法（XPS）を用いることにより，元素とその酸化数を知ることができる。ケミカルシフトを議論する場合には，装置特性やチャージアップにより生ずる結合エネルギーのずれを適切に補正する必要がある。また，元素比を定量する場合には，イオン化断面積や脱出深さを考慮することが不可欠である。この測定で得られる情報は，あくまでも表面付近の化学状態なので，バルク全体を反映しているとは限らない。深さ方向の情報を得るためにイオン（Ar）エッチングを行うことがある。しかし，このエッチング過程で，酸化数の変化やスパッタリング確率の違いによる組成比の変化がしばしば起こる。たとえばTiO_2をイオンエッチングすると本来Ti^{4+}であるものがTi^{3+}へ変化する。これらの点を留意しないと誤った解釈をすることになる。CuやAgの異なる酸化数（0, +1, +2）を区別するためには，XPSとAugerスペクトル（XPS測定で現れる）を併用する必要がある。

3）光学物性測定

　光触媒反応の最初の過程は，光吸収である。したがって，光触媒の吸収スペクトルの測定は，不可欠である。均一系光触媒に比べて，粉末光触媒の測定は

少し複雑である。粉末光触媒材料の場合は，薄膜試料の作成が可能で透過スペクトルを測定できれば理想的であるが，多くの場合そのようなわけにはいかない。粉末光触媒は一般に光を散乱するため透明でない。そのため，積分球を備えた紫外 - 可視分光光度計で拡散反射スペクトルを測定する必要がある。積分球の内部は全波長領域において反射率がほぼ 100% の $BaSO_4$ で塗られている。したがって，積分球内部や参照試料として用いる白板の汚染に留意すべきである。紫外光領域に吸収を持つ物質による汚染は，目視では確認できない。拡散反射スペクトルで直接得られる縦軸は反射率（透過測定の時の透過率に相当する）であるが，それを Kubelka-Munk 変換して吸光度モードに変換することもできる。ただし，その絶対値はきちんとした補正をしなければ信頼性が低い。しかし，スペクトルの形を見る上では大きな問題とはならない。吸光係数が大きな波長領域では，透過スペクトルと同様に，吸収スペクトルが飽和してしまう。吸光度が大きな領域でスペクトルが平らになっていたら，飽和している可能性がある。そのような場合には，吸収のない物質で薄めて測定する必要がある。また，室温で発光する試料を積分球を用いて測定すると，吸収があるべきところのスペクトルがつぶれるため，正しい情報が得られない。吸収すべきところで吸光度が小さい場合には，この可能性を疑う必要がある。このことは，透過スペクトルでは無視できる。このようなサンプルに対しては，後述する発光の励起スペクトルを併用すると良い。拡散反射スペクトル測定により得られる重要な情報は，吸収端から見積もられるバンドギャップなどのエネルギーギャップである。式 (15-19) は，あるバンドギャップを持つ光触媒がどのぐらいの波長の光を利用できるかを調べたり，逆に吸収スペクトルからおよそのバンドギャップを算出する場合に有用である。

$$\text{バンドギャップ (eV)} = 1240 / \text{吸収端波長 (nm)} \quad (15\text{-}19)$$

ちなみに，可視光と紫外光の境のエネルギーとして約 3 eV（420 nm 付近）が目安になる。

　光触媒のエネルギー準位を調べるために，分光蛍光光度計を用いた発光スペクトル測定が行われる。この測定においても，反射や散乱による固体特有の留意点がある。モノクロメーターを使っても励起光には Xe ランプ由来の白色迷光がわずかに混ざっているので，注意を要する。その白色迷光の一部を光触媒

が吸収すると，その残りのスペクトルがあたかも発光スペクトルのように見える場合がある。発光強度がさほど強くなく，Xeランプに見られる特有のピーク波長を持つスペクトルが見られる場合には，励起スペクトルを測定することにより，本来の発光かどうかを判断することができる。励起波長を変えて発光スペクトルのピーク波長がシフトする場合には，散乱光の可能性やいくつかの発光成分の存在を疑うべきである。感度補正曲線や励起光強度モニターを用いて発光スペクトルや励起スペクトルを補正する場合，固体試料においては，それが適切に行われているか留意する必要がある。感度補正曲線は，検出器の感度と回折格子の特性を反映しているので，そのスペクトル形状と補正後のスペクトルとを見比べることが必要な場合がある。たとえば，補正曲線に段があり，補正後のスペクトルにその波長でショルダーが現れていたら要注意である。また，フィルターを用いる場合には，その発光が問題となることもある。

15-2-3 光触媒性能評価
1) 反応の種類

水分解に関連した光触媒反応として，犠牲試薬を用いた水素または酸素生成反応，および犠牲試薬を用いない水の水素と酸素への分解反応がある。図12-1と図12-3にそのスキームが示されている。水素生成反応のための犠牲試薬としてメタノール等のアルコールがしばしば用いられる。しかし，Ptなどの貴金属助触媒が存在すると，水溶液中であっても，水蒸気改質（実際は液体の水であるが）により水素生成が見られる場合がある。光照射により光触媒の温度が上がると，この反応が起こりやすくなる。特に，反応溶液が塩基性（pH > 12）の場合には要注意である。また，Pt存在下，石英反応管を使って紫外光照射（$\lambda < 300$ nm）すると，光触媒がなくても光化学反応によって水素が効率良く生成する。このように，犠牲試薬を用いた光触媒的水素生成反応では，使用する反応装置でコントロール実験を行うことが不可欠である。一方，酸素生成反応の犠牲試薬として，Ag(I)やFe(III)イオンがしばしば用いられるが，これらの金属イオンは，あるpHより大きくなると加水分解して沈殿する。また，各イオンがすべて消費された時点で，酸素の生成が止まるはずであるので，生成した酸素の量と仕込んだAg(I)およびFe(III)イオンとの量論的関係が重要

である。過硫酸イオンが用いられることもあるが，酸化力がかなり強いためコントロール実験を周到に行う必要がある。

　水の水素と酸素への分解反応はエネルギー的にアップヒル反応であることから，人工光合成といえる。それに対して，犠牲試薬を用いた反応は，水の分解反応に比べて容易であり，人工光合成とはいいがたい。しかし，多くの論文で犠牲試薬を用いた水素生成反応を水分解と呼んでいる。水分解と犠牲試薬を用いた水素生成反応は，明確に区別されるべきものである。水分解といっても，反応溶液や光触媒に含まれている有機物のコンタミが存在するとそれが犠牲試薬になる場合があるので，注意が必要である。

2）反応装置

　光触媒反応を行うには，反応装置＋反応管，光源，生成物の定量装置が必要である。おもな反応装置として，バッチ式，流通式，および閉鎖循環系がある。バッチ式反応装置では，試験管をセプタムなどで封じた簡便なものから，光照射窓を取り付けたものまである。この反応セルを使い，ガスクロマトグラフを用いた定量を行う場合には，シリンジなどで気相成分をサンプリングするのが一般的である。この場合，シリンジおよび反応セルへの空気の混入に気を付けなくてはならない。後述するように，定量のときに N_2 の量をモニターすることが不可欠である。

　流通式反応装置は，キャリアのガスボンベ（＋流量計），光触媒反応管，ガスクロマトグラフ＋サンプリングポートを配管することにより，比較的容易かつ安価に作成することができる。また，サンプリングにおける空気の混入もかなり抑えることができる。しかし，この反応装置では生成した気体が流通ガスで希釈されるので，ある程度の生成速度が無いと検出が困難となる。したがって，活性の低い反応には適さない。

　閉鎖循環系を用いた光触媒活性評価装置の例を図 15-12 に示す。これを用いると，長時間反応させて生成気体を蓄積させることができるので，低活性のものでも比較的容易に活性測定を行うことができる。真空ポンプが直結していて，内部を脱気，減圧にすることができる。また，ガスクロマトグラフのサンプリングポートが直結しておりエアーフリーなので，空気の混入がない。したがっ

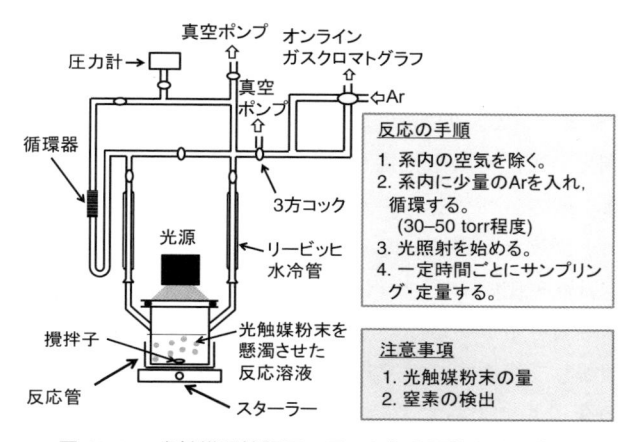

図 15-12　光触媒活性評価に用いられる閉鎖循環系装置

て，水分解反応で重要な酸素の定量を行いやすい。ただし，取り扱いが慣れていないと危険であること，高価であることが難点である。

　光触媒反応管には，大きく分けて外部照射型と内部照射型がある。一般的には，内部照射型反応管を用いたほうが光照射効率が良い。材質として，石英とPyrexがある。

　光源には，Xeランプ，超高圧・高圧・低圧水銀灯，Xe-Hgランプ，LED，ソーラーシミュレーター，レーザー，ハロゲンランプ等があり，照射される光の波長や強度が異なる。その一例が図15-6に示されている。たとえば，Xeランプは太陽光に似た連続光を放出するのに対して，水銀灯のスペクトルは輝線から成り立っている。また，高圧と低圧水銀灯では波長の強度比が異なる。論文等でXeランプをソーラーシミュレーターとして使用している例があるが，特に短波長側のスペクトル強度が異なるので要注意である。ソーラーシミュレーターでは，XeランプとAM-1.5フィルターを組み合わせることにより，本来の太陽光スペクトルとできるだけ一致させるように工夫されている。最近は，LEDを使ったソーラーシミュレーターも市販されている。分光器，バンドパスフィルター，カットオフフィルター，溶液フィルターなどを用いて，必要な波長の光のみを取り出すこともできる。その一例が図15-8と表15-1に示されている。ここで，分光器やバンドパス干渉フィルターを用いた時には，高次回

折光も通過するので注意しなくてはならない。これらを無視すると誤った光照射，光量測定をしてしまうことになる。また，光触媒反応管の材質（石英かPyrexか）も重要である。いずれにしても，反応溶液に到達しているスペクトルを実際に測定して，それを把握しておくことが重要である。この測定には，ハンディーな小型のスペクトロメーターが便利である。

　ガスクロマトグラフ，質量分析，体積変化などにより生成物を定量することができる。定量性や使いやすさの点から，ガスクロマトグラフが主に用いられている。溶存酸素を定量するために酸素電極も使用されているが，その特性と測定環境を理解して使用すべきである。体積変化を用いる場合には，それが目的としている生成物によるものであることをはっきりさせることが必要である。光触媒反応中に温度が上昇し気相の体積が膨張したり，犠牲試薬を用いた反応では CO_2 なども含まれていることがあるからである。

　ガスクロマトグラフを用いて水分解で生成した水素と酸素を定量する場合には，水素・酸素・窒素が分離できるモレキュラーシーブ5Aカラム，熱伝導度検出器（TCD），Arキャリアを用いるのが一般的である。キャリアガスにArを用いる理由は，水素を比較的高感度に検出するためであるが，酸素に対する感度は低くなる。酸素を定量する場合には，N_2 をキャリアガスに使うことは避けるべきである。なぜなら，生成した酸素が空気の混入によるものではなく水分解で生成したものであることをチェックするためには，窒素の有無をチェックすることが不可欠であるからである。モレキュラーシーブ5Aカラムを用いるときに，その長さやキャリアガスの流速を調整する必要がある。それによって，水素と酸素のピークの分離具合を最適化できる。ピークのリテンションタイムが早くなって，それらのピーク分離が悪くなってきた場合には，水などの吸着によりカラムが劣化している可能性があるので，エージングをする必要がある。最近では，特殊な検出器を備えた高感度ガスクロも市販されている。

3）光触媒の効率

　水分解光触媒活性の指標として，一般に水素や酸素の生成速度が用いられる。しかし，その値は反応条件に依存するため，一概には比較できない。その値を示す場合には，光源，反応管，触媒量などの実験条件を明確にする必要がある。

15 光触媒反応に関わる実験法

光触媒性能の指標として量子収率と太陽エネルギー変換効率が用いられる。量子収率は光触媒の絶対的な光化学的性能を示す指標であるのに対して，太陽エネルギー変換は実用的な観点から重要な指標である。人工光合成を考える場合には，量子収率のみならず太陽エネルギー変換効率を求めることが不可欠である。単位面積の太陽光（100 mW/cm^2）を使ったときにどれだけの水素を製造できるかが，人工光合成活性の絶対的な評価指針となる。これによって，太陽電池や生物学的な系と効率を比較できる。

1つの光子の吸収により半導体光触媒中に1つの電子と1つの正孔が生成する場合には，量子収率は式（15-20）で定義される。

$$量子収率 = \frac{生成物の生成に要した電子数または正孔数}{吸収された光子数}$$

$$= \frac{生成した H_2 の分子数 \times 2}{吸収された光子数} \quad (15\text{-}20)$$

一般に量子収率の式の分子は生成物の分子数であるが，半導体光触媒では何電子反応かわかるので，式（15-20）の定義が用いられることが多い。粉末光触媒の場合には光の散乱があるため，実際に吸収された光子数の正確な測定は容易ではない。そのため，入射した光子数を測定して，それを代用することがしばしば行われる。したがって，そのようにして見積もられた量子収率を「見かけの量子収率」と呼ぶ。この光量や活性測定において，照射した光が全吸収されるのに適当な量の光触媒を用いる必要がある。入射した光子数は，化学光量計（15章1節4項2）参照），サーモパイル，Siフォトダイオードなどを用いて測定できる。簡便さからSiフォトダイオードがしばしば用いられる。この場合，そのヘッドに均一に光が照射されていることに留意しなくてはならない。

太陽エネルギー変換効率は，式（15-21）で定義される。

$$太陽エネルギー変換効率 = \frac{反応で蓄積されたエネルギー}{照射された太陽エネルギー}$$

$$= \frac{[\Delta G^0(H_2O)/\text{J mol}^{-1}] \times [水素生成速度 /\text{mol s}^{-1}]}{[太陽エネルギー密度(AM1.5)/\text{Wcm}^{-2}] \times [照射面積 /\text{cm}^2]}$$
$$(15\text{-}21)$$

ここで，AM-1.5とは，大気圏の厚さの1.5倍の長さの大気圏を通過してきた

太陽光スペクトルを意味する。これは，日本付近の緯度の地上における平均的なスペクトルに対応する。この太陽エネルギー密度は，100 mWcm^{-2}である。太陽エネルギー変換効率は，ギブズの自由エネルギー変化が正の反応に対してのみ定義できる。なぜならば，そうでない場合には，太陽エネルギーが化学エネルギーとして蓄積されないからである。水分解の場合の式 (15-21) の $\Delta G^0(H_2O)$ は，237 kJ/mol である。これに反して，犠牲試薬を用いて光触媒的に生成した水素量を用いて水分解の ΔG の値を使い太陽エネルギー変換効率を算出している論文をたまに見かける。これは前で述べた水分解による水素生成と犠牲試薬を用いた水素生成を混同しているためであり，明らかな誤りである。犠牲試薬を用いた水素生成では，多くの場合 $\Delta G < 0$ のダウンヒル反応である。すなわち，高エネルギー物質を用いて水素を製造していることになるので，全体では，エネルギーをロスしていることになり，エネルギー変換効率の議論の対象とはならない。

　光触媒の高効率化とは，図 15-13 に示すように，量子収率を高くすることと応答波長を長波長化することである。これらの要素を改善するための戦略は異なる。太陽エネルギー変換効率を考える場合に，量子収率は低くとも幅広い可視光を使える光触媒では，その効率を稼ぐことができる。一方，量子収率が高くても紫外光しか利用できなければ，太陽エネルギー変換効率は，低い値で頭打ちになる。いずれにしても，どのような基準で活性を評価しているか認識することが重要である。

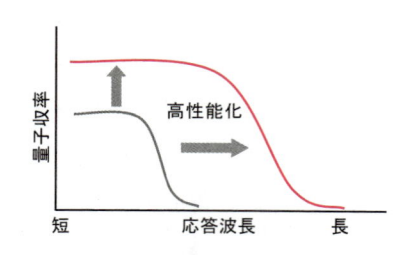

図 15-13　光触媒の高性能化の指針

4）光触媒反応のデータの見方

光触媒反応の基本は，光生成した電子と正孔の同数が反応で消費されること

である（図 12-1 参照）。人工光合成型の反応（アップヒル反応）である水分解では，特にこの点を意識すべきである。光触媒的水分解を行う場合や論文からデータを読み取る時に留意すべき点を図 15-14 に示す。

① 応答すべき波長を持つ光照射下で反応が進行し，暗時では止まること（光応答性）
② 水素と酸素が 2:1 で生成すること（量論比）
③ 光照射の時間と共に生成量が増加すること（経時変化）
④ 生成物の総量が触媒量を上回ること（ターンオーバー数）

① の光応答性を見る場合，図 15-15 に示したように，光触媒の吸収スペクトルと活性の対応を見ることが重要である。そのためには，アクションスペクト

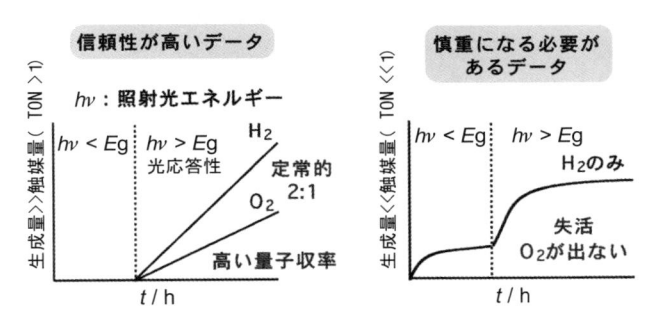

図 15-14　水分解に対する光触媒活動を評価する上での留意点

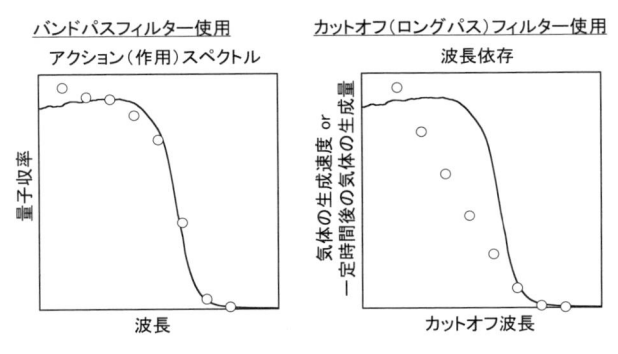

図 15-15　光触媒活性の波長依存性

ル測定が重要である。アクションスペクトルとは，横軸に波長，縦軸に活性（量子収率）をプロットしたグラフである。この測定では単色光が励起を行うため，その波長制御にバンドパスフィルターやモノクロメーターが用いられる。実験的にはバンドパスフィルターの方が光量が高いので使い勝手が良い。ただし，Xeランプ等の光源を用いた場合に，光照射に伴う熱で割れる場合があるので注意を要する。光触媒反応活性のアクションスペクトルは，吸収スペクトルと一致する必要がある。ただし，光触媒反応に関与しない吸収がある場合にはその限りではない。逆にいえば，可視光吸収があっても，その電子遷移が光触媒反応に寄与しない場合が多々ある。したがって，アクションスペクトル測定は，可視光応答型光触媒の評価には不可欠である。可視光に吸収を持っただけで可視光応答化に成功したという表現をしている論文が多々あるが，これは光触媒の論文においては適切な表現ではない。また，簡易的にカットオフフィルターを用いて波長応答性を調べることがある。この測定により，光触媒活性が発現する波長を知ることができる。これが吸収スペクトルの吸収端と一致すれば良い。しかし，吸収スペクトルの形状と一致する必要はない。逆に，光吸収がほとんどないところでも水素のみが少量生成する場合には，光触媒反応かどうかを疑う必要がある。また，ある種の金属酸化物は，光照射をしなくても，撹拌によって光触媒粉末が擦れることによって，水分解で水素と酸素が生成する場合がある。このような反応は，メカノキャタリシスと呼ばれている。アクションスペクトルにおいて吸収が無いところでも反応が起きていて，生成活性が高くない場合には，この可能性を疑う必要がある。

②〜④は，反応が本当に光触媒的に進行しているかどうかを判断するのに重要な情報を提供する。これには，図15-14で示したような反応の経時変化を測定する必要がある。ここで理想的な経時変化は，

ⅰ) 応答すべき波長の光照射によってのみ反応が進行すること
ⅱ) 水素と酸素が2：1で直線的に増加すること（反応で消費される光生成した電子と正孔の数が等しいこと，酸化生成物としてはH_2O_2もありうる）
ⅲ) ターンオーバー数（TON）が大きく1を超えること

mol/hのような単位での活性を示されても，それをどのように見積もったのかがわからない場合が多々ある。たとえば，失活する場合にどの時点での活性を

示しているのか，経時変化があれば一目瞭然である．生成速度が時間と共に極端に減少する，酸素生成が見られない，TON が 1 より極端に少ないなどの場合には，本当に光触媒的な反応が進行しているのか慎重になる必要がある．このような場合，不純物や触媒の欠陥との量論反応が光または光照射に伴う熱により促進され，水素や酸素が生成している可能性が無視できない．

通常ターンオーバー数（TON）は式 (15-22) で定義される．

$$\text{TON} = \frac{\text{生成物の分子数}}{\text{活性点の数}} \tag{15-22}$$

しかし，この測定も固体光触媒特有の難しさがある．式 (15-22) の分母の「活性点の数」は均一系光触媒ならば錯体の分子数から算出することができるが，不均一系光触媒では表面のどの部分が活性点であるか不明な場合がほとんどである．したがって，用いた光触媒中に含まれる特定の原子数（たとえば TiO_2 の場合には Ti 数）を分母に用いる場合がある（式 (15-23)）．式 (15-22) の分子においては，量子収率と同様に「反応した電子数または正孔数」を使う．

$$\text{TON} = \frac{\text{反応した電子数または正孔数}}{\text{光触媒中に含まれる特定の原子数}} \tag{15-23}$$

この定義では，正確ではなくとも最小限に見積もった TON が得られることになる．結晶構造と表面積から，おおよその表面原子数を見積もることができる．この数を分母に用いて TON を算出できる．

$$\text{TON} = \frac{\text{反応した電子数または正孔数}}{\text{光触媒表面に存在する特定の原子数}} \tag{15-24}$$

さらには，助触媒が活性点であることがわかっていれば，その原子数を基準に TON を算出できる．

$$\text{TON} = \frac{\text{反応した電子数または正孔数}}{\text{助触媒中に存在する特定の原子数}} \tag{15-25}$$

このように，何を基準とした TON か明確にする必要がある．

光触媒の重さで規格化された活性が論文等でしばしば見受けられるが，これは不適切である．光触媒反応は，光量で制限されるべきものだからである．光触媒の最適量は，光触媒材料の吸光係数や粒径，そして反応装置やそのスケールに依存する．したがって，それぞれの反応条件下で光触媒の最適量を決定す

べきである。最適化された状態で，光触媒の量を100倍にしても，100倍の活性が得られることはあり得ない。このことは，表面積に対しても同じことがいえる。表面積は活性を支配する要因の1つであるが，光触媒のトータルの性能を評価する場合に，単位面積あたりの活性を使うことは不適切である。

以上述べた ①〜④ の留意点は，不均一系光触媒を用いた二酸化炭素の還元反応についてもいえる。二酸化炭素の還元反応においても，犠牲試薬の有無に留意すべきである。犠牲試薬を用いない場合には水が電子源（還元剤）となるため，その酸化生成物である O_2 の生成が伴うはずである。したがって，② においては，還元生成物と酸化生成物である O_2 の量論比をチェックする必要がある。この場合，反応電子数と正孔数の比が1となれば問題ない。また，コンタミ由来の微量の炭化水素や一酸化炭素が検出される場合がしばしばあるので，経時変化やターンオーバー数を調べることが重要である。さらに，生成物の炭素源を明確にするために，$^{13}CO_2$ を用いた同位体実験も不可欠である。

15-2-4　半導体光電極を用いた水分解

半導体電極を用いた光電気化学的水分解および二酸化炭素還元反応も古くから研究されている。この反応においては，粉末光触媒で述べたものに付け加えて，下記の点に注意する必要がある。

電気化学測定の測定系として，作用極と対極からなる二電極方式，それに参照電極を導入した三電極方式がある。それらの模式図と光電気化学測定における留意点を図15-16に示す。ポテンショスタットを用いて電極表面で起こっている反応を解析するには，電極電位を制御・モニターできる三電極方式が有用である。この測定系を用いることにより，電流-電位曲線を測定することができる。ここでは，光電流の大きさ（反応速度），立ち上がり電位（過電圧），そしてその形が着目するポイントである。また，定電位測定によって，電極の安定性を知ることができる。光電気化学系においては，外部から電圧を印加して反応を促進することができる。外部電圧を印可して反応を行った場合には，式(15-26)に示すように太陽エネルギー変換効率の計算において，その分を差し引く必要がある。

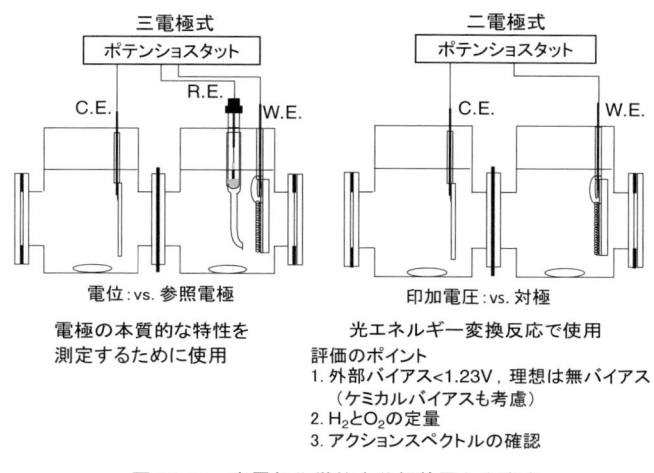

図 15-16　光電気化学的水分解装置と留意点

太陽エネルギー変換効率

$$= \frac{[\text{光電流}/\text{mAcm}^{-2}] \times [(1.23 - E_{\text{appl}})/\text{V}]}{100 \text{ mWcm}^{-2}} \quad (15\text{-}26)$$

ここで，E_{appl} は作用極 - 対極間に印加した外部電圧である。参照電極に対する電位ではない。この式からも明らかなように，光電気化学的水分解による人工光合成を意識する場合には，対極に対して印加する電圧が水の理論分解電圧である 1.23 V より小さくなくてはならない。それより大きな電圧をかけて光電気化学的な水分解を行った場合には，光エネルギーが蓄積されないからである。すなわち，対極と作用極に印加されている電圧に注意することが必要である。たとえば，参照電極に対して 0.6 V の電位をかけて光電気化学的な水分解が進行しても，実際に光エネルギー変換反応が起きているかはわからない。一方で，光電気化学反応における pH 依存性についても注意する必要がある。作用極と対極の反応が pH に依存する場合，両極が浸っている電解液の pH が異なるとケミカルバイアスがかかる。これは，外部電圧を印可していることと等価である。

電気化学における反応速度（性能）は，しばしば電流で評価される。しかし，電流 – 電位曲線や定電位測定における電流値のみから水分解を議論することは

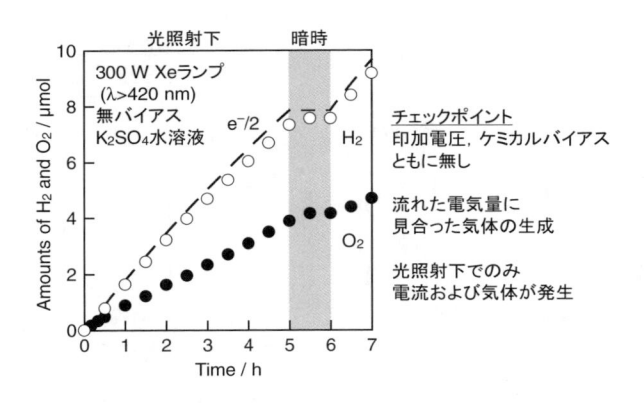

図15-17 光電極を用いた水分解のデータの表し方

危険である。その電流がどの反応によるものかを知る必要がある。光電気化学的水分解のデータの一例を図15-17に示す。この反応では，電解により両極で生成したH_2とO_2を定量することが重要である。Faraday効率が100%になれば問題ない。そうでない場合には，電極自体の酸化還元，カソードにおけるO_2還元などが進行している可能性があり，その場合には水分解といえなくなる。また，粉末光触媒と同様にアクションスペクトルを測定することも不可欠である。

　結論として，太陽エネルギー変換効率を議論するためには，二電極方式で光電気化学系を組み，生成した水素と酸素を定量することが望ましい。この場合，無バイアスで反応が進行することが理想的である。外部バイアスやケミカルバイアスを印可する場合には，1.23 V以下でなくてはならない。この電解方式では，作用極の特性のみならず，液抵抗，回路抵抗，対極での過電圧を含めた形で効率が得られる。

15-2-5　まとめ

　本節の前半では，実験方法と測定における留意点について述べた。実験において何気ない操作でも，結果に大きく影響する場合がある。たとえば，含浸法による助触媒担持における蒸発乾固の操作等である。また，機器測定においては，コンピューター制御で測定は楽になる反面，それがブラックボックスとな

15 光触媒反応に関わる実験法

り誤ったデータの取得や解釈を導く恐れがある。そのようなことを避けるためには，測定原理，機器の構成，データ収集のためのパラメーターの意味を理解する必要がある。後半では，光触媒活性評価と解釈における留意点について述べた。ここでも，誤った理解によりおかしな結果，結論が導かれてしまう恐れがある。多方面から考えて気配りをしながら研究を進めることが求められる。

引用文献

1) 佐々木陽一，石谷治編著，『金属錯体の光化学（6 光化学の実験手法）』，三共出版, p.154-p.164,（2007）：日本化学会編，『第 5 版 実験化学講座 9　物質の構造 I 分光 上（6 蛍光分光）』，丸善（2005）．

2) 佐々木陽一，石谷治編著『金属錯体の光化学（6 光化学の実験手法）』，三共出版, p.164-p.170,（2007）：日本化学会編，『第 5 版 実験化学講座 9　物質の構造 I 分光 上（5 吸収・反射分光，7 赤外分光，8 ラマン分光）』，丸善（2005）．

3) 佐々木陽一，石谷治編著『金属錯体の光化学（6 光化学の実験手法）』，三共出版, p.149-p.154,（2007）：日本化学会編，『第 5 版 実験化学講座 9　物質の構造 I 分光 上（6 蛍光分光）』，丸善（2005）．

4) K. Suzuki, A. Kobayashi, S. Kaneko, K. Takehira, T. Yoshihara, H. Ishida, Y. Shiina, S. Oishi, S. Tobita, *Phys. Chem. Chem. Phys*., **11**, 9850-9860（2009）．

5) 朝日分光（株）の Web サイト（http://www.asahi-spectra.co.jp/filter/filterindex.htm）のデータを使用．

6) M. Montalti, A. Credi, L. Prodi, M. T. Gandolfi, "*Handbook of Photochemistry*", 3rd Ed., Taylor & Francis, p.595-p.598（2006）．

7) 日本化学会編，『第 5 版 実験化学講座 5 化学実験のための基礎技術（4 光関連基礎測定技術）』，丸善（2005）：J. G. Galvert, J. N. Pitts, "*Photochemistry*", Wiley and Sons（1966）．

8) W. M. Horspool, "*Synthetic Organic Photochemistry*", Plemium Press（1984）．

9) S. L. Murov, I. Carmichael, G. L. Hug, "*Handbook of Photochemistry*", Marcel Dekker, Inc.（1993）．

10) （株）島津製作所の Web サイト（http://www.an.shimadzu.co.jp/apl/energy/20130802.

htm より転載.

11) A. Paul, D. Connolly, M. Schulz, M. T. Pryce, J. G. Vos, *Inorg. Chem.*, **51**, 1977-1979 (2012).
12) Y. Kuramochi, M. Kamiya, H. Ishida, *Inorg. Chem.*, **53**, 3326-3332 (2014).
13) K. Koike, N. Okoshi, H. Hori, K. Takeuchi, O. Ishitani, H. Tsubaki, I. P. Clark, M. W. George, F. P. A. Johnson, J. J. Turner, *J. Am. Chem. Soc.*, **124**, 11448-11455 (2002): S. Sato, A. Sekine, Y. Ohashi, O. Ishitani, A. M. Blanco-Rodríguez, A. Vlćek, Jr., T. Unno, K. Koike, *Inorg. Chem.*, **46**, 3531-3540 (2007): J. Hawecker, J.-M. Lehn, R. Ziessel, *Helv. Chim. Acta,* **69**, 1065-1084 (1986): H. Takeda, K. Koike, H. Inoue, O. Ishitani, *J. Am. Chem. Soc.*, **130**, 2023-2031 (2008).
14) T. Yui, A. Kan, C. Saitoh, K. Koike, T. Ibusuki, O. Ishitani, *ACS Appl. Mater. Interfaces*, **3**, 2594-2600 (2011).
15) K. Sekizawa, K. Maeda, K. Domen, K. Koike, O. Ishitani, *J. Am. Chem. Soc.*, **135**, 4596-4599 (2013).

第16章
金属錯体で創る人工光合成の課題と展望

　本書では，発展を続ける人工光合成に関する研究を錯体化学の観点から概観してきた。各章において，これまで困難であった様々な機能の発現が可能になり，また各機能の性能が飛躍的に向上してきたことがご理解いただけたかと思う。では，これで「実際に役に立つ人工光合成」の実現は目前のものとなっているのであろうか。答えは，残念ながら現時点では否である。本書のまとめとして，ここでは，これまでの研究で達成できていない点，言い換えると「人工光合成研究における今後の課題」に関して考えてみたい。

　まず各機能別の課題について述べる。第5，6章で述べたように，これまでに様々な光捕集系が開発されており，中には光捕集機能が天然の光合成に迫るものも作り出されている。しかし，これらと光触媒（水の分解や二酸化炭素の還元）とを融合した系の開発は始まったばかりである。高い光捕集能を維持し，実際の光反応を効率よく起こすためには，それぞれの機能発現のための厳しい条件，例えば溶媒，酸化剤や還元剤などの共存物の存在，実際に使うことのできる光エネルギーの高低，中間体として系中に発生する様々な活性中間体との副反応等をすべてクリアーしなければならない。

　次に，光触媒系に関して考えてみる。水の水素と酸素への分解（第8章および10章）に関しては，人工光合成研究の発端となった本多・藤嶋効果の発見以来，半導体光触媒を用いた研究が数多く行われ，この分野の近年の発展は目覚ましい。可視光の利用が可能になり，かなり反応の効率も向上している。そ

のため金属錯体を用いた光触媒系の開発では，この「ライバル」を見据えた研究の展開が求められるようになるであろう。レドックス光増感剤としては，金属や配位子を様々に組み合わせることで可視光吸収の強化と吸収波長の拡張が比較的容易であるという利点を活かしつつ，かつ安定なものの開発が望まれている。触媒としては，さらなる高効率化と耐久性の向上が必要であろう。二酸化炭素の還元に関しても，同様の課題が残っている。金属錯体は，二酸化炭素還元の選択性が高いという優れた特性をもっている。しかし，多くの錯体光触媒系では有機溶媒が用いられており，水溶液中で性能を検討した研究はわずかしかない。実用化のためには，水を還元剤として用いることが必須であるので，今後は，水中でも高機能を発現できる錯体光触媒の開発研究が必要になる。さらに，水の酸化，および水素発生もしくは二酸化炭素の還元を両立するための方法論の確立も大きな課題である。そのためには，高い還元力と酸化力を兼ね備えた複合的光触媒の開発が望まれる。1つの方向性としては，半導体などの無機材料と金属錯体のハイブリッドへの発展があるかもしれない。

最後に，実際にアセンブリすることを考えた研究が加速されなければならない。屋外に人工光合成システムを設置し，その条件下で高効率に機能するための反応器とはどのようなものになるのか，化学工学的見地からの研究はまだほとんどなされていない。これらの研究から，人工光合成の開発に求められる新たな機能が見えてくる可能性もあるであろう。

このように，人工光合成に関する研究は近年目覚ましく進展を遂げているものの，実用化を考えると，まだ解決すべき課題が山積している。それらを解決し，さらなる発展につなげるためには，多様な分野の研究者が力を合わせる必要があり，新たな化学や科学技術の発展・開発が必須である。

本書を手にとっていただいた方に，人工光合成に関して興味を持っていただき，また，この分野に参画する研究者・技術者が増えることの一助になれば，編者望外の喜びである。

索引

あ行

アイリング式　124
亜鉛(II)錯体　84
アクションスペクトル　326
アクセサリークロロフィル　63
アクセプター　227, 230, 231
アクリドン　221
アップヒル反応　325
アノード　273
アレニウス式　124
アンテナ　19
アンテナ機能　217, 231
アンテナ効果　217, 224, 226, 227, 231, 232
暗反応　2

イオンクロマトグラフィー　173
鋳型分子　91
一重項励起状態　146
一酸化炭素　167, 170, 186
イリジウム錯体　170

ウォータージャケット　304

エキシマー　220, 221, 224, 227
エネルギー移動　217, 224, 225, 226, 228, 229, 230
エネルギー移動消光　140
エネルギードナー　231
エネルギー分散型 X 線分析装置　317

エネルギー変換　1
エネルギーマイグレーション　217

オスミウム錯体　170
オリゴオキシエチレン基　86
温度因子　61

か行

外圏電子移動　117, 118, 119
開始電位　152
回転ディスク電極　152
外部印加電位　272
外部再編成エネルギー　114
外部量子収率　267
界面活性剤　218, 221, 228
化学光量計　307
化学バイアス　275
架橋配位子　184
架橋有機シラン　218
拡散反射スペクトル　318
拡散律速反応　120
可視光応答型の半導体　265
ガスクロマトグラフ　173, 322
化石資源の枯渇　3
カソード　273
活性化自由エネルギー　110, 113
活性中心　153
カットオフフィルター　322
カットフィルター　305
過電圧　126, 151, 168, 198, 203, 250
電荷移動吸収帯　131
価電子帯　236, 266, 262
電荷分離　236
過渡吸収　229, 232
過渡吸収スペクトル　95
カーボンニュートラル　3
ガラクト脂質　59
カルビン回路　131
カルボキシゾーム　30
カルボニル錯体　176
カルボン酸錯体　176
カロテノイド　22, 79
カロテノイド色素　36
還元的消光　134, 135, 144

ギ酸　167, 170, 186, 260
ギ酸錯体　176
ギ酸生成機構　178
擬似太陽光　273
犠牲剤　238
犠牲試薬　187, 230, 232, 238, 319
キセノン灯　302
輝線光　302
キノン　21
キノンプール　38
キノン誘導体　38
ギブズ自由エネルギー変化　110
逆電子移動　112
逆電子移動過程　138
逆転領域　138

335

キャピラリー電気泳動　173
キャリアガス　322
吸光度　293, 294, 296
吸収スペクトル　318
球状モデル　118
協同触媒作用　210
均一系触媒　168
禁制帯　236
金属錯体　222, 223, 229, 260
金属錯体触媒　260
金属ポルフィリン　78

空間電荷層　240
グラッシーカーボン電極　172
グラナ　279
クリーンエネルギー　313
グリセロ糖脂質　59
クロスカップリング　93
クロリン　82
クロロソーム　80
クロロフィル　22, 36, 78, 79, 81, 128, 224
クロロフィル (Chl) a　82
クロロフィル-タンパク質複合体　80
クロロフィル二量体　63, 127
クロロフィル誘導体　84

系間交差　131, 133, 146
蛍光 X 線分析法　317
蛍光異方性スペクトル　345
蛍光共鳴エネルギー移動　224, 227, 230
蛍光寿命　225
蛍光量子収率　220, 221
欠陥　245

高圧水銀灯　302, 321
広域 X 線吸収微細構造　316
光化学系 I　129, 280
光化学系 II　55, 128, 280
光化学第一法則　293
光化学第二法則　294
光合成　1
光合成細菌　37
光合成酸素発生中心 (PSII)　11
光合成膜　36
光子数　299, 307
光子束密度条件の問題　12, 14
紅色光合成細菌　82
酵素発生複合体　128
光電変換素子　46
固相法　247, 313
コバルト錯体　169
コバロキシム　155
固溶体　244
コロイダル白金　232
混合原子価二核錯体　125

さ　行

サイクラム　170
サイクリックボルタンメトリー　174
再結合　237
最高被占分子軌道　268
サイズ分取クロマトグラフィー　95
最低非被占分子軌道　264
再配向　110
再配向エネルギー　113
再編成　110
再編成エネルギー　113, 118, 119

細胞質　18
錯体重合法　248, 313
錯体触媒　195
サーモパイル　323
作用電極　171
酸 化　260
酸化還元　330
酸化的消光　134, 135, 137, 138, 144
酸化的消光過程　139
酸化的付加　155
酸化物　239
酸化物半導体　263
三重項励起状態　146
参照電極　171, 329
酸素原子交換　200
酸素原子交換反応　201
酸素発生型　17
酸素発生錯体 (OEC)　194
酸素発生中心　55
酸素発生電位　109, 196
酸素発生反応　126, 128
酸素非発生型　17
(酸) 窒化物　245
酸硫化物　245

次亜塩素酸ナトリウム (NaClO)　200
シアノバクテリア　18, 55, 82
紫外可視拡散反射スペクトル　247
紫外可視吸収スペクトル　294, 296
時間分解分光　220
色素－タンパク質複合体　80
自己会合　85
自己組織化　38, 83

索　引

脂質二分子膜　38
ジスルフィド結合　45
自然再生可能エネルギー　3
質量分析　322
シトクロム　24
シトクロム（Cyt bc1）　38
1,3-ジメチル-2-フェニル-2,3-ジヒドロ-1H-ベンゾ-[d]-イミダゾール（BIH）　180
N,N-ジメチルアセトアミド（DMA）　173
N,N-ジメチルホルムアミド（DMF）　173
四面セル　297, 306
自由エネルギー変化　135
集光性アンテナタンパク質　55
修飾電極　179
消光　134
消光剤　134, 300
消光速度定数　300
消光割合　302
硝酸セリウム（IV）アンモニウム　200, 202
照射光源　302
照射光波長依存性　267
触媒回転数　129, 151
触媒回転頻度　129, 151, 174
触媒サイクル　181
触媒電流　152
触媒二量体　182
触媒濃度依存性　182
触媒反応回転因子　14
助触媒　239, 315
シロキサン　221
人工アンテナ　216, 224, 231
人工光合成　5, 313, 260

水蒸気改質　143, 319
水素　313
水素炎イオン化型検出器（FID）　173
水素過電圧　172
水素結合ネットワーク　71
水素生成　231
水素発生電位　109
水素発生反応　126
スイッチグラス　275
水熱法　313
水の安定領域　145
スーパーオキシドラジカル種　195
スピン軌道相互作用　133
スペシアルペア　38
スペシャルダイマー　128

正孔　262
正常領域　138
整流特性　52
石英製セル　294
積分球　300, 318
絶対法　300
摂動　124
遷移モーメント　90

双極子-双極子相互作用　103
走査型電子顕微鏡　317
走査型トンネル顕微鏡　96
相対法　300
ソーラーシミュレーター　321
ゾル-ゲル法　248, 313

た　行

ダイマー　182

太陽エネルギー変換効率　323
太陽光　260
太陽光変換効率　275
ダウンヒル反応　324
脱気操作　297
2,2':6',2''-ターピリジン　186
ターンオーバー数　200, 306, 325
ターンオーバー速度　199
ターンオーバー頻度　306
タングステン錯体　170
タンデム型光反応セル　273
断熱的　124, 125
超高圧水銀灯　321
超分子的　93
超分子光触媒　184
直線自由エネルギー関係　110
チラコイド　18
チラコイド膜　55, 279
チロシン残基　63

対電極　171

出会い錯体　115, 120
低圧水銀灯　321
低原子価錯体　158
低障壁水素結合　70
低分子量サブユニット　55
鉄(III)オキサラト化学光量計　307
鉄錯体　169
テトラアザマクロサイクリック配位子　170
テトラピロール骨格　80
Snテトラフェニルポルフィリン　13

337

電荷分離　79
電気化学的二酸化炭素還元反応　175
電気化学的反応　171
電気触媒化学反応　202
電気バイアス　275
電極触媒　250
電極電位　329
電　子　260
電子移動消光　137, 229
電子移動速度定数　114, 124
電子移動反応　108
電子移動理論　110
電子結合行列要素　114, 123
電子源　180
電子スピン共鳴　316
電子スペクトル　294
電子的相互作用　124
電子伝達系　129
電子伝達剤　150
電子ドナー　230, 231
電子メディエーター　188
電子リレーサイクル　181
点双極子　90
伝導帯　236, 262
伝導帯の下端電位　264
電流 - 電位曲線　329
電流密度　174

同位体　328
透過型電子顕微鏡　317
透過係数　124
動的消光　300
ドナー　227, 230, 231
ドーナツ型セル　304
ドーパント　314
ドーピング　242

トリエタノールアミン（TEOA）　180
トリス（2,2'- ビピリジン）ルテニウム（II）　131
トリスオキサラト鉄（III）酸イオン　307
トレーサー実験　175, 311

な 行

内圏電子移動　116, 117
内圏電子移動反応　126
内部再編成エネルギー　114, 115
ナフィオン膜　172

二酸化炭素　328
二酸化炭素固定反応　166
二酸化炭素地球温暖化説　165
二酸化炭素濃度の増加　3
二酸化炭素の多電子還元反応　167
二酸化チタン（TiO_2）　6
二段階光励起　263
二段階励起機構　269
ニッケル錯体　169
ニッケル（サイクラム）錯体　180

熱除去フィルター　306
熱伝導度型検出器（TCD）　173
熱伝導度検出器　322
ネルンストの式　109, 145

は 行

配位不飽和還元種　175

バイオ燃料電池　288
バイオマスエネルギー　3
ハイドロタルサイト　256
ハイブリッド型人工光合成　279
パイレックス製セル　294
バクテリオクロリン　82, 86
バクテリオクロロフィル（BChl）a　82
バクテリオクロロフィルa　38
バクテリオクロロフィル BChl c　82
白金電極　172
白金微粒子　281
発光スペクトル　297, 319
発光量子収率　225, 299
ハメット定数　208
パラジウム錯体　170
ハロゲン灯　302
ハロゲンランプ　321
半導体　235, 260
半導体 - 金属錯体複合型光触媒　261
半導体 - 金属錯体複合系　269
半導体電極　328
半導体光触媒　260
バンドギャップ　236, 266, 318
バンドパスフィルター　305, 322
反応機構　175
反応中心　21, 55
反応中心タンパク質　55
反応の駆動力　110
反応量子収率　232
半波電位　152
半反応　108

索　引

ビオロゲン　231, 232
光エネルギー変換デバイス　42
光カソード　270
光収穫系タンパク質 - 色素複合体
　（LHC）　284
光触媒　260, 313, 333
光水素発生系　138
光増感剤　108, 180, 203, 261,
　301
光電気化学　328
光電気化学セル　239
光電極　239
光電着　315
光パワーメーター　309
光反応中心タンパク質（RC）
　284
光捕集アンテナ　224, 230
光捕集アンテナ機能　217
光捕集アンテナ系　78
光捕集系　333
光誘起電子移動　136
光溶解　241
光励起　262
飛行時間型マトリックス支援イオ
　ン化法質量分析　95
非線形光学効果　94
非断熱的　114, 125
非断熱的過程　123
ヒドリドイオン　130
ヒドリド錯体　170, 176
ヒドロキシメチレン錯体　187
ヒドロキシラジカル（HO・）
　195
ヒドロゲナーゼ　153, 280
ビニル基　84
2,2'- ビピリジン　170
Re(I) ビピリジン錯体　8

ビピリジン配位子　230
表在性タンパク質　55
標準酸化還元電位　195
標準生成 Gibbs エネルギー
　196
ビリン　79
頻度因子　114

ファラデー効率　174, 203, 272
フィコビリゾーム　19
フェオフィチン　21, 63, 128
2- フェニルピリジン　170
フェルスター半径　227, 228,
　229
不均一系触媒　168
不均化反応　176, 200
複合型 CO_2 還元光触媒　263
不純物準位　242
tert- ブチルヒドロペルオキシド
　200
物質合成　1
物質変換　1, 79
プラストキノン　57
フラックス法　313
フラットバンド電位　240
フリーベース体　84
プロトン　260
プロトン移動　70, 195, 207
プロトン共役電子移動　158
プロトン勾配エネルギー　127,
　130
分光器　322
分光蛍光光度計　319
分子間相互作用　85
粉末 X 線回折　315

平衡電位　167, 168

閉鎖循環系　321
ベースプレート　80
ベガード則　316
ヘテロ二核錯体　184
ヘム　24
ペルオキシド種　195
ペルオキソ二硫酸ナトリウム
　203
1- ベンジル -1,4- ジヒドロニコチ
　ンアミド（BNAH）　180
ペンタアンミンクロロコバルト
　（III）硝酸塩　203

放射失活　298
飽和カロメル電極（SCE）　172
ホスフィン配位子　170
ポテンショスタット　329
ポリマー膜　272
ポリマー化　183
ホール移動　222
ポルフィリン　89, 170
ホルミル錯体　187
ホルムアルデヒド　167, 171,
　186
ホンダ（本多）-フジシマ（藤嶋）効
　果　6, 333

ま 行

マーカスの逆転領域　121, 123
マーカスの正常領域　121
マーカス理論　110, 120, 121
膜貫通型ポリペプチド　38
膜内アンテナ　80
膜内在性　19
マグネシウム（II）錯体　84
膜表在性　19

339

マンガンクラスター 199
マンガン錯体 169

水 260
水の安定領域 138
水の可視光分解反応 107
水の均等分解 126, 133
水の均等分解反応 108
水の酸化触媒 188, 194
水の酸化反応 194
水分解 313
ミラーモジュール 306

無放射失活 298

明反応 2
メソポーラス構造 249
メソポーラスシリカ 223
メタノール 167, 171, 186
メタン 167, 171, 186
メチル錯体 187
メチルビオローゲン 146, 281
メリーゴーランド型光照射装置 302

モリブデン錯体 170
モル吸光係数 293
モレキュラーシーブ 5A カラム 322

や 行

有機シラン 219, 222
有機シリカ 218
有機太陽電池 222
有機配位子 222, 223
有機物 260

歪んだ倚子型構造 69

溶液フィルター 303, 322
溶媒再編成エネルギー 114
溶媒のかご 118
溶媒の吸収 294
溶媒和電子 122
葉緑体 279

ら 行

ラジカルカチオン 232
ラマン分光法 316
ランプハウス型光照射装置 302, 310

律速段階 250
硫化物 244
量子化学計算 74
量子収率 150, 240, 294, 306, 307, 323
緑色光合成細菌 82
リン脂質 59

ルテニウム錯体 169
ルテニウムトリス（ビピリジン）錯体 180
ルテニウム-ビピリジン錯体 180
ルテニウムモノ（ビピリジン）錯体 179
ルーメン 18

励起エネルギー 79, 224, 231
励起エネルギー移動 95
励起子相互作用 90
励起状態寿命 298

励起子理論 90
励起スペクトル 318
励起電子 262
レーザー 321
レーザー高速分光法 267
レドックス対 253
レドックス光増感剤 334
レドックス光増感反応 301
レニウム (Re) 錯体 230
レニウム錯体 169, 180

ロジウム錯体 170

欧文索引

$Ag/Ag^+(CH_3CN)$ 参照電極 172
$Ag/AgCl$ 参照電極 172
ATP 合成酵素 128
Auger スペクトル 317

BET 表面積 316
$BiVO_4$ 261

CH-π 結合 64
CO_2 260
CO_2 還元 230
CO_2 還元選択率 263
CO_2 還元電位 264
CO_2 挿入反応 177
CO_2 ラジカルアニオン 166
$^{13}CO_2$ 175, 328
Co_3O_4 261

Dexter 機構 103, 140
Donor-Acceptor 系分子 122, 123

索　引

EDS　317
ESR　316
EXAFS　316

Faraday 効率　330
FNR　130
Förster　95
Förster 機構　103, 140
Franck-Condon 則　112

H$_2$O　260

IrOx　261
Ir 錯体　264

J 会合　99

Kok サイクル　67, 199
Kubelka-Munk 変換　318

Lambert-Beer の法則　293
LC　131
LC-TOFMS　272
LED　321
LH1 複合体　82, 83
LH-α　83
LH-β　83
LH 系タンパク質色素複合体　37

Marcus の古典的表式　114
MC　131
MIR 効果　122
MLCT　131
Mn$_4$CaO$_5$ クラスター　55
Mn$_4$Ca クラスター　188
MOF　217, 218

ND フィルター　305
N ドープ Ta$_2$O$_5$　265

^{18}O 標識実験　200
OEC　129
O-O 結合形成　195, 205
O-O 結合形成反応　209
Oxone®　200

photosensitizer　108
PMO　217, 218, 219, 220, 221, 222, 223, 224, 225, 226, 227, 228, 229, 230, 231, 232
Proton-flux-density problem　12
PSI　129
PSII　128
p 型半導体　265

Q$_y$ 吸収帯　84

Re 錯体　264
[Ru(bpy)$_3$]$^{2+}$　203
Rubisco　30
Ru 錯体　261
Ru 二核錯体　8

SEM　317
Si フォトダイオード　323
Stern-Volmer プロット　301
Stern-Volmer 定数　301

TCD　322
TEM　317
Time-of-flight　222
TiO$_2$　261, 313
Turnover frequency　14

XANES　316
Xe-Hg ランプ　321
Xe ランプ　319
XPS　317
XRD　315
XRF　317
X 線吸収スペクトル　75
X 線吸収端微細構造　316
X 線結晶構造解析　55
X 線光電子分光法　317

Zn ドープ InP　270
Z スキーム　129, 188, 235, 254, 269
Z スキーム機構　263

η^1-CO$_2$ 付加錯体　176

π-π 結合　64
π スタッキング　221, 222

341

著者略歴

『編著者』

石谷　治（いしたに　おさむ）　　　　　　　　　　（15-1, 16 章）
東京工業大学大学院理工学研究科　教授
大阪大学大学院工学研究科博士課程修了(1987 年)　工学博士
「専門分野」人工光合成，金属錯体の光化学，二酸化炭素還元触媒

野﨑　浩一（のざき　こういち）　　　　　　　　　（16 章）
富山大学大学院理工学研究部(理学)　教授
京都大学大学院理学研究科博士課程単位取得(1989 年)　理学博士
「専門分野」光物理化学，計算機化学

石田　斉（いしだ　ひとし）　　　　　　　　　　　（9 章，16 章）
北里大学大学院理学研究科　准教授
大阪大学大学院工学研究科博士前期課程修了(1986 年)　工学博士
「専門分野」錯体化学，光化学，生体機能関連化学

『著　者』

井上　晴夫（いのうえ　はるお）　　　　　　　　　（1 章）
首都大学東京　特任教授　人工光合成研究センター　センター長
東京大学大学院工学研究科修士課程修了(1972 年)　工学博士
「専門分野」光化学，人工光合成

民秋　均（たみあき　ひとし）　　　　　　　　　　（2 章）
立命館大学大学院生命科学研究科　教授
京都大学大学院理学研究科博士課程後期課程修了(1986 年)　理学博士
「専門分野」生物有機化学

南後　守（なんご　まもる）　　　　　　　　　　　（3 章）
大阪市立大学　特任教授
大阪府立大学大学院工学研究科博士課程修了(1974 年)　工学博士
「専門分野」生体関連化学，生体機能高分子

出羽　毅久（でわ　たけひさ）　　　　　　　　　　（3 章）
名古屋工業大学大学院未来材料創成工学専攻　准教授
東京工業大学大学院理工学研究科博士課程修了(1994 年)　博士(理学)
「専門分野」生体関連化学，生体機能高分子

近藤　政晴（こんどう　まさはる）　　　　　　　　（3 章）
名古屋工業大学大学院物質工学専攻　助教
名古屋工業大学大学大学院工学研究科博士課程修了(2007 年)　博士(工学)
「専門分野」生体機能関連化学，生体機能高分子

角野　歩（すみの　あゆみ）　　　　　　　　　　　（3 章）
科学技術振興機構さきがけ研究者(専任)　福井大学医学部　特別研究員
名古屋工業大学大学院工学研究科博士課程修了(2013 年)　博士(工学)
「専門分野」生体関連化学，生体機能高分子

神谷　信夫（かみや　のぶお）　　　　　　　　　　（4 章）
大阪市立大学複合先端研究機構　教授
名古屋大学大学院理学研究科博士課程修了(1981 年)　理学博士
「専門分野」構造生物学，タンパク質結晶学

川上　恵典（かわかみ　けいすけ）　　　　　　　　（4 章）
大阪市立大学複合先端研究機構　特任准教授
岡山大学大学院自然科学研究科博士後期課程修了(2010 年)　博士（理学）
「専門分野」植物生理学，光化学系Ⅱの構造生物学

宮武　智弘（みやたけ　ともひろ）　　　　　　　（5章）
龍谷大学理工学部　教授
立命館大学大学院総合理工学研究科博士後期課程修了(1999年)　博士（理学）
「専門分野」生物有機化学

荒谷　直樹（あらたに　なおき）　　　　　　　　（6章）
奈良先端科学技術大学院大学物質創成科学研究科　准教授
京都大学大学院理学研究科博士後期課程退学(2003年)　博士（理学）
「専門分野」有機合成化学

酒井　健（さかい　けん）　　　　　　　　　　　（7章）
九州大学大学院理学研究院　教授
早稲田大学大学院理工学研究科博士前期課程修了(1989年)　理学博士
「専門分野」錯体化学，光触媒化学，溶液化学，人工光合成

山内　幸正（やまうち　こうせい）　　　　　　　（8章）
九州大学大学院理学研究院　助教
九州大学大学院理学府博士後期課程中途退学(2012年)　博士（理学）
「専門分野」錯体化学

八木　政行（やぎ　まさゆき）　　　　　　　　　（10章）
新潟大学自然科系　教授
埼玉大学大学院理工学研究科博士後期課程修了(1996年)　博士（工学）
「専門分野」錯体化学，光化学，電気化学

稲垣　伸二（いながき　しんじ）　　　　　　　　（11章）
㈱豊田中央研究所　シニアフェロー
名古屋大学大学院工学研究科修士課程修了(1984年)　工学博士
「専門分野」メソポーラス物質の合成と応用

前田　和彦（まえだ　かずひこ）　　　　　　　　（12章）
東京工業大学大学院理工学研究科　准教授
東京大学大学院工学研究科博士課程修了　博士（工学）
「専門分野」不均一系光触媒，ナノ材料

森川　健志（もりかわ　たけし）　　　　　　　　（13章）
㈱豊田中央研究所　室長，シニアフェロー
名古屋大学大学院工学研究科修士課程修了(1989年)　工学博士
「専門分野」光触媒，半導体，磁性

天尾　豊（あまお　ゆたか）　　　　　　　　　　（14章）
大阪市立大学複合先端研究機構　教授
東京工業大学大学院生命理工学研究科博士後期課程修了(1997年)　博士（工学）
「専門分野」生体触媒化学

竹田　浩之（たけだ　ひろゆき）　　　　　　　　（15-1）
東京工業大学大学院理工学研究科　特任助教
東京工業大学大学院理工学研究科博士課程修了(2006年)　理学博士
「専門分野」金属錯体の光触媒化学

工藤　昭彦（くどう　あきひこ）　　　　　　　　（15-2）
東京理科大学理学部第一部応用化学科　教授
東京工業大学大学院総合理工学研究科博士後期課程修了(1988年)　理学博士
「専門分野」人工光合成，光触媒を用いた水の分解，二酸化炭素固定

人工光合成
光エネルギーによる物質変換の化学

2015年9月10日　初版第1刷発行

　　　　　Ⓒ　編著者　石　谷　　　治
　　　　　　　　　　　野　﨑　浩　一
　　　　　　　　　　　石　田　　　斉
　　　　　　　発行者　秀　島　　　功
　　　　　　　印刷者　荒　木　浩　一

発行所　三共出版株式会社
　　　　郵便番号 101-0051
　　　　東京都千代田区神田神保町3の2
　　　　振替 00110-9-1065
　　　　電話 03 3264-5711　FAX03 3265-5149
　　　　http://www.sankyoshuppan.co.jp

一般社団法人 日本書籍出版協会・一般社団法人 自然科学書協会・工学書協会　会員

Printed in Japan　　　　　　　　　印刷製本　アイ・ピー・エス

JCOPY ＜(社)出版者著作権管理機構 委託出版物＞
本書の無断複写は著作権法上での例外を除き禁じられています．複写される場合は，そのつど事前に，(社)出版者著作権管理機構（電話 03-3513-6969，FAX 03-3513-6979，e-mail:info@jcopy.or.jp）の許諾を得てください．

ISBN 978-4-7827-0710-4

略語

略語	英語	日本語
ADP	Adenosine Diphosphate	アデノシン二リン酸
ATP	Adenosine Triphosphate	アデノシン三リン酸
BNAH	1-Benzyl-1,4-dihydronicotinamide	1-ベンジル-1,4-ジヒドロニコチンアミド
CE	Counter Electrode	対電極
COF	Covalent Organic Framework	共有結合性有機構造体
CP	Chlorophyll a binding protein	クロロフィルα結合タンパク質
DGDG	Digalactosyldiacylglycerol	ジガラクトシルジアシルグリセロール
DMA	N,N-Dimethylacetoamide	N,N-ジメチルアセトアミド
DMF	N,N-Dimethylformamide	N,N-ジメチルホルムアミド
EC	Electron Carrier	電子伝達分子
ED	Electron Donor	電子供与分子
EDS	Energy Dispersive X-ray Spectroscopy	エネルギー分散型X線分析装置
ESR	Electron Spin Resonance	電子スピン共鳴
EXAFS	Extended X-ray Absorption Fine Structure	広域X線吸収微細構造
FID	Flame Ionization Detector	水素炎イオン化型検出器
FNR	ferredoxin-NADP+oxidoreductadse	フェレドキシン-NADP+オキシドレダクターゼ酸化還元酵素
IUPAC	International Union of Pure and Applied Chemistry	国際純正・応用化学連合
LH	Light-Harvesting	光捕集（アンテナ）
LHC	Light harvesting complex	光収穫系タンパク質-色素複合体
HOMO	Highest Occupied Molecular Orbital	最高被占分子軌道
LUMO	Lowest Unoccupied Molecular Orbital	最低非被占分子軌道
MGDG	Monogalactosyldiacylglycerol	モノガラクトシルジアシルグリセロール
MOF	Metal Organic Framework	金属有機構造体
NADH	Nicotinamide Adenine Dinucleotide (reduced)	ニコチンアミドアデニンジヌクレオチド（還元型）
NADP$^+$	Nicotinamide Adenine Dinucleotide Phosphate	ニコチンアミドアデニンジヌクレオチドリン酸（酸化型）
NADPH	Nicotinamide Adenine Dinucleotide Phosphate (reduced)	ニコチンアミドアデニンジヌクレオチドリン酸（還元型）
OEC	Oxygen Evolving Complex	酸素発生複合体
PCET	Proton Coupled Electron Transfer	プロトン共役電子移動
PET	Photo-induced Electron Transfer	光誘起電子移動
PG	Phosphatidylglycerol	ホスファチジルグリセロール
PMO	Periodic Mesoporous Organosilica	メソポーラス有機シリカ
PS	Photosensitizer	光増感分子
PSI	Photosystem I	光化学系I
RC	Reaction Center	反応中心
RE	Reference Electrode	参照電極
Rubisco	Ribulose 1,5-bisphosphate carboxylase/oxygenase	リブロース-1,5-ビスリン酸カルボキシラーゼ／オキシゲナーゼ
SEM	Scanning Electron Microscope	走査型電子顕微鏡
SQDG	Sulfoquinovosyl diacylglycerol	スルホキノボシルジアシルグリセロール
TCD	Thermal Conductivity Detector	熱伝導度型検出器
TEA	Triethylamine	トリエチルアミン
TEM	Transmission Electron Microscope	透過型電子顕微鏡
TEOA	Triethanolamine	トリエタノールアミン
TOF	Turn Over Frequency	触媒回転頻度（単位時間当たりの触媒回転数）
TON	Turn Over Number	ターンオーバー数，触媒回転数（ある反応時間内に触媒が反応に関与した回数）
WE	Working Electrode	作用電極
XANES	X-ray Absorption Near Edge Structure	X線吸収端微細構造
XPS	X-ray Photoelectron Spectroscopy	X線光電子分光法
XRF	X-ray Fluorescence Analysis	蛍光X線分析法